# 都市・建築・不動産
# 企画開発マニュアル入門版
# 2024–2025

田村誠邦・甲田珠子＝著

X-Knowledge

CONTENTS

# 都市・建築・不動産 企画開発マニュアル入門版 2024-2025

chapter 2

## 市場・立地調査のキホン……46



chapter 3

## 用途業種の選定と最新企画動向……78

chapter 4

## 敷地調査のキホン



chapter 5

## 建築法規のキホン

chapter 8
## おトクな事業手法と企画書作成術



※税制は、令和６年４月現在の発表資料によります。

巻頭企画① 特別対談

# 田村誠邦 × 戎 正晴


アークブレイン 代表取締役

弁護士／戎・太田法律事務所


# 区分所有法の法改正で何が変わる？ マンション建替えを巡る 展望と課題を徹底解説！

## 所有者・管理者、都市・建築・不動産のプロが直面することとは？

2024年1月16日に区分所有法改正に関する要綱案が、法務省の法制審議会で決定された。2024年内に改正されると、平成14（2002）年以来の約20年ぶりの改正となる。現状の要綱案から汲み取れる改正のポイントとは。そして施行に備えて必要となる対応はどのようなものになるだろうか。マンションの再生や管理に詳しい戎正晴弁護士に、動向や課題をうかがった。

### 国交省が携わることになった区分所有法改正

――区分所有法改正が検討された背景には老朽化したマンションや団地の急増に加え、区分所有者の高齢化による管理組合の役員の担い手不足、総会の運営・議決が困難なケースが多く見られるようになったことも挙げられる。所在が不明な所有者や空き家が増加しているのも一因だ。まずは要綱が作成されるに至ったプロセスはどのようなものだったのだろうか。

**戎**　マンション建替えは内閣府の規制改革推進会議でこの10年ほど検討されていたが、時期尚早と具体的な検討には至っていなかった。ところが令和2年の7月17日に規制改革実施計画が閣議決定され、規制改革実施計画にマンションの建替えの促進が入れられ、ここで三つの課題を法務省に伝えている。

まず一つ目が、集会に不参加の者を分母から除くこと。二つ目が、建替えに関しては建替え決議の要件緩和も含めて決議のあり方を見直すということ。三つ目が、被災マンションの再建の円滑な推進だ。

この閣議決定を受けて法務省が令和3年から区分所有法研究会を設立し、国交省も参加して有識者等にヒアリングを

●Masaharu Ebisu（写真右）

1960年兵庫県神戸市生まれ。1986年弁護士登録。明治学院大学法科大学院教授、明治学院大学法学部客員教授、兵庫県弁護士会副会長などを歴任。（一社）マンション適正管理サポートセンター副会長。専攻は民事法、特にマンション・団地法制、災害復興法制に取り組む。マンション建替え円滑化法の立法などにも関与。

●Masakuni Tamura（写真左）（315頁参照）

図表　築40年以上のマンションストック数の推移　（2022年末現在、2023年8月更新）

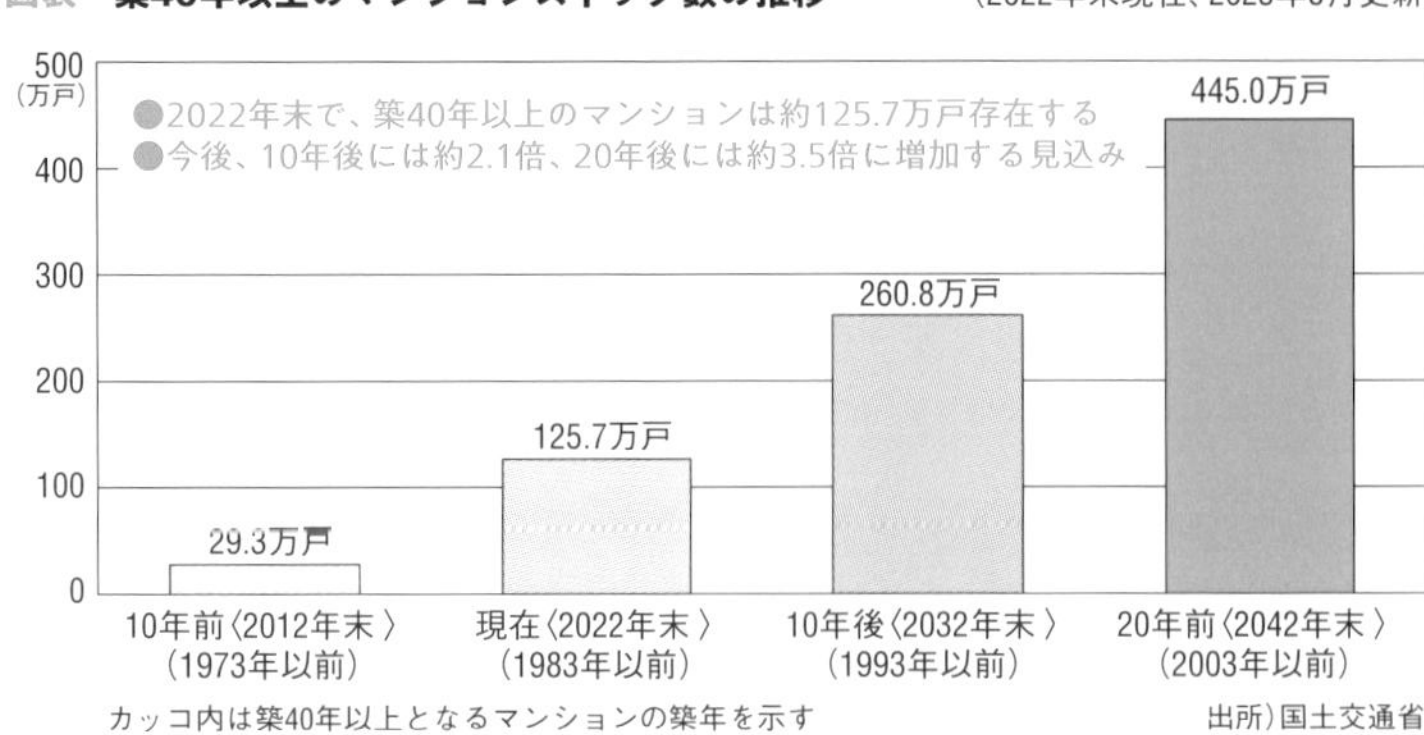


図表　居住者の高齢化が進展　（「令和5年度マンション総合調査結果」より、2024年6月発表）

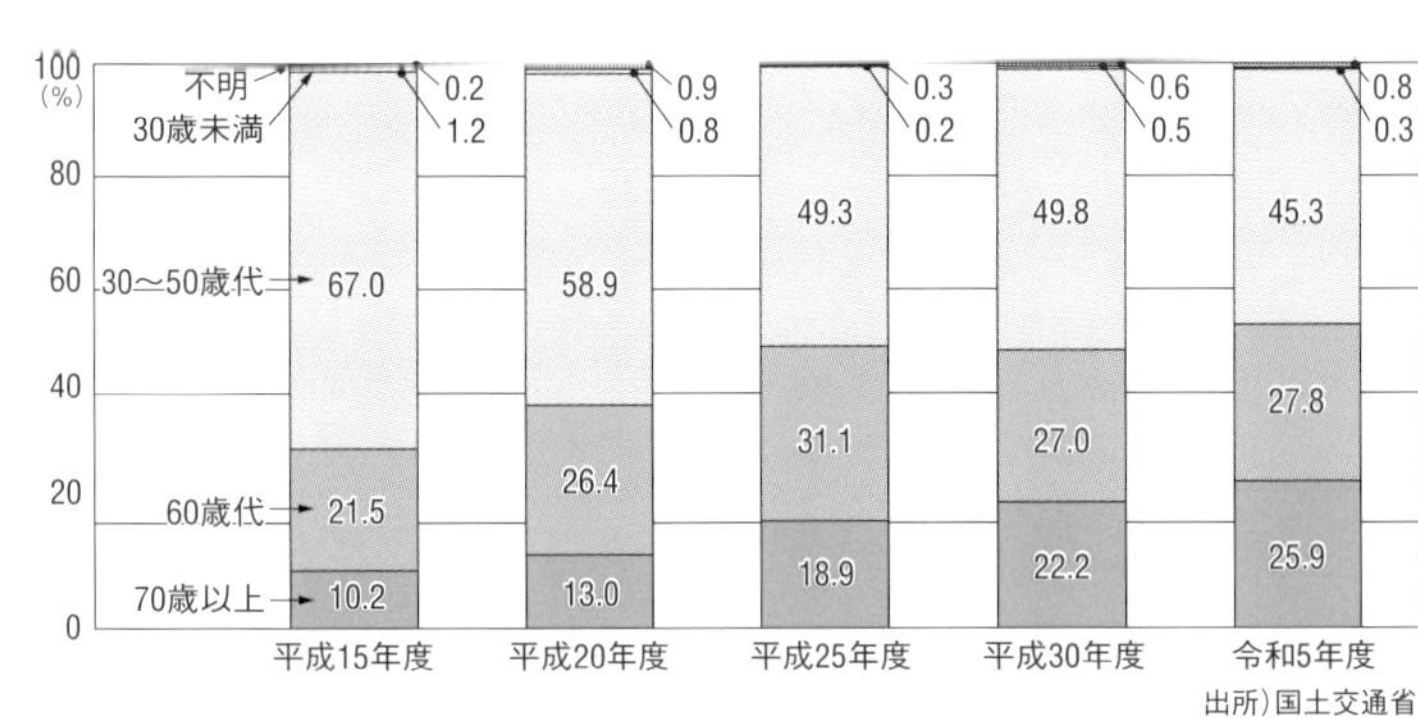


行った。その検討結果を踏まえ、令和4年9月に法務大臣が法制審議会に諮問した、という経緯になる。

さらに令和5年6月には「2023年骨太方針」が閣議決定され、区分所有法等の改正案の次期通常国会提出に向けて検討を進めるというくだりが入った。同じくその中の成長戦略フォローアップとして、建替え決議の議決要件の緩和を検討して令和5年度中に結論を得たうえで措置を講ずると、令和2年の閣議決定を具体化したものが閣議決定され、令和6年度の通常国会の提出に向けて検討が進められ、今年1月に区分所有法改正要綱まで確定したという経緯になる。

**――要綱の骨子について概説いただきたい。**

**戎**　三つの円滑化を掲げている。まず一つは、管理の円滑化。二つ目は、再生の円滑化、三つ目が、被災マンション再生の円滑化となる。これは先述の立法寸前の令和2年の閣議決定がそのまま実施計画となって、立法間近になっているというのが理由だ。

**――建築業界がとりわけ注視すべき点はどのようなところだろうか。**

**戎**　内閣府は改正に向けて法務省と国交省と連動することを謳っているが、区分所有法の改正にこれほど国交省が関わるのは初と言えるだろう。国土交通省が「マンションの建替え等の円滑化に関する法律（平成14年法律第78号）」（以下、円滑化法）に基づき、適切かつ円滑な改修・建替えを推進し、各種マニュアルを作成・公表しているという背景もあることだろう。

特に敷地売却は区分所有法の中にあるべき決議だが、管理組合の行う決議が円滑化法の中に既に入っていることもあり、「再生の円滑化」を一考するためには、国交省の意見が重要だ。

その趣旨として、マンション政策は国の住宅政策の一つとしてきちんと整えて立法すべき、という考えがある。実は区分所有法はマンション法でもなければ住宅法でもない。区分所有建物一般の管理法になるので、マンションの住宅政策から手を入れていくと、マンション以外の区分所有ビルとの齟齬が生じることを法務省では懸念している。こうしたことを鑑みて、国交省が今後マンションをどのように捉えていくかということがあらためて注視される。

**――国交省はどのように取り組んできたのだろうか。**

**戎**　新しいマンション政策に関する検討会を続けてきており、令和5年8月に取りまとめの報告が出されている。そこで強調されているのは、区分所有者の責務だ。管理にしても再生にしても、区分所有者が意思決定しないと何事も進まない。そのために、区分所有者には、まず何よりもマンション管理に関心を持ち、総会へも積極的に出席するという一般的な責務があるとされる。

**――区分所有者の責務があらためて見直されることになった背景は、どのようなものだろうか。**

**戎**　一般的な責務に加えて、適正管理責任が改めて強調されている。管理についての責任といえば、従来からある民法第717条の「工作物責任（土地の工作物等の占有者及び所有者の責任）」（管理の瑕疵で他人に損害を生じた時は、所有者等は損害賠償等の管理責任を問われる）と、「マンションの管理の適正化の推進に関する法律」（平成12年法律第149号）（以下、適正化法）第5条では、管理組合は国の適正化指針や自治体の計画にのっとってマンションを適正に管理する努力義務がある。その適正管理の内容として、前記とりまとめ報告において、区分所有者には最後にはマンションを自己の費用で解体する責務があることが明記された。廃墟にしない、あるいは廃墟になる可能性が高ければ自分たちの手で除却をするという責務だ。このような責務の協調の背景には、令和2年度に発生した、逗子市のマンションの擁壁崩壊死亡事故と野洲市の行政代執行によるマンション解体事例の衝撃がある。

ちなみに、国のマンション政策の二本柱は、予防的な長寿命化と、対処的な解体・除却の促進であり、これら二つが管理組合・区分所有者の責務の内容になっているわけである。前者は適正化法が、後者は円滑化法が受け持っているところ、円滑化法上のメニューがいずれも除却を含む建替えと敷地売却であることから分かるように、国の用語ではこれまで「再生」とは解体を伴うものであった。

### 「再生」はリファイン・リノベではなく解体を意味する？

――建築業界において「再生」は、壊さずに直すという共通認識があるが。

**戎**　もちろん壊さない「再生」もありうる。今回の要綱案でも「区分所有建物の再生の円滑化を図る方策」において除却を伴わない再生メニューが含まれている。そういう意味では、今回の改正で「再生」という概念は拡張されたといえるだろう。

責務の協調だが、要綱には総会の招集通知や議案書が届いているのに、議決行使権も行使せず委任状も出さず当日欠席

**図表　区分所有法制の改正に関する要綱案より、本稿のために一部抜粋**

**【区分所有建物の管理の円滑化を図る方策】**

**1. 集会の決議の円滑化**

**◉所在等不明区分所有者を決議の母数から除外する仕組みづくり**

所在等不明の区分所有者は反対者と同様に扱われ、円滑な決議を阻害する要因に。決議の母数から除外する仕組みづくりを検討する。

**◉出席者の多数決による決議を可能とする仕組み**

集会に参加せず賛否も明らかにしない区分所有者は、反対者と同様に扱われ円滑な決議を阻害している要因に。出席者の多数決による決議を可能とする。

**2. 区分所有建物の管理に特化した財産管理制度**

**◉所有者不明専有部分管理制度**

所在等不明区分所有者の専有部分は適切に管理されず、建物の管理に支障をきたす場合が。在等不明区分所有者の専有部分管理に特化した新たな財産管理制度を検討する。

**◉管理不全の区分所有建物の管理制度**

専有部分や共用部分が管理されないことによって危険な状態になることも。管理不全状態にある専有部分や共用部分の管理に特化した新たな財産管理制度を検討する。

**3. 共用部分の変更決議を円滑化するための仕組み**

**◉共用部分の変更決議の要件の緩和**

共用部分の変更決議の多数決要件（4分の3）を満たすことは容易でない。必要な工事等が迅速に行えない場合がある。

**4. 管理に関する区分所有者の義務（区分所有者の責務）**

集会に参加しない区分所有者が増加傾向にあり、区分所有建物の適切な管理を阻害する可能性がある。区分所有建物の管理に関して所有者が負うべき責務について検討する。

**【区分所有建物の再生の円滑化を図る方策】**

**1. 建替え決議を円滑化するための仕組み**

**◉建替え決議の多数決要件の緩和**

建替え決議の多数決要件（5分の4）を満たすのは容易ではない。必要な建替えが迅速に行えない場合も多い。

**◉建替え決議がされた場合の賃借権等の消滅**

建替え決議がされても専有部分の賃借権等は消滅しないので、建替え工事の円滑な実施を阻害する場合も。建替え決議がされた場合に、一定の手続を経て賃借権を消滅させる仕組みを検討する。

**2　多数決による区分所有建物の再生、区分所有関係の解消**

**◉建物・敷地一括売却や建物の取壊し等**

建物・敷地一括売却や建物の取壊し等を行うには、区分所有者全員の同意が必要。ただし事実上困難なため、多数決による一括売却や取壊し等を可能とする仕組みを検討する

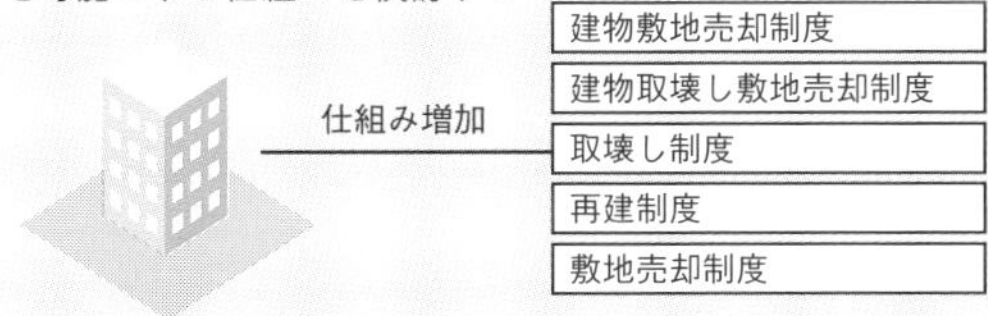


**◉建物の更新**

**【団地の管理・再生の円滑化を図る方策】**

**1. 団地内建物の建替えの円滑化**

**◉団地内建物の一括建替え決議の多数決要件の緩和**

**◉団地内建物の建替え承認決議の多数決要件の緩和**

**2. 団地内建物・敷地の一括売却**

出所）法務省・区分所有法制部会資料 https://www.moj.go.jp/content/001410115.pdf

をするような、責務を果たさない区分所有者は決議の際の分母から外してもよいという発想がみられる。以前はすべて非賛成票として数えられていた長期間行方不明の所有者を議決権決定の分母から除いたり、例えば、区分所有者数及び議決権の各4分の3以上の賛成とされている共用部分の変更決議の「区分所有者数」を「出席者」とすることなどがその例だ。これには、一部の非協力者の存在により、管理組合で必要な意思決定ができなくなることを防ぐ意図がある。

**――たしかに、廃墟が残らないように区分所有者が取り組むことは、自治体や国にとってもメリットがあると考えられる。**

**戎**　建替え決議は区分所有者数および議決権の5分の4以上の賛成が必要とされていたが、言い換えれば、5分の1が反対することで解体できずに廃墟として残ってしまう。議決要件の緩和はこうしたリスクを減らすことも目的としている。

例えば外壁の一部が剥落して通行人が負傷したら、区分所有者全員に損害賠償が課せられる。大半の人がもう解体しなければと考えているにもかかわらず、ひと握りの区分所有者が終の住処を強調して解体に反対すれば、解体できないにもかかわらず皆が工作物責任を問われる。そのような背景を受けて、建替え決議の議決要件を緩和し、さらに、単純な解体も全員同意ではなく決議でできることとした。解体決議は、短期的に定期借地権付きマンションの解体を見据えている。敷地利用権を失っても区分所有関係は微動だにしないため、定期借地権付きマンションの単純解体は借地期間満了後も全員だと考えられるからだ。

**――例えば更地にして明け渡さなければならないという義務は、全員で負っているので、一人が反対して解体ができず建物収去土地明け渡しが遅れると、地代相当損害金を全員が払わなければならないなどということになりかねない。初の定期借地権付きマンションが登場したのが１９９２年なので、30余年が経つ。借地期間満了を迎えるのが最短で２０４２年になり20年を切っているが。**

**戎**　解体して返してもらえるのか不安を抱き、デベロッパーを間に入れれば責任を取ってもらえると考えて、「転貸借方式」を採用する地主も増えている。このような背景で、前述のように短期的には定借マンションの解体決議、長期的には除却手法の一つとして単純解体も認めるということだ。さらに従来の敷地売却では買受人による取り壊し義務のある「建物除却敷地売却」一択だったが、要綱では「建物敷地売却決議」（買受人に建物解体義務がない）も含まれている。

**――それが認められるなら、リノベーションのような「再生」もできるということになるのだろうか。**

**戎**　もちろん可能だ。除却義務を課さない敷地売却なので買受人の意思により壊さない再生もできる。

**――壊して建て替える費用が捻出できなくても、コストを抑えながら部分的に適正な再生をすれば分譲もできるイメージか。**

**戎**　その通りだ。今回の改正のポイントの一つとして、建物解体義務を免除した決議が創設されたということが一つある。もう一つは、ある時期まで「リノベーション決議（以下、リノベ決議）」と呼ばれていた「建物更新決議」だ。建物更新決議は管理組合がリノベを決定するが、売却して買受人のもとでリノベをするケースもあるだろう。この時にもマンション売却決議は使える。つまり、管理組合がリノベするパターンと買受人がリノベをする、二つのパターンが可能ということだ。

**――その場合は、建物買取特約と同じように所有者は住み続けることができるのだろうか。**

**戎**　それは保証されていない。買受時の条件で、例えば借家人で何年か住めるのなら賛成するというケースが出てくることだろう。しかし、現行の敷地売却決議や建物敷地売却決議自体では救済できない。柔軟に買受人のもとでの解体、あるいは解体しないなら別の手段での再生をしてもらうということだ。どちらにせよ再生――本当の意味では解体だが――を進めようという意図だ。

**――リノベ決議は組合の力量によるところもあり、現実的にできるのかは疑問だ。**

**戎**　区分所有法の改正に合わせて、円滑化法も改正され、「リノベ事業」のような決議に対応した新たな事業法が創設される予定だ。事業法が整備され、例えば、従前の区分所有権と従後の区分所有権が権利変換的につながるとすると、壊される専有部分の区分所有権に設定された抵当権の処理も円滑化される。現行法では全員同意でなければフルリノベはできないが、改正後はそれも可能になる。

**――要綱案からは、国交省のこれからのマンション政策に対する姿勢も垣間見える。**

**戎**　今回の要綱は国のマンション政策の方向性にかなうものだ。国交省のあり方検討会では解体積立金の導入も検討されていた。長期修繕計画は一般的に20～30

年のスパンだが、国交省は解体までを視野にいれた70～100年の超長期ライフプランを検討している。いずれ長期修繕計画や修繕積立金から「修繕」という言葉が外れ、解体までを含む計画や積立金になっていく方向性が打ち出されているが、建替えや敷地売却で「解体」が決議できないと解体積立金が宙に浮く。それを防ぐためには、建替えや敷地売却の議決要件を緩和し、それらの手法を用いた解体を容易にすることと、何より単純解体決議を創設しておく必要があるということだ。

**図表　マンションの決議に必要な所有者の合意形成について**

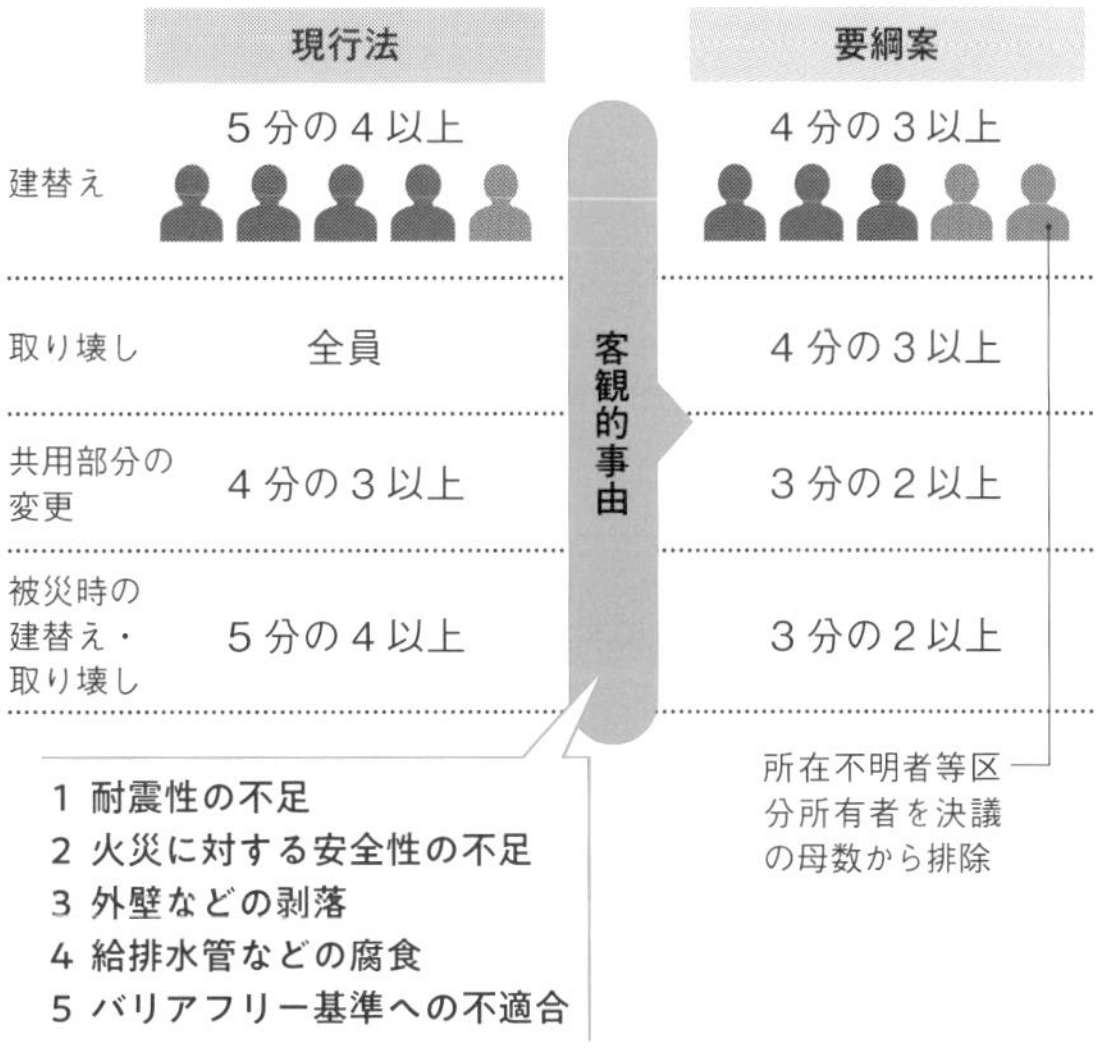

| | 現行法 | 要綱案 |
|---|---|---|
| 建替え | 5分の4以上 | 4分の3以上 |
| 取り壊し | 全員 | 4分の3以上 |
| 共用部分の変更 | 4分の3以上 | 3分の2以上 |
| 被災時の建替え・取り壊し | 5分の4以上 | 3分の2以上 |

客観的事由

1 耐震性の不足
2 火災に対する安全性の不足
3 外壁などの剥落
4 給排水管などの腐食
5 バリアフリー基準への不適合

所在不明者等区分所有者を決議の母数から排除

**――そもそも建替え決議が区分所有法の中にあることは、どのような意味があるのだろうか。**

**戎**　解体までが管理組合の責任で、建替えも敷地売却も解体の一手法（①建物解体、②建物解体＋土地売却、③建物解体＋新建物建築）という意味で区別はないとすると、敷地売却も単純解体も建替えも、管理組合すなわち区分所有法第3条でいうところの区分所有者の団体で決議できてよいだろうという発想の転換になる。建替えを現在の管理組合で決議できているのは、解体が3条団体の権限の範囲内だからという立て付けで、それゆえに今回、解体のメニューを増やしたという次第だ。建替えは決められるが解体は決められないというのはおかしい。

## 解体・再生に関する合意形成緩和の背景

**――その次に俎上に上がるのが「決めやすさ」だ。**

**戎**　管理と再生を含む広義の管理に関する決めやすさは、先述したように議決権の排除などの仕組みがある。もう一つ、再生は非協力者が非賛成者になってしまうだけでなく、もともと合意形成のハードルが高いのが議決要件緩和の話としてあった。平成14年改正前は、「費用の過分性」という客観的要件を満たさない限り建替え決議は認められなかった。背景としては何に費用を投じるかということも主観に左右されることがあり、特に阪神・淡路大震災の直後は訴訟も増え、大問題となった。最終的に過分性があるかどうかも含め、管理組合において5分の4以上で検討済みと考えてよいという最高裁判決が出て、平成14年改正に至ったわけだ。

今回はその5分の4を4分の3にできないか、というところからスタートし、かなり抵抗があったと聞いている。というのも規約変更や共用部分の変更も区分所有者数かつ議決権の各4分の3以上となっている。財産権の処分が共用部分の変更などと同じでよいはずがない、という理屈だ。

そこでまずは共用部分の変更決議などを3分の2以上の賛成に緩和する。とはいえ単純に4分の3以上の賛成に緩和するには、民法の考えにおいて、財産権保証の観点から耐え難いものがあり、そのため客観的要件の復活が俎上に上がったというわけだ。やはり5分の4の原則を維持しながら、それなりの客観的事由があれば4分の3にするという案が最終的に採用された。

その客観的事由もさまざま考案された。築年数要件も提唱されたが、解体・建替えを必要とする状況が生じても例えば30年経たないと解体再生ができないというのは不合理なので、築年数要件は採用されなかった。一方で、築年数要件は要件の具備に解釈が分かれる余地を残さないとも評価できる。年数以外の要件を客観的要件とした時、その具備について解釈が分かれる余地があるのなら、それは紛争につながり、かつての「費用の過分性」の亡霊を呼び起こしてしまう懸念がある。そこで客観的事由として使える枠組みとして、円滑化法上の「要除却認定」に目が向けられた。

**――要除却認定には、容積率の特例が認められる要除却認定と、マンション敷地売却決議も可能になる特定要除却認定があるが。**

**戎**　要除却認定の取得には、円滑法での耐震性不足、火災安全性不足、外壁等剥落危険性、配管設備腐食等、バリアフリー不適合のうちいずれかの基準に該当することが必要とされているが、これを客観的事由として区分所有法に記載するという話になり、行政が認定していることもあり、認定の基準もあるので、かつての「費用の過分性」要件のように解釈が分かれないだろう、と最終的に採用された。このいずれかの客観的事由があれば、議決要件が5分の4ではなく4分の3以上になる。

問題は、事由の認定が行政の認定ではなく、区分所有者が集会で決議の前提としてその具備を判定することである。つまり、かつての紛争と同じように、客観的事由がないのに4分の3以上で決議したとして、建替え決議の不成立ないし無効確認の訴えが出されるおそれがあるということである。そのような状態で建替組合の設立認可申請をすることを余儀なくされるが、行政が認可を躊躇しかねない。組合設立認可取り消しの訴訟が起こる可能性もある。デベロッパーの声も聞いてみたところ、そのような状態で事業を進めるのはリスクが高いという意見だった。

戎正晴氏

**――行政に申請をして要除却認定を受けてから建替え決議をするほうが安心だと言えるのだろうか。**

**戎** たしかに、客観的事由は要除却認定と同じだから、4分の3以上で決議する場合、実務的には行政に認定を申請して認定を受けてから決議に踏み切るということが考えられる。

ただこれも問題があり、要除却認定は過半数の普通決議で申請ができるので、建替えを阻止しようとする人たちが、要除却認定を取り消せと行政訴訟を起こす可能性がある。もちろん要除却認定の申請要件の基準をクリアしていると行政が自信をもっていれば、問題はない。ただ行政は被告にされることには抵抗があり、紛争を避ける方向に動くだろう。そうなると要除却認定を申請されてもなかなか認定しない、というケースも案じられる。

要綱とは関係ないが都市再開発法の都市再開発事業としてマンションを建て替えることが認められているが、立地適正化計画はほとんどの自治体がまだ策定しておらず、マンションの場合は入り口の高度利用要件で躓いてしまう。いまだ再開発事業としてマンション建替えや団地再生が行われたケースはない。だからこそ、建替え決議の議決要件緩和が強く望まれるところである。

## 区分所有者の責務はどのようにみなされるのか

**――極端な例えだが、50人の区分所有者がいるとして、建替え決議に5人しか出席しておらず、うち4人が賛成すれば、建替えは成立するだろうか。**

**戎** 建替え決議の場合でも「区分所有者数」ではなく「出席者数」という立法が採用されれば、理屈上「頭数要件」は満たす。ただし、要綱上は、建替え等の重大決議の場合には「出席者数」への緩和は採用されない公算も大きい。しかし、改正後はどのような議案でも「議案の要領」をつけなければならないし、特に建替え決議は集会の開催日2カ月前までに招集通知を発する必要がある。にもかかわらず、委任状も議決権行使書も出さない当日欠席者を配慮する必要があるか、という議論は最後まで残っている。

また、行方不明者の議決権を奪うことと、通知が来ているにも関わらず意思表示をしない者の議決権を奪うこと、管理の場合と建替えのような財産権処分の場面でもそれが同じでよいものかどうかなど、根本的に考えなければならない問題は残っているが、基本的には、建替えの場合でも何の意思表示もしない人が「非賛成」になってしまうような仕組みは望ましくない。

**――在外居住者の代理員制度も検討されているが、何らかのミスで手元に届かない、あるいは独居の高齢者のように受け取りが難しかったり、病院や施設に入っていたりするようなケースはどのように扱われるのだろうか。**

**戎** 招集通知が必ず届く運用が求められる。招集通知は現在、発信主義のように書かれており、共用スペースでの貼り付けのような制度もあるが、これからはあらためられることだろう。マンション標準管理規約も見直され、区分所有者は在外であっても届出をする必要がある。招集通知が届いていないにもかかわらず決議の分母から外される事態になっては、クレームが殺到することは、管理会社も心得ているだろう。不在が分かっていながら見過ごすことはないし、施設に入居しているのなら施設に送付する。

**――ただ、建替え等について、現在の要綱案では委任状も議決権行使書も出さない当日欠席者の扱いが汲み取れない。**

**戎** 最後どうなるか、というところはあ

田村誠邦氏

る。議論して落ちた部分もあるので、こうしたものが復活する可能性もゼロではない。現行70条も平成14年時の法制審議会の要綱段階では否定されていた。建替え承認決議、一括建替えは法制審議会での議論を重ねたうえで要綱から落としたが、議員立法的に復活した経緯がある。建替えのような財産権の処分のような場面でこそ、何らの意思表示もしない者を「消極的賛成者」として扱う必要性は高いと思う。

### 賃借権終了=補償金支払いが建替えを阻むジレンマに？

——今回は、建替え決議がされた場合の賃貸借の終了についても言及されているが、扱いはどのようになるのだろうか。

**戎**　現行法上は円滑化法の中の敷地売却事業で、借家権は権利消滅期日に消滅すると言われているが、この文言がかなり物議を醸していた。権利の消滅とは一体何なのか。契約が終了するから消滅するのか、だれに対する関係でも消滅するのかなど分からない点もある。敷地売却組合との関係だけで消滅したとみなされ補償に変わるだけで、家主である区分所有者との契約は終わっていないという議論もないではない。そこで今回、区分所有法の中に入れる時に、消滅なのか消滅請求なのか、終了請求なのか、正当事由なのか、どのように書くかという話からスタートした。

——そして要綱案では終了請求となっている。

**戎**　事業法ではないので、建替組合との関係で消滅したものとみなすという言い方もできない。そうすると契約の終了事由にするしかない。期間満了ではなく、債務不履行解除でもないので、法律効果を形成権的に発生させる、形成権としての終了請求権になる。形成権としての終了請求権を創設し、契約が終了するから消滅するという民事法との連続性と円滑化法とは違うということを説明できるようにした、という経緯だ。

問題は、終了しただけでは建替えにとってメリットはないということだ。勝ち取りたいのは明け渡しだ。本来ならば終了したらその日に明け渡すべきだが、そこには触れられていない。例えば1カ月内に明け渡すなどといった記述もあると望ましいのだが……。

また終了請求で終了すると書いた以上、その時点で明け渡し義務が発生するが、補償金の支払いと引き換えに明け渡す、ということになった。

——逆に言うと補償金を受け取った後に居座るケースは、訴訟しても負けるということになるが。

**戎**　その通りだ。明け渡しと補償金の支払いが同時履行の関係になったので、そうなる。ただ、補償金額が気に入らないということで裁判になる可能性もある。また、「補償金」という権利を付与してしまった点も気がかりだ。たいていの借家人は自発的に出てくれていたので、寝た子を起こすことになりかねない。法律に補償金と引き換えに明け渡すと書かれたら、良心的な借家人でも補償金を期待するだろう。したがって事業費が高くなる懸念が現在上がっている。

——公共地の立ち退きは公共性があるが、民間は高くなるという議論になるのではないだろうか。

**戎**　通常生ずる損失の算定について、法務省の補足説明では公共用地の取得に関する用対連基準の通損補償の算定方法が参考になるとしている。しかし、これでは補償金を巡る紛争を解決しないとどうしようもないということにならないか。明け渡しは補償金と引き換えという話は、本当の意味で終わらせたという意味にならないので私個人としては賛成できない。

——引替え給付が明記されている以上、受けたら専有部分の明け渡しを拒めないということになるが。

**戎**　補償金額について争いのある場合は、なお明け渡さないということはあるだろう。

また、区分所有法はマンションのみならず区分所有ビルにも適用される。すなわちテナントビルでも、明け渡しを得るため建替え側全体で補償を考えるということになり、家主だけの問題にとどまらずビル全体を巻き込むことになる。要は借家人に補償金請求権をもたせて建替え側の連帯債務にしたような法律とも言える。

### 廃墟をつくらないために何をどこまでできるのか

——すべてが住戸というのならまだしも、低層階が店舗というビルやマンションは建替えができなくなってしまう。

**戎**　歓迎すべき点も多々あるのだが。特にメニューが増えたというのは今後いろいろな再生が可能になる。

また今後の展望について言えば、国交省の検討会の中で謳われた自主建替えの推進策に期待したい。というのも、どれだけ建替え決議の要件を緩和したり、あるいはリノベ決議が可能になったりしても、そもそもデベロッパーが来ない物件がある。区分所有法の条文上、建替えは明らかに再建築だが現実の建替えはデベロッパーが関与する（再）開発事業として行われているのが実情だ。開発としての建替えしかないとなると、開発利益が見込めるところしかデベロッパーは来ないので、結局、建替えも敷地売却もリノベーションもできない物件が数多く出てくることが懸念される。建替え等ができないところは、積立金では解体費用すら賄えず、廃墟一直線という事態にもなりかねない。なので区分所有法の条文通りの再建築という建替えができないものか、という話になる。

自主建替え時の建設支援の貸付制度を住宅金融支援機構で行うことも検討されている。請負契約だけで、建替組合が一種の建設組合のようになってゼネコンあるいは工務店と契約をして、土地と新しくできる建物の価値を担保に借入れをするイメージだ。組合で借り入れてもよいが、最終的に新しいマンションになった時に組合は解散するので、一人ひとりの抵当権にする必要がある。

**——解体費用が捻出できず廃墟が増えることは、深刻な問題として考えなければならない。**

**戎**　土地値で解体費用を賄えたらまだよい。土地値でも解体費用を賄いきれないマンションは数多くある。そうなると何も残らず、あの住宅ローンは一体どこにいったのか、という話になってしまう。戸建て住宅なら解体後土地が残る場合が多いだろうが、マンションは解体費が半端ではないため土地も積立金も残らないそんなケースが出てくるのではないか。土地値と積立金で解体費用を賄って、さらに足りなければ、お金を払って出て行くだけになってしまう。

実際に地方の団地では、親の家の解体費用の請求が来ることを懸念して、相続放棄が多く見られる。自治体が一番恐れているのは、先に紹介した野洲市の廃墟マンションを、行政代執行で解体したようなケースだ。一戸建て住宅ならまだしもマンションの解体費は億以上の単位になる。代執行時の費用が区分所有者に求償できないのは自治体にとって悪夢だ。

**——こうしたことを考えると、マンションは、最後一人の権利者になるというのが合理的なのかもしれない。例えば分譲マンションにおいて信託でデベロッパーが最後の権利者になるようなケースだ。**

**戎**　分譲マンションの理想は定期借地権付＋買取特約とも言える。ある時点で所有者責任から免れて借家人として過ごす。もちろん出ていってもよい。分譲マンションは所有し続ける限り、過酷な所有者責任を果たさなければならない。高齢になっても仕事を失っても退職しても、病気をしても、生きている限り責任は免れられず、積立金と管理費が安くなるわけでも免除されるわけでもない。

**——その一方で全国的に中古マンション価格は２０１１年頃から倍近くなっているという国交省の統計もある。マンション分譲をする事業者や、中古物件の流通業界は最終的にどうなるか、意識していない。販売する時から解体積立金や解体責任義務の説明は必要なのではないか。**

**戎**　その通りだ。現在議論されているのは、解体されないで廃墟で残るリスクの分担だ。考えられているのは、供給しているデベロッパーも将来のことまで考えて解体保険などをつくる。所有者はランニングで解体保険を掛けて負担する。残りは行政が解体補助のようなかたちで多少は負担する。こちらのほうが廃墟を残されるよりも安価に済む。

所有者責任を果たすことも大変だが、果たせなかったらまちが廃墟だらけになるのが目に見えている。一棟丸々相続放棄されて無主の不動産になったら国庫に帰属するので、国が解体責任を負うことになるのか？　あまり考えたくはない。

**——例えば団地で1部屋相続放棄したとなると、国の所有になるのだろうか。**

**戎**　国に帰属する前の処理が必要。修繕積立金の滞納があると管理組合が利害関係人なので、相続財産管理（清算）人の選任を裁判所に申し立て、弁護士がついて売却や賃借などを考えることになる。売れたら滞納分を払って残りのお金は国庫に入る。ところが地方に行くと、売れない・貸せないと身動きの取れない状態になっている。弁護士の選任にも１００万円程かかり、50万円の滞納を１００万円かけて回収するような話になる。最終的に滞納も回収できなければ何もできない、というのが地方の団地の実情だ。

**——あらためてマンションはさまざまな問題を抱えていることが浮き彫りになった。いずれにせよ改正に向けての心構えが必要だ。解体業者に話を聞くと、とにかく捨て場がないと言う。どこまで壊さないで頑張れるか。業界に携わる者すべてが、今こそ真摯に問題に向き合わなければならない。**

※ 要綱案および法改正の動向は2024年６月現在の発表資料・内容によります。

# 建築・不動産の企画のプロが知っておきたい税制改正・法改正の動向

甲田珠子

建築・不動産企画と税金・各種制度は大きく関わっており、上手に制度を利用することで事業性が大幅に改善する可能性もあります。また、これらの知識を的確に顧客に提供することは、顧客からの信頼を勝ち取るうえでも非常に有効です。ここでは、建築・不動産に関わる様々な制度改正動向について紹介したいと思います。

## 子育て世帯・若者夫婦世帯に有利な住宅政策は、省エネ基準適合が要件

2025年4月以降に着工するすべての建築物については、省エネ基準への適合が義務化されることになっていますが、それに伴って、様々な支援策も打ち出されています。

まずは、住宅ローン減税（図表1）。住宅ローン減税とは、住宅ローンで住宅を新築・取得・増改築等した場合に、年末のローン残高の0・7%を所得税から最大13年間控除される制度です（所得税から控除しきれない場合には翌年の住民税からも一部控除されます）。今回の税制改正で、子育て世帯・若者夫婦世帯については、その他の世帯よりも借入限度額が500万円から1000万円多く設定され、子育て世帯・若者夫婦世帯の住宅取得をサポートしています。ただし、2024年入居からは、住宅ローン減税の対象となるためには、新築住宅については省エネ基準に適合していることが要件となりました。つまり、新築住宅の場合、省エネ住宅でなければ、住宅ローン減税を受けることができなくなったのです。

また、子育てエコホーム支援事業（コラム2参照）も創設されましたが、この制度も子育て世帯・若者夫婦世帯が、省エネ基準の住宅よりも高い省エネ性能を有する長期優良住宅やZEH住宅等を取得する場合に助成される制度となっています。

さらに、住宅取得等資金に係る贈与税の非課税措置についても適用期限が3年間延長となり、住宅取得のために父母や祖父母から最大1000万円まで贈与を

**図表1　住宅ローン減税の概要**

| | | ＜入居年＞ | 2024（R6）年 | 2025（R7）年 |
|---|---|---|---|---|
| 借入限度額 | 新築住宅・買取再販 | 長期優良住宅・低炭素住宅 | 4,500万円<br>子育て世帯・若者夫婦世帯※：5,000万円 | 4,500万円 |
| | | ZEH水準省エネ住宅 | 3,500万円<br>子育て世帯・若者夫婦世帯※：4,500万円 | 3,500万円 |
| | | 省エネ基準適合住宅 | 3,000万円<br>子育て世帯・若者夫婦世帯※：4,000万円 | 3,000万円 |
| | | その他の住宅 | 0円<br>（2023年までに新築の建築確認：2,000万円） | |
| | 既存住宅 | 長期優良住宅・低炭素住宅<br>ZEH水準省エネ住宅<br>省エネ基準適合住宅 | 3,000万円 | |
| | | その他の住宅 | 2,000万円 | |
| 控除期間 | | 新築住宅・買取再販 | 13年（「その他の住宅」は、10年） | |
| | | 既存住宅 | 10年 | |
| 所得要件 | | | 2,000万円 | |
| 床面積要件 | | | 50㎡（新築の場合、2024（R6）年までに建築確認：40㎡（所得要件：1,000万円）） | |

※「19歳未満の子を有する世帯」又は「夫婦のいずれかが40歳未満の世帯」
出所）国土交通省

受けても非課税となります（図表2）。こちらについては子育て世帯・若者夫婦世帯に限らず18歳以上であれば誰でも利用できますが、1000万円の非課税対象となるためには、住宅の省エネ性能はZEH水準（断熱等性能等級5以上かつ一次エネルギー消費量等級6以上）としなければなりません。

また、子育て世帯や若者夫婦世帯については、住宅ローンフラット35の「子育てプラス」という金利引下げメニューもあります（図表3）。これは、子ども1人につき当初5年間、0・25％金利が引き下げられるもので、子どもが3人いれば5年間0・75％金利が引き下げられます。ただし、フラット35を利用するためには、断熱等性能等級4以上かつ一次エネルギー消費量等級4以上か、もしくは、建築物エネルギー消費性能基準を満たした省エネ住宅でなければなりません。

リフォームについても、子育て世帯・若者夫婦世帯が、子育てに対応した住宅へのリフォームを行う場合に、標準的な工事費相当額の10％等を所得税から控除できることになりました（図表4）。具体的には、対面式キッチンへの交換や転落防止手すりの設置などを行った場合が対象となります。

### 子育て世帯向け省エネ賃貸住宅の計画には住宅金融支援機構の融資が利用可能

子育て世帯向けの賃貸住宅を計画する場合には、住宅金融支援機構の「子育て世帯向け省エネ賃貸住宅建設融資（図表5）」が利用できます。この融資を利用

**図表2　住宅取得等資金に係る贈与税の非課税措置の概要**

●令和8年12月31日まで

●贈与税非課税限度額

| 質の高い住宅 | 一般住宅 |
|---|---|
| 1,000万円 | 500万円 |

●床面積要件　50㎡以上　※合計所得金額が1,000万円以下の受贈者に限り、40㎡以上50㎡未満の住宅についても適用。

●質の高い住宅の要件　以下のいずれかに該当すること。

| | |
|---|---|
| 新築住宅 | ①断熱等性能等級５以上かつ一次エネルギー消費量等級６以上<br>※令和５年末までに建築確認を受けた住宅又は令和６年６月30日までに建築された住宅は、断熱等性能等級４又は一次エネルギー消費量等級４以上<br>②耐震等級２以上又は免震建築物<br>③高齢者等配慮対策等級３以上 |
| 既存住宅・増改築 | ①断熱等性能等級４又は一次エネルギー消費量等級４以上<br>②耐震等級２以上又は免震建築物<br>③高齢者等配慮対策等級３以上 |

**図表3　【フラット35】子育てプラスの概要**

●金利引き下げメニュー（2025年3月31日までの申込受付分に適用）

| 金利引き下げのパターン | 金利引き下げ期間 | 金利引き下げ幅 |
|---|---|---|
| 若年世帯または子ども1人の場合　Ⓟ | 当初５年間 | 年▲0.25％ |
| 子ども２人の場合　ⓅⓅ | 当初５年間 | 年▲0.5％ |
| 子ども３人の場合　ⓅⓅⓅ | 当初５年間 | 年▲0.75％ |
| 子どもN人の場合　Ⓟ×N | … | … |

・子どもの人数等に応じてポイントが加算されていく。
・申込み本人が自ら居住する住宅、セカンドハウスとして居住する住宅または申込み本人の親族が居住(※)する住宅を建設・購入する場合が対象（※申込み本人の親族が居住する場合は、融資対象住宅に入居する人が子どもを有する場合または若年夫婦に該当し、かつ、連帯債務者となる場合のみ利用できる）。

●利用条件

| 対象となる世帯 | 利用条件 |
|---|---|
| 子育て世帯 | 借入申込時に子ども(※)を有しており、当該子どもの年齢が借入申込年度の4月1日において18歳未満である世帯であること。 |
| 若年夫婦世帯 | 借入申込時に夫婦(※※)であり、夫婦のいずれかが借入申込年度の4月1日において40歳未満である世帯であること。 |

借入申込後から資金実行までの間に、上記の条件を満たした場合も対象となる。
※実子、養子、継子および孫をいい、胎児を含む。孫の場合は同居が必要。また、別居している子どもの場合は、親権を有していることが必要。
※※法律婚、同性パートナーおよび事実婚の関係をいう。婚約状態の場合は対象外。

●対象生年月日の早見表

| 借入申込年度（借入申込日） | 対象となる子どもの生年月日 | 対象となる若年夫婦の生年月日 |
|---|---|---|
| 2024（令和6）年度<br>（2024年4月1日～2025年3月31日） | 2006（平成18）年4月2日以後 | 1984（昭和59）年4月2日以後 |
| 2025（令和7）年度<br>（2025年4月1日～2026年3月31日） | 2007（平成19）年4月2日以後 | 1985（昭和60）年4月2日以後 |
| 2026（令和8）年度<br>（2026年4月1日～2027年3月31日） | 2008（平成20）年4月2日以後 | 1986（昭和61）年4月2日以後 |

若年夫婦世帯の場合は、夫婦のいずれかの生年月日が上表を満たす必要がある。

●【フラット35】における省エネ基準への適合

2023年4月以後、【フラット35】のすべての新築住宅は省エネ基準への適合(※)が必須になり、次のいずれかに該当することが必要となる。

①断熱等性能等級４以上かつ一次エネルギー消費量等級４以上

②建築物エネルギー消費性能基準（別途、結露防止措置の基準あり）

※【フラット35】を利用する場合、【フラット35】S等の金利引下げメニューの提供有無にかかわらず、すべての新築住宅に適応される。

（出所／住宅金融支援機構）

するためには、戸当たり床面積40㎡以上で、断熱等性能等級４以上かつ一次エネルギー消費量等級５以上の住宅もしくはトップランナー基準適合住宅としなければなりませんが、賃貸住宅部分の延べ面積が２００㎡以上であれば、自宅部分も含めて融資を受けることができるので、自宅兼賃貸住宅を計画する場合にも、ぜひ検討してみるとよいでしょう。なお、長期優良住宅やＺＥＨ基準に適合する賃貸住宅の場合には、さらに金利が引き下げられる制度もあります。

## マンションの相続税評価額改正——タワーマンションの節税効果が縮小される？

マンションを相続や贈与によって取得する場合には、相続税や贈与税がかかりますが、その税額は相続税評価額をもとに計算されます。

　これまで、マンションの相続税評価額は、同じ面積であれば高層階でも低層階でも同じ額でした。マンションの取引価格は、通常、高層階のほうが高いので、タワーマンションの高層階を取得しておけば、相続税評価額と時価の差額分だけ現金で相続するよりも相続税を少なくできることから、タワマン節税と呼ばれ、節税対策に利用されてきました。たとえば、タワーマンションの高層階の部屋を２億円で購入し、相続税評価額が５０００万円だった場合には、相続が発生して相続税を支払った後にこのマンションを２億円で売却できれば、差額の１億５０００万円分の相続税評価額に見合う相続税が節税できたことになるというわけで

**図表4　既存住宅のリフォーム減税の概要**

- 令和７年12月31日まで（子育てリフォームは令和6年12月31日まで）
- 一定のリフォームを行う場合に、標準的な工事費用相当額の10％等※1を所得税額から控除する。

| 対象工事 | | 対象工事限度額 | 最大控除額（対象工事） |
|---|---|---|---|
| 耐震 | | 250万円 | 25万円 |
| バリアフリー | | 200万円 | 20万円 |
| 省エネ | | 250万円（350万円）※3 | 25万円（35万円）※3 |
| 三世代同居 | | 250万円 | 25万円 |
| 長期優良住宅化 | 耐震＋省エネ＋耐久性 | 500万円（600万円）※3 | 50万円（60万円）※3 |
| | 耐震or省エネ＋耐久性 | 250万円（350万円）※3 | 25万円（35万円）※3 |
| 子育て※2 | | 250万円 | 25万円 |

※1 対象工事の限度額超過分及びその他増改築等工事についても一定の範囲まで５％の税額控除
※2 「19歳未満の子を有する世帯」又は「夫婦のいずれかが40歳未満の世帯」が行う①住宅内における子どもの事故を防止するための工事、②対面式キッチンへの交換工事、③開口部の防犯性を高める工事、④収納設備を増設する工事、⑤開口部・界壁・床の防音性を高める工事、⑥間取り変更工事（一定のものに限る。）
※3 カッコ内の金額は、太陽光発電設備を設置する場合

**子育てに対応した住宅への主なリフォームイメージ**

転落防止の手すりの設置

対面式キッチンへの交換

防音性の高い床への交換

可動式間仕切り壁の設置

**図表5　子育て世帯向け省エネ賃貸住宅建設融資の概要**

|  |  |
|---|---|
| 融資額 | 融資対象事業費の100％以内（10万円以上、10万円単位） |
| 返済期間 | 35年以内（1年単位） |
| 融資金利 | 35年固定金利または15年固定金利、いずれも最長返済期間は35年。繰上返済制限あり/なしが選択可能。<br>15年固定金利の場合、15年経過後の適用利率はその時点で見直される。 |
| 返済方法 | 元利均等毎月払いまたは元金均等毎月払い |
| 1戸あたりの専有面積 | 40㎡以上 |
| 住宅の規格および設備 | 各住戸に原則として2以上の居住室ならびにキッチン、トイレおよび浴室を備えた住宅 |
| 延べ面積 | 賃貸住宅部分の延べ面積が200㎡以上であること |
| 敷地面積 | 165㎡以上 |
| 戸数 | 制限なし |
| 建て方 | 共同建て、重ね建てまたは連続建て |
| 構造 | 耐火構造（性能耐火建築物にあっては、機構の定める一定の耐久性基準に適合するものに限る）または準耐火構造[省令準耐火構造]を含む |
| 機構の技術基準 | 次のいずれかに該当する住宅であること<br>(1) 断熱等性能等級4以上かつ一次エネルギー消費量等級5以上の住宅<br>(2) トップランナー基準に適合する住宅<br>その他接道、配管設備、区画、床の遮音構造などに関する基準がある |
| 融資の対象 | 賃貸住宅部分の延べ面積が建物全体の延べ面積の3/4以上の場合 → 建物全体<br>賃貸住宅部分の延べ面積が建物全体の延べ面積の3/4未満の場合 → 賃貸住宅部分のみ |

出所）住宅金融支援機構

す。

このような状況を是正するため、2024年1月1日以後に相続、遺贈又は贈与により取得したマンションについては、相続税評価額の計算方法が改正されることになりました。

具体的には、これまでの相続税評価額と実勢価格との乖離率を算出し、評価水準（1÷乖離率）が0・6未満の場合には、これまでの相続税評価額に乖離率×0・6を乗じた価額が新たな評価額となります（図表6）。

相続税評価額が市場価格の6割になるように設定されていることから、乖離率は容積率の大きいタワーマンションほど、また、所有する部屋の階数が高いほど大きくなり、築年数が古いほど小さくなります。たとえば、築15年、15階建ての10階部分60㎡を所有している場合、これまでの相続税評価額を1500万円とすると、乖離率は2・77となり、改正後の評価額はこれまでの約1・66倍の2497万円にもなってしまうのです（図表7）。

なお、この評価方法は、マンションの立地や方位、角部屋かどうか等については考慮されていません。また、都心部でも地方でも乖離率は同じとなることから、地方のほうが評価額の引き上げが大きくなる傾向があります。

今回の税制改正により、タワマン購入による相続税の節税効果は小さくなります。ただし、現金を相続するよりも不動産で相続したほうが、相続税が安くなることには変わりありません。また、居住用（登記上の居宅）ではなく事業用の区分所有建物や、一棟全部を所有している賃貸マンション等についてはこの評価方法の対象外なので、これまで通りの相続税評価額となります。さらに、その他の所有財産や小規模宅地等の評価減の特例（113参照）等の利用などによっても相続税額は大きく変わります。

したがって、今後は、これまで以上に、できるだけ顧客の全財産について把握する等により、顧客に寄り添った適切な対策を提案することが望まれます。そのためには、税理士や不動産鑑定士等の専門家とも協力しつつ、顧客のニーズを的確に把握することがポイントとなるでしょう。

**図表6　「居住用の区分所有財産」の評価方法**

**「居住用の区分所有補財産」の計算方法**

価額 ＝ 区分所有権の価額(①) ＋ 敷地利用権の価額(②)

① 従来の区分所有権の価額※ × 区分所有補正率(B参照)

※ 家屋の固定資産税評価額 × 1.0

② 従来の敷地利用権の価額※ × 区分所有補正率(B参照)

※路線価を基とした1㎡当たりの価額 × 地積（固定資産税評価額 × 評価倍率） × 敷地権の割合（共有持分の割合）

**「区分所有補正率」の計算方法(①→②→③の順に計算)**

① 評価乖離率＝A＋B＋C＋D＋3.220

A＝一棟の区分所有建物の築年数※ × △0.033

※建築の時から課税時期までの期間(1年未満の端数は1年)

B＝一棟の区分所有建物の総階数指数※ × 0.239(小数点以下第4位切捨て)

※総階数(地階を含まない)を33で除した値(小数点以下第4位切捨て、1を超える場合は1)

C＝一室の区分所有権等に係る専有部分の所在階※ × 0.018

※専有部分がその一棟の区分所有建物の複数階にまたがる場合(いわゆるメゾネットタイプの場合)には、階数が低い方の階。専有部分の所在階が地階である場合には、0階とし、Cの値は0

D＝一室の区分所有権等に係る敷地持分狭小度 × △1.195(小数点以下第4位切上げ)

敷地持分狭小度(小数点以下第4位切上げ) ＝ 敷地利用権の面積※ ／ 専有部分の面積(床面積)

※敷地利用権の面積は、次の区分に応じた面積(小数点以下第3位切上げ)
① 一棟の区分所有建物に係る敷地利用権が敷地権である場合
一棟の区分所有建物の敷地の面積 × 敷地権の割合
② 上記①以外の場合 一棟の区分所有建物の敷地の面積 × 敷地の共有持分の割合

評価乖離率が零又は負数の場合には、区分所有権及び敷地利用権の価額は評価しない(評価額を0とする)。

② 評価水準

評価水準(評価乖離率の逆数) ＝ 1 ÷ 評価乖離率

③ 区分所有補正率

| 区 分 | 区分所有補正率 |
|---|---|
| 評価水準 ＜ 0.6 | 評価乖離率 × 0.6 |
| 0.6 ≦ 評価水準 ≦ 1 | 補正なし(従来の評価額で評価) |
| 1 ＜ 評価水準 | 評価乖離率 |

出所）国税庁

**図表7　マンションの評価額の計算例**

| | |
|---|---|
| 概要 | これまでの区分所有権の価額　500万円<br>これまでの敷地利用権の価額　1,000万円<br>築15年<br>15階建て10階部分<br>専有部分の面積　60㎡<br>敷地面積3,000㎡<br>敷地権の割合0.004(敷地利用権の面積12㎡) |
| 計算 | 1．評価乖離率<br>評価乖離率＝A＋B＋C＋D＋3.220＝2.774<br>A＝15年×△0.033＝△0.495<br>B＝15階÷33×0.239＝0.108<br>C＝10階×0.018＝0.18<br>D＝12㎡÷60㎡×△1.195＝△0.239<br>2．評価水準<br>評価水準＝1÷2.774＝0.36049・・・<br>3．区分所有補正率<br>評価水準＜0.6より<br>区分所有補正率 ＝評価乖離率×0.6<br>＝2.774×0.6<br>＝1.6644<br>区分所有権の価額：500万円×1.6644＝8,322,000円<br>敷地利用権の価額：1,000万円×1.6644＝16,644,000円 |

# chapter 1

# 建築・不動産企画のキホン

# 001 建築・不動産企画とは

**建築・不動産企画とは「建築・不動産を通した事業実現・顧客ニーズ実現のための企て」**

建築・不動産企画という言葉は、様々な人が様々な場面で使っているが、必ずしも明確な定義があるわけではない。一般に「企画」というと、アイデアレベルのものを連想したり、また、設計条件を確定させるための前行為と捉えられるケースも多いが、現実の建築・不動産企画は、事業そのものの実現可能性の検討や事業システムの構築など、顧客の立場に立って具体的かつ緻密に事業の実現を考えるところにポイントがある。

そこで、本書では、建築・不動産企画を「建築・不動産を通した事業実現・顧客のニーズ実現のための企て」と定義することとしたい。

**企画担当者にいちばん必要なものは、「情熱」と「関心」である**

建築・不動産企画は、顧客ニーズの把握をはじめ、市場分析、立地分析、敷地調査、用途選定、コストプランニング、空間計画など、図表1に示すように非常に多岐にわたる業務があるため、当然、幅広い分野についての相応の「知識」と「能力」を必要とする。たとえば、建築計画や設計、施工、積算などの建築分野はもとより、インテリア、ランドスケープ、都市計画などの関連分野、さらにはマーケティング、事業経営、法務、税務、経済学、会計学、社会学などの「知識」が求められる。また、分析力、創造力、洞察力、説得力などの多くの「能力」も必要とされる（図表2）。

しかし、こうした知識や能力は、基本的には実務の中で身についていくものである。また、一人の人間の知識や能力には当然限界があるので、多くの人々との協力関係が必要となる。

このように、建築・不動産企画を行うにあたっては、多くの「知識」や「能力」を磨くとともに、多方面にわたる人々との協力関係を築くことが大切だが、建築・不動産企画の担当者にとって何よりも必要なものは、人間や社会などに対する「情熱」であり、「関心」であると言える。企画の仕事は、無から有を生み出す仕事であり、人を説得し、人を動かす仕事であるから、どんなに知識が豊富で能力が優れていても、情熱が持てない人には向かないし、また、人間に対する関心がなければ、やっていけない仕事なのである。

## 建築・不動産企画とは（図表1）

顧客の立場に立って具体的かつ緻密に事業の実現を考える

**建築・不動産を通した事業実現・顧客のニーズ実現のための企て！**

**建築・不動産企画の主な内容**

- 顧客の把握
- 市場分析 立地分析
- 敷地調査 法規制調査
- 用途選定 事業設定
- コスト プランニング
- コンセプト メイキング
- 空間計画
- 設計監理 運営支援

## 企画担当者に求められるもの（図表2）

**【スペシャリスト】**
- 設計者
- 不動産鑑定士
- 土地家屋調査士
- 司法書士
- 弁護士
- 税理士
- 金融機関
- 保険会社
- 不動産仲介業者

等

連携
（コーディネーター）

- 仕事（建築企画）に対する
- 人間に対する
- 社会に対する

……

情熱・関心

**【知識】**
- マーケティング
- 不動産
- 事業経営
- 法務
- 税務
- 経済学
- 会計学
- 社会学
- 建築計画
- 建築設計
- 施工
- 積算
- インテリア
- ランドスケープ
- 都市計画

等

**【能力】**
- 注意力
- 分析力
- 集中力
- 忍耐力
- 創造力
- 統合力
- 情報力
- 表現力
- 説得力
- 洞察力
- 決断力
- 行動力
- 客観性
- 公平性
- モラル

等

**事業（顧客ニーズ）の実現を図る**

# 002 建築・不動産企画のプロセスと進め方

**建築・不動産企画の事業プロセスには、企画立案、企画推進、建設、運営の4段階がある**

図表は、建築・不動産企画の業務領域と標準的なフローを示したものである。

事業プロセスは、大きく4つの段階に分けることができる。企画立案段階、企画推進段階、建設段階、運営段階の4つで、企画のフローも、これらの4つの段階に応じて図表のように進められる。

このうち企画立案段階は、プロジェクトのおおむねの方向を定める段階である。その意味で企画のウエイトが特に高い段階といえる。したがって、一般に、この段階においては企画の業務フローも細かく分けられることが多く、この企画依頼から企画書作成、プレゼンテーション、方針決定までの業務を狭義の企画と呼ぶこともある。しかし、企画立案段階に続く企画推進、建設、運営段階の業務も、建築・不動産企画の中で欠くことのできない重要な業務であることには変わりない。

**建築・不動産企画の業務領域には、建築関連と事業関連があるが、その中間領域もある**

次に、建築・不動産企画の構成要素をみてみよう。企画の業務領域としては、大きく建築関連と事業関連にわけられるが、その間に中間領域ともいうべき分野も存在する。

建築関連については、企画立案段階では法規制調査からボリュームスタディ、基本構想、基本計画など、設計業務の前段階ともいうべき業務分野が含まれる。企画推進段階以降は、通常の設計業務、施工業務などが主体となり、企画固有の分野はほとんどない。

一方、事業関連としては、企画立案段階では、顧客ニーズの把握から立地分析・市場分析、社会動向の把握、事業の絞込み、事例調査、事業フレームの設定など、非常に幅広い業務分野が含まれる。企画推進段階以降は、事業フレームの実現化から事業実施へと、幅広い分野の具体的かつ緻密な業務がある。

また、両者の中間領域には、企画立案段階での用途の絞込みから建築コンセプト・事業コンセプトの策定、企画推進段階以降の商品化・差別化、合意形成など、プロジェクトの実現に欠くことのできない重要な業務分野が含まれる。

ただし、実際の企画では、案件の内容や担当者の考え方によりフローも様々となる。

## 建築・不動産企画の業務領域と標準的フロー（図表）

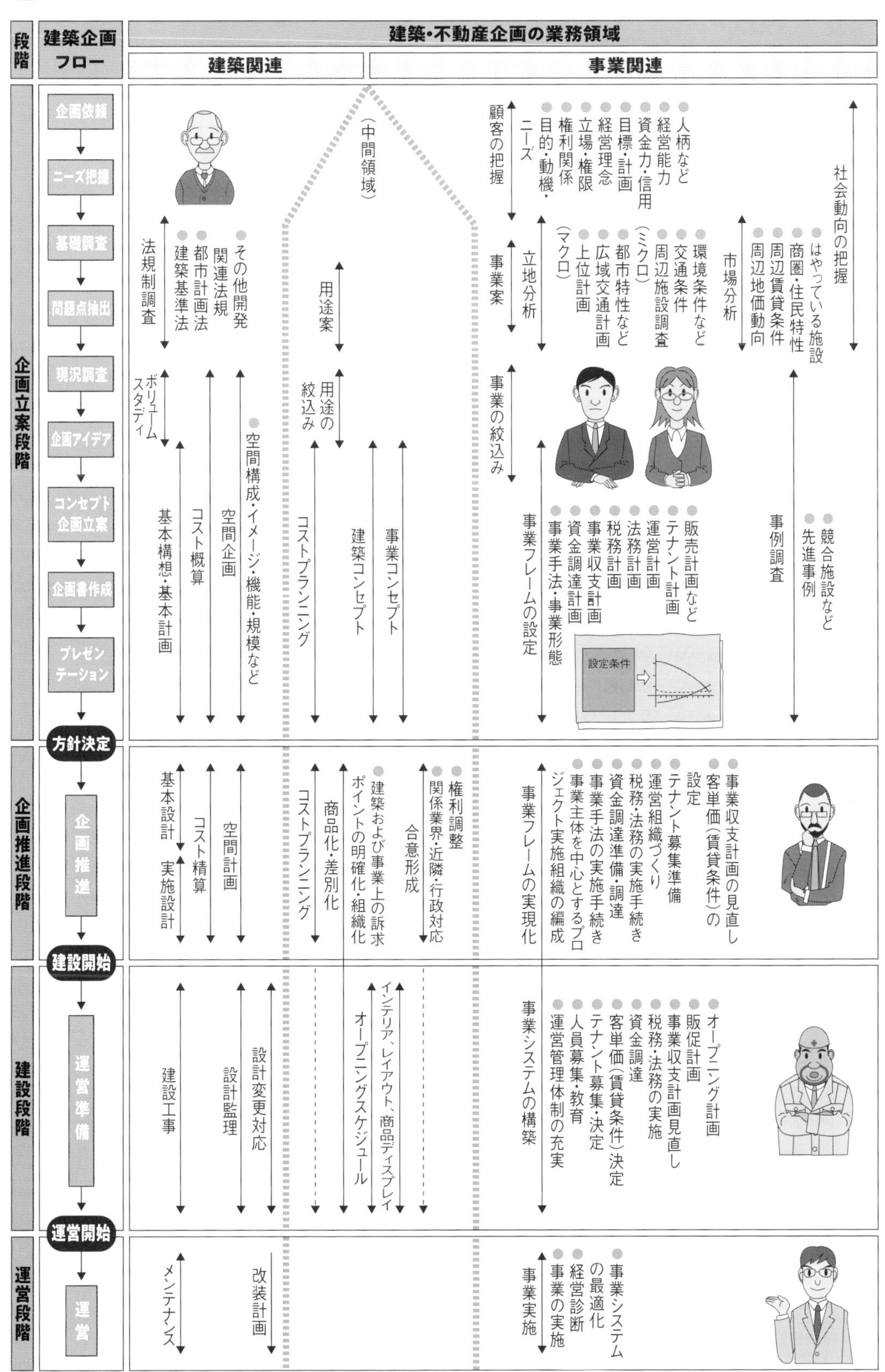

# 003 誰が企画するのか？

## 企画主体は、企画事務所、ゼネコン、デベロッパー、金融機関など多様

建築・不動産企画は、本来、事業主体、すなわち顧客が行う業務である。しかし、事業が複雑になり、高度化するに伴い、事業主体の委任を受けて専門家として企画業務を行う主体が登場した。

こうした企画主体は、従来は建設会社やデベロッパー、設計事務所などが中心だったが、今では、金融機関、広告代理店、税務会計事務所、各種プロデューサーなどの多様な職種の人々も、企画業務の分野に参入してきている。また、企画業務を専門に行う個人や事務所も増えている。

図表は、主な企画主体別に、企画業務の目的や企画の特徴をまとめたものである。企画主体ごとに、企画業務に対するスタンスや得意分野が異なっていることがわかる。たとえば、設計事務所は設計業務に関連した空間企画的分野を得意とするが、税務会計事務所の場合には、専門分野を活かした経営企画などを中心に行うことになる。また、同じ建築・不動産企画事務所であっても、設立の経緯により事務所ごとに得意分野は異なり、特に、専門コンサルタントの場合には、商業、医療等、特定の分野における商品計画や施設計画に強いといった特徴がある。

また、企画業務自体を本業とするコンサルタントや事務所以外の企画主体の場合には、通常、本業を有利に受注するための付随業務として企画業務を行っている。したがって、このような企画主体の場合には、企画については無償であることも多い。

## 企画主体ごとにスタンスや得意分野が異なるので、事業目的にあわせて選定すべき

企画主体の選定は、事業の成否を決定するほどの重要な要素である。

顧客が企画主体を選定する際には、その得意分野に留意して選定する必要がある。すなわち、顧客それぞれの事業目的により、企画のポイントは異なるので、事業目的に合った分野を得意とする企画主体を選定すべきである。

また、企画主体に対して、どこまでの企画を期待するのかによっても、選定すべき企画主体が異なってくる。つまり、企画書の作成のみを期待するのか、それとも、企画の実施主体としての役割まで期待するのかによっても、選定すべき企画主体は異なる。

## 主な企画主体の分類と特徴（図表）

| 企画主体 | 企画の目的 | 特徴 |
|---|---|---|
| **建築・不動産企画事務所（コンサルタント）** | ● 企画業務自体が本業 | ● 設立の経緯により、各事務所ごとに得意分野が異なる。<br>● 商業コンサルタント、医療コンサルタント等、専門コンサルタントの場合、特定の分野における商品計画や施設計画に強い。 |
| **設計事務所** | ● 設計業務受注等 | ● 設計業務に関連した空間企画的分野を得意とする。<br>● 建築上の技術的な助言、ＶＥ（バリュー・エンジニアリング）や確認申請実務を担当。 |
| **建設会社（ゼネコン 等）** | ● 建設工事受注<br>● 共同事業者として等 | ● ハードの計画面だけでなく事業計画や資金調達計画なども幅広く行える。<br>● 事業運営などについてのノウハウを持つケースも多い。<br>● コンペなどでは幹事会社になることも多い。 |
| **デベロッパー** | ● 用地売買<br>● 事業受託、等価交換<br>● 共同ビル建設等 | ● プランニングなどは外注事務所を使い、事業計画やテナント計画などを中心に行う。<br>● 事業主体になることも多い。 |
| **金融機関** | ● 建設資金の融資<br>● 土地信託受託<br>● 用地取得<br>● 共同ビル建設等 | ● プランニングなどは外注事務所を使い、事業計画を中心に行う。<br>● 事業における融資を行う。<br>● 事業コンペなどでは、コーディネーターとなることもある。 |
| **公社等** | ● 建設資金融資<br>● 共同事業実施等 | ● 街づくり、複合開発企画、住宅企画など、公社の業務内容にあわせた企画を行う。 |
| **広告代理店** | ● 広告代理、イベント企画受託等 | ● 外注事務所を効率よく使いながら、全体をコーディネイトすることが得意。<br>● 初期段階での企画調査やコンセプトワークに強い。<br>● プレゼンテーション力に優れるが、リアリティに欠けるケースもある。 |
| **専門事務所** | ● 専門業務受託 | ● 法律事務所、会計事務所、税理士事務所、不動産鑑定事務所などがある。<br>● 専門分野を活かした経営企画などを中心に行う。<br>● 企画業務自体を本業としている事務所もある。 |

# 004 企画の成否はマネジメントにある！

**企画業務の実務の中で、最も重要かつ難しいのは、業務受託時のマネジメント**

企画業務の実務の中で、最も重要かつ最も難しいのは、実は、業務受託時の確認業務であるといってもよい。業務受託の判断をはじめ企画の目的や範囲、業務期間など、企画業務の大きな方向が、すべてこれで決まってしまうからである。

**企画の目的、範囲、期間、企画価値に対する認識度、企画料などを確認する**

企画業務受託時の確認のポイントを図表に示す。

企画の目的は、プロジェクトを通しての顧客ニーズの実現にあるので、まずは、依頼の目的を明確に把握することが大切となる。なお、企業相手の場合には企画書の使用目的を明確にしておく必要がある。特に、持ち込み型の企画提案書作成の場合には、提案目的や条件を明確にしておかないと、相手にしてもらえないことになりかねない。

次に、企画の範囲をどこまでにするのか、企画の質をどこまで上げるか、企画のどの部分に重点を置くかといった方針を立てる必要がある。これらは、依頼目的や報酬などによって制約を受けるが、基本的には顧客との打合せの中で最初に明確にしておくことが大切である。

また、企画期間を確認し、適切な作業スケジュールを組み立てることも基本的なポイントの一つである。無理な作業スケジュールの設定は企画の質の低下、信用喪失を招く。企画期間の確認と、アウトプットをだれにどのように提出するのかの確認は重要である。

一方、顧客が企画価値についてどのような認識を持っているかについても把握する必要がある。顧客から提供されるデータや資料の有無から、顧客の現状把握の状況や、企画に対する認識度やレベルが、ある程度判断できる。

ところで、企画業務の中で、一番やっかいな問題が企画料の確認である。企画という結果がでていないものに対してあらかじめ料金を定めることは難しい面もあるが、できれば契約書の形で確認しておくことが望ましい。

さらに、企画料の問題と並んで重要な問題が、この業務を受けるかどうかの判断である。プロジェクト自体の経済成立性だけでなく、社会的成立性をも慎重に見極める姿勢が必要である。

## 業務受託時の確認ポイント（図表）

|  |  |
|---|---|
| **依頼の目的、企画書の使用目的を確認する** | ● 事業実現のためには、依頼の目的を明確に把握することが大切。<br>● ただし、顧客が依頼目的を十分に把握していない場合もあるので、顧客とのコミュニケーションの中で、潜在的なニーズを、顧客に納得してもらいながら明確にしていく必要がある。<br>● 顧客が企業の場合には、特に企画書の使用目的を明確にすることが重要。 |
| **企画の範囲や企画のねらいを確認する** | ● 企画の依頼目的、期間、報酬などによって制約を受けるが、基本的には顧客との打合せの中で、企画の範囲をどこまでにするのか、企画の精度をどこまで上げるか、企画のどの部分に重点を置くかといったことは、最初に明確にしておくことが大切。 |
| **企画期間を確認する** | ● 無理な作業スケジュールの設定は、企画の質の低下を招き、信用喪失を招くので、適切な作業スケジュールを組み立てることが大切。 |
| **顧客の企画価値に関する認識度を把握する** | ● 顧客が企画価値について、どのような認識をもっているかによって、企画側のスタンスも大きく変わる。<br>● 特に新規の顧客の場合には、初回の打合せの少ない情報量の中で、顧客の認識レベルや体質についてもある程度、判断する必要がある。 |
| **提供されるデータ、資料の有無を確認する** | ● 顧客から提供されるデータや資料は、非常に重要な情報である上に、これにより、顧客の現状把握の状況や、企画に対する認識度やレベルが、ある程度判断できる。 |
| **企画料を確認する** | ● 企画という結果が定かでないものに対してあらかじめ料金を決めることは難しいが、できれば契約書の形で企画料についての確認を行っておくと、後々の業務遂行を円滑に進めることができる。 |
| **業務を受けるか否かを判断する** | ● ものになる可能性があるか、顧客の体質・レベル・信頼性・取り組み体制に問題はないか、企画目的・内容・作業量・作業期間などからみて能力的・組織的に対応可能かどうか、適正な企画料の受取りが可能か、企画目的・内容などに無理な点はないか、過去の取引関係・紹介者などを総合的に勘案して、最終的な判断を下すことが大切。 |

## はじめに何をするのか？

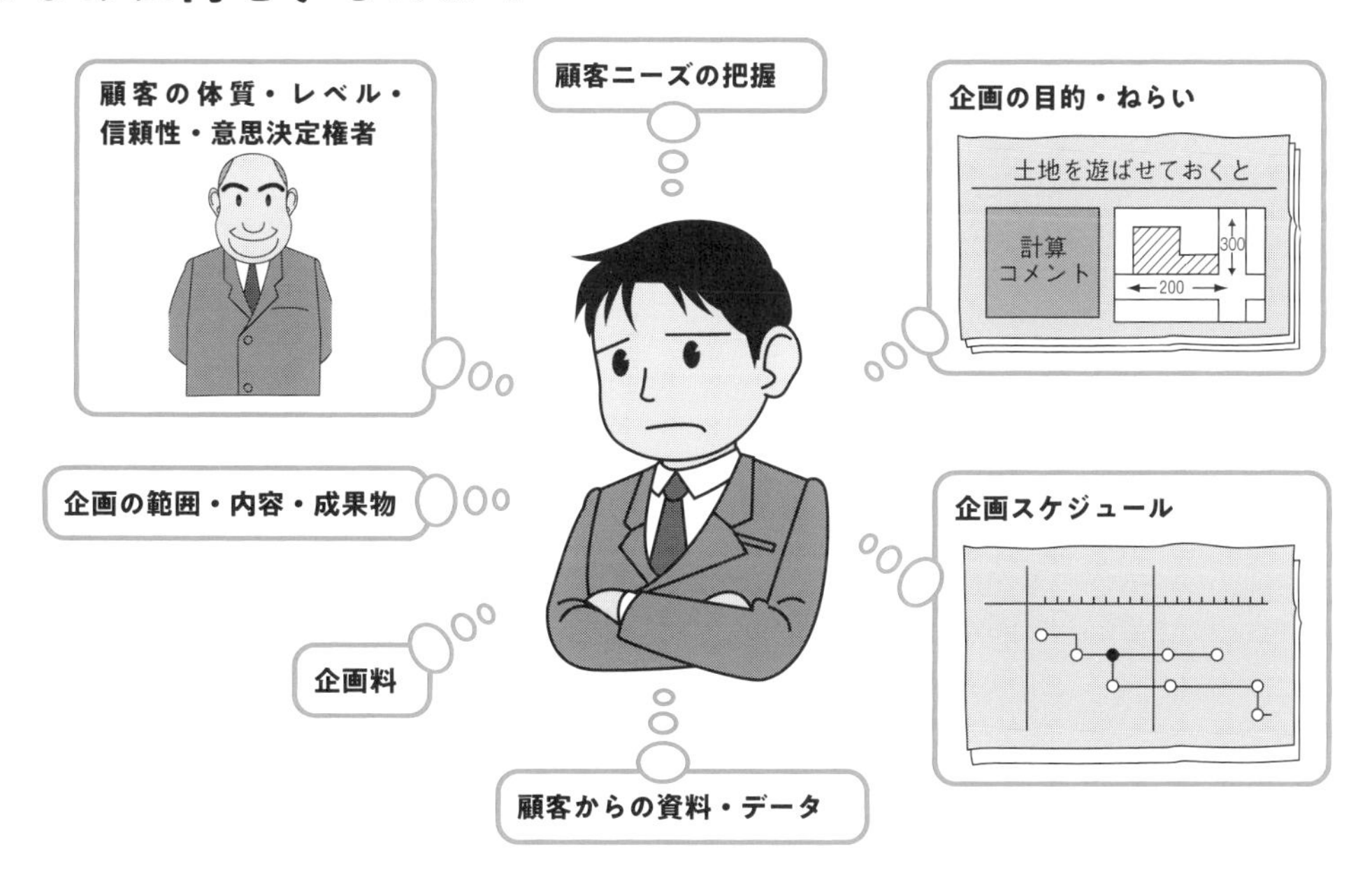

# 005 企画のプロジェクトチームを編成する

## 実際のプロジェクトでは、企画業務についてもチームで行われることが多い

建築・不動産プロジェクトを取り巻く環境の複雑化、高度化に伴い、多くの企画主体が企画業務の分野に進出してきているが（003参照）、実際のプロジェクトにおいては、これらの企画主体が単独で企画業務全般を行っているケースは少ない。むしろ、企画業務自体も、チームによって行われていることが多い。特に、大規模なプロジェクトや複雑なプロジェクトになればなるほど、多様な専門的ノウハウをもった異業種の専門家で構成される企画チームによって、企画業務が遂行されることが多くなっている。

企画チームの編成例を図表に示す。

## プロジェクトリーダーは、チームの編成やコーディネートをうまく行えるかがポイント

企画業務がチームで行われる場合、企画チーム全体の方向性を定め、業務分担やスケジュール管理を行い、プロジェクトチーム内での調整を図りながら、プロジェクトをリードしていくコーディネーターの存在が不可欠となる。具体的には、顧客との事前打合せで確認した企画の目的や企画の範囲、顧客の状況や認識レベルなどをチームに伝え、予算や外注先の選定などを含めた方針を明確にしなければならない。また、チーム内でディスカッションを行い、事業実現に向けてチーム内のマネジメントを行う必要がある。

このように、プロジェクトリーダーは、コーディネーター的なマネジメント能力が必要であり、事業主体がその役割を果たすケースもあるが、設計者やコンサルタント、あるいはゼネコンや金融機関の中の人間がその役割を果たす場合も多い。

建築・不動産プロジェクトの企画業務においては、こうした異業種の専門家からなる企画チームの編成や、企画チームのコーディネートがうまく行えるかどうかが、大変重要なポイントとなる。

したがって、単に特定分野に関する専門ノウハウを蓄積するだけでなく、企画業務全般に関連する幅広い知識や異分野の専門家との交流、プロジェクト全般のポイントや流れを読む洞察力、プロジェクトチーム全体を活性化させ動機づける能力など、リーダーとしての総合的資質を持った人材が企画には欠かせない。

## 企画に携わるメンバーと業務領域（図表）

**プロジェクトリーダー**
（コンサルタント、金融機関、デベロッパー、設計事務所、ゼネコン等企画主体として事業実現に向けたサポート）

**金融機関**
（融資等）

**設計事務所**
（建物の設計・監理）

**事業主体**
（事業発意者、土地所有者等）

**管理会社**
（建物管理）

**建設会社**
（建物の施工）

**専門家**

**不動産鑑定士**
（権利調整、権利変換等の実務に関するコンサルティング）

**公認会計士・税理士**
（節税・相続税、事業運営上のコンサルティング）

**弁護士**
（相続や事業における法務に関するコンサルティング）

# 006 事業の目的を把握する

**企画を顧客ニーズ別に分類しておくと、実務上役に立つうえ、企画上達の早道となる**

建築・不動産企画を行ううえで、企画をパターン分けしておくと便利である。パターン分けには、いくつかの切り口が考えられる。

建物の用途で分類する方法では、たとえば、医療分野に特化して関連ノウハウを蓄積し、マーケットリサーチから法人設立手続きまでを含むコンサルティングを行っている企画主体もある。ただし、用途別分類の観点のみでは、企画内容が偏ったり、顧客ニーズと遊離してしまう危険性もある。

一方、顧客ニーズ別に分けて考える方法もある。前述のように、建築・不動産企画は顧客ニーズの実現を目的としているので、顧客ニーズ別の視点で企画をパターン分けしておくことは、実務上、非常に役に立つことが多く、企画上達の早道となる。また、企画を実現していくうえで解決すべき問題や、顧客を説得するうえでのポイント、企画書の書き方、プレゼンテーションの方法などは、顧客ニーズ別の切り口でポイントを押さえることが可能である。図表では、顧客別に事業目的を分類しているので参照されたい。

このほか、事業方式別、事業形態別、テーマ別、地域別など、さまざまな切り口が考えられるが、実務を通した経験を、これらの複数の切り口で整理しながら、自身のノウハウとして再構成することが大切である。

**顧客の種類は、個人と法人に分けられ、それぞれ事業目的が異なる**

顧客の種類は、大きく個人と法人に分けられる。また、個人は、さらに一般個人と会社オーナーに分類できる。

一般個人の場合の事業目的は、相続対策、土地の有効活用、資産形成、所得税や固定資産税等の節税対策などが中心となる。会社オーナーの場合も、基本的には一般個人と同じだが、事業承継や法人税の節税対策なども含まれる場合が多い。

一方、法人の一般企業の場合には、資産活用、資産形成、節税対策のほか、企業の収益対策や社会貢献、社宅や寮などの福利厚生なども事業目的となることがある。企業資産の約4割は事務所や店舗、工場、倉庫、住宅などの不動産といわれており、企業不動産についての企画の重要性が、今後ますます問われることになるであろう（008参照）。

## 顧客別の主な事業目的（図表）

| 顧客の種類 | | 事業目的 | |
|---|---|---|---|
| 個人 | 一般個人 | 相続対策 | 相続税の節税対策、相続財産の分割対策 |
| | | | 相続発生後の納税対策・相続財産の分割対策 |
| | | 資産活用 | 保有資産の建替え・増改築 |
| | | | 保有資産の活用 |
| | | | 安定収入の確保 |
| | | 資産形成 | 保有資産の拡大 |
| | | | 買換え・交換による課税の繰り延べ |
| | | 節税対策 | 保有税の節税対策、所得税の節税対策 |
| | 会社オーナー | 相続対策 | 相続税の節税対策、相続財産の分割対策 |
| | | | 相続発生後の納税対策・相続財産の分割対策 |
| | | 資産活用 | 保有資産の建替え・増改築 |
| | | | 保有資産の活用 |
| | | | 本業の補完となる収入の確保 |
| | | 資産形成 | 保有資産の拡大 |
| | | | 買換え・交換による課税の繰り延べ |
| | | 節税対策 | 保有税の節税対策、所得税・法人税の節税対策 |
| | | 事業承継 | 同族会社の持株対策 |
| 法人 | 一般企業 | 資産活用 | 保有資産の建替え・増改築 |
| | | | 保有資産の活用 |
| | | 資産形成 | 保有資産の拡大 |
| | | | 買換え・交換による課税の繰り延べ |
| | | 節税対策 | 保有税の節税対策、法人税の節税対策 |
| | | 収益対策 | 財務体質の改善、不良資産の売却、施設の統廃合 |
| | | | 本業の補完となる収入の確保 |
| | | 社会貢献 | 企業イメージづくり |
| | | 福利厚生 | 社宅・寮、保養施設等 |

企業資産の約4割は事務所や店舗、工場、倉庫、住宅などの不動産といわれる。事業の効率化や再構築、成長戦略を描くうえで不動産価値を高めたり、有効活用を図ることはますます重要になっている。

# 007 個人地主が抱える問題点とニーズ

## 個人地主が抱える問題には、主に、相続対策、資産活用、資産形成、節税対策がある

個人地主が抱える問題には、主として、相続対策、資産活用、資産形成、節税対策の4つがある（図表）。特に、相続対策については個人地主にとって最も大きな関心事である場合が多い。ただし、相続対策には、相続発生前の生前対策と、相続発生後の対策の2つがあることに注意する必要がある。生前対策については相続税が心配だという漠然とした悩みをはじめ、相続税額の試算、相続税の節税対策、財産の生前贈与対策などが中心となる（010参照）。一方、相続発生後の対策については、相続財産の分割方法や納税対策などが中心となる。

資産活用については、賃貸事業に関する相談が最も多い。賃貸事業によって安定収入を確保したいというニーズ以外にも、最近では古いアパートの建替えやリニューアルのニーズも増加している。さらに、古い貸家や貸宅地の整理など、難しい問題を抱えている地主も多い。

資産形成については、新たな不動産投資や資産の買換えについてのニーズが主となる。

節税対策については、所得税の節税対策と、固定資産税や都市計画税などの保有税の節税対策がある。

このように、顧客が個人地主の場合には、税金対策や土地の有効活用が代表的な事業目的となる場合が多い。ただし、たとえば安定収入の確保を目的とした賃貸事業を希望している場合でも、話をよく聞いてみると、相続対策や資産形成も併せて望んでいることもある等、目的が一つではないケースも多い。

また、そもそも顧客自身が問題点やニーズをはっきりと把握していないことも非常に多い。したがって、企画担当者は、顧客に何度も会って、不安に思っていること、やりたいことなどを根気よく聞いて相談相手になっていくことで、ニーズを的確に把握することがポイントとなる。

## 個人が抱える個別の問題を解決し、顧客の生活向上に寄与することが企画の役割

個人地主が抱えるさまざまな問題は、個別性が強い。しかし、その個別の問題を一つひとつ解決し、依頼者をはじめ、その周囲の人々の生活向上に寄与することこそが、個人地主に対する企画の重要な役割となる。

## 個人地主が抱える問題（図表）



**相続対策**
- 相続税が心配だ。
- 相続税はいくらくらいになるのか知りたい。
- 相続税を減らす方法はあるのか。
- 相続が発生したが相続税はどうなるのか。
- 相続が発生し、財産を分割したい。

**資産活用**
- 賃貸事業で安定収入を確保したい。
- 使っていない土地を何とかしたい。
- 古いアパートを建て替えたい。
- 古いアパートをリニューアルしたい。
- 古貸家を何とかしたい。
- 貸宅地を整理したい。

**資産形成**
- 新たに不動産投資を行いたい。
- 未利用地を収益物件に買い換えたい。

**節税対策**
- 固定資産税・都市計画税を減らしたい。
- 所得税を節税したい。

**個人が抱える個別の問題を解決し、
依頼者及びその周囲の人々の生活向上に寄与することが
個人地主に対する企画の役割**

# 008 企業の不動産（CRE）戦略の考え方

**資産活用、節税対策のほか、収益対策や社会貢献などが事業目的となることもある**

一般企業の場合、保有資産の活用、買換えや交換による課税の繰り延べ、保有税や法人税の節税対策のほか、財務体質の改善、不良資産の売却、本業の補完となる収入の確保などが事業目的となる場合が多い。また、社会貢献や、社宅・寮などの福利厚生が事業目的となることもある。

**CRE戦略とは、企業価値の最大化を目的に経営的観点から構築された不動産戦略**

CREとは、企業が利用するすべての不動産をいい、所有不動産だけでなく賃借不動産も含む。そして、CRE戦略とは、この企業不動産（CRE）を有効活用することによって、企業価値の最大化の実現を目的として、経営的観点から構築された不動産戦略をいい、経営資源として不動産を改めて認識することである（図表）。

CRE戦略は、減損会計や時価会計の導入、企業の限られた経営資源である不動産の有効活用の必要性などから、その重要性が高まっている。企業にとっても、CRE戦略の導入により、コスト削減をはじめ、キャッシュ・イン・フローの増加、経営リスクの分散化・軽減・除去、資金調達能力のアップなどが期待できる。

CRE戦略の手順としては、図表に示すように、まず、企業のCRE情報を棚卸しし、企業不動産のすべてを把握する必要がある。この際には、企業不動産をリスト化するとよい。その後、ポジショニング分析、個別不動産分析などを行い、CREの最適化について検討を行う。次に、最適化のプランニングに沿って、具体的に不動産の組み換え施策を実行する。そして、最後に結果分析と評価を行うことになる。

もちろん、定期的にこれらの手順が繰り返され、常にCREは最適な状態を保つ必要がある。

なお、CRE戦略を効果的に実践するためには、企業の経営的判断を行っているトップ層に直結した組織が企業不動産の情報を一元的に把握することが大切である。特に、企業不動産の全てについて、経営的観点から企業価値の最大化を実現するためには、企業不動産に関する情報整理と一元管理が必要となる。また、それをマネジメントする人材の育成や、外部専門家との連携による戦略の高度化、効率化も欠かせない。

# 企業のCRE戦略（図表）

## CRE（Corporate Real Estate）とは？

- 企業が利用するすべての不動産をいう。
- 所有不動産だけでなく賃借不動産も含む。

## CRE戦略とは？

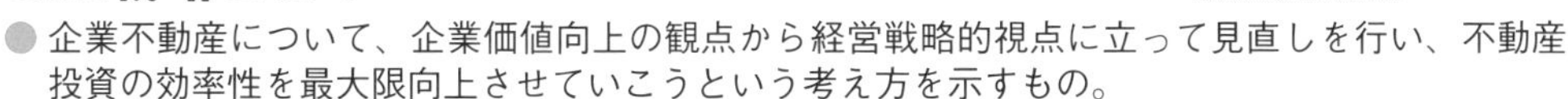

- 企業不動産について、企業価値向上の観点から経営戦略的視点に立って見直しを行い、不動産投資の効率性を最大限向上させていこうという考え方を示すもの。

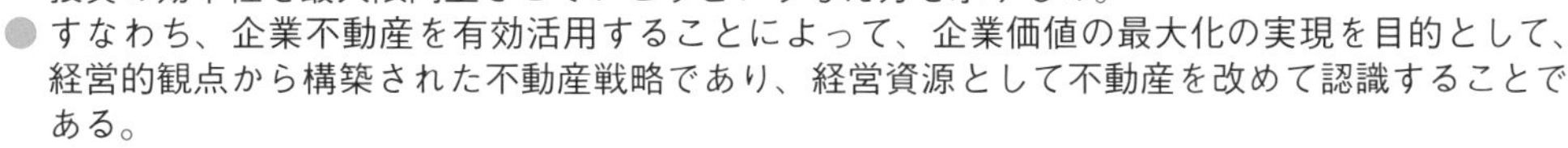

- すなわち、企業不動産を有効活用することによって、企業価値の最大化の実現を目的として、経営的観点から構築された不動産戦略であり、経営資源として不動産を改めて認識することである。

## 企業のCRE戦略導入の必要性とメリット

### 企業のCRE戦略導入の必要性

- 激動の時代に対応するには、企業の限られた経営資源である不動産も最大限に活用する必要が生じている。
- 減損会計・時価会計が導入され、不動産は**時価評価**が求められている。
- 一定規模以上の企業では、内部統制システムを構築・整備・運用することが法的に要請されている。

### 企業のCRE戦略導入のメリット

- コスト削減
- キャッシュ・イン・フローの増加
- 経営リスクの分散化・軽減・除去
- 顧客サービスの向上
- コーポレート・ブランドの確立
- 資金調達能力のアップ
- 経営の柔軟性・スピードアップ

## 企業のCRE戦略の手順

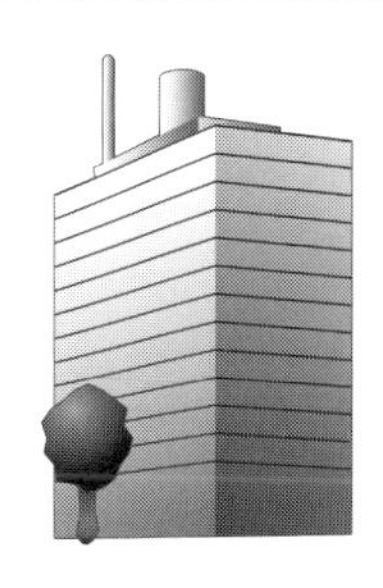

**1 リサーチおよび改善**
- CRE フレームワークの構築
- CRE 情報の棚卸し（簿価・時価など）
- CRE の現状の再評価と改善

**2 プランニング**
- ポジショニング分析
- 個別不動産分析（減損・収益計算など）
- CRE の最適化分析

**3 プラクティス**

- CRE 最適化の実行（売却、有効活用、証券化、リースバック、購入など）

**4 レビュー**

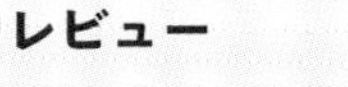

- 結果の分析と評価
- モニタリングの実施

（中心）
- 企業の経営理念、経営戦略、実行体制
- データの一元管理

# 009 ニーズ別の企画ポイント①
# 個人の土地の有効活用

## 意思決定権を持っている人を的確に把握するとともに、顧客ニーズを細分化する

個人の土地の有効活用についての企画依頼を受ける場合、直接の依頼者が、その土地について、どこまで意思決定できる立場にあるかを見極めることが大切となる。そして、依頼者以外に意思決定権者がいると思われる場合には、早めにその人物と会う機会をもつことが、企画業務を円滑に進めていくためには不可欠となる。また、土地の有効活用といっても、その目的は様々であり、しかも、顧客自身がその目的を把握していない場合も多い。この場合、顧客に何回も会って、そのニーズを細分化し、的確に把握することが重要となる。

また、土地と建物の名義が同じか等、現時点での土地・建物の権利関係や、その経緯について、できるだけ詳しく把握しておくことも大切である。

## 原則として、安全性・安定性を重視した事業の組み立てを行う

事業主体、建物名義、資金調達、事業運営など、事業の組み立て方を十分検討しなければならない。特に建物名義については、将来の相続対策や借地権など税務上の問題にかかわるので、慎重を期す必要がある。

個人の場合、企画の内容が、場合によってはその個人の一生を左右しかねない重要性を持っている。したがって、原則として、安全性・安定性を重視し、リスク除去に配慮した事業の組み立てを行うことが大切となる。また、建築計画は事業採算性とのバランスに配慮しながら、少しずつ内容を煮詰めていくことがポイントとなる。

## 税引後・借入金返済後の手取り額を重視した事業収支計画とする

個人の場合の採算性の指標は、第一に税引後・借入金返済後の手取り額となる。この手取り額は個人顧客にとって重要な生活の糧となるため、できる限り毎年安定した額になるよう、事業の組み立て方を工夫する必要がある。

また、収入・支出計画については、相場に基づいて余裕をもって設定する必要がある。なお、ほかに収入があるのであれば、計画的な赤字を生み出す等、節税効果を把握するとともに、税務上の優遇措置についても考慮した計画とすることがポイントとなる。

# 個人の土地の有効活用の企画ポイント（図表）

遊んでおるあの土地をなんとかせにゃならんが、さて、どうしたものか…

| | | |
|---|---|---|
| ①基礎調査上のポイント | ● 依頼者の立場や実際に決定権を持っている人を把握する | ● 依頼者が、その土地について、どこまで意思決定できる立場にあるのかを見極めることが大切。<br>依頼者以外に意思決定権者がいると思われる場合には、早めにその人物と直接会う機会を持つことが不可欠。 |
| | ● 顧客のニーズを細分化し、的確に把握する | ● 土地の有効活用といっても、その目的は様々で、しかも、顧客自身がその目的を把握していない場合がよくある。<br>顧客の不安な点、やりたいことなどを根気よく聞いて相談相手になっていくことが大切。 |
| | ● 現時点での土地・建物の権利関係や、その経緯を明確にする | ● 土地・建物の権利関係、取得時期や取得経緯、取得価格などについて、できるだけ詳しく把握しておく。 |
| ②事業フレーム上のポイント | ● 事業の組み立て方について十分検討する | ● だれが主体となって事業を行うのか、建物名義はだれにするのか、資金調達はだれが行うのか、事業運営はどうするのかなど、事業の組み立て方を十分に検討しておく。<br>事業収支シミュレーション、税務対策とあわせて、何通りかのケースを比較検討することが大切。 |
| | ● 原則として、安全性・安定性を重視し、リスク除去に配慮した事業の組み立てを行う | ● 個人の場合、企画の内容が、その個人の一生を左右しかねない重要性を持っていることを認識し、安全性・安定性の確保とリスクの排除を重視した企画とすることが大切。 |
| | ● 建築計画は事業採算性とのバランスに配慮する | ● ラフプラン作成の段階から総事業費を早めに把握することにより、事業収支上のあたりをつけながら、コストプランニングを行うことが大切。 |
| ③事業収支計画上のポイント | ● 税引後の手取り額を重視する | ● 個人の場合には、税引後・借入金返済後の手取り額が最も重要な採算性の指標となる。 |
| | ● 手取り額は毎年できるだけ安定していることが望ましい | ● 手取り額は個人にとって重要な生活の糧となるので、出来る限り安定的な手取り額を確保できるように、事業を組み立てる必要がある。 |
| | ● 収入・支出額は、相場に基づいて余裕をもって設定する | ● 相場を基本ベースに、事業リスクも考慮した余裕のある設定をする。<br>また、事業収支計画の一つ一つの項目は、事業を実現していくための意思決定を行うことだということを認識する。 |
| | ● 節税効果を把握する | ● 借入金の返済方法などを工夫して、資金繰りが可能な範囲で、ほかの所得を相殺するような計画的な赤字を生み出すことがポイント。 |
| | ● 税務上の優遇措置を活用する | ● 賃貸住宅事業については、税務上の優遇措置が多いので、これらの要件を考慮した計画とすることがポイントとなる（011 参照）。 |

# 010 ニーズ別の企画ポイント②
# 個人の相続対策

## 相続対策は、〝相続税〟対策ではなく、むしろ親族争いの〝争族〟対策が重要

相続対策は、企画領域の中でも、特に、税務や法務などの複雑な専門知識を要する難しい分野だが、建築・不動産企画の実務上、避けては通れないほどの大きなウエイトを持つ分野である。

相続時には相続税だけが問題になるわけではない。むしろ問題なのは、相続を契機に起こる兄弟間などの親族争いである。兄弟間の争いは、一度起きると本当の意味での解決は難しく、金銭的には解決できても、精神的な深い溝が残る場合が多い。しかし、こうした問題は、事前に適切な対策を立てておけば、かなりの程度まで防ぐことができ、ここに相続対策の意義があるといえる。

## 財産の分け方、節税対策、相続税の財源対策についてバランスのとれた対策を立てる

相続対策としては、まず財産と相続人の状況を把握し、対策の方針を明確にすることが重要となる。その際に、財産を持っている方（被相続人予定者）の意思を確認する必要がある。そして、その被相続人予定者に相続対策の必要性を認識してもらわなければならない。一方、企画側は、親族関係や相続財産全体の状況を把握する必要がある。その際、できれば、財産の種類、数量、名義、相続税評価額などもリスト化できるとよい。

そして、被相続人予定者である親の意思を尊重しつつ、専門家としての判断に基づいて、財産の分け方、節税対策、相続税の財源対策の3つについて、バランスのとれた対策案を組み立てることになる。

この際に、図表に示す①～⑤の節税対策の基本パターンを理解しておくとよい。節税対策は、相続対策の中でも効果が最も端的に現れる分野だが、基本的には、財産の評価額を減らす、控除額を増やす、税率を下げる、税額控除額を増やすという4つの基本方策の組み合わせにほかならず、①～⑤はこれらの方策を利用した節税対策の基本パターンである。

また、相続対策においては、このほか、相続税の財源対策や、被相続予定者の豊かな老後の確保も大切となる。相続対策を立案するためには、顧客の親族関係や財産について、かなり立ち入った内容まで把握する必要があるので、企画担当者は顧客と十分な信頼関係を築き、誠意をもって対応する必要がある。

# 個人の相続対策の企画ポイント（図表）

|  | |  |
|---|---|---|
| ● まずは財産を持っている方の意思を確認する | | ● まずは、財産と相続人の状況を把握し、対策の方針を明確にすることになるが、その際、子からの依頼であっても、財産を持っている親の意思を確認することが大切。 |
| ● 相続対策の必要性を認識してもらう | | ● 何ら対策をしなかった場合の相続税額と、相続人の間で争いの生じる可能性が高い事実を認識してもらう。 |
| ● 親族関係や相続財産全体の状況を把握する | | ● 相続人間の人間関係、財産の種類・数量・名義・相続税評価額などを把握し、財産についてはできればリスト化することが望ましい。 |
| ● 相続対策の企画は信頼関係がカギ | | ● 個人の立ち入った内容まで把握する必要があるため、十分な信頼関係を築くことが必要となる。 |
| ● 節税対策の基本パターンを理解する | ①時価と評価額の差を利用 | ● 不動産の評価額は、時価の 50 〜 80%程度になるので、現金よりも評価が低くなる。<br>● 貸地については、実際の時価よりも評価額が高い場合もあるので、相続財産としては不利。<br>● 自用地よりも貸家の敷地の方が評価額が低くなる。 |
| | ②債務控除を利用 | ● 被相続人名義の借入金は負の相続財産となる。 |
| | ③生前贈与を活用 | ● 生前贈与により、あらかじめ相続財産を減らしておく。 |
| | ④法人を活用 | ● 財産を法人に移転し、株式所有として評価額を下げる。 |
| | ⑤養子縁組を活用 | ● 養子が増えると、相続税の基礎控除額が増える場合があり、相続税額を減らすことができる。 |
| ● もめごとが起こらないように予防対策を実施する | | ・遺言を活用する<br>・遺留分について理解しておく（民法で相続人が最低限相続できる財産を遺留分として保証している。）<br>・財産を分けやすくしておく<br>・遺産分割をふまえた事業の組み立てを考える<br>・生前贈与を活用する<br>・二次相続を考慮した分割を行う<br>など、親族間でもめごとが起きないよう、事前に対策を立てておくことが大切。 |
| ● 相続税の財源対策を考える | | ● 納税用の資産を用意しておくとともに、長期的な資金確保など、相続税の財源をどうするかについても対策を立てておく必要がある。一括納税できない場合は延納や物納の活用を検討する。 |
| ● それぞれの生きがいを考慮する | | ● 相続対策で、相続人だけでなく、被相続人予定者の生きがいや豊かな老後を確保することも大切。 |

# 011 ニーズ別の企画ポイント③ 賃貸住宅事業

## 賃貸住宅事業では、税務上の優遇措置を活用することがポイント

土地の有効利用の企画で、実務上もっとも多い用途は、賃貸マンションや賃貸アパートなどの賃貸住宅事業である。賃貸住宅については政策的にも多くの税務上の優遇措置が設けられており、これらの優遇措置を活用することがポイントとなる。主な税務上の優遇措置は図表に示す通りだが、特例を受けるための要件は、税金の種類によって微妙に違うので注意が必要である。

## 不動産取得税、固定資産税等の軽減、相続税評価額の軽減がある

賃貸住宅を建設すると、マイホームの場合と同様、各住戸の床面積が40㎡以上２４０㎡以下であれば、１戸当たり１２００万円が課税標準額から控除されるため、通常の賃貸住宅の場合、基本的には不動産取得税はかからない。

固定資産税や都市計画税についても、住宅用地とすれば、１戸当たり２００㎡までの部分については、課税標準額が、固定資産税については１／６に、都市計画税については１／３に、２００㎡を超える部分については、課税標準額が、固定資産税の場合は１／３に、都市計画税の場合は２／３に減額される。たとえば、10戸の賃貸住宅の敷地であれば、２００㎡×10戸＝２０００㎡までの部分について減額されることになる。なお、併用住宅の場合には、住宅用地とみなされる土地の割合が、住宅部分の割合に応じて定められているので注意が必要だ（１０５参照）。

また、建物の固定資産税についても、居住用部分の床面積が全体の１／２以上で、１戸当たりの居住用部分の床面積が40㎡以上２８０㎡以下であれば、一定期間、固定資産税が１／２に減額される。

相続税についても、賃貸住宅を建てると節税効果がある。賃貸住宅用地の場合、土地は貸家建付地となるため、相続税評価額が自用地評価額×（１－借地権割合×借家権割合）に減額される。また、建物についても貸家となるため、固定資産税評価額×（１－借家権割合）となる（１１６参照）。つまり、賃貸住宅を建設することで、土地については20％程度、建物については30％の評価減となる。さらに、小規模宅地等の評価減の特例（１１３参照）を利用すれば、２００㎡までの部分については50％の評価減となる。

## 賃貸住宅事業の税務上の優遇措置の概要（図表）

| 税金の種類 | 対象 | 要件 | 優遇内容 |
|---|---|---|---|
| 不動産取得税 | 土地 | ● 土地の取得から3年以内に住宅を新築<br>● 住宅の新築後1年以内に土地を取得 | 次のA・Bいずれか多い額を税額から控除<br>・A：45,000円<br>・B：土地１㎡の評価額×1／2×住宅の床面積の2倍（200㎡が限度）×3％ |
| | 建物 | ● 40㎡（一戸建は50㎡）以上240㎡以下の住宅 | 課税標準額から下記金額を控除<br>・新築住宅1,200万円<br>・認定長期優良住宅の場合1,300万円※<br>※2026.3.31まで |
| 固定資産税 | 土地 | ● 住宅用地（併用住宅の場合、住宅部分の割合に応じて一定の住宅用地率が定められている） | ・200㎡／戸までの部分：課税標準額が１／６に<br>・200㎡／戸を超える部分：課税標準額が１／３に |
| | 建物 | ● 居住用部分の床面積が全体の１／２以上<br>● 居住用部分の床面積が40㎡（一戸建は50㎡）以上280㎡以下 | １戸当たり120㎡までの部分の固定資産税を１／２に減額<br>【減額期間】<br>・３階以上の耐火・準耐火建築物又は認定長期優良住宅：５年間<br>・３階以上の耐火・準耐火建築物で認定長期優良住宅：７年間<br>・その他：３年間 |
| 都市計画税 | 土地 | ● 住宅用地（併用住宅の場合、住宅部分の割合に応じて一定の住宅用地率が定められている） | ・200㎡／戸までの部分：課税標準額が１／３に<br>・200㎡／戸を超える部分：課税標準額が２／３に |
| 相続税 | 土地 | ● 貸家建付地 | 自用地評価額×（１－借地権割合×借家権割合）の評価額になる |
| | | ● 特例対象宅地等（賃貸事業等の宅地） | 200㎡までの部分が通常の評価額の50％ |
| | 建物 | ● 貸家 | 評価額×（１－借家権割合）の評価になる |

## 賃貸住宅を建てると様々な節税になる

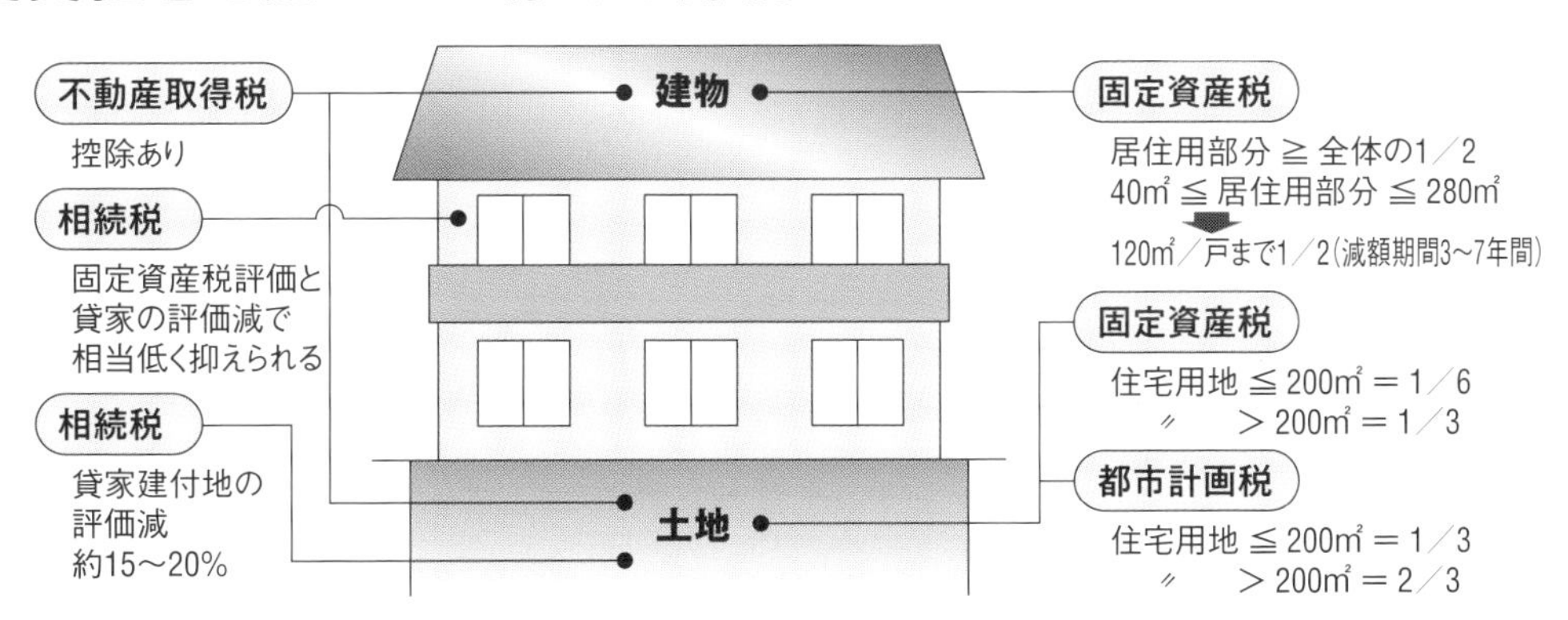

# 012 ニーズ別の企画ポイント④ 企業の土地の有効活用

**同じ土地の有効活用でも、個人と企業では、企画の目的や切り口が異なる**

同じ土地の有効活用でも、個人と企業では、企画の目的や切り口が大きく異なる。

企業における意思決定は、基本的には組織のルールに基づいているため、担当者やその部署の社内的立場、権限を初期段階から把握しておく必要がある。特に、キーマンを把握することは重要なポイントとなる。

また、企業内で検討が加えられることを前提として、それに耐えられるだけの説得力のある企画を提案することが大切となる。具体的には、提案内容の主旨、ストーリーの展開、事業収支計画の前提条件と結果に対する判断、提案の裏づけとなるデータなど、個人の場合とは一味違った論理性、客観性が必要となる。さらには、効果的なプレゼンテーションを工夫することも重要となる。特に、コンペや持込み企画の場合には、プレゼンテーションの優劣が重要なポイントとなる。

なお、個人からの依頼と異なり、企業の場合には、依頼内容について、すでに企業内で検討が行われており、その上で外部に依頼する何らかの目的や事情があると考えるべきである。

**事業収支計画については、組み立て方は個人と同じだが、採算性の指標が異なる**

企画の上では、まず、計画地の企業内での位置づけを把握し、事業目的を明確化することが重要となる。そして、当該事業が全社的な経営の中で、どのような効果を発揮しうるかを考慮した上で企画を行うことが大切となる。

事業収支計画の組み立て方については、基本的には個人の場合と変わらない。しかし、企業の場合は、企業規模、企業形態、業種、本業の業績などによって、採算性の指標が異なる。個人企業や中小規模の同族会社の場合には、ほぼ個人の場合と同様と考えても差し支えないが、ある程度以上の規模の企業の場合は、税引前利益黒字転換年や累積赤字解消年、投下資本回収年が重要となる。また、外資系企業の場合は、投下資本利益率や自己資本利益率などの指標で判断することも多い（096参照）。したがって、企画にあたっては、打合せなどを通じて企業の状況を把握し、どのような採算指標を用いて説得すべきかを検討したうえで事業の組み立てを行う必要がある。

# 企業の土地有効活用の企画ポイント（図表）

| | |
|---|---|
| **企業からの企画依頼には、外部に依頼する何らかの目的や事情がある** | 企業から依頼があった場合には、その依頼内容について、すでにその企業内で何らかの検討が行われているケースが大半であり、その上で、外部に依頼する何らかの目的、事情があると考えるべきである。したがって、依頼を受ける前に、こうした目的や事情について、あらかじめ概略を把握しておくことが大切である。 |
| **担当者やその部署の社内的立場や権限を把握する** | 担当者やその部署の立場や能力、企画案の採用・実施についての権限の所在を、早い段階から把握しておく必要がある。特に、キーマンを把握し、キーマンの理解を得ておくことがポイントとなる。 |
| **企業内での検討を前提とした企画書を作成する** | 企業への提案の場合、企業内で検討が加えられることを前提として、それに耐えられるだけの説得力のある企画書を作成することが大切。 |
| **計画地の社内的位置づけを把握し、事業目的を明確化する** | 土地の規模・立地条件・現在の使用状況など、土地自体にかかわる要因のほか、その企業の規模、業績、保有する他の資産、業種、業態、解決すべき経営上の課題などの企業自体にかかわる要因によっても企画の内容が変わるため、これらをしっかりと把握することが大切。 |
| **当該事業の全社的な効果を意識した事業の組み立てを行う** | その土地の有効利用が、全社的な経営の中で、どのような効果を発揮しうるかを考慮した上で企画を行うことが大切。<br>できれば企業側の担当部署と一体となって、社内を説得し得るだけのシナリオをつくることができるとよい。 |
| **企業ごとの事業採算性の指標の違いを認識し、説得力のあるシナリオを用意する** | 個人の場合と異なり、企業規模、企業形態、業種、本業の業績などによって、重視する採算性の指標が異なる。 |
| **効果的なプレゼンテーションを工夫する** | 持ち込み企画の場合やコンペなどで競争相手がいる場合には、プレゼンテーションの優劣が重要なポイントとなる。<br>一方、企業から直接依頼された場合には、演出に凝るよりも、わかりやすさに主眼を置いたプレゼンテーションを行うことが大切。 |

COLUMN 1

# 建築基準法改正

２０２５年４月から、住宅を含む全ての建築物について省エネ基準への適合が義務化され、さらに２０３０年までには、その省エネ基準がＺＥＨ基準に引き上げられる予定です。

また、省エネ基準適合義務化に伴い、４号特例が縮小され、これまで４号建築物だった木造２階建てや延べ面積２００㎡超の平屋建ては新２号建築物として、建築確認・検査の対象となります。ただし、延べ面積２００㎡以下の木造平屋建ては、新３号建築物として、従前のまま審査省略制度の対象です。

さらに、２階建て以下の木造建築物で、構造計算が必要となる規模も引き下げられます。

一方、部分的な木造化を可能とすること、構造上やむを得ない場合の高さ制限等の特例制度の創設、住宅の採光規定の見直し等、いくつかについては合理化が図られます。

**図表　住宅にまつわる建築基準法改正の主なポイント**

**建築確認・検査の対象となる建築物の規模等の見直し**

・木造建築物に係る審査・検査の対象

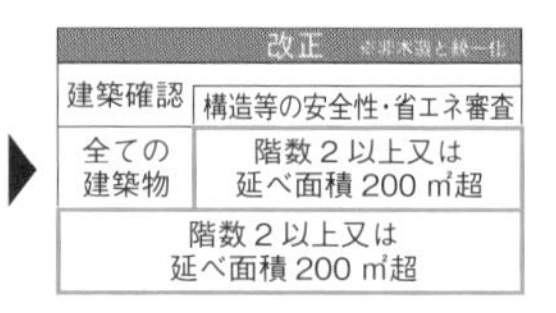


・小規模伝統的木造建築物等に係る構造計算適合性判定の特例

**階高の高い木造建築物等の増加を踏まえた構造安全性の検証法の合理化**

・階高の高い３階建て木造建築物等の構造計算の合理化
・構造計算が必要な木造建築物の規模の引き下げ

**中大規模建築物の木造化を促進する防火規定の合理化**

・3,000㎡超の大規模建築物の木造化の促進
・階数に応じて要求される耐火性能基準の合理化

**部分的な木造化を促進する防火規定の合理化**

・大規模建築物における部分的な木造化の促進
・防火規定上の別棟扱いの導入による低層部分の木造化の促進
・防火壁の設置範囲の合理化

**既存建築ストックの省エネ化と併せて推進する集団規定の合理化**

・建築物の構造上やむを得ない場合における高さ制限に係る特例許可の拡充
・建築物の構造上やむを得ない場合における建蔽率・容積率に係る特例許可の拡充
・住宅等の機械室等の容積率不算入に係る認定制度の創設

**既存建築ストックの長寿命化に向けた規定の合理化**

・住宅の採光規定の見直し
・一団地の総合的設計制度等の対象行為の拡充
・既存不適格建築物における増築時等における現行基準の遡及適用の合理化

出所）国土交通省

# chapter 2 市場・立地調査のキホン

# 013 顧客について知る

企画の依頼を受けた場合、最初に行うべき業務に、顧客や敷地の状況に関する基礎調査がある。この基礎調査は比較的単純な作業だが、後々の企画業務の方向を決める重要な役割を持っている。

## 依頼者の状況を的確に把握することが、建築・不動産企画の第一歩

企画の目的は、建物をつくることではなく、プロジェクトを通して顧客ニーズを実現することにあるから、顧客ニーズをはじめとする依頼者の状況を的確に把握することは、建築・不動産企画業務の第一歩となる。

具体的には、依頼者の属性・意思決定権者の把握、顧客ニーズの把握、顧客の体質・信頼性などの確認といった内容で、その概要は図表に示す通りである。

## 意思決定権を持っている人を把握し、そのニーズを細分化、認識度や信頼度を確認

企画の依頼を受けた場合、実際に事業化に関する意思決定権をもっている人が誰であるかを、まず把握する必要がある。依頼者に決定権がある場合は問題ないが、依頼者以外に決定権があるケースも多い。また、顧客が個人か法人か、法人の場合にも同族会社か上場企業かによっても、企画の進め方は大きく異なる。ニーズの把握、目標の設定、企画書の構成、プレゼンテーションの方法など、顧客の属性によって対応の仕方が異なるためである。

次に、顧客ニーズを細分化し、的確に把握することが大切となる。ここで注意すべき点は、顧客自身が自分のニーズを的確にとらえていない場合が多い点である。このようなときは、企画者側の押しつけではなく、顧客自身に十分納得してもらうことがポイントとなる。そのためには、顧客との対話の中で潜在的な顧客のニーズを浮かび上がらせ、それをウエイトづけし、本当のニーズを理解してもらうといった、医者のカウンセリングに近い働きが必要となる。

また、企画業務は、業務の性格上、必ずしも実施につながるという保証はない。それだけに、顧客との間の信頼関係を築いていくことが重要であり、顧客の体質やレベル、企画提案に対する認識度、信頼度などを、本格的な企画業務を開始する前に十分調査検討しておくとともに、できる限り、企画業務に関する明確な取り決めを文書で取り交わしておくことが望ましい。

## 顧客に関する調査項目一覧（図表）

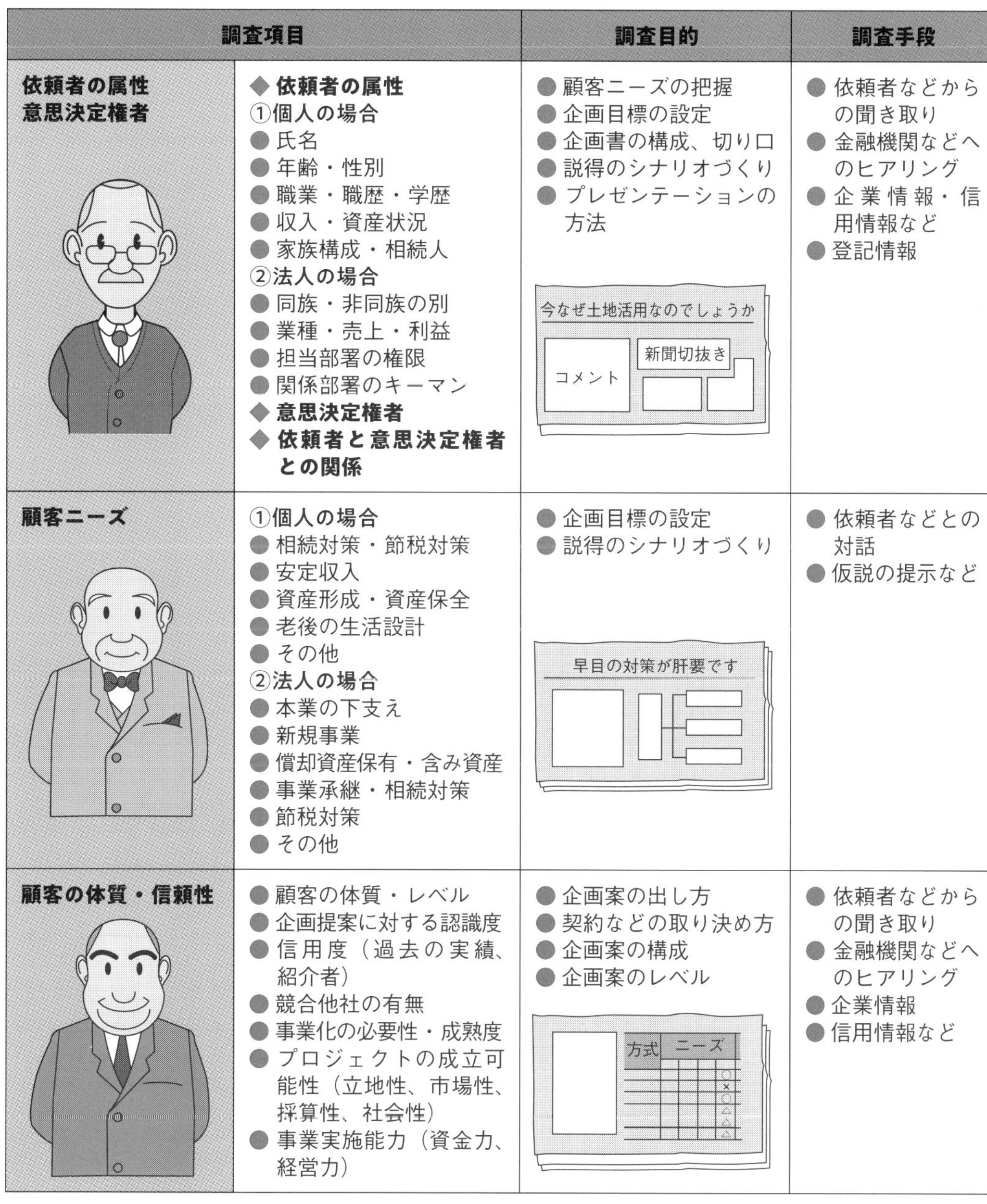

| 調査項目 | | 調査目的 | 調査手段 |
|---|---|---|---|
| **依頼者の属性**<br>**意思決定権者** | ◆ **依頼者の属性**<br>①**個人の場合**<br>● 氏名<br>● 年齢・性別<br>● 職業・職歴・学歴<br>● 収入・資産状況<br>● 家族構成・相続人<br>②**法人の場合**<br>● 同族・非同族の別<br>● 業種・売上・利益<br>● 担当部署の権限<br>● 関係部署のキーマン<br>◆ **意思決定権者**<br>◆ **依頼者と意思決定権者との関係** | ● 顧客ニーズの把握<br>● 企画目標の設定<br>● 企画書の構成、切り口<br>● 説得のシナリオづくり<br>● プレゼンテーションの方法 | ● 依頼者などからの聞き取り<br>● 金融機関などへのヒアリング<br>● 企業情報・信用情報など<br>● 登記情報 |
| **顧客ニーズ** | ①**個人の場合**<br>● 相続対策・節税対策<br>● 安定収入<br>● 資産形成・資産保全<br>● 老後の生活設計<br>● その他<br>②**法人の場合**<br>● 本業の下支え<br>● 新規事業<br>● 償却資産保有・含み資産<br>● 事業承継・相続対策<br>● 節税対策<br>● その他 | ● 企画目標の設定<br>● 説得のシナリオづくり | ● 依頼者などとの対話<br>● 仮説の提示など |
| **顧客の体質・信頼性** | ● 顧客の体質・レベル<br>● 企画提案に対する認識度<br>● 信用度（過去の実績、紹介者）<br>● 競合他社の有無<br>● 事業化の必要性・成熟度<br>● プロジェクトの成立可能性（立地性、市場性、採算性、社会性）<br>● 事業実施能力（資金力、経営力） | ● 企画案の出し方<br>● 契約などの取り決め方<br>● 企画案の構成<br>● 企画案のレベル | ● 依頼者などからの聞き取り<br>● 金融機関などへのヒアリング<br>● 企業情報<br>● 信用情報など |



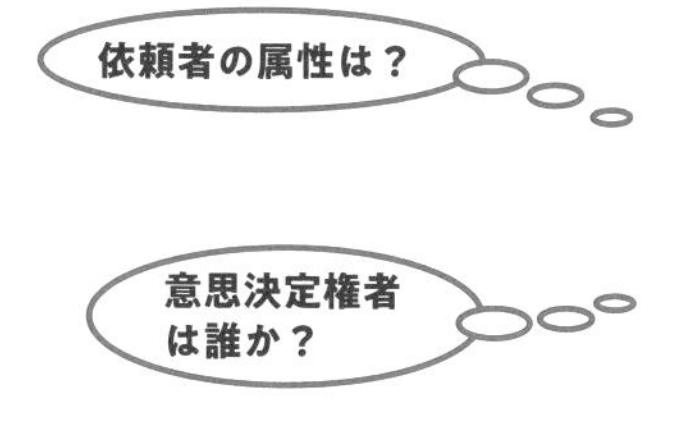

# 014 市場を読む

## 社会経済情勢や市場特性、開発ポテンシャルを把握し、企画の基本的な方向づけを行う

市場の読み方とは、企画提案する事業の市場の状態（需要と供給の状況）とその将来動向をどう読んで、どんな手を打つかというマーケティングの問題である。建築・不動産企画におけるマーケティングは、大きく二つの段階に分けられる。一つは、用途の絞込み等、企画の基本的な方向づけを行う前の予備的な市場調査・市場分析を行う段階で、一般的な社会経済動向や計画地周辺の市場特性、開発ポテンシャルなどを把握し、企画の基本的な方向づけを行う段階である。もう一つは、具体的な企画案を検証するために、より本格的な市場調査や市場分析調査を行い、その結果をもとに商品計画や価格設定を含めた企画案を構築する段階である。ここでは、前者について説明する。後者については、3章を参照されたい。

## 日頃から、時代の潮流と社会経済動向の変化を読む目を養う必要がある

新たな企画のたびに、広範な事象について調査するわけにもいかないうえ、とらえ方が浅いと平凡な企画の切り口しか生み出せない。そこで、日頃から時代の潮流や社会経済動向の変化を読む目を養っておく必要がある。

時代を的確に読むには、表層のトレンドを追うのではなく、長期的な視点に立って、構造的な変化をとらえることと、構造的な変化をとらえるために、自分なりの構造的な仮説を用意し、時代の変化を予測検証しながら企画に活かしていくことがポイントとなる。なお、主要業種の市場動向については、日頃から資料を収集し、整理しておくと便利である。

市場特性については、立地可能性の高い業種を意識した視点で、地域特性（015参照）データを加工、分析、整理する必要がある。特に、立地可能性の高い業種についての競合施設の立地状況や、賃貸・分譲に関する事例データは、市場特性を把握するうえで欠かすことができない。

また、開発ポテンシャルという概念で、市場動向をよりマクロな視点からとらえることもポイントとなる。開発ポテンシャルをできる限り定量的なデータで客観的に把握することにより、業種レベルでのミクロなデータからは得られない大局的な市場の読みが可能となる。

## 主な時代の潮流と社会動向（図表1）

## 社会動向の読み方のポイント（図表2）

### ◆時代を読まなければ企画はできない

- 情報化、国際化などによる産業構造の変化、高齢化などに伴う社会構造の変化など、時代の潮流を読み、社会経済動向の変化の流れを見極めることが大切。
- 日頃から時代の潮流や社会経済動向の変化を読む目を養っておくこと。

### ◆長期的な視点で、構造的な仮説をもって時代を読む

- 表層のトレンドを追うのではなく、長期的な視点に立って、構造的な変化をとらえること。
- 構造的な変化をとらえるために、自分なりの構造的な仮説を用意し、時代の変化を予測検証しながら企画に活かしていくこと。

### ◆代表的な業種の市場動向は日頃から頭に入れておく

- 賃貸マンション、オフィスビルなどの代表的な業種についての時代の潮流や社会経済動向の変化を日頃から把握しておくこと。
- 各業種ごとに、需要と供給の状況、新しい施設や業態の動向、ユーザーニーズの変化、建築費の動向などについて、日頃から資料を整理しておくと便利。
- 公定歩合、市場金利の動向、マネーサプライの動きなどが、各業種の市場動向や地価などに対して、どんな影響を与えるのかを理解しておくことも大切。

### ◆市場特性は業種の視点からデータを加工・分析する

- 立地可能性の高い業種を意識した視点で、各種デ ータを加工・分析・整理すること。
- 立地可能性の高い業種についての競合施設の立地状況を表したマップデータや、賃貸や分譲に関する事例データなども整理することが大切。

### ◆開発ポテンシャルで市場動向をマクロにとらえる

- 開発ポテンシャル（その土地・地域の持つ開発（事業化）の可能性）をできる限り定量的なデータで客観的に把握することにより、業種レベルでのミクロなデータからは得られない大局的な市場を読む。
- たとえば、平均的な建築費を想定した場合の投資額に対する相場の年間賃料利回り、賃料相場と地価との関係などを把握することにより、ある程度正確に、開発ポテンシャルの状況をとらえることができる。

# 015 地域の特性を把握する

**土地の立地性、価値、将来性などをどう読んで、いかに活用するかが重要**

企画実務において、地域特性の把握は、極めて重要なポイントとなる。

対象となる土地自体の立地性、価値、将来性や地域の市場性などを、どう読んで、それらをいかに活用するかが、企画案の成否を決めることにもなる。

**地域特性データは、仮説を検証する形で使うと、役立つ資料となり、説得力も出る**

地域特性の把握にあたっては、様々な調査、分析を行うことになるが、まずは、各種基礎データを収集する必要がある。

地域特性を把握するための主なデータ項目としては、人口、交通、商業、産業、生活指標、自然環境、上位計画、土地利用状況がある。

具体的なデータとしては、年齢構成別人口数、昼夜間人口比、鉄道の状況、運転本数、店舗の分布状況・売上状況、事業所数、従業者数、1人当たり所得額、地質・地盤、気象の状態、国・県・市町村レベルの各種長期計画、地価、賃料相場、空室率、土地所有状況などがあげられる（図表）。

こうしたデータは、都道府県や市区町村単位で、国勢調査、商業統計などの各種統計を利用して集めることができる。また、最近では、各自治体のホームページが充実してきているので、多くのデータはネットで簡単に入手することが可能となっている。なお、計画地が行政区域の境界に近い場所に位置する場合には、隣接する行政区域についても調査することが望ましい。

通常、ここで収集したデータの分析と企画案の絞込みは平行して行われる。むしろ、実際には、統計資料を集める前に、計画地を自分の目で見て、周辺地域を自分の足で歩いて、計画地の土地利用の方向について何らかの仮説を立てている場合が多い。したがって、データを収集するにあたっては、まず、広く浅く必要なデータを収集し、計画地について幾つかの仮説を立てたうえで、その仮説を検証するために、焦点を絞ったデータをさらに収集し、分析を行うとよい。

統計データは、いくら分析しても計画地に関する具体的な提案は出てこないが、このように仮説を検証する形で使うと、役に立つ資料となり、企画案も説得力があるものとなる。

## 地域特性把握のための主なデータ（図表）

| 項目 | 内容 | 調査資料 |
|---|---|---|
| **人口** | ● 人口数（総数・男女別・年齢構成別）<br>● 人口増加数・率（総数、社会増、自然増）<br>● 年齢構成<br>● 人口密度、世帯数、世帯密度、世帯当たり人数<br>● 昼夜間人口比、転出入率、昼間流出入率　など | ・国勢調査（総務省）<br>・住民票データ<br>・地域経済総覧（東洋経済新報社）<br>など |
| **交通** | ● 鉄道、高速道路、インターチェンジ、国道、空港などの幹線交通網の状況<br>● 大都市、中核都市などへの交通ルート、時間、距離、運転本数　など | ・各種地図<br>・時刻表<br>など |
| **商業** | ● 小売業・飲食業・卸売業の年間販売額及び増加率<br>● 人口１人当たり年間販売額及び増加率<br>● 従業員１人当たり年間販売額及び増加率<br>● 小売業売場面積、大型店売場面積比率<br>● 大型店１㎡当たり商業人口<br>● 全小売業１㎡当たり商業人口<br>● 広域商圏、吸引力指数、商圏人口<br>● 大型店分布状況、売上状況　など | ・経済構造実態調査（経済産業省）<br>・日本スーパー名鑑オンライン（食品速報）など |
| **産業** | ● 産業別就業者数及び構成比<br>● 事業所数、従業者数、工場数、工業製品出荷額<br>● 建築物着工床面積、着工新設住宅戸数　など | ・国勢調査<br>・経済センサス（総務省）<br>・経済構造実態調査（経済産業省）<br>・建築着工統計調査（国土交通省）<br>など |
| **生活指標** | ● １人当たり所得額<br>● 勤労者世帯の収入、勤労者世帯の家計支出及び内訳<br>● １人当たり銀行預金残高、負債残高<br>● 乗用車保有台数、耐久消費財保有率<br>● 年間収入階級世帯数、高額納税者数<br>● １人当たり畳数、所有形態別住宅戸数、持家比率<br>● 病院・一般診療所数<br>● １人当たり都市公園面積　など | ・家計調査（総務省）<br>・全国家計構造調査（総務省）<br>・金融経済統計月報（日本銀行）<br>・住宅・土地統計調査（総務省）<br>・地域経済総覧<br>など |
| **自然環境** | ● 地質、地盤<br>● 気象の状態<br>● 災害履歴情報　など | ・地形図<br>・軟弱地盤マップ<br>・ハザードマップ<br>など |
| **上位計画** | ● 国・県・市町村レベルの各種長期計画、道路整備計画、鉄道整備計画　など | ・各種長期計画<br>など |
| **土地利用状況** | ● 地価、賃料相場、空室率<br>● 土地所有状況　など | ・地価公示（国土交通省）<br>・賃料相場データ<br>など |

統計局ホームページ（https://www.stat.go.jp/）は国が実施する統計資料のポータルサイトとしてとても便利。人口・世帯、住宅・土地、家計、物価、労働、文化・科学、企業活動・経済、産業、地域などの豊富な統計データが入手できます。

# 016 地域特性データの読み方

## マクロの目で広域的な位置づけを明らかにするとともに、時系列の変化を見る

地域の読み方（図表1）としては、広域から地域へ、地域から計画地へと、地域特性や上位計画を構造的に把握することが重要なポイントとなる。すなわち、まず、マクロの目で広域的な地域特性や上位計画を把握し、市町村レベルでの広域的位置づけを明確にしていくことが大切である。

また、市町村レベルの地域特性データを読むときには、必ず時系列変化を見ることと、他の地域との比較を行う必要がある。ある市町村のある年のデータを見るだけでは、ほとんど何もわからない。数年前のデータと比べて、あるいは周辺市町村と比べてみて、はじめてその地域の特性は明らかになる。

市町村レベルでの広域的特性を把握すると、次に、計画地周辺地域が、当該市町村の中でどのような性格づけをされ、地域の動向がどうなっているかを明らかにする必要がある。そのためには、定量的データとともに、地図上に広域的交通網や中心市街地の範囲などをプロットし、地域構造を視覚的にとらえることが大切である。

## 主な分析手法には、商圏人口分析、地域構造分析、類似地域比較分析がある

地域特性データの分析手法は、敷地規模や企画内容などによって様々であるが、ここでは商圏人口分析、地域構造分析、類似地域比較分析を紹介する（図表2）。

商圏人口分析は、特に商業系施設の企画には必須である。商業系施設の場合、業種・業態によっておおよその誘致距離が決まっているので、計画地を中心とした同心円で商圏を設定し、商圏内の人口分布や属性分析を行う。総務省統計局の「ｊＳＴＡＴ ＭＡＰ」は地図による商圏分析が無料で行える。

地域構造分析は、計画地を取り巻く地域の構造をわかりやすく整理し、その中での計画地の位置づけを明らかにする手法である。都市マスタープランが利用できる場合もあるが、地域の歴史や将来計画も踏まえ、企画内容にあわせて分析することが望ましい。

類似地域分析は、他の地域との比較により、計画地周辺地域の特性を把握する手法である。この場合、まず、人口規模や立地条件から類似地域を設定し、企画内容にあわせて比較項目を決め、データを比較分析することになる。

## 地域特性データの読み方（図表1）

**◆マクロの目で、市町村レベルでの広域的な位置づけを明らかにする**

● 広域から地域へ、地域から計画地へ、順を追って構造的に把握する。
● 計画地の活用方法の仮説を立てて、仮説の検証に関連しそうなデータを中心に広域的特性を整理する。
● 国・県・市町村レベルの、各々の上位計画の関連性に留意しながら、広域の中での当該市町村の位置づけを明らかにする。

**◆時系列でみる**

● 昨年、5年前、10年前の数値と比べて、増加傾向にあるのか、減少傾向にあるのかを把握する。

**◆他地域と比較する**

● 全国平均、県平均、周辺市町村・類似市町村と比べて、どの程度のポジションにあるのかを分析する。

**◆計画地周辺地域の、市町村での位置づけを明らかにする**

● 市町村レベルでの広域的な位置づけを明確にした後に、計画地周辺地域が、当該市町村の中でどのような性格づけをされ、地域の動向がどうなっているかを明らかにする。
● マップデータを用意し、地域構造を視覚的にとらえることが重要。

**◆周辺土地利用状況を地図上で把握する**

● 主な建物用途、施設の性格・グレード、入居状況、建物規模、階数、駐車場、最近できた施設の傾向などのデータをマップに落として視覚的に把握する。

## 地域特性データの主な分析手法（図表2）

| | |
|---|---|
| **商圏人口分析** | ● 計画地を中心に、人口・属性等を算出し、計画地の活用方法の仮説を検証する。<br>● 同心円を設定する方法、時間距離により設定する方法などがある。<br>● 商業系施設、医療施設（診療圏調査）の計画の際には必ず実施する。<br>総務省統計局・独立行政法人統計センターが提供している「jSTAT MAP」地図による小地域分析。https://jstatmap.e-stat.go.jp/ |
| **地域構造分析** | ● 駅、鉄道、道路、商業地、住宅地など、計画地を取り巻く地域の構造を点・線・面などを用いて模式的に整理し、計画地の位置づけを明らかにする。<br>● 都市計画マスタープラン等がそのまま利用できる場合もある。 |
| **類似地域比較分析** | ● 対象地域の特性を把握するために類似地域の特性と比較する。<br>● 市町村単位の場合は各種統計データを活用する。<br>● 地区単位の場合は主要施設の立地状況等を地図等にプロットした比較も有用。 |

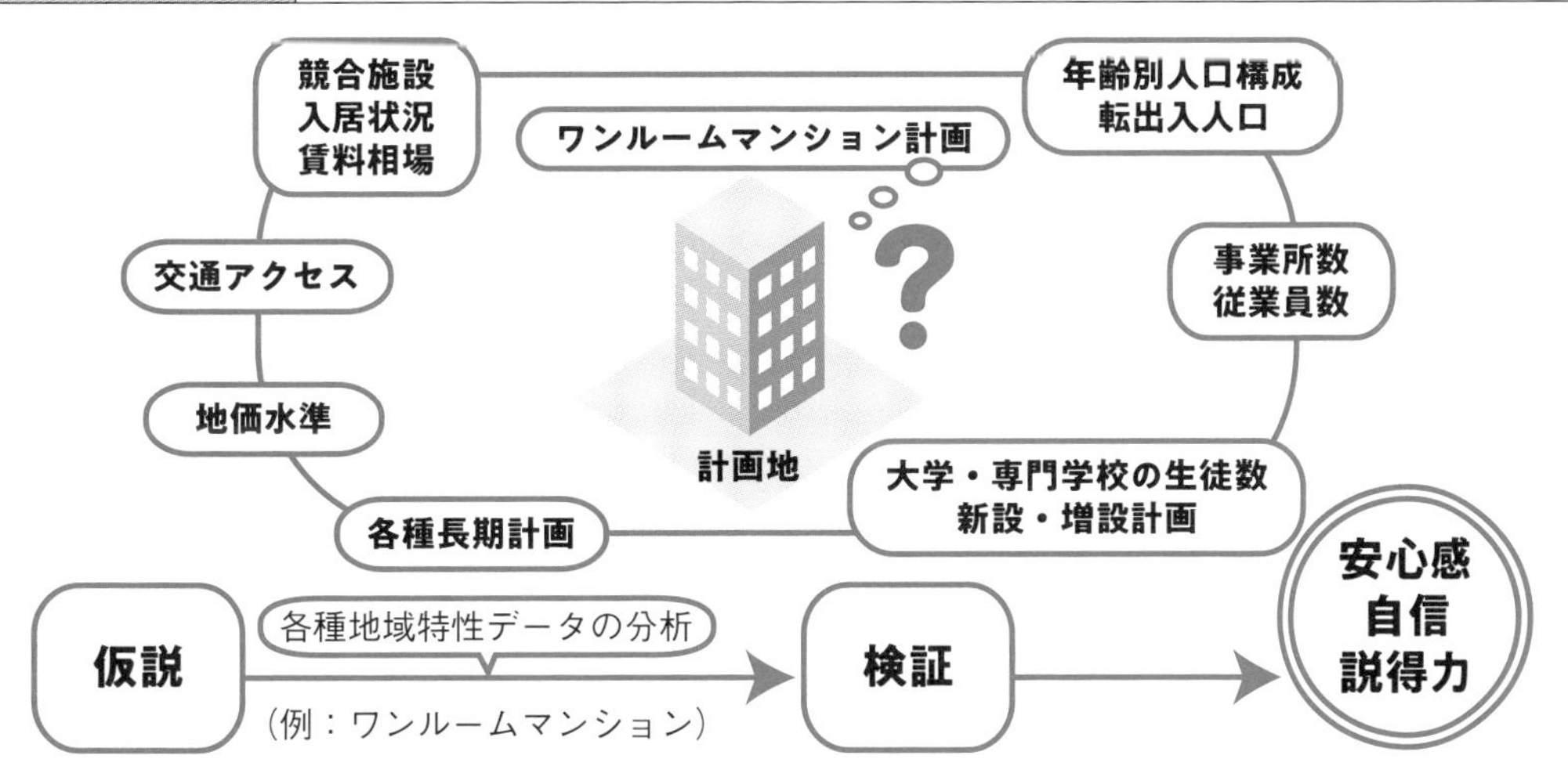

# 017 計画地の特徴を明らかにする

## 計画地の特徴を交通、利便性、環境、土地といった項目ごとにチェックする

地域特性を把握したら、次は、計画地の特徴を明らかにし、周辺地域の中での計画地の位置づけを明確にすることになる。

したがって、まずは、図表1に示す各項目について調査しなければならない。具体的には、最寄り駅、駅・バス停からの距離、都心までの交通経路や所要時間などの交通に関する事項、商業施設・医療施設等の種類・場所・距離などの利便性に関する事項、騒音・大気汚染の有無、街並みの状況、周辺の主な建物用途などの環境に関する事項、土地の形状や面積、前面道路の向き、土壌汚染や埋蔵文化財の有無などの土地に関する事項について調査することになる。

## 計画地周辺の状況を地図上にプロットして計画地の特徴を確認する

計画地の特徴分析に当たっては、上記の調査により、計画地周辺の土地利用の状況とその動向を、現地調査や住宅地図などによる机上調査により明らかにすることになる。具体的には、主な建物用途は何か、空地はどのくらいあるのか、施設の性格やグレードはどうか、どんな施設が流行っているのか、入居状況や商売の状況はどうか、敷地規模、建物規模、階数はどうか、駐車場はどうしているのか、最近できた施設の傾向はどうか等を把握するとよい。この場合も、地域特性の把握と同様に、マップ上にデータを落として、視覚的に全体の構造や傾向を把握することが大切である。

## 周辺地域の土地利用の状況と動向を把握し、計画地の位置づけを明らかにする

周辺地域の土地利用の状況とその動向を把握したうえで、次に、周辺地域における計画地の位置づけを検討することになる。すなわち、周辺地域の中での計画地の位置、計画地の前面道路の性格、計画地の規模や形状などを分析し、周辺地域の中で計画地が果たしうる役割や、相対的なポテンシャルを把握することになる。

具体的には、中心部にあるのか、メイン道路に面しているのか、前面道路の交通量や歩道の有無、交通ターミナルや主要施設からの位置関係、周辺地域の中で一等地かどうか、他の敷地との競争に耐えられるような敷地かどうかなどを把握する必要がある（図表2）。

## 計画地のチェック項目一覧（図表1）

| | |
|---|---|
| **交通** | ☐ 最寄り駅<br>☐ 駅・バス停等、交通施設からの距離<br>☐ 都心までの交通経路、所要時間、利用可能時間<br>☐ 自動車交通の利便性 |
| **利便性** | ☐ 商業施設の種類、場所、距離<br>☐ レストラン等飲食施設の利便性、充実度<br>☐ 医療施設の種類、場所、距離<br>☐ 銀行等利便施設の種類、場所、距離<br>☐ 学校、役所等の公共施設の種類、場所、距離<br>☐ 駐車施設の利便性、充実度 |
| **環境** | ☐ 騒音、大気汚染、悪臭等の有無<br>☐ 工場、変電所、歓楽街等の嫌悪施設の種類、場所、距離<br>☐ 公園、緑地の種類、場所、距離<br>☐ 防犯・防災上の安全性<br>☐ 景観、街並みの状況<br>☐ 周辺の主な建物用途<br>☐ 周辺の敷地規模、建物規模、階数<br>☐ 隣地の状況（用途、規模、階数等）<br>☐ 前面道路の状況（幅員、系統、繁華性、交通量、交通規制の内容、歩道の有無など） |
| **土地** | ☐ 土地の形状、地形、面積、間口、地盤、日照、通風等<br>☐ 前面道路の向き<br>☐ 道路との高低差<br>☐ 土壌汚染の有無<br>☐ 埋蔵文化財等の有無 |

## 計画地の特徴分析のポイント（図表2）

POINT!

**周辺の状況を地図上で確認！**

図表 1 でチェックした施設等を地図上にプロットし、視覚的に全体構造や傾向を把握する。

POINT!

**周辺地域における計画地の位置づけを明らかにする！**

周辺地域の中での計画地の位置、計画地の前面道路の性格、計画地の規模や形状等を分析し、周辺地域の中での計画地が果たしうる役割や相対的なポテンシャルを把握する。

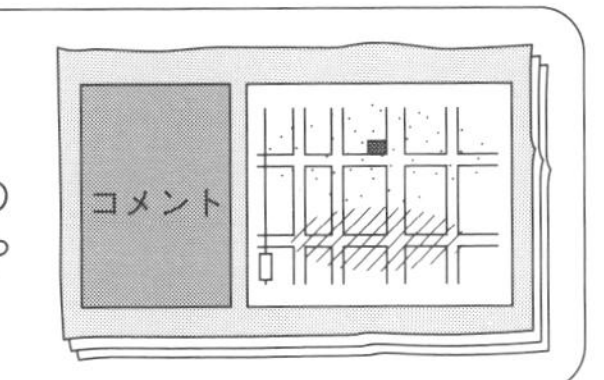

# 018 敷地の利用状況を確認する

## 敷地の利用状況は必ず確認、既存建物がある場合には要注意

設計業務の場合は、計画敷地が現状でどのように使われているかはたいした問題ではない。しかし、企画業務の場合には、現状の敷地の利用状況によって事業の組み立て方がまったく異なってくる。

特に、既存建物がある場合には注意が必要である。

## 土地所有者と建物所有者が同一かどうか、建物は自己使用か賃貸借か使用貸借かを確認

既存建物がある場合には、図表1に示すチェック項目について確認しなければならない。

まず、土地所有者と建物所有者が同一かどうかを確認する必要がある。そして、土地と建物で所有者が異なる場合には、実際の権利関係が借地関係なのか、使用貸借関係なのかを確認しなければならない。というのは、建物の名義をどうするか、事業手法や税務上の特例の適用方法など、土地と建物の権利関係に応じた事業の組み立て方について考える必要があるからである。

たとえば、図表2の例のように、同族会社などで社長の所有する土地の上に会社が所有する建物を取り壊して社長名義のビルを建てる場合など、既存建物がある場合の建替えには落とし穴が隠されていることがあるので、必ず権利関係を確認する習慣をつけておくことが大切である。

なお、権利関係の確認は、通常、登記情報を確認することになるが、登記内容が必ずしも真実とは限らないため、関係者への聞き取りなどで裏づけを取る必要がある。特に、建物については、工事請負契約書の写しなどで、実際に代金を支払った人を確認しておく必要がある。

次に、建物の利用関係も、自分で使っているのか、借家人への賃貸借か、使用貸借なのかを確認しなければならない。特に、借家人の立ち退きが必要な場合には、トラブルが発生する可能性もあり、対応を誤るとプロジェクト自体の実施にも悪影響を及ぼす場合があるので、慎重な調査と対応が求められる。

また、税務上の特例の適用要件の関係から、現状での敷地利用状況が事業用か居住用かといった事実認定の問題も企画上のポイントとなるケースが多い。そのため、建物の平面図や確定申告書の写しなど、事実を裏づける資料を用意しておくことが大切となる。

## 既存建物がある場合のチェック項目（図表1）

| | |
|---|---|
| **既存建物の利用状況** | □ 建物の種類（□住宅、□店舗、□店舗兼住宅、□事務所、□その他（　　　））<br>□ 建物の構造（□木造□鉄骨造□鉄筋コンクリート造□その他（　　　））<br>□ 床面積（　　　　）㎡<br>□ 建築時期<br>□ 附属建物の有無 |
| **既存建物の占有状況** | □ 自己使用<br>□ 他人が占有（□賃貸借□使用貸借）<br>□ 空家 |
| **土地・建物の権利関係** | □ 土地所有者と建物所有者が同一<br>□ 土地所有者と建物所有者が別（□借地、□土地の使用貸借） |

## 既存建物がある場合の留意点（図表2）

ATTENTION!

### 土地所有者と建物所有者が異なる場合には要注意！

◆土地と建物で所有者が異なる場合には、実際の権利関係が借地関係なのか、使用貸借なのかを確認した上で、権利関係に応じた事業の組み立て方を考える必要がある。

**例）**

**同族会社などで、社長の所有する土地上に会社の所有する建物が建っている場合**

社長の相続対策のため、会社の所有する建物を取り壊して、社長名義のビルを建てると、会社が所有していたはずの借地権が無償で社長に返還されたことになり、みなし課税の問題が発生する。

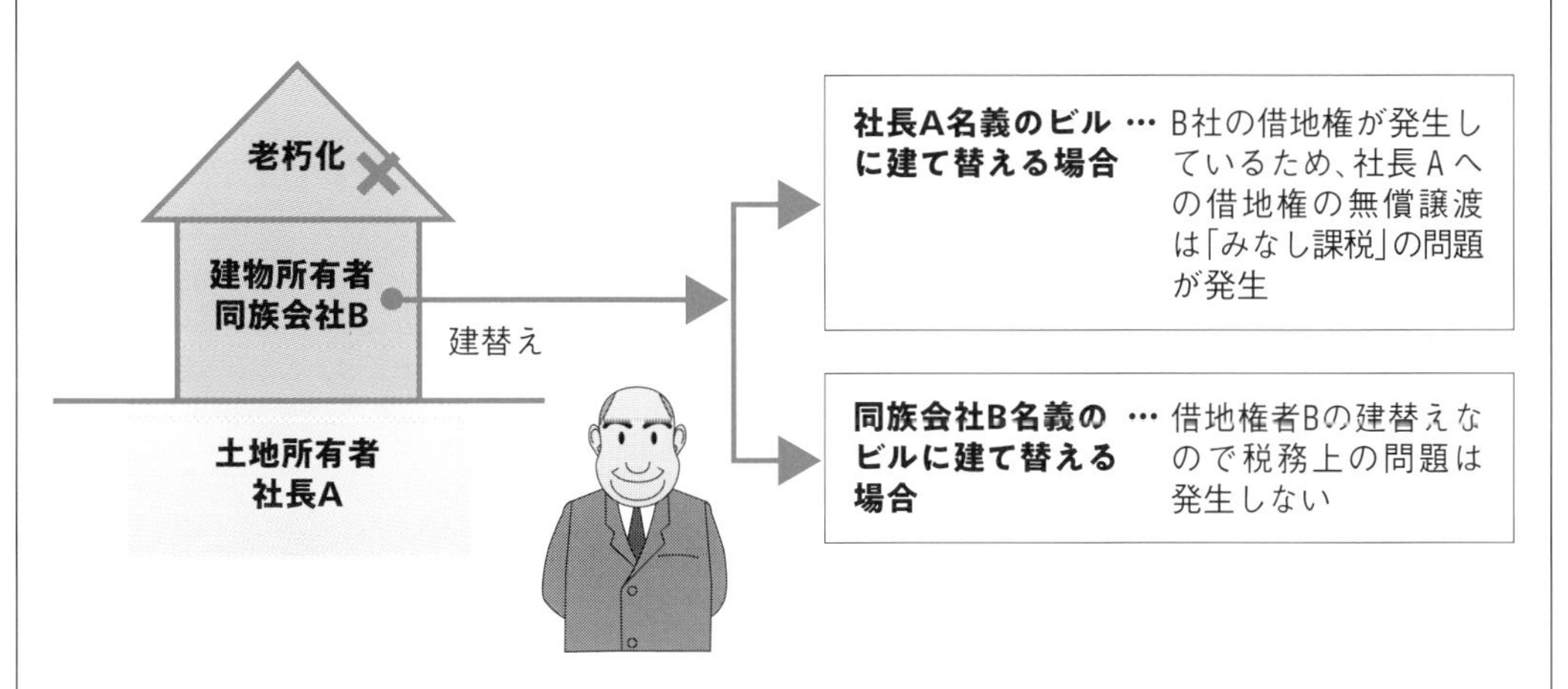


◆権利関係の確認は登記事項証明書の交付等により行うが、登記記録の記載が必ずしも真実とは限らないので、関係者への聞き取り調査なども実施する。特に建物については未登記のものも多いので、工事請負契約書の写しなどで実際に代金を支払った人を確認する。

### 建物の利用関係を明確にする！

◆建物が自己使用か、借家人への賃貸借か、使用貸借なのかを明確にする必要がある。
賃借人の立退きが必要な場合には、トラブルが発生する場合もあるので、慎重に対応しなければならない。

# 019 土地価格を読む

**土地価格は、土地の持つポテンシャルを的確に表し、事業の組み立て方にも影響を与える**

建築・不動産企画において、土地価格を的確に読みとることは、大変重要なポイントとなる。

その理由は、第一に、土地価格がその土地の持つポテンシャルを最も的確に表す尺度だからである。土地も需要と供給のバランスという経済原則の中で価格が形成されるので、将来性をも含めた経済的ポテンシャルの高い土地ほど需要が強く、高い価格が形成される。そのため、その土地のポテンシャルを活かした企画案を立案することが不可欠であり、この点からも土地価格を読むことの重要性が指摘できる。すなわち、地価の高い土地には、その地価に見合った企画案を立案することが、経済原則に叶った考え方といえる。

第二に、企画上の事業の組み立て方にも、土地価格が大きな影響を与えるからである。たとえば、賃貸事業の企画において、土地全体を売却した場合との比較や、土地の一部を売却して建築資金に充当するケースの検討を行う場合があるが、この場合にも、土地価格の的確な把握が重要なポイントとなる（図表1）。また、相続対策の企画の場合には、相続税路線価を用いて、計画地の相続税評価額を把握しておくことが大切となる。

**公示価格に比べ、相続税路線価は8割程度、固定資産税評価額は7割程度**

土地価格というと、通常は、その価格で土地の売買が成立するであろうと考えられる時価（実勢価格）を指すが、時価を把握することはなかなか難しい。土地は個別性が強く、土地取引そのものにも売り手と買い手の特別な事情が入りやすいからである。

そこで、一般の人が土地取引を行う場合の一つの指標として、公示価格と都道府県地価調査価格が毎年公表されている。このほかにも、課税上の評価額として、相続税路線価と固定資産税評価額がある。それぞれの性格や価格時点などは図表2に示すとおりである。

このように、土地価格にはいくつもの尺度があり、これらの尺度の性格と相互関係を知っておくことが、土地価格を読むための第一歩となる。一般に、公示価格・都道府県地価調査価格を100とした場合、相続税路線価が80程度、固定資産税評価額が70程度、時価が80〜120程度といった関係にある。

## 土地価格を読む必要性（図表1）

### ◆土地価格は、土地のもつポテンシャルを的確に表す

- 土地も需要と供給のバランスという経済原則の中で価格が形成されるので、経済ポテンシャルの高い土地ほど需要が強く、高い価格が形成される。
- 地価の高い土地は、その地価に見合った企画案を立案することが、経済原則に叶った考え方である。

### ◆土地価格は、事業の組み立て方に大きな影響を与える

- たとえば等価交換方式（125 参照）による賃貸事業では、地主側の持ち分を定めるのに、土地価格を把握する必要があるなど、土地価格が事業を左右する大きなポイントになる。
- 相続対策などの場合には、土地の相続税評価額を把握することも大切。

## 土地価格の種類と尺度の比較（図表2）

| 種類 | 公示価格 | 都道府県地価調査 | 相続税路線価 | 固定資産税評価額 | 時価（実勢価格） |
|---|---|---|---|---|---|
| 性格 | 都市およびその周辺の地域に標準地を選定し、その正常な価格を公示することにより、一般の土地の取引価格に対して指標を与え、公共事業用土地に対する適正な補償金の額の算定に資し、適正な地価の形成に寄与することを目的としている。 | 土地に関する権利の移転等についての規制を適正かつ円滑に運用するため都道府県知事が選定した基準地の価格を調査発表するもの。公示価格に準じ、一般の取引価格に対して指標を与える尺度として用いられる。 | 相続税や贈与税の算出の根拠となる土地評価額。 | 固定資産課税台帳に登録された価格で、固定資産税、都市計画税、不動産取得税、登録免許税等の算出の根拠となる。路線価が定められていない地域ではこの固定資産税評価額に一定の倍率を乗じた倍率方式で相続税、贈与税が算出される。 | 実際の取引が成立する価格水準。実際の取引には個別的な事情が多いため、時価を把握するのは困難。なお、不動産広告等に出る具体的な物件の価格は売却希望価格で、一般に時価よりもやや高いといえる。 |
| 価格決定機関 | 国土交通省土地鑑定委員会 | 都道府県知事 | 国税局長 | 市町村長 | ― |
| 価格時点 | 毎年１月１日 | 毎年７月１日 | 毎年１月１日 | 3年ごとの1月1日 | ― |
| 公示価格を 100 とした場合の目安 | 100 | 100 | 80 | 70 | 80 ～ 120 |

### ◆全国地価マップ

**（一財）資産評価システム研究センター**

- 全国地価マップでは、公示価格、都道府県地価調査価格、相続税路線価、固定資産税評価額が地図から閲覧できる

# 020 公示価格の読み方

**公示価格とは、毎年1月1日現在の正常な地価を表している**

地価の相場は、地域ごとの様々な要因によって形成されており、実際の取引の仲介を行っている地域の不動産屋に聞けば、ある程度の目安は教えてもらえるはずである。しかし、不動産屋の情報は、特別な取引に基づく不正確な情報であったり、特定の土地を買わせようとする意図があることもあり、一般の人が地価相場を正確に把握することは、それほど簡単なことではない。

そこで、一般の人にはわかりにくい土地の取引価格に対して、適正な指標を与えるためにつくられた制度が地価公示であり、全国約26000ヵ所の地点（標準地という）について、毎年1月1日現在の正常な地価を判定して、その結果が毎年3月下旬頃、国土交通省から発表される。この発表される地価を公示価格と呼ぶ。

**公示価格から、㎡あたりの地価、地積、形状、最寄駅、利用状況などがわかる**

公示価格は、国土交通省のホームページなどで調べることができる。また、その土地の所在する市町村に問い合わせれば、近くの標準地の公示価格を教えてもらえるはずである。

一般の住宅地の場合、近くの標準地の公示価格を知ることによって、周辺地域の地価の相場を知ることができる。

このように、公示価格は地域の地価相場を把握するのに便利な指標だが、地価は、地域の相場だけではなく、その土地の形状や地形、道路づけなどの個別的な要因により大きく変化するため、公示価格によって知ることのできる地価の相場も、一つの目安と考える必要がある。

また、都道府県でも同様の調査で、毎年7月1日現在の地価を9月下旬頃に発表している。これを都道府県基準地の標準価格（都道府県地価調査価格）といい、公示価格を補うものとなっている。都道府県地価調査価格についても、公示価格と同様、国土交通省のホームページなどで調べることができる。

公示価格を調べると、標準地の所在及び地番、㎡当たりの地価、地積、形状、最寄駅・距離、法規制、利用現況、区域区分、利用区分、構造、給排水等の状況、建蔽率・容積率、前面道路の状況、周辺の土地の利用現況などが表示されており、計画地との比較の目安となる。

## 公示価格の調べ方（図表1）

**国土交通省のオープンデータで公示価格を調べる**

### ◆土地関係の統計・データ

**●土地関係統計**
- ・法人土地・建物基本調査
- ・土地動態調査
- ・企業の土地取得状況等に関する調査
- ・土地保有移動調査
- ・土地保有・動態調査

**●土地関係情報・データ**
- ・土地所有・利用の概況
- ・土地関連市場マンスリーレポート
- ・企業の土地取引動向調査
- ・海外投資家アンケート調査
- ・不動産の取引価格情報
- ・都道府県地価調査
- ・地価公示
- ・土地取引の件数・面積

市区町村単位で公示価格を検索できる

## 公示価格の例（東京都豊島区、令和6年）（図表2）

### ◆公示価格の特徴とは

- ● 国土交通省の土地鑑定委員会が、毎年1月1日時点の1㎡あたりの正常な価格を判定する（令和6年は全国約26000調査地点で実施）
- ● 正常な価格とは、「自由な取引が行われるとした場合の取引で通常成立すると認められる価格」
- ● 土地鑑定委員会が標準的な地点を選定し、2人以上の不動産鑑定士の鑑定評価を求めてその結果を審査・調整して価格判定を行う
- ● 地価公示による正常な価格を基準にして、他の公的主体による地価（都道府県地価調査、相続税評価（相続税路線価、固定資産税評価等）は求められる

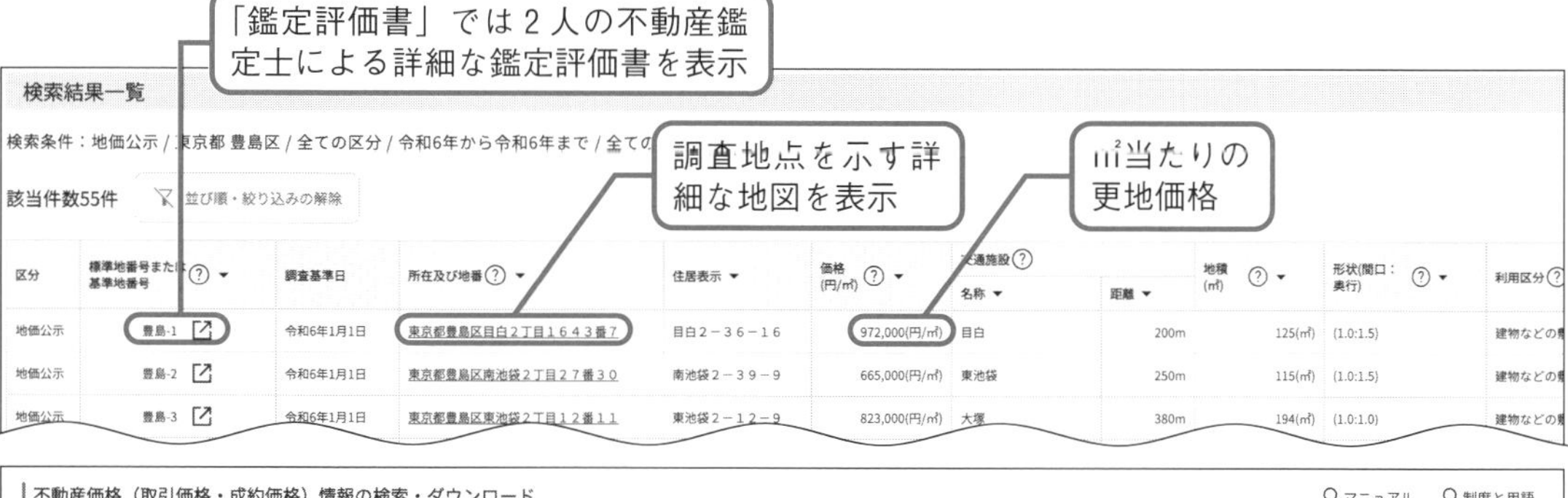


検索結果一覧

検索条件：地価公示 / 東京都 豊島区 / 全ての区分 / 令和6年から令和6年まで / 全ての

該当件数55件　並び順・絞り込みの解除

| 区分 | 標準地番号または基準地番号 | 調査基準日 | 所在及び地番 | 住居表示 | 価格(円/㎡) | 交通施設 名称 | 距離 | 地積(㎡) | 形状(間口：奥行) | 利用区分 |
|---|---|---|---|---|---|---|---|---|---|---|
| 地価公示 | 豊島-1 | 令和6年1月1日 | 東京都豊島区目白２丁目１６４３番７ | 目白２－３６－１６ | 972,000(円/㎡) | 目白 | 200m | 125(㎡) | (1.0:1.5) | 建物などの |
| 地価公示 | 豊島-2 | 令和6年1月1日 | 東京都豊島区南池袋２丁目２７番３０ | 南池袋２－３９－９ | 665,000(円/㎡) | 東池袋 | 250m | 115(㎡) | (1.0:1.5) | 建物などの |
| 地価公示 | 豊島-3 | 令和6年1月1日 | 東京都豊島区東池袋２丁目１２番１１ | 東池袋２－１２－９ | 823,000(円/㎡) | 大塚 | 380m | 194(㎡) | (1.0:1.0) | 建物などの |

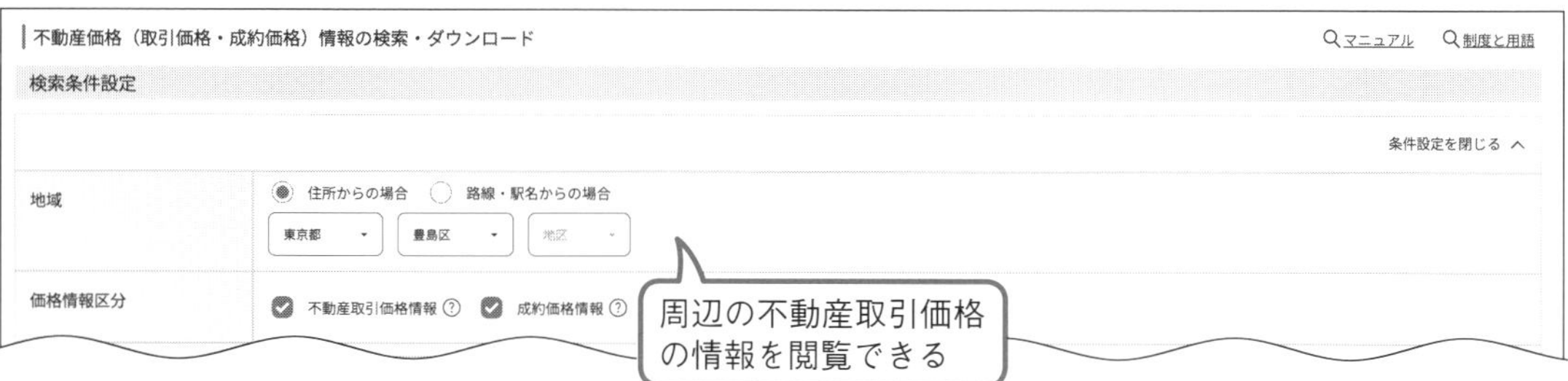

# 021 路線価図の読み方

**路線価とは、相続税などの課税のために、道路ごとに決められた土地の単価**

路線価とは、国税庁が相続税や贈与税などの課税のため、都市部の道路ごとに国税局長が決定した土地の単価のことで、1㎡当たり千円単位で表示される。その道路に接する土地は、相続税などの課税上、この単価を基準に評価され、その評価された価額を相続税評価額という。

相続対策を含む企画の場合には、顧客の所有する土地の相続税評価額を把握しておくことが必須事項となる。

**路線価を0・8で割り戻せば、その土地のおおよその相場がわかる**

路線価図は、図表1のように道路ごとに相続税評価額の計算基礎となる路線価を表示した図面である。路線価図は、三大都市圏や地方の主要都市を中心に、地価水準の比較的高い区域について毎年作成されている。

路線価図には、土地単価のほか、借地権割合や地区区分と適用範囲等も表示されている（図表1・2・3・4）。そのため、路線価から相続税評価額を求めるだけでなく、周辺部を含めた路線価の傾向を読み取ることにより、路線ごとの繁華性の程度や性格の違い、地域の構造までも、ある程度把握することができる。

路線価は国税庁のホームページで過去7年分を調べることができる。なお、税務署や国税局でも路線価図を閲覧できる。

次に、路線価図の読み方を見てみよう。道路の丸印の中の数字が単価、記号が借地権割合、丸印が地区区分を表す記号となっている。図表1の例では、路線価311万円／㎡、借地権割合70％、普通商業・併用住宅地区と読み取れる。

路線価は、公示価格と違って、対象地が接する道路の単価がそのまま出ているため、道路ごとの微妙な地価の差が単価に反映されている。また、公示価格のおおむね80％が目安となっているため、路線価を0・8で割り戻せば、その土地のおおよその相場を知ることができる。

ただし、路線価の金額がそのまま、その土地の価格になるわけではないので注意が必要である。角地など道路の接道状況、敷地の形（地形という）、間口や奥行、面積など、その土地が持つ固有の条件によって評価額は上下する（022・023参照）。

## 路線価図の例（図表1）

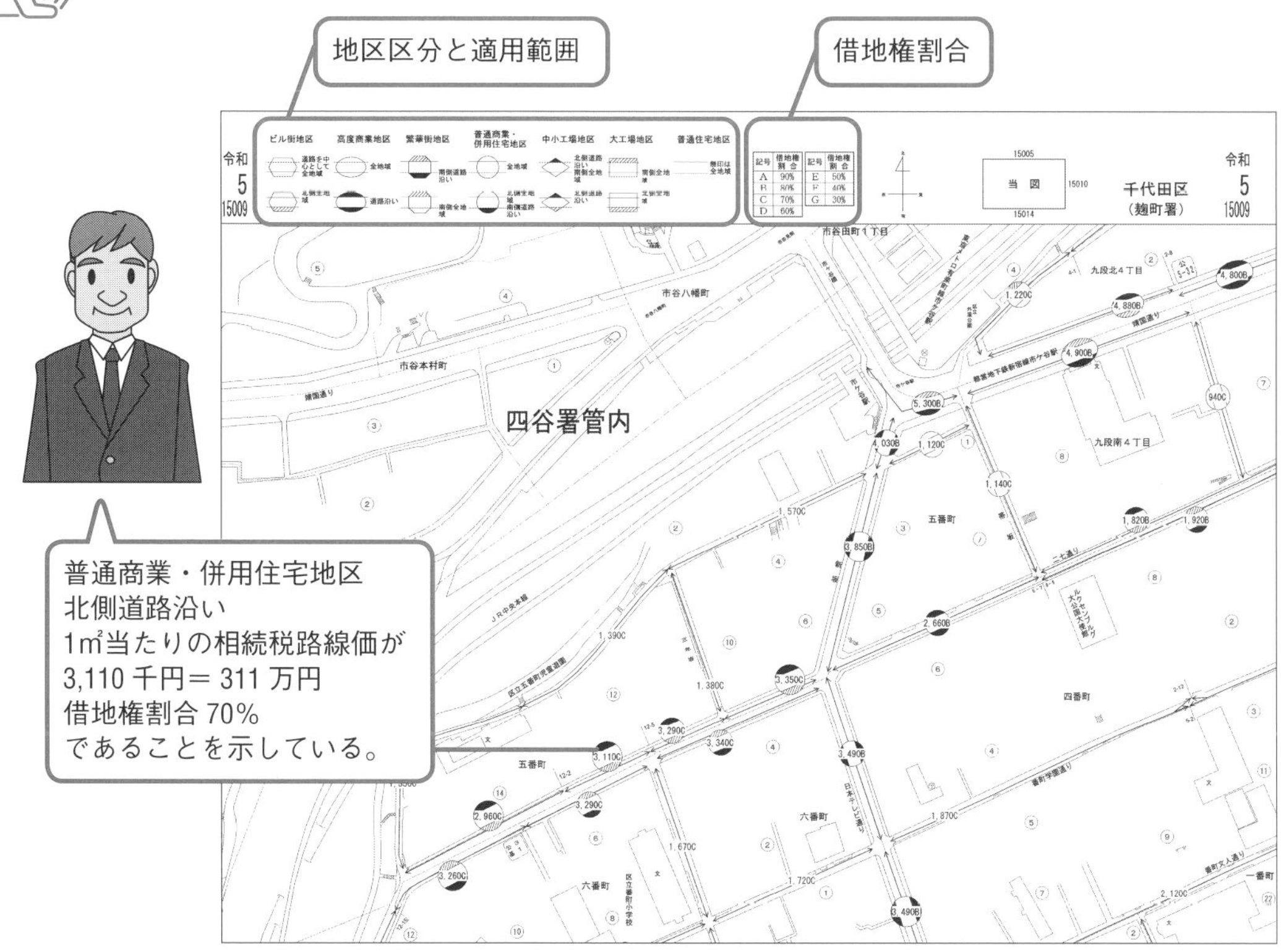

## 借地権の割合表（東京国税局管内）（図表2）

| 記号 | A | B | C | D | E | F | G | H |
|---|---|---|---|---|---|---|---|---|
| 借地権割合 | 90 | 80 | 70 | 60 | 50 | 40 | 30 | 20 |
| 貸宅地割合 | 10 | 20 | 30 | 40 | 50 | 60 | 70 | 80 |
| 貸家建付地割合 | 73 | 76 | 79 | 82 | 85 | 88 | 91 | 94 |
| 貸家建付借地権割合 | 63 | 56 | 49 | 42 | 35 | 28 | 21 | — |
| 転貸借地権割合 | 9 | 16 | 21 | 24 | 25 | 24 | 21 | — |
| 転借権割合 | 81 | 64 | 49 | 36 | 25 | 16 | 9 | — |
| 貸家建付転借権割合 | 56.7 | 44.8 | 34.3 | 25.2 | 17.5 | 11.2 | 6.3 | — |
| 借家権割合（*） | 30 | 30 | 30 | 30 | 30 | 30 | 30 | 30 |

＊大阪国税局の一部は 40%

## 地区区分記号（図表3）

| 記　号 | 地区区分 |
|---|---|
|  | ビル街地区 |
|  | 高度商業地区 |
|  | 繁華街地区 |
|  | 普通商業・併用住宅地区 |
| 無　印 | 普通住宅地区 |
|  | 中小工場地区 |
|  | 大工場地区 |

## 適用範囲記号（図表4）

| 記　号 | 適用範囲 |
|---|---|
|  | 道路の両側の全地域 |
|  | 道路の南側（下方）の全地域 |
|  | 道路沿い |
|  | 道路の北側（上方）の道路沿いと南側（下方）の全地域 |
|  | 道路の北側（上方）の道路沿いのみの地域 |

# 022 相続税評価額の求め方①

## 土地の相続税評価の方法には、「路線価方式」と「倍率方式」がある

土地の相続税評価の方法としては、路線価を基準とする「路線価方式」と、市町村が定める固定資産税評価額を基準として、これに国税局長が定める倍率を乗じて評価する「倍率方式」の2つがあり、路線価の付けられていない地域では倍率方式で評価することになる。倍率方式の場合、土地の大きさや形状などにかかわらず、その土地の固定資産税評価額に決められた倍率を乗じれば評価額が求められる。

一方、都市部を中心として市街地やその周辺では路線価が付けられているため、建築・不動産企画を行うにあたっては、ある程度、路線価方式による基本的な算出方法を理解しておく必要がある。

## 路線価の数字がそのまま、その道路に面する土地の評価になるわけではない

路線価方式による相続税評価額の算定式については図表1のとおりである。路線価自体は、あくまでも価格水準を示したものであり、路線価の数字がそのまま、その道路に面する土地の評価額になるわけではない。個々の土地の評価額は、正面路線価（その土地の接する道路の路線価のうち、最も高い路線価）をもとに、実際の土地の面積、間口と奥行の関係、形状、道路との接続方法など、その土地固有の条件を加味して決定される。

具体的には、正面路線価に、土地の形状などに応じた補正率と、その土地の面積を乗じて計算する。このときの補正率には、奥行価格補正率表（図表2）、奥行長大補正率表（図表3）、がけ地補正率表（図表4）、側方路線影響加算率・二方路線影響加算率表（図表5）、間口狭小補正率表（図表6）などを用いる。

ただし、これは整形された標準的な土地における算定式であり、不整形な土地やその他諸条件が加わるものについては調整が必要となる。

路線価方式や倍率方式によって求められる評価額は、あくまで自分の土地を自分で使用している場合の価額（自用地の価額）であり、借地権の設定があれば評価も異なる。この場合、自用地の価額に借地権割合を乗じて借地権の価額を求める。なお、自用地の価額から借地権の価額を控除した価額が底地の評価となる。

## 路線価方式による相続税評価額の算定式（図表1）

| 算出式 |
|---|
| 正面路線価×奥行価格補正率×地積 |
| {（正面路線価×奥行価格補正率）＋<br>（側方路線価×奥行価格補正率×側方路影響加算率）}×地積 |
| {（正面路線価×奥行価格補正率）＋<br>（裏面路線価×奥行価格補正率×二方路影響加算率）}×地積 |
| {（正面路線価×奥行価格補正率）＋<br>（側方路線価×奥行価格補正率×側方路影響加算率）＋<br>（裏面路線価×奥行価格補正率×二方路影響加算率）}×地積 |
| {（正面路線価×奥行価格補正率）＋<br>（側方路線価×奥行価格補正率×側方路影響加算率）＋<br>（側方路線価×奥行価格補正率×側方路影響加算率）＋<br>（裏面路線価×奥行価格補正率×二方路影響加算率）}×地積 |
| 正面路線価×奥行価格補正率×間口狭小補正率×奥行長大補正率×地積 |
| 正面路線価×奥行価格補正率×がけ地補正率×地積 |

個々の土地の評価額は、正面路線価をもとに、実際の土地の面積、間口と奥行の関係、形状、道路との接続方法など、その土地固有の条件を加味して決定される。

## 奥行価格補正率（図表2）

| 地区区分<br>奥行距離（m） | ビル街地区 | 高度商業地区 | 繁華街地区 | 普通商業・併用住宅地区 | 普通住宅地区 | 中小工場地区 | 大工場地区 |
|---|---|---|---|---|---|---|---|
| 4未満 | 0.80 | 0.90 | 0.90 | 0.90 | 0.90 | 0.85 | 0.85 |
| 4以上6未満 | | 0.92 | 0.92 | 0.92 | 0.92 | 0.90 | 0.90 |
| 6 〃 8 〃 | 0.84 | 0.94 | 0.95 | 0.95 | 0.95 | 0.93 | 0.93 |
| 8 〃 10 〃 | 0.88 | 0.96 | 0.97 | 0.97 | 0.97 | 0.95 | 0.95 |
| 10 〃 12 〃 | 0.90 | 0.98 | 0.99 | 0.99 | 1.00 | 0.96 | 0.96 |
| 12 〃 14 〃 | 0.91 | 0.99 | 1.00 | 1.00 | | 0.97 | 0.97 |
| 14 〃 16 〃 | 0.92 | 1.00 | | | | 0.98 | 0.98 |
| 16 〃 20 〃 | 0.93 | | | | | 0.99 | 0.99 |
| 20 〃 24 〃 | 0.94 | | | | | 1.00 | 1.00 |
| 24 〃 28 〃 | 0.95 | | | | 0.97 | | |
| 28 〃 32 〃 | 0.96 | | 0.98 | | 0.95 | | |
| 32 〃 36 〃 | 0.97 | | 0.96 | 0.97 | 0.93 | | |
| 36 〃 40 〃 | 0.98 | | 0.94 | 0.95 | 0.92 | | |
| 40 〃 44 〃 | 0.99 | | 0.92 | 0.93 | 0.91 | | |
| 44 〃 48 〃 | 1.00 | | 0.90 | 0.91 | 0.90 | | |
| 48 〃 52 〃 | | 0.99 | 0.88 | 0.89 | 0.89 | | |
| 52 〃 56 〃 | | 0.98 | 0.87 | 0.88 | 0.88 | | |
| 56 〃 60 〃 | | 0.97 | 0.86 | 0.87 | 0.87 | | |
| 60 〃 64 〃 | | 0.96 | 0.85 | 0.86 | 0.86 | 0.99 | |
| 64 〃 68 〃 | | 0.95 | 0.84 | 0.85 | 0.85 | 0.98 | |
| 68 〃 72 〃 | | 0.94 | 0.83 | 0.84 | 0.84 | 0.97 | |
| 72 〃 76 〃 | | 0.93 | 0.82 | 0.83 | 0.83 | 0.96 | |
| 76 〃 80 〃 | | 0.92 | 0.81 | 0.82 | | | |
| 80 〃 84 〃 | | 0.90 | 0.80 | 0.81 | 0.82 | 0.93 | |
| 84 〃 88 〃 | | 0.88 | | 0.80 | | | |
| 88 〃 92 〃 | | 0.86 | | | 0.81 | 0.90 | |
| 92 〃 96 〃 | 0.99 | 0.84 | | | | | |
| 96 〃 100 〃 | 0.97 | 0.82 | | | | | |
| 100 〃 | 0.95 | 0.80 | | | 0.80 | | |

## 奥行長大補正率（図表3）

| 地区区分<br>奥行距離/間口距離 | ビル街地区 | 高度商業地区<br>繁華街地区<br>普通商業・併用住宅地区 | 普通住宅地区 | 中小工場地区 | 大工場地区 |
|---|---|---|---|---|---|
| 2以上3未満 | 1.00 | 1.00 | 0.98 | 1.00 | 1.00 |
| 3 〃 4 〃 | | 0.99 | 0.96 | 0.99 | |
| 4 〃 5 〃 | | 0.98 | 0.94 | 0.98 | |
| 5 〃 6 〃 | | 0.96 | 0.92 | 0.96 | |
| 6 〃 7 〃 | | 0.94 | 0.90 | 0.94 | |
| 7 〃 8 〃 | | 0.92 | | 0.92 | |
| 8 〃 | | 0.90 | | 0.90 | |

## がけ地補正率（図表4）

| がけ地の方位<br>がけ地地積/総地積 | 南 | 東 | 西 | 北 |
|---|---|---|---|---|
| 0.10以上 | 0.96 | 0.95 | 0.94 | 0.93 |
| 0.20 〃 | 0.92 | 0.91 | 0.90 | 0.88 |
| 0.30 〃 | 0.88 | 0.87 | 0.86 | 0.83 |
| 0.40 〃 | 0.85 | 0.84 | 0.82 | 0.78 |
| 0.50 〃 | 0.82 | 0.81 | 0.78 | 0.73 |
| 0.60 〃 | 0.79 | 0.77 | 0.74 | 0.68 |
| 0.70 〃 | 0.76 | 0.74 | 0.70 | 0.63 |
| 0.80 〃 | 0.73 | 0.70 | 0.66 | 0.58 |
| 0.90 〃 | 0.70 | 0.65 | 0.60 | 0.53 |

## 間口狭小補正率（図表6）

| 地区区分<br>間口距離（m） | ビル街地区 | 高度商業地区 | 繁華街地区 | 普通商業・併用住宅地区 | 普通住宅地区 | 中小工場地区 | 大工場地区 |
|---|---|---|---|---|---|---|---|
| 4未満 | — | 0.85 | 0.90 | 0.90 | 0.90 | 0.80 | 0.80 |
| 4以上6未満 | — | 0.94 | 1.00 | 0.97 | 0.94 | 0.85 | 0.85 |
| 6 〃 8 〃 | — | 0.97 | | 1.00 | 0.97 | 0.90 | 0.90 |
| 8 〃 10 〃 | 0.95 | 1.00 | | | 1.00 | 0.95 | 0.95 |
| 10 〃 16 〃 | 0.97 | | | | | 1.00 | 0.97 |
| 16 〃 22 〃 | 0.98 | | | | | | 0.98 |
| 22 〃 28 〃 | 0.99 | | | | | | 0.99 |
| 28 〃 | 1.00 | | | | | | 1.00 |

## 側方路線影響加算率・二方路線影響加算率（図表5）

| 地区区分 | 側方路線加算率 | | 二方路線加算率 |
|---|---|---|---|
| | 角地の場合 | 準角地の場合 | |
| ビル街地区 | 0.07 | 0.03 | 0.03 |
| 高度商業地区<br>繁華街地区 | 0.10 | 0.05 | 0.07 |
| 普通商業・併用住宅地区 | 0.08 | 0.04 | 0.05 |
| 普通住宅地区<br>中小工場地区 | 0.03 | 0.02 | 0.02 |
| 大工場地区 | 0.02 | 0.01 | |

# 023 相続税評価額の求め方②

**一方路の場合の自用地評価額は、正面路線価×奥行価格補正率×面積**

具体的に、相続税評価額を計算してみよう。

図表の事例①の土地の正面路線価は100万円／㎡である。また、この土地の間口は20m、奥行は35mで、普通商業・併用住宅地区であるから、奥行価格補正率は0・97となる（022図表2参照）。よって、この土地の相続税評価額は、正面路線価×奥行価格補正率×地積（022図表1の計算式参照）より、6億7900万円と計算できる。

なお、この土地に借地権が設定されている場合には、借地権の価格は、先に求めた自用地の価額6億7900万円に借地権割合70%（021図表1「借地権割合の記号」参照）を乗じて4億7530万円と求められる。

**同じ道路に面している同じ面積の土地の場合には、角地のほうが評価額は高い**

次に、同じ道路に面した角地の相続税評価額を計算してみよう。

角地の場合には、一方路の場合の価額に側方路の影響を加算することにより評価額を求めることができる。

図表の②に示す土地の場合、土地の側方路線価は800千円である。また、側方路からみた奥行は20mであるから、側方路に対する奥行価格補正率は1・00となる。加えて、側方路線影響加算率は、「普通商業・併用住宅地区の角地の場合」に当たるので、0・08となる（022図表5参照）。よって、この土地の相続税評価額は、7億2380万円となる。

事例①と②を比較するとわかるように、同じ面積で同じ道路に面する土地であれば、角地の方が評価額は高くなる。

一方、間口が狭く細長い敷地の場合には、奥行価格補正率に加えて、間口狭小補正率、奥行長大補正率を掛けることになる。たとえば、図表の③に示す土地の場合には、間口狭小補正率0・97、奥行長大補正率0・94となることから、この土地の評価額は1億3680万円となる。すなわち、同じ道路に面している同じ面積の土地よりも、補正率の分だけ（約1割）、評価額は低くなる。

その他、二方路地、がけ地などの場合にも同様に、022図表1の算定式と各種補正率表を用いて相続税評価額を求めることができる。

# 相続税評価額の計算例（図表）

<table>
<tr><td>

（普通商業・併用住宅地区）

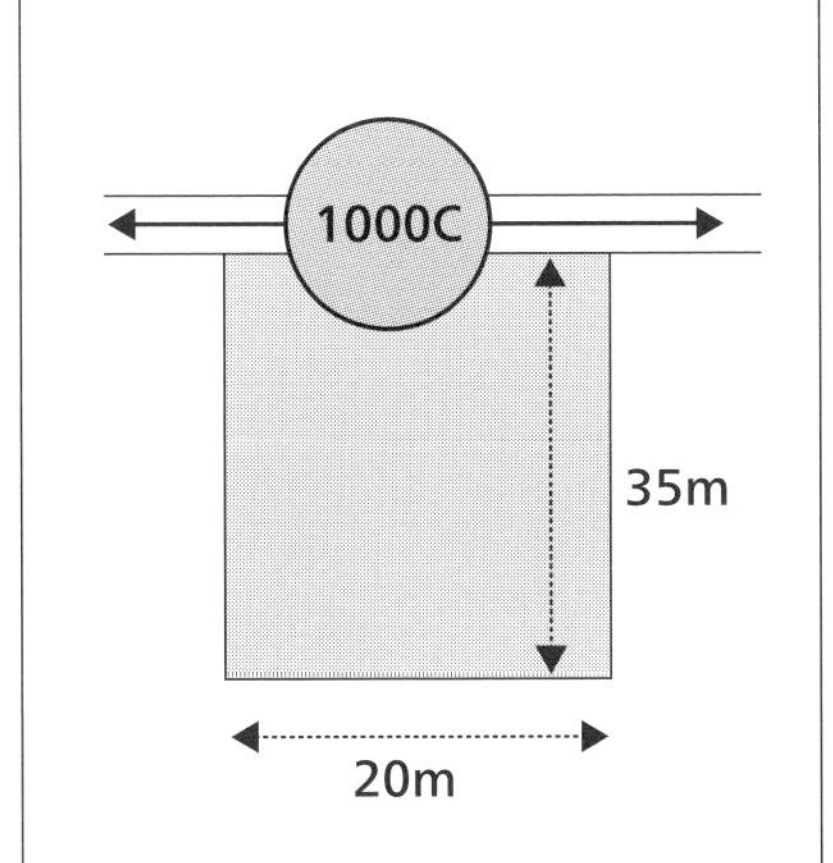


</td><td>

## 事例①一方路の場合

**【自用地の価格】**
正面路線価 1000 千円×奥行価格補正率 0.97 × 700㎡
＝ 679,000 千円

**【借地権の価格】**
自用地の価格 679,000 千円×借地権割合 70%
＝ 475,300 千円

</td></tr>
<tr><td>

（普通商業・併用住宅地区）

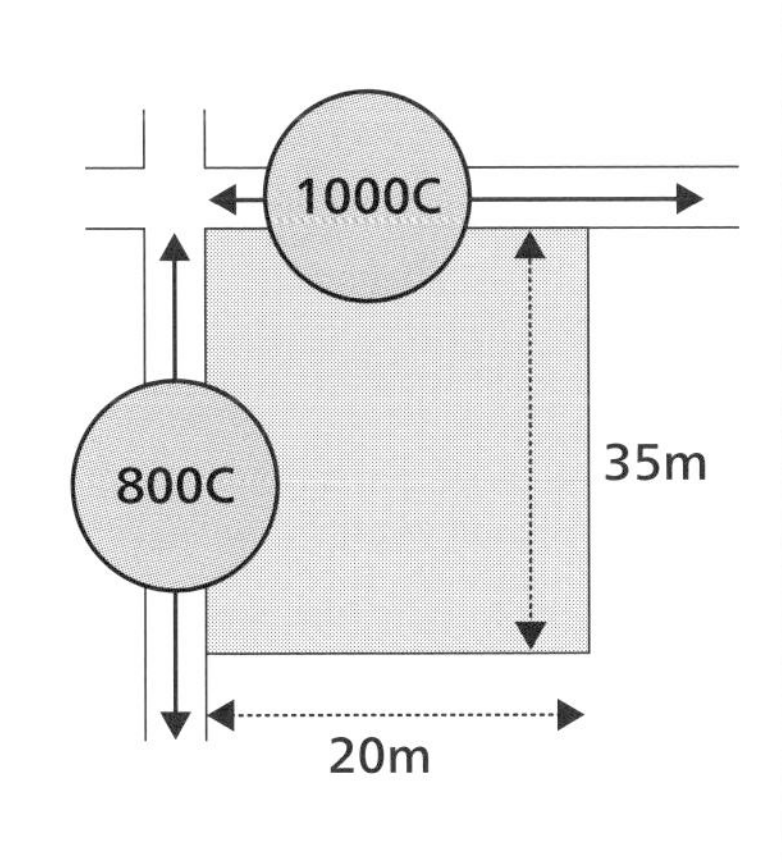


</td><td>

## 事例②角地の場合

**【自用地の価格】**
正面路線価 1000 千円×奥行価格補正率 0.97
＝ 970 千円／㎡

側方路線価 800 千円×奥行価格補正率 1.00 ×
側方路線影響加算率 0.08
＝ 64 千円／㎡

（970 千円＋ 64 千円） × 700㎡
＝ 723,800 千円

**【借地権の価格】**
自用地の価格 723,800 千円×借地権割合
70%
＝ 506,660 千円

</td></tr>
<tr><td>

（普通商業・併用住宅地区）

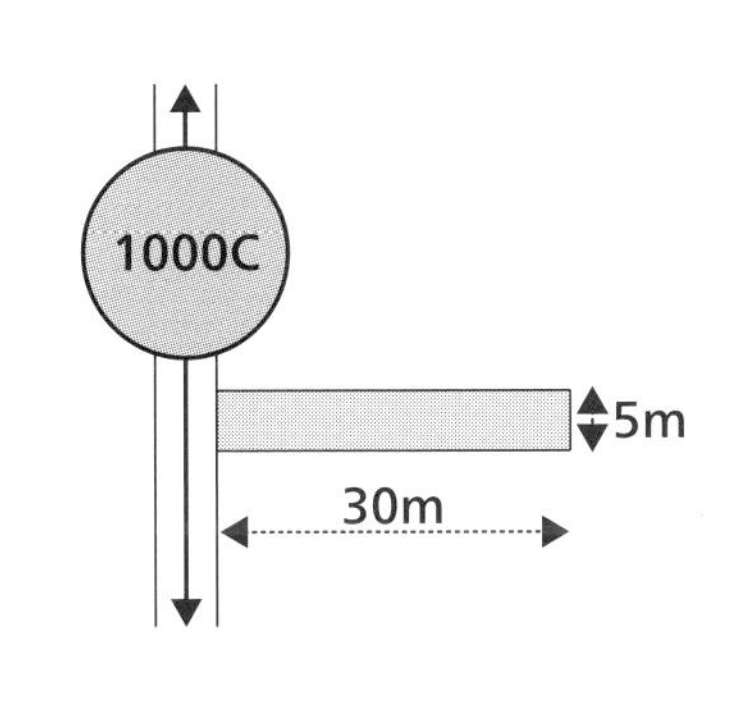


</td><td>

## 事例③間口狭小・奥行長大の場合

**【自用地の価格】**
正面路線価 1000 千円×奥行価格補正率 1.00 ×
間口狭小補正率 0.97 ×奥行長大補正率 0.94
＝ 912 千円／㎡

912 千円× 150㎡
＝ 136,800 千円

**【借地権の価格】**
自用地の価格 136,800 千円×借地権割合 70%
＝ 95,760 千円

</td></tr>
</table>

# 024 不動産鑑定評価と土地価格

## 不動産の鑑定評価とは、不動産の経済価値を判定し、その結果を貨幣額で表示すること

不動産の鑑定評価とは、土地や建物などの不動産の経済価値を判定し、その結果を貨幣額で表示することをいう。不動産は、個別性、用途の多様性など、一般の諸財と異なる特徴を持つことから、その適正な価格を求めるためには、専門家である不動産鑑定士の鑑定評価活動に依存せざるを得ない。

## 価格の種類には、正常価格、限定価格、特定価格、特殊価格がある

不動産の鑑定評価による価格の種類には、正常価格、限定価格、特定価格、特殊価格の4種類がある（図表1）。

正常価格とは、市場性を有する不動産について、現実の社会経済情勢の下で合理的と考えられる条件を満たす市場で形成されるであろう市場価値を表示する適正な価格をいう。鑑定評価では、通常は正常価格を求めるが、隣地を取得する場合や借地権者が底地を購入する場合など、市場が相対的に限定される場合には限定価格となることもある。

また、不動産の証券化等で、投資採算価値を求める場合等については特定価格を求めることになる。特殊価格は、文化財等の不動産の経済価値を適正に表示する価格である。

## 鑑定評価の手法には、原価法、取引事例比較法、収益還元法などがある

また、不動産の価格を求める鑑定評価の手法には、主に原価法、取引事例比較法、収益還元法の3つがある（図表2）。

原価法は、不動産の再調達に要する費用に着目した手法である。価格時点における対象不動産の再調達原価を求め、これに経年による減価修正を行って求める。原価法により求められた価格を積算価格という。

取引事例比較法は、不動産の取引事例に着目した手法である。多数の取引価格を収集して事例の選択を行い、それに必要に応じて事情補正、時点修正、地域要因の比較、個別的要因の比較を行って求める。取引事例比較法によって求められた価格を比準価格という。

収益還元法は、不動産から生み出される収益に着目した手法であり、この手法によって求められた価格を収益価格という（025参照）。

## 不動産の鑑定評価による価格の種類（図表1）

| | |
|---|---|
| **正常価格** | ● 市場性を有する不動産について、現実の社会経済情勢の下で合理的と考えられる条件を満たす市場で形成されるであろう市場価値を表示する適正な価格。 |
| **限定価格** | ● 市場性を有する不動産について、不動産と取得する他の不動産との併合または不動産の一部を取得する際の分割等に基づき正常価格と同一の市場概念の下において形成されるであろう市場価値と乖離することにより、市場が相対的に限定される場合における取得部分の当該市場限定に基づく市場価値を適正に表示する価格。たとえば、借地権者が底地の併合を目的とする売買に関連する場合など。 |
| **特定価格** | ● 市場性を有する不動産について、法令等（資産流動化法、民事再生法等）による社会的要請を背景とする鑑定評価目的の下で、正常価格の前提となる諸条件を満たさないことにより正常価格と同一の市場概念の下において形成されるであろう市場価値と乖離することとなる場合における不動産の経済価値を適正に表示する価格。たとえば、証券化等で、投資家に示すための投資採算価値を表す価格を求める場合など。 |
| **特殊価格** | ● 文化財等の一般的に市場性を有しない不動産について、その利用現況等を前提とした不動産の経済価値を適正に表示する価格。 |

**●限定価格とは？（隣接不動産の併合を目的とする売買の場合の例）**

Bは、A所有地を購入し併合することで自己所有地が整形地となり価値が増すため、A所有地を第三者Cよりも高い限定価格で買うことができる。

第三者Cは、A所有地を経済合理性に合う正常価格で買うことになる。

## 不動産の価格を求める鑑定評価の手法（図表2）

| | 原価法 | 取引事例比較法 | 収益還元法 |
|---|---|---|---|
| **概要** | ● 不動産の再調達に要する費用に着目した方法 | ● 不動産の取引事例に着目した方法 | ● 不動産から生み出される収益に着目した方法 |
| **内容** | ● 価格時点における対象不動産の再調達原価を求め、これに減価修正を行って対象不動産の試算価格を求める方法 | ● 多数の取引事例を収集して適切な事例の選択を行い、必要に応じて事情補正および時点修正を行い、かつ地域要因の比較および個別的要因の比較を行って求められた価格を比較考量して、対象不動産の試算価格を求める | ● 対象不動産が将来生み出すであろうと期待される純収益の現在価値の総和を求めることにより対象不動産の試算価格を求める方法 |
| **試算価格** | ● 積算価格 | ● 比準価格 | ● 収益価格 |
| **算定式** | ● 土地<br>＝（素地の価格＋造成費＋通常の付帯費用）＋熟成度<br>● 建物<br>再調達原価－減価額 | ● 取引事例の価格×事情補正率×時点修正率×標準化補正率×地域要因格差補正率×個別要因格差補正率 | ● 直接還元法<br>＝期間の純収益÷還元利回り<br>● DCF法<br>（025参照） |

# 025　収益性から土地価格を考える

## 収益性から土地価格を求める方法には、直接還元法とDCF法がある

収益還元法は、対象不動産が将来生み出すであろうと期待される純収益の現在価値の総和を求めることにより、不動産の価格を求める手法である。この手法は、賃貸用不動産の価格を求める場合などに特に有効である。

収益還元法には、直接還元法とDCF法がある。

## 直接還元法は、一期間の純収益を還元利回りによって還元する方法

直接還元法は、一期間の純収益を求め、この純収益に対応した還元利回りによって純収益を還元することにより不動産の価格を求める方法である（図表1）。ここで、純収益とは、総収益から総費用を引いたものである。また、還元利回りとは、一期間の純収益から不動産の価格を直接求める際に使用される率であり、将来の収益に影響を与える要因の変動予測と予測に伴う不確実性を含む。

直接還元法の場合、一期間の純収益と還元利回りを用いるだけなので、比較的簡単に不動産の価格を求めることができる。その一方で、単年度の純収益を還元する手法であるため、将来の純収益の変動等を明示することは難しい。

## DCF法は、多年度にわたる純収益と復帰価格の現在価値を合計する方法

DCF法とは、連続する複数の期間に発生する純収益及び復帰価格を、その発生時期に応じて現在価値に割り引き、それぞれを合計する方法である（図表2）。なお、復帰価格とは、分析期間満了時点における不動産の価格である。また、割引率とは、ある将来時点の収益を現在時点の価値に割り戻す際に使用される率であり、類似の不動産の取引事例との比較、借入金と自己資金に係る割引率、金融資産の利回りに不動産の個別性を加味すること等により求められる。

DCF法は、毎期の予測された純収益や復帰価格を明示することから、直接還元法よりも説明性に優れている。しかし、将来の純収益を現在価値に割り引く際に使用する割引率をはじめ、各数値の設定如何で結果が大きく変動するため、注意が必要である。

なお、証券化対象不動産の鑑定評価における収益価格を求める場合には、DCF法を適用しなければならない。

## 直接還元法とは（図表1）

【概要】　一期間の純収益を還元利回りによって還元する方法

【求め方】　**収益価格＝一期間の純収益／還元利回り**

※純収益＝総収益－総費用

総収益＝支払賃料＋保証金等の運用益＋権利金等の運用益及び償却額＋その他収入

総費用＝減価償却費（償却前の純収益を求める場合には計上しない）
＋維持管理費（維持費、管理費、修繕費等）
＋公租公課（固定資産税、都市計画税等）
＋損害保険料等の諸経費等

※還元利回り－一期間の純収益から対象不動産の価格を直接求める際に使用される率
将来の収益に影響を与える要因の変動予測と予測に伴う不確実性を含む

**還元利回りを求める方法**

①類似の不動産の取引事例との比較から求める方法
②借入金と自己資金に係る還元利回りから求める方法
③土地と建物に係る還元利回りから求める方法
④割引率との関係から求める方法
⑤借入金償還余裕率の活用による方法

【特徴】　ＤＣＦ法と比較して、簡単に求めることができる。

## DCF法（Discounted Cash Flow法）とは（図表2）

【概要】　連続する複数の期間に発生する純収益及び復帰価格を、その発生時期に応じて現在価値に割り引き、それぞれを合計する方法

【求め方】

$$\text{収益価格} = \sum_{k=1}^{n} \frac{\text{毎期の純収益}}{(1+\text{割引率})^{k}} + \frac{\text{復帰価格}}{(1+\text{割引率})^{n}}$$

※復帰価格＝分析期間満了時点における対象不動産の価格

$$= \frac{\text{n＋1期の純収益}}{\text{分析期間満了時点における還元利回り}}$$

※割 引 率＝ある将来時点の収益を現在時点の価値に割り戻す際に使用される率
還元利回りに含まれる変動予測と予測に伴う不確実性のうち、収益見通しにおいて考慮された連続する複数の期間に発生する純収益や復帰価格の変動予測に係るものを除くもの

**割引率を求める方法**

①類似の不動産の取引事例との比較から求める方法
②借入金と自己資金に係る割引率から求める方法
③金融資産の利回りに不動産の個別性を加味して求める方法

【特徴】　毎期の純収益や復帰価格を明示することから、説明性に優れている。
証券化対象不動産の鑑定評価における収益価格を求める場合には、
ＤＣＦ法を適用しなければならない。

# 026 簡単！土地価格の求め方

**概算の土地価格は、公示価格と路線価を用いて簡単に求められる**

公示価格もしくは都道府県地価調査価格と路線価を用いて、土地の時価を簡単に出す方法がある。

土地価格を正確に求める必要がある場合には、不動産鑑定士などの専門家に相談すべきだが、建築・不動産企画の初期段階においては、簡便法を知っておくと役に立つであろう。

**公示価格や路線価などの公的な評価額を用いて概算額を求めるため、説明がしやすい**

具体的な時価の求め方は、図表の式による。

図表の具体例を見てみよう。ここでは、対象地の2024年6月1日時点の時価を求めるものとする。

まず、対象地の近くで、類似する地域に属する地価公示地を探す。2024年1月1日時点の地価公示価格は、表の通り、1㎡あたり2080万円となっている。一方、路線価図より、この地価公示地の路線価は1㎡あたり1114万円であり、対象地Aの路線価は1㎡あたり1120万円となっている。

次に、時点修正率を求めるが、この場合、2024年1月1日から2024年6月1日までの5ヶ月間の時点修正の比率を使う。時点修正率は、本来は取引事例の分析や、地元の不動産業者などに対するヒアリングによって把握すべきものだが、簡便法では公示価格の最近1年間の変動傾向がその後も継続しているものと仮定する。このケースでは類似する地域に属する地価公示地の2023年と2024年の公示価格が同額なので、100／100となる。

最後に、その地域の時価の地価公示価格に対する水準を求める。これも本来は実証データによって把握すべきものであるが、ここではこの時点での都市部での一般的な傾向から、105／100を採用している。

この結果、対象地の2024年6月1日時点の時価は、2200万円／㎡と概算される。

ここで紹介した時価の求め方は、地価公示地と対象地の価格比が、両地点の路線価の比に等しいと仮定したもので、路線価が道路幅員などの要因に大きく左右されやすいなど、精度的にいくつかの問題点はあるが、誰でも簡単に時価を求めることができるうえ、公的な評価額を用いているため、顧客に対しても説明のしやすい方法といえる。

# 土地価格（時価）の簡便な求め方（図表）

**対象地の時価** 

$$= 近傍類似の地価公示価格 \times \frac{対象地の路線価}{地価公示地の路線価} \times 時点修正率 \times その地域の時価の地価公示価格に対する水準$$



## 具体例

**対象地Aの2024年6月1日時点の時価を求める場合**

①類似する地域に属する地価公示地を探す
（020参照）
→右表より、2,080万円／㎡

②地価公示地の路線価を求める
→下図より、1,114万円／㎡

③対象地Aの路線価を求める
→下図より、1,120万円／㎡

④時点修正率を求める
→2023年と2024年の地価公示価格が同額より100／100

⑤その地域の時価の地価公示価格に対する水準
（実証データにより把握）
→105／100とする

⑥対象地Aの時価

$$= 2{,}080万円／㎡ \times \frac{1{,}120万円}{1{,}114万円} \times \frac{100}{100} \times \frac{105}{100}$$

= **2,200万円／㎡**

**表：類似する地域に属する地価公示地**

| 標準地番号 | ○○－15 |
|---|---|
| 所在 | ○○2丁目2番3 |
| 地価（円／㎡） | 20,800,000 |
| 地積（㎡） | 355 |
| 形状（間口：奥行） | 1：2.5 |
| 利用区分 | 敷地 |
| 構造 | RC5F |
| 利用現況 | 事務所兼住宅 |
| 周辺地利用現況 | 中高層の店舗、事務所が多い商業地域 |
| 前面道路 | 北33 m　国道 |
| 側面道路 | なし |
| 給排水 | ガス　水道　下水 |
| 最寄駅　距離 | ○△　60 m |
| 法規制 | 商業防火 |
| 建蔽率、容積率 | 80、800 |
| 区域区分 | 市街化 |

※2023年地価公示価格も同額とする

**図：対象地A周辺の路線価図**

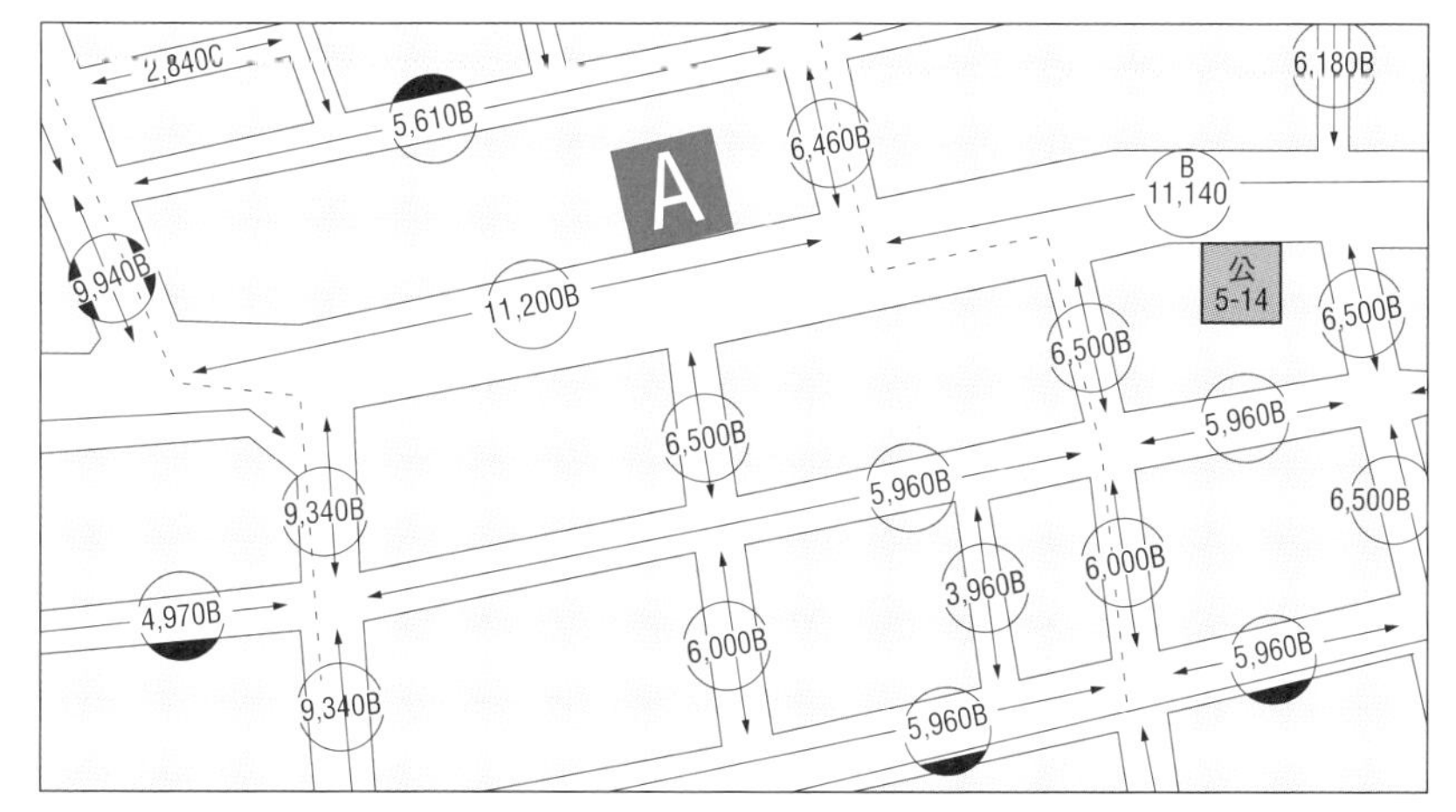

# 027 土地価格の査定方法

## 住宅地の査定価格は、対象地と類似した事例との評点格差から求める

ここでは、宅地建物取引業者が、具体的な売り出し価格を決定する際に参考とする土地価格の査定方法を紹介する。なお、以下では、住宅地の査定について説明する。

基本的には、対象地と同じような取引事例を選んで、両方の持つ条件を比較することで価格を査定する。

具体的には、まず、対象地と類似した事例（事例地）を選定する。この際、簡易に求める場合には、近傍類似の地価公示価格を用いる場合もある。また、成約価格を基にした不動産取引情報提供サイトもあるので参考にするとよい。

次に、事例地と対象地それぞれについて、交通の便、店舗への距離や街並み、近隣の利用状況、騒音・振動や日照・採光、眺望・景観などの環境、排水・ガスなどの供給処理施設の状況、街路の方位・幅員・路面・周辺街路の状況、間口、形状などの画地の状況等、所定の項目について比較を行う。

最後に、対象地が市場で売りやすい不動産か、売りにくい不動産かの度合いを示す流通性比率を考慮して、対象地の価格を求める。

具体的には、評点格差表というものがあるので、この表に基づいて各項目の評点を求めていけばよい。たとえば、最寄り駅までの距離が、徒歩5分以内の場合には+8.5、徒歩15分の場合には-6といった具合である（図表）。

## 査定にあたっては、事例地の選定に十分留意しなければならない

ただし、ここで注意しなければならないことは、事例地の選定である。取引事例は、売り急ぎ等の特殊な事情が含まれている事例は避けて、できるだけ多く収集し、選定しなければならない。また、取引時点が新しく、規模も同規模の事例を選定する必要がある。さらに、対象地と同一の圏内（徒歩圏、バス圏の区分）にある事例を選定しなければならない。

このように、評点格差表による査定は、1つの事例との比較で対象地の価格を求めることになるため、事例地の選定には十分留意する必要がある。

また、評点格差表の項目の中には、騒音・振動や眺望・景観の良否など、評価者の主観的な判断によって評価が決まる項目もあるので、評価の根拠を明確にすることが大切となる。

# 宅地の土地価格の査定の例（図表）

**対象地の査定価格**

= 事例地の単価（円/㎡） × $\frac{\text{対象地の評点}}{\text{事例地の評点}}$ × 対象地の面積（㎡） × 流通性比率

**●事例地の単価**

- 取引価格÷実測面積より求める
- 簡易に求める場合には、近傍類似の地価公示価格を用いる場合もある
- 成約価格を基にした不動産取引情報提供サイト（http：//www.contract.reins.or.jp/）や国土交通省土地総合情報システムがある

**●評点例**
「100＋下記格差の合計」により求める

|  |  |
| --- | --- |
| **1. 交通の便（最寄駅または中心街までの距離）** | 徒歩圏の場合：5分＋8.5、10分0、15分－6、20分－12<br>バス圏の場合：バス乗車時間5分0、10分－5、15分－10<br>バス停までの時間5分0、10分－5、15分－10<br>バス運行頻度：通勤時間帯で1時間に13便以上＋3.0、5便以下－3.0 |
| **2. 近隣の状況** | ①店舗への距離：～10分0、10分以内になし－3<br>②公共施設利用の利便性：普通0、やや劣る－2、劣る－4<br>③街並み：優良住宅地＋5、やや優れる＋3、普通0、住商混在地－3、住工混在地－5<br>④近隣の利用状況：優れる＋5、普通0、劣る－5、極端に劣る－10 |
| **3. 環境** | ①騒音・振動：なし0、やや有－3、有－5、相当に有－7、極端に有－10<br>②日照・採光：優れる＋5、やや優れる＋2.5、普通0、やや劣る－5、劣る－10、極端に劣る－15<br>③眺望・景観：優れる＋3、普通0 |
| **4. 供給処理施設** | ①排水施設：公共下水・集中処理0、浄化槽施設可－5、浄化槽施設不可－15<br>②ガス施設：引込済・引込容易0、引込不能－3 |
| **5. 街路状況** | ①方位（振れ角0度）<br>一方路：南＋8、東＋4、西＋3、北0<br>二方路：南北＋10、東西＋7<br>角地の場合：南東＋13、南西＋12、北東＋6、北西＋5<br>②幅員：6m以上＋5、5m以上6m未満＋3、4m以上5m未満0、3m以上4m未満（車進入可能）－5、3m未満（車進入不可）－10<br>③路面の状況：良い0、悪い－2、未舗装－4<br>④周辺街路の整備・配置：計画的で整然としている＋3、ほぼ整然0、無秩序・行き止まり－3<br>⑤公道・私道の別：公道0、私道－1 |
| **6. 画地の状況** | ①間口：9m以上0、5m以上6m未満－3.5、私道行き止まり画地の場合－5<br>②形状：整形0、やや不整形－5、不整形－10、相当に不整形－20、極端に不整形－30 |
| **7. その他の画地の状況** | 路地状敷地、崖地、法地、都市計画道路予定地、高圧線下地：個別に評価<br>前面道路との高低差：支障なし0、やや利便性に劣る－3、利便性に劣る－5 |

**●流通性比率による調整**
下記4項目で評価

①価格（売れ筋物件の価格帯を大きく逸脱していないか）
②物件の需給状況（物件量が極端に多いか、めったに出ない地域か）
③地域の特性（売れる地域か、売れない地域か）
④その他（不快・不安感を与える施設の影響の有無など）

取引事例比較法は、事例地と査定地との比較で項目ごとに数値化して価格を求めることになるため、事例地の選定には十分留意しましょう。

COLUMN 2

# 子育てエコホーム支援事業

住宅取得に係る経済支援対策として、子育て世帯・若者夫婦世帯が省エネ性能の高い新築住宅の取得や省エネ改修を行う場合に利用できる「子育てエコホーム支援事業」が創設されました。

この事業は、18歳未満の子を有する世帯や夫婦いずれかが39歳以下の世帯が、注文住宅の新築や新築分譲住宅を購入する場合に、長期優良住宅であれば100万円、ZEH住宅であれば80万円、省エネ改修の場合には30万円の助成が受けられる制度です。なお、リフォームの場合には、助成額は少なくなりますが、子育て・若者夫婦世帯以外の世帯も補助対象となります。

補助金の還元は、原則、登録事業者（工事請負業者等）との契約の際に、契約代金に充当する方法で行われます。ただし、対象工事の着手が2023年11月2日以降であれば対象となりますが、予算が上限に達すると終了してしまうため、利用希望の場合には、早めの検討が必要となります。

**図表　子育てエコホーム支援事業の概要**

| | 対象住宅・工事 | 上限補助額 |
|---|---|---|
| 新築 | ①長期優良住宅<br>②ZEH住宅 | ① 100 万円 / 戸<br>※市街化調整区域で土砂災害警戒区域又は浸水想定区域は 50 万円 / 戸<br>② 80 万円 / 戸<br>※市街化調整区域で土砂災害警戒区域又は浸水想定区域は 40 万円 / 戸 |
| リフォーム | ①住宅の省エネ改修<br>②住宅の子育て対応改修、空気清浄機能・換気機能付きエアコン設置工事等（①の工事を行った場合に限る） | 子育て・若者夫婦世帯 30 万円 / 戸<br>※既存住宅購入を伴う場合は 60 万円 / 戸、長期優良リフォームを行う場合は 45 万円 / 戸<br>その他の世帯 20 万円 / 戸<br>※長期優良リフォームを行う場合は 30 万円 / 戸 |

申請は工事や販売を行う事業者が行います。建築主が自ら申請を行うことはできません。

# chapter 3 用途業種の選定と最新企画動向

# 028 用途業種の絞り込み方

**企画における用途選定とは、事業内容の選定にほかならない**

用途選定というと、どうしても建物用途の選定だけを思い浮かべがちだが、企画における用途選定とは、何を建て、どんな事業を行うかを決めることにほかならない。図表は用途選定のプロセスを図示したものである。

用途選定にあたっては、まず、計画地に想定しうる建物用途をリストアップする。次に、立地・市場性や依頼者の特性（2章・4章参照）、用途地域などの法規制、建物ボリューム（5章参照）、事業採算性（6章参照）の面からそれぞれチェックを行い、第一次の用途選定を行う。

次に、絞り込まれた各用途について、計画地における市場調査を実施し、成立規模と事業採算性（029、030参照）の面から、再度チェックを行い、第二次の用途選定を行う。この段階で建物用途のおおよその方向性は決まるが、企画案としては、これでは不十分である。依頼者のニーズや状況、計画地の特性、市場動向、事例調査などを踏まえて、事業化にあたっての問題点を抽出し、これを解決し得るような事業コンセプト案を作成し、プランニング上の検討と併せて、基本構想案をまとめる。この基本構想案に基づく事業収支計画の検討の結果、事業目的が満たされれば、事業決定されることとなるが、難しければ再び検討し直すことになる。

**用途絞込みには顧客ニーズや企画者の直感といった主観的プロセスも大切**

たとえ、周辺地域にマンションが多く、結果的に他の用途を検討することは難しいとしても、他の用途を視野に入れた十分な検討を行っているのといないのとでは企画内容に大きな差が出るので、上記の用途選定のプロセスは企画において必要不可欠といえる。

しかし、実務では必ずしもこうした客観的プロセスだけがすべてではない。つまり、依頼者が実際に何を一番やりたいのか、企画側の直感として何が一番ふさわしいのか、将来にわたって何が一番儲かるのか、具体的なテナント候補の可能性はどうかなど、プロジェクトを成功に導くには、主観的な要素も大切なポイントとなる。

もちろん、主観的な要素だけでは実証性に乏しく、客観的プロセスと併せて検討していくことが大切となる。

# 用途選定のプロセス（何を建て、どんな事業を行うか）（図表）



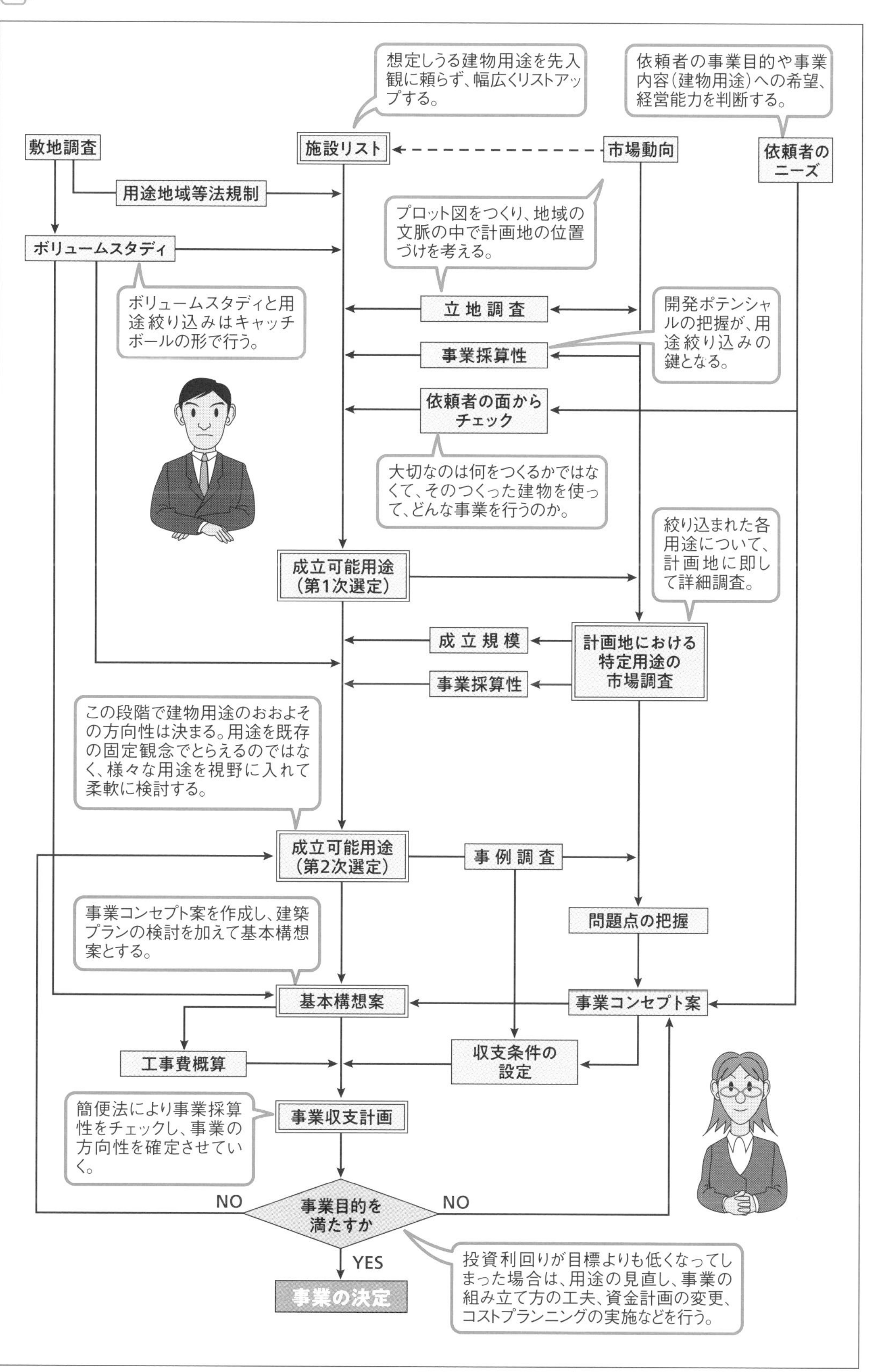

# 029 初期段階での簡単な採算性チェック方法

**賃貸事業については、投資利回りを用いて簡単に採算性をチェックする方法がある**

事業採算性のチェックは、最終的には基本構想案に基づいて、工事費などの事業費の概算と、市場調査・事業コンセプトに基づく収支条件の設定を行って、本格的な収支計画を立てて行うことになるが、用途選定の中間段階から、簡単な方法でチェックを行い、事業の方向性を定めていく必要がある。特に、事業の成立性を高めるためには、より初期の段階から、事業の成立性のチェックや目標建築費の設定を行っておくことが有意義といえる。

事業採算性を簡単にチェックするにはいくつかの方法があるが、賃貸事業については図表に示す投資利回りを用いる方法が、最も簡便で効果的といえる。

**投資利回りが借入金利率＋5％以上なら事業的に成立すると考えられる**

自己所有地で賃貸事業を行う場合の事業採算性の目安は、初年度の賃料収入（相場の稼働率を想定）を総投資額で割った投資利回りで判定する。図表に示す式が満たされていれば、全額借入金で事業を行っても、税引後借入金返済後の剰余金がほぼプラスになり、事業は何とか成立するものと考えられる。

具体的には投資利回りが、賃貸事業の場合には、借入金利率＋5％以上が、事業成立の一つの目安となる。

たとえば、図表の計算例を見てみよう。

総投資額は、土地代を考慮しなくてよい場合には、建築工事費の115％より、初年度賃料収入を総投資額で割った投資利回りは8・8％となる。この値は、借入金利率3・5％に5％を加えた値よりも大きいので、この賃貸マンション事業は、事業的に成立するものと考えられる。

しかし、もし図表の計算式から採算性をチェックした結果、投資利回りの方が低くなってしまった場合には、その程度に応じて、用途の見直しのほか、事業の組み立て方の工夫や自己資金の投入、コストプランニングの実施などの対策を立てる必要が生じる。

土地所有者としては、自分の土地の立地性や事業性をどうしても身びいきで高く評価してしまう傾向があるが、事業を成功させるには、こうした客観的視点を用いて事業採算性をチェックすることが大切となる。

## 賃貸事業の採算性チェックのための判定式（図表）

◆以下の式が満たされていれば、
全額借入金で事業を行っても、税引後借入金返済後の剰余金がほぼプラスになり、
事業的に成立すると考えられる。

$$\frac{\text{初年度賃料収入}}{\text{総投資額}} \geqq \text{借入金利率} + 5\%$$

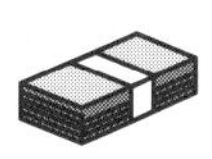

※土地代を考慮しなくてよい場合の賃貸住宅の場合の総投資額の概算費＝建築工事費× 115%
※土地代を考慮しなくてよい場合の賃貸オフィスの場合の総投資額の概算費＝建築工事費× 118%

### 【計算例】

- 建物用途　：賃貸マンション（戸数 25 戸）（＊自己所有土地での事業）
- 延床面積　：500 坪
- 建築工事費：400,000 千円
- 借入金利率：3.5%
- 相場賃料　：1 戸当たり月額 150 千円、初年度稼働率 90% のとき
- 総投資額　：建築工事費× 115%＝ 460,000 千円

$$\frac{\text{初年度賃料収入}}{\text{総投資額}} = \frac{150\text{千円/戸・月} \times 25\text{戸} \times 90\% \times 12\text{月}}{460{,}000\text{千円}}$$

$$= 8.8\% > 3.5\% + 5\%$$

よって、この賃貸マンションは事業的に成立すると予測される。

土地所有者としては、自分の土地の立地性や事業性はどうしても身びいきで高く評価してしまう傾向があります。
賃貸住宅事業を成功させるには、冷徹な事業家の目で、事業性を客観的に判断することが大切です。

# 030 施設成立規模の把握と事例調査

## ホテル、賃貸マンションといった建物用途の絞り込みのみでは不十分

法規制や立地性など、第一段階のチェックによって、ホテル、賃貸マンションといった建物用途のおおむねの方向性は決まる。しかし、企画案としては、この程度の用途・業種の絞込みでは、まだまだ不十分で、計画地の特性や事業環境を最大限に活かした、他施設との競合に耐えられるような、より具体的な案が求められる。そのためには、第一段階で絞り込まれた特定の用途について、さらに突っ込んだ市場調査を行い、施設の成立規模を具体的に把握するとともに、事例調査や意識調査などをもとに、業態レベルでの事業コンセプトを明確化しなければならない。

## 市場調査により、施設成立規模を具体的に把握する必要がある

具体的な企画案へと検討レベルを高めていくためには、まず、市場調査により、施設成立規模を具体的に把握する必要がある。その基本的なプロセスは図表に示す通りだが、商圏の設定方法や統計資料の用い方、吸引力係数の設定方法などは、各用途によって大きく異なり、場合によっては案件ごとに独自の考え方を採用することもある。この際、事業コンセプトの設定も並行して行い、事業コンセプトの仮説を検証する形で施設成立規模を把握するとよい。

## 事例調査や意識調査により、質の面から事業コンセプトを検討する

また、施設成立規模の把握と同時に、質の面から業態レベルでの事業コンセプトを抽出していくための作業として、事例調査や意識調査がある。

事例調査は、一般に競合施設や類似施設について行う。具体的には、競合施設については、売上げや規模、施設の特徴、運営上の特徴、客層、客単価等を、類似施設については成功要因や話題性など、計画面や事業面の特徴を調査する。

一方、意識調査については、競合施設や類似施設の利用者、来店者あるいは設定商圏内の住民などに対して、聞き取り調査やアンケート調査の形で行うものである。また、これとは別に、日頃から社会経済環境のマクロな変化動向や、生活者・消費者の意識動向、ライフスタイルの動向などについても注意して整理しておくとよい。

## 施設成立規模把握と事例調査のプロセス（図表）

**【商圏の設定】**

- 計画地を中心に、事業特性や集客特性、アクセス性などを考慮に入れて、商圏を設定する。

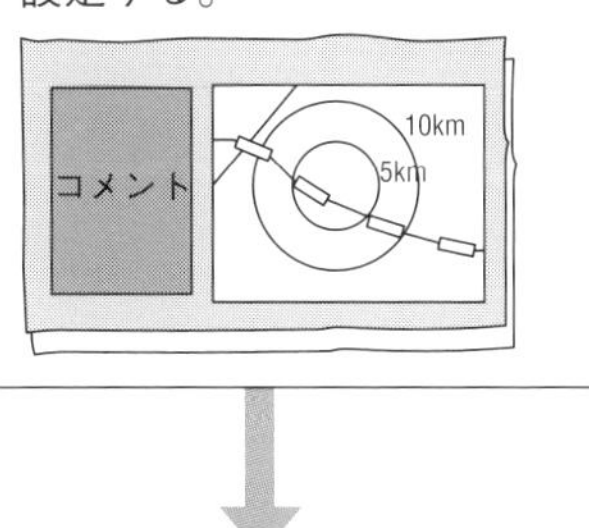


**◆商圏設定の考え方の例**

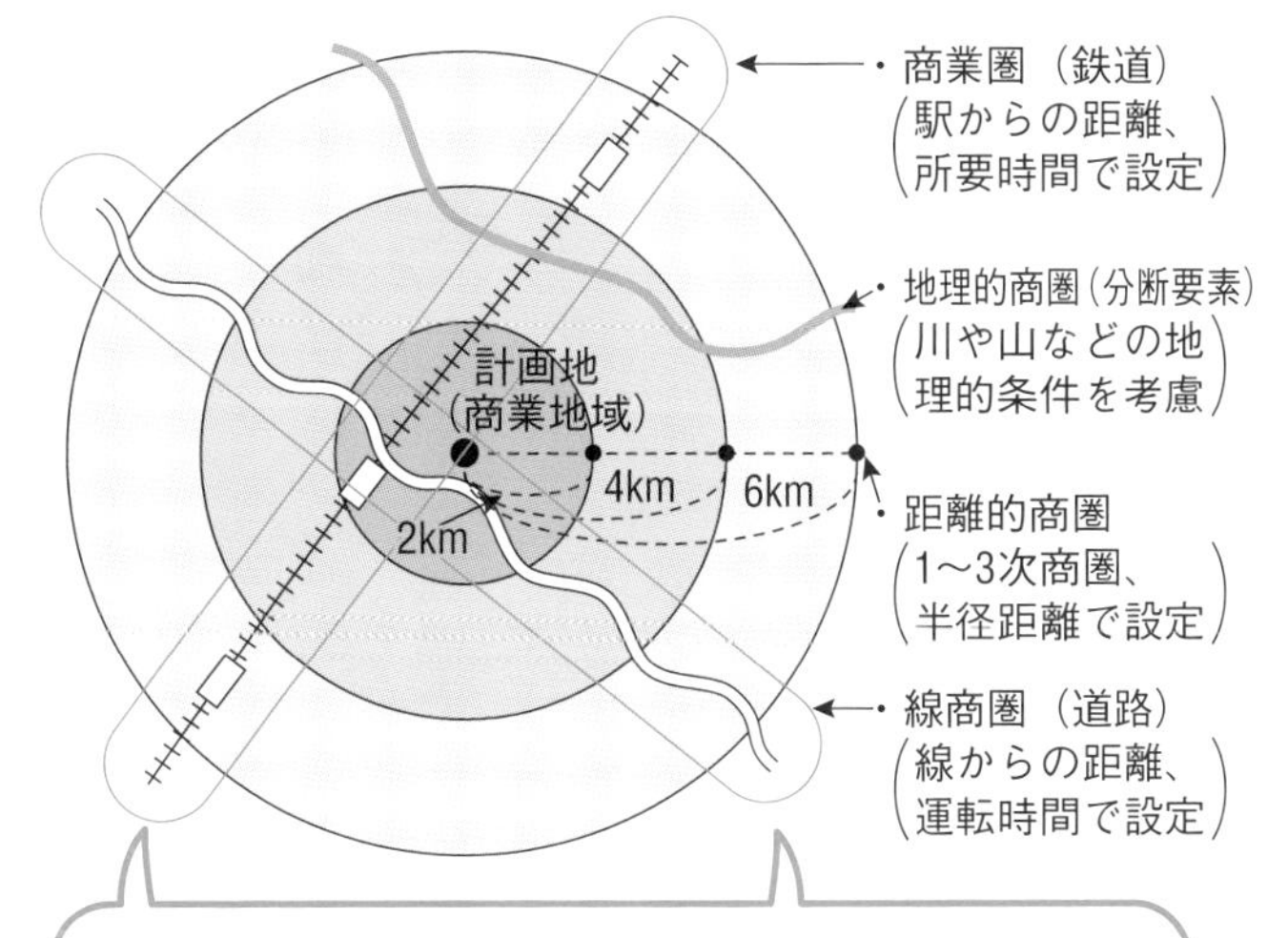


商圏は半径○kmといった単純な形ではなく、各要因の影響から結果として不規則な雲形になる。

**【商圏内需要量の推計】**

- 統計調査や意識調査をもとに、商圏内の潜在需要を推計し、さらに計画時点において実現可能な需要量を推計する。

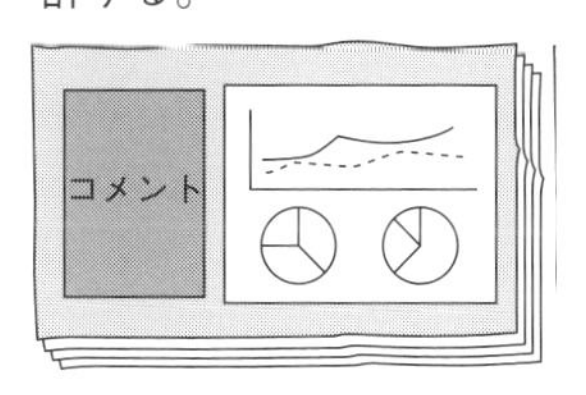


**【競合施設事例調査】**

- 設定商圏内の競合施設の売上、規模、施設上の特徴、運営上の特徴、客層、客単価などについて調査する。

**【類似施設の事例調査】**

- 商圏内に限らず、全国各地、海外などで話題になっている施設や成功を収めている施設などについて、その話題性や成功要因を中心に計画面や事業面の特色を調査する。

**【競合施設等の意識調査】**

- 利用者、来店者、設定商圏内の住民などに対して、聞き取り調査やアンケート調査を実施する等により動向を把握する。

**【成立可能規模の推計】**

- 競合施設の実態調査などから計画施設の吸引力係数を設定し、商圏内需要量を乗じて、計画施設の目標需要量を推計する。
- 1人あたり建物規模等から、成立可能規模を把握する。

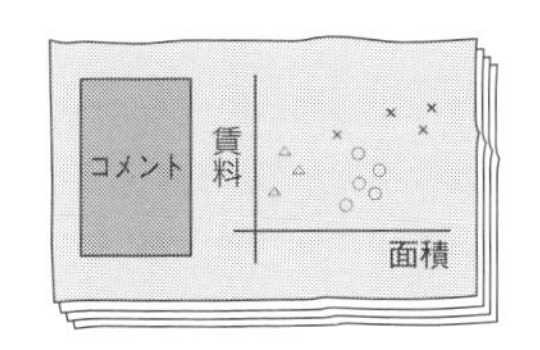

# 031 事業コンセプトの考え方

## 事業コンセプトとは、事業のねらいを明確化し、事業内容を実現させるための概念

事業コンセプトとは、事業のねらいを明確化し、既存の類似事業に比べて、より的確かつ新鮮な事業内容を実現させるための概念である。具体的には、ターゲット層を明確化し、そのターゲットに向けたモノやサービスなどの内容、提供の仕方、提供する環境、施設や空間の構成などについて工夫する考え方であり、これによって、はじめて実現可能な企画案としての建物用途選定ができる。

しかし、実務上コンセプトと呼ばれているものには、単なるキャッチフレーズのようなものも多い。その原因の一つは、企画レベルでコンセプトを構築していく作業と、実施レベルでモノやコトを実際にデザインし、形づくっていく作業とが、バラバラになってしまうことが多いためと考えられる。

そもそもコンセプトには、「モノやコトを形づくっていくプロジェクトにたずさわるすべての人々にとっての共通の指針」という大きな意義がある。したがって、コンセプトを実施レベルにどう具体的に展開していくかが、建築・不動産企画における大切なポイントになる。

## だれに対して何を売りにしていくのか、切り口を工夫して、業態レベルで考える

コンセプトの作成にあたっては、図表に示すような点に注意して、その中身を十分に検討する必要がある。

単なる思いつきやアイデアだけでは、事業コンセプトにはならない。だれに対して、何を売りにしていくのか、ターゲット層の切り口を工夫して、業態レベルで考えることが大切となる。また、事業内容は決めつけず、視点の転換を図ることも重要である。既成概念を取り払い、事業内容を新たな視点から定義し直すことにより、まったく新しい業態が生まれる可能性もあるのである。

さらには、ターゲット層、提供するモノやサービスなどの内容や価格、施設の規模やイメージといった事業内容をいくつかの切り口で切って、既存施設とともに図を用いてポジショニングを行うとよい。これにより、既存施設との差別化が明らかになるとともに、事業のねらいも明確にできる。ただし、この方法は新業態の開発等には大きな効果があるが、軸となる切り口の選び方がポイントとなる。

# 事業コンセプト作成のポイント（図表）

| | |
|---|---|
| **事業コンセプトは業態レベルで考える**  | ● モノやサービスを受け取る生活者や利用者の価値観やニーズに対応して、ターゲット層を明確化し、そのターゲット層に向けた業態レベル（たとえば、独身女性向けマンションなど）で事業コンセプトを構築する。 |
| **だれに対して、何を売りものにしていくのか、というシナリオを考える**  | ● 施設成立規模の把握や事例調査、意識調査などの内容をふまえて、改めて計画地における事業のターゲットを明確化し、既存事業や既存施設に比べて、的確化・差別化を図り得る事業コンセプトを構築する。<br>● そして、この事業コンセプトに沿って、施設や空間の性格づけ、提供する商品やサービス、コト、シーンなどの性格づけを考える。 |
| **単なる思いつきやアイデアだけでは、事業コンセプトにならない**  | ● 計画地での事業のあるべき姿（理想像）を明確にして、現実の状況（立地環境、計画地や依頼者の属性、市場の状況、競合施設の状況、その他の制約条件など）とのギャップを解決すべき課題ととらえ、その課題解決のためのシナリオとしての事業コンセプトを考える。 |
| **ターゲット層の切り口を工夫する**  | ● 年齢別、性別、所得階層別などの切り口だけでなく、価値観、感性、モノやコトへのこだわりなどでターゲット層を切り取る工夫をする。 |
| **事業内容を決めつけずに、視点の転換を図る**  | ● たとえば、ホテル業を「客に対して宿泊や料理を提供する場」ととらえるのではなく、「客とともに感動を創り出し、分かち合う場」ととらえるなど、既成概念を取り払い、事業内容を決めつけずに、視点の転換を図ることが重要。 |
| **ポジショニングにより事業のねらいを明確にする**   | ● 事業内容をいくつかの切り口で切って、既存施設とともに図に表示する（ポジショニング）。これにより、既存施設との差別化が明確になり、事業のねらいも明確になる。<br>● この場合、軸となる切り口の選び方がポイントとなる。<br><br>**◆例：SCのポジショニングのイメージ図**<br>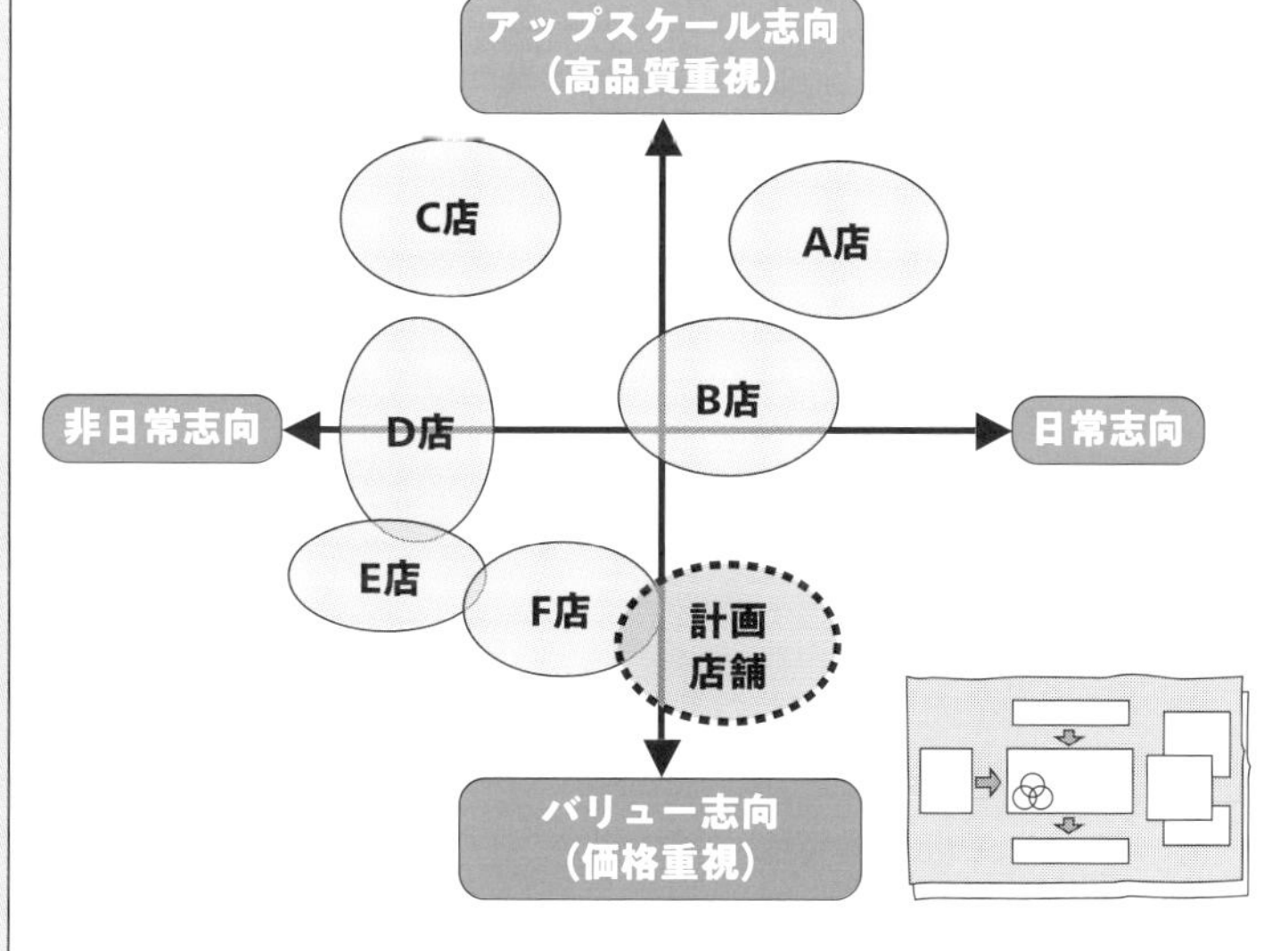 |

# 032 賃貸住宅の企画動向

**賃貸住宅事業は、賃貸オフィス事業に比べて、安定収入が確保できる**

賃貸住宅事業は、図表1からもわかるように、賃貸オフィス事業に比べて賃料の変動が少なく、安定収入が確保できるという特徴を有している。そのため、賃貸住宅事業は、従来から個人地主の土地活用策として行われてきた。

しかし、住宅ストック数は2018年時点で約6241万戸、空き家率は13・6%と過去最高となった。なかでも、賃貸住宅の空き家は最も多く、今後さらに空き家率が拡大していくことが懸念される中で賃貸住宅を企画するにあたっては、いかに入居者から選ばれる賃貸住宅をつくることができるかがポイントとなる。

また、収益性等、事業的観点からの企画も大切となる。たとえば、都心部ではコンパクトタイプの賃貸住宅の供給が見受けられるが、これは、特に賃貸住宅の中でもコンパクトタイプは、投資対象として高い収益性と安定性が期待できるためといえる。

**賃貸住宅企画の際には、詳細なターゲット設定が必要となる**

現状の賃貸住宅への入居者の特徴としては、1人世帯が約4割を占めており、次いで2人世帯と、1人もしくは2人世帯の少数世帯が主流となっている（図表2）。また、世帯年収は400万円未満が約3割、600万円未満が約25%と、比較的低い世帯年収となっている（図表3）。

このように、賃貸住宅の入居者には世帯数や年収などに特徴が見られるが、実際の企画の際には、入居者像をさらに詳細にイメージする必要がある。

学生、男性単身者、女性単身者、DINKS、子供1人のファミリーなど、それぞれのタイプによって、暮らしやすい住宅は違ってくる。

たとえば、図表4に示すように、単身女性のほうが単身男性よりも、安全な立地で設備や仕様のグレードが高い住宅を好む傾向がある。

また、コロナ禍での郊外人気から、コロナ後は若者の都心への流入とファミリー層の郊外定着等、エリアごとの居住者像をより的確に把握する必要性がでてきている（図表5・6）。

このように、人気の高い賃貸住宅をつくるためには、よりターゲットに好まれる計画内容とすることがポイントとなる。

## 共同住宅とオフィスの賃料指数推移（全国）（図表1）

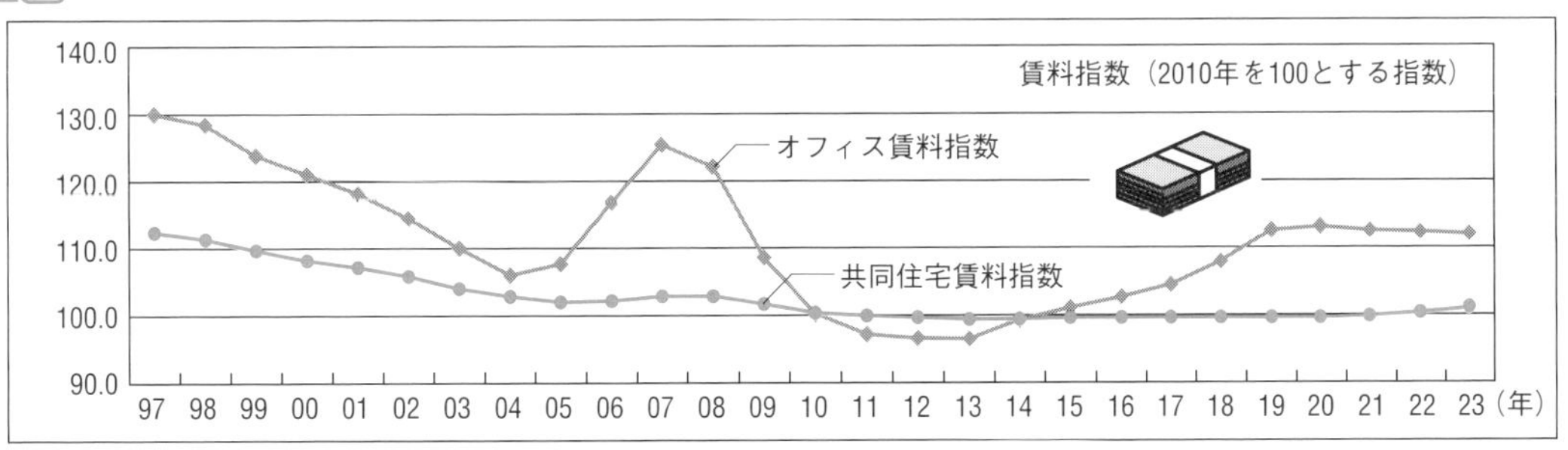


一般財団法人 日本不動産研究所「全国賃料統計」による

## 賃貸住宅の入居者数（図表2）

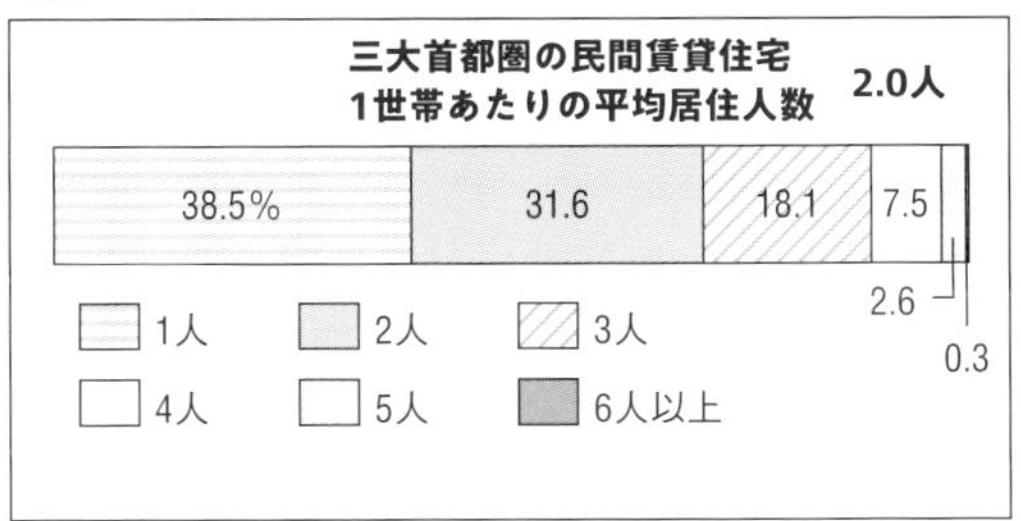


## 賃貸住宅の入居者の世帯年収（図表3）

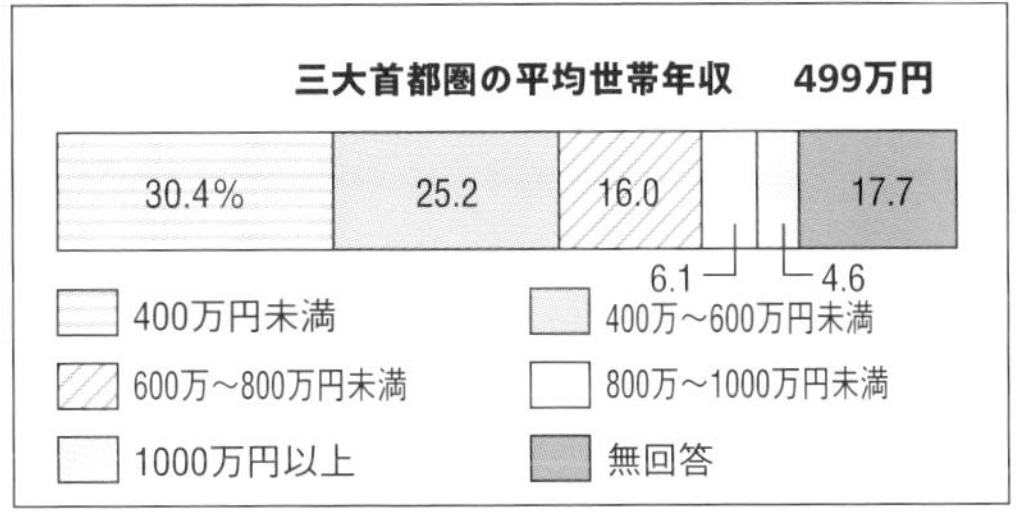


国土交通省「2022年度住宅市場動向調査」による

## シングル男女の家を探すときに重視した設備・条件（図表4）

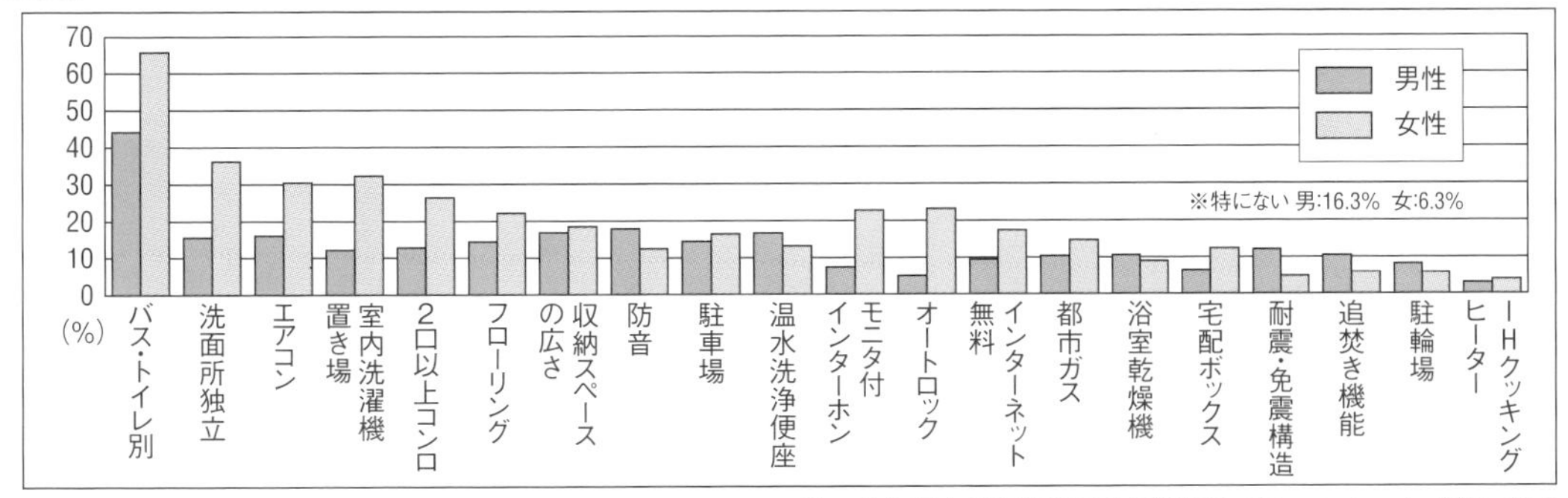


ユーザー動向調査 UNDER30 2023 賃貸編／アットホーム（株）調べ

## 首都圏転入超過の内訳（2023年3月）（図表5）

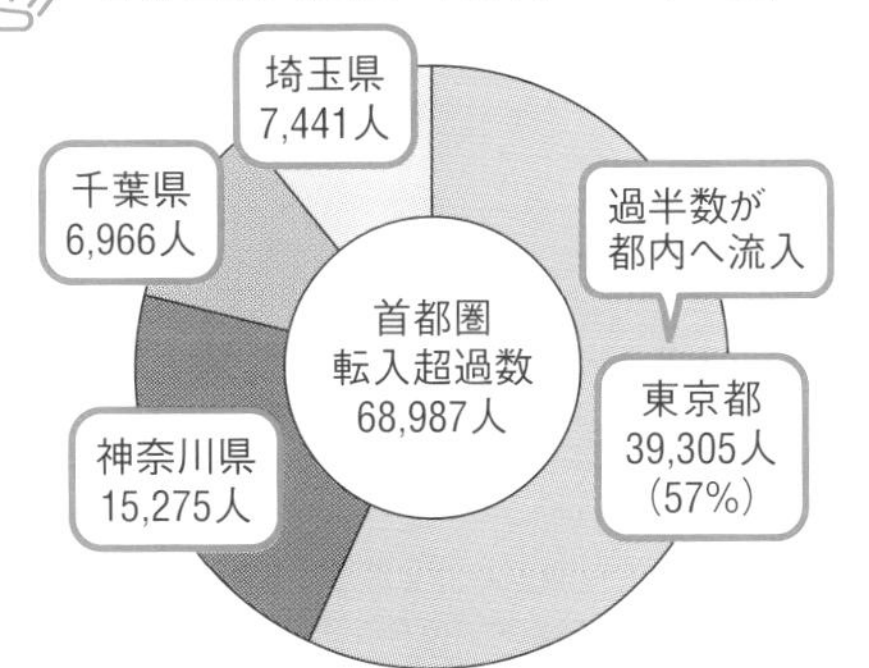


出典：総務省統計局「住民基本台帳人口移動報告」／Panasonic Homes　市場動向（2023年7月号）より

## 年齢別 転入超過数の多い上位5都道府県（2023年3月）（図表6）

子育てファミリーの転入先と捉えることができる

| | 0～14歳 | 20～34歳 | 35～59歳 |
|---|---|---|---|
| 1位 | 埼玉県 906人 | 東京都 37,419人 | 埼玉県 1,151人 |
| 2位 | 千葉県 782人 | 神奈川県 12,384人 | 千葉県 740人 |
| 3位 | 福岡県 429人 | 千葉県 4,399人 | 福岡県 573人 |
| 4位 | 兵庫県 327人 | 埼玉県 4,169人 | 千葉県 395人 |
| 5位 | 奈良県 269人 | 大阪府 2,779人 | 茨城県 297人 |

※日本国内における人口移動の情報を集計したもので、国外からの転入者及び国外への転入者は含まれていない。

出典：総務省統計局「住民基本台帳人口移動報告」／Panasonic Homes　市場動向（2023年7月号）より

# 033 賃貸住宅の人気設備

## 単身者、ファミリーなど、居住者像によって希望する設備は異なる

入居者が賃貸住宅を選ぶ際の大きなポイントは設備である。キッチン、トイレ、風呂などの水廻りの充実はもちろんのこと、TVモニター付きインターフォンやインターネット無料、BS・CSアンテナなども、最近では必須設備になりつつある。

図表1には、居住者像別に、入居者に人気の設備ベスト10を示している。これによれば、単身者・ファミリーともに、インターネット無料に加え、高速インターネットも人気上位となっており、回線の質も重要になってきている。また、エントランスのオートロックや宅配ボックスなど、セキュリティ面の設備の人気も高くなっている。なお、ファミリー層では、相変わらずシステムキッチンや追い炊き機能など、水廻り設備の充実も重要となっている。

もちろん、ベスト10に入る設備をすべて設置できればよいが、導入すればするほど、当然、事業費も増加する。したがって、事業収支計画の採算性（6章参照）をチェックしながら、ターゲットに好まれる設備を予算内で、いかに充実させるかがポイントとなる。

## 人気の賃貸住宅とするためには、WEB検索サイトの設備項目もチェックすべき

賃貸住宅の入居希望者の多くは、賃貸物件をスマートフォンやPCサイトで探す傾向がみられる。つまり、不動産会社を訪れる前に事前にネットで物件情報を閲覧し、希望物件を絞っているのである。したがって、賃貸住宅の経営にあたっては、まず、WEB上で希望物件として選択される必要がある。

賃貸物件を検索できるサイトはいくつもあるが、その多くは、希望地域、駅名、駅からの距離、築年数などに加え、こだわりの条件を選択できる構成になっている（図表2）。たとえば、バス・トイレ別、オートロック、宅配ボックスなどの選択項目があり、その選択項目をチェックすると、その設備を完備している住宅のみが検索結果に表示される。そのため、こうした設備を備えていなければ、そもそも、WEBの検索結果から排除されてしまうのである。

また、オンライン内見やオンライン相談等も増えており、遠方の顧客獲得も含め、WEB対策が重要となってきている。

## 賃貸住宅の人気設備一覧（図表1）

| | 単身者向け | ファミリー向け |
|---|---|---|
| 第1位 | インターネット無料 | インターネット無料 |
| 第2位 | エントランスのオートロック | エントランスのオートロック |
| 第3位 | 高速インターネット | 追い炊き機能 |
| 第4位 | 宅配ボックス | システムキッチン |
| 第5位 | 浴室換気乾燥機 | 宅配ボックス |
| 第6位 | 独立洗面台 | 高速インターネット |
| 第7位 | システムキッチン | 浴室換気乾燥機 |
| 第8位 | 防犯カメラ | 24時間利用可能ゴミ置き場 |
| 第9位 | 24時間利用可能ゴミ置き場 | ウォークインクローゼット |
| 第10位 | ウォークインクローゼット | ガレージ |

もはや基本インフラの１つ。割安な全戸加入方式の普及が進む。

単身・ファミリー向けともに防犯意識の高まりから、上位にランクされている。

ネット通販の需要が増えていることから、人気が急増している。

家族の入浴時間がバラバラになりがちなファミリー向けの必須アイテム。

全国賃貸住宅新聞社「2023 年この設備があれば周辺相場より家賃が高くても決まる TOP10」より

## WEBによる賃貸物件検索の際に選択できる設備条件（図表2）

### ● http://www.chintai.net/ の場合（抜粋）

| | |
|---|---|
| **バス・トイレ** | □ 温水洗浄便座 □ バス・トイレ別 □ 追い焚き □ 浴室乾燥機 □ 独立洗面台 |
| **キッチン** | □ システムキッチン □ ガスコンロ □ ＩＨコンロ |
| **放送・通信** | □ ケーブルテレビ □ BS アンテナ □ CS アンテナ □ インターネット接続可 |
| **セキュリティ** | □ ＴＶモニタ付インターホン □ 宅配ボックス □ オートロック □ 防犯カメラ □ セキュリティ会社加入済 □ 防犯キー |
| **建物設備** | □ 敷地内ゴミ置場 □ エレベーター □ 都市ガス □ 耐震構造（免震／制震／耐震） |

### ● http://www.homes.co.jp/ の場合（抜粋）

| | |
|---|---|
| **叶えたい条件** | □ 出費を抑えたい □ ペットに癒されて暮らしたい □ 水回りを便利にしたい □ 楽に買い物したい □ 家で快適に仕事したい □ 日当たりを良くしたい □ 快適に料理をしたい □ 騒音を気にせず暮らしたい □ セキュリティを高めたい □ これからは車で移動したい □ 綺麗な部屋に住みたい □ お風呂で疲れを取りたい |

# 034 賃貸住宅の企画例①
# 付加価値住宅

**賃貸住宅事業は立地によって事業の成立性が左右されやすいという特徴がある**

賃貸住宅事業は、立地によって事業の成立性が左右されやすいという特徴を持っている。したがって、優れた立地であれば、事業は問題なく成立する場合が多いが、駅から遠い郊外住宅地など、不利な立地の場合には、非常に厳しい採算性となることも多い。

**付加価値住宅は、不利な立地でも事業を成立させることが可能**

しかし、不利な立地でも工夫次第で高い賃料設定が可能となり、人気の賃貸住宅にできる場合もある。付加価値住宅が、その一例である。

付加価値住宅とは、一部のこだわりの強い人にターゲットを絞って、そのターゲットのニーズに合わせてつくった住宅のことをいう（図表）。

たとえば、ペット共生住宅は、ペット愛好者をターゲットとし、傷のつきにくい床材、ペットくぐり戸付きドア、ペットのトイレスペースや足洗い場の設置など、ペットと暮らしやすいように工夫された住宅である。ペットと気兼ねなく暮らせるということで、付加価値住宅の中でも人気の高いメニューの一つである。

また、音楽演奏が可能な防音性・遮音性の高い住宅も成功している例が多い。音楽家などは、普段は有料の貸しスタジオで練習しているため、相場よりも割高な家賃設定が可能となるからだ。

車やバイクのガレージを家の中から見える場所に設置するガレージハウスも人気が高い。これは、立地に左右されない土地の有効活用ができるという点が大きな特徴といえる。

そのほか、専用庭が菜園になっている畑付きの賃貸住宅なども ニーズがある。この場合、郊外の木造アパートでも、菜園付きとすることで周辺よりも高めの賃料設定が可能となる。

このように、付加価値住宅は、単身女性、ファミリーなどといった広い層をターゲットとするのではなく、一部のこだわりの強い人にターゲットを絞って、彼らが満足する住宅を提供する点に特徴がある。ターゲット数は少ないが、ニーズさえあれば確実に入居者を囲いこむことができる手法といえる。そのためには、いかにターゲットを絞り込むかがポイントといえる。

## ターゲット別付加価値メニュー（図表）

| ターゲット | メニュー | 特徴（※事例） |
|---|---|---|
| ●スモールビジネス創業者 | 店舗付き | ●居住者が、暮らしの延長でなりわいができる。<br>●集合住宅を起点に地域の人の顔が見えるコミュニケーションができるため、新しい地域交流拠点になる。<br>※なりわい賃貸住宅「hocco（ホッコ）」 |
| ●ペット愛好者 | ペット共生 | ●駅から遠い郊外住宅地などの不利な立地でも可。<br>●傷や水に強く滑りにくい床材、ペット対応クロスや腰壁、ペットくぐり戸付き室内ドア、ペットのトイレスペース、ペット換気扇、屋外足洗い場、ペットケアルームなどが必要。<br>※旭化成ホームズ「へーベルメゾン　＋わん＋にゃん」など。 |
| ●子育て世代 | 託児所付き | ●1階のテナントとして託児所や保育園を入れたマンション。<br>●ファミリー向け子育て支援機能としてニーズは高い。 |
| ●SOHO勤務者、テレワーク | SOHO向け（Small Office Home Office）テレワーク | ●SOHO向けマンション。設備として高速ネット環境、ミニキッチン、シャワーブース、寝室などをが必要。住居契約と事務所契約の場合がある。<br>●テレワーク用個室やスペース、高速ネット環境が完備された住宅。 |
| ●音楽家、音大生、楽器演奏・オーディオ愛好者 | 防音・遮音 | ●プロの音楽家などは普段は有料貸しスタジオで練習しているため、相場よりも割高な家賃設定が可能。<br>●床・壁・天井、建具などを高い防音・遮音仕様にする。設計施工には音響設計事務所などの協力や、パイプスペースからの音漏れに注意など施工品質の確保、実験による効果の実証が必要。<br>※リブラン「ミュージション」など。 |
| ●車、バイク愛好者 | ガレージハウス | ●いつでも車いじりができるガレージライフの充実がポイント。<br>●立地に左右されない土地有効活用ができるのが特徴。<br>※リビング百十番ドットコム「ジャパンガレージングクラブ®」、ガレントコーポレーション「ガレント」など |
| ●高齢健常者、要介護者 | 高齢者向け | ●サービス付き高齢者向け住宅（040参照）、有料老人ホーム（041参照）、グループホーム（042参照）など。認定・登録、債務保証や公的補助など、制度が充実している。<br>※ベネッセスタイルケア、学研ココファン、フジ・アメニティサービスほか |
| ●長期出張、単身赴任者、受験生 | ウィークリー・マンスリー | ●予め家具や家電製品など生活に必要なものが備えられた住宅。簡単なフロントサービスの提供などもある。敷金・礼金・仲介手数料や更新料がない。保証金が必要な場合あり。<br>※泉ハウジング「ミスタービジネス」、共立メンテナンス「ドーミーマンスリー」、ウィークリー＆マンスリーなど |
| ●エグゼクティブ | サービスアパートメント | ●外資系企業の長期出張者などを主な対象に、家具家電付きの部屋に、コンシェルジュサービス・フロント機能などを備えた短中期滞在型の高級賃貸。<br>●礼金・敷金・仲介手数料・原状回復費などは不要。 |
| ●若者層 | シェアハウス（ゲストハウス） | ●個室以外のリビング、キッチン、浴室などと設備（冷蔵庫、洗濯機など）をシェアする。敷金、礼金、仲介手数料、更新料はゼロが多い。入居者は特に20～30歳代女性が中心。 |
| ●クリエーター、DINKS | デザイナーズマンション | ●コンクリート打放しや吹き抜けの空間など建築家がデザインに拘り設計したもの。都心部から地方都市へも徐々に拡大傾向にある。 |
| | DIY型 | ●工事費用の負担者が誰かに関わらず、借主の意向を反映して住宅の改修を行う事が可能。<br>※国土交通省のDIY型賃貸借に関する契約書の書式例及びガイドブック |
| ●環境重視層 | 太陽光発電付きオール電化 | ●オール電化住宅に、太陽光発電装置を搭載したものなどが広く普及している。 |
| ●環境意識に敏感なLOHAS層 | 畑付き | ●専用庭が菜園になっている賃貸住宅。郊外の木造アパートでも菜園付きとすることで周辺よりも高めの賃料設定が可能。<br>※築50年の公団住宅「多摩平の森団地・菜園・庭付き賃貸団地」 |
| ●安全志向 | レジリエンス住宅 | ●地震や水害、噴火などの自然災害への対策がある住宅。<br>●創エネや蓄電、耐震性能、備蓄倉庫、防犯等に対応。<br>※CASBEEレジリエンス住宅チェックリストなど |

# 035 賃貸住宅の企画例②
# 賃貸併用住宅

## 自宅の一部を賃貸住宅にした賃貸併用住宅で、安定収入を確保する

賃貸併用住宅とは、自宅の建物の一部に賃貸住宅が併設されているものをいう。自宅敷地が広い場合や、子供が独立して夫婦のみの世帯となった場合に検討されることが多い。

賃貸併用住宅は、毎月、賃料収入が入るため、安定した生活資金を確保できるというメリットがある。特に、年金収入のみの高齢世帯にとっては、新たな収入源は魅力的といえる。

また、家族のライフサイクルにあわせて賃貸部分をフレキシブルに利用できるというメリットもある（図表1）。たとえば、子供が結婚するまでは賃貸部分の一部に子供を入居させ、子供が結婚後は別の賃貸部分の一部に子夫婦を入居させることもできる。逆に、二世帯住宅を建てる際に、将来、賃貸住宅として利用できる間取りにしておく方法もある。

## 賃貸併用住宅とすれば、自宅建替え資金も賃料収入で賄える

自宅を建て替える場合には、単に自宅のみを建て替えるのではなく、賃貸併用住宅にすると資金面で有利となる。

たとえば、図表2に示すように、建築費3千万円で自宅を建て替えたい場合について考える。建築費3千万円のうち借入金を2千万円とすると、返済期間30年、金利3％／年とすると、月々の返済額は7万8千円となる。

一方、自宅の建替えに伴い、アパートを併設する場合には、建築費は4千万円に増加するため、借入金は3千万円となる。返済期間30年、金利3％／年とすると、月々の返済額は、自宅のみを建てた場合よりも3万8千円高い11万6千円となるが、賃料収入が月々12万円入ってくるため、実際には4千円のプラスとなる。

つまり、家賃収入をローン返済に充てることができるため、家賃収入額によっては、建築費の借入を全額賃料収入で賄うことも可能となる。さらに、借入金の利子や減価償却費などは経費として計上できるため、所得税の軽減も可能となる（094・131参照）。

ただし、自宅併用であっても、賃貸住宅事業を行うことには変わりないので、魅力的な賃貸住宅を計画するとともに、詳細な事業性の検討が必要となることは言うまでもない。

## 賃貸併用住宅のニーズ（図表1）

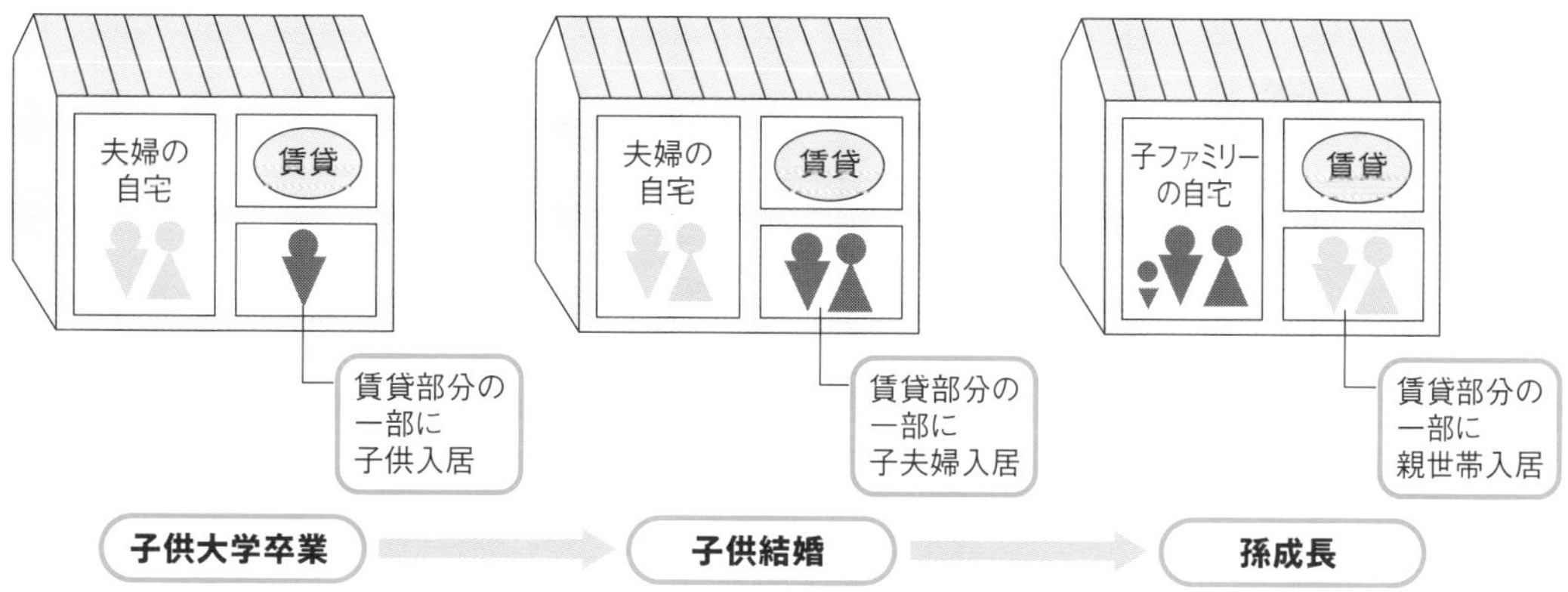


### ◆メリット

- 家族のライフサイクルにあわせてフレキシブルな利用が可能
- 賃料収入による生活資金の確保が可能
- 自宅の建築費を賃料収入で賄うことが可能

## 自宅建替えの場合とアパート併設の場合の資金比較例（図表2）

◆ **自宅を単に建替えた場合**

◆ **自宅の建替えに伴い、アパートを併設した場合**

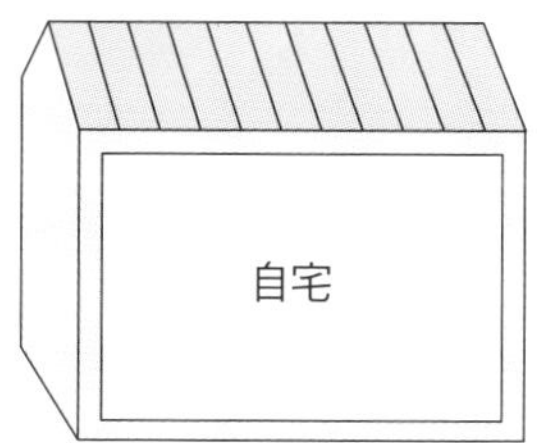


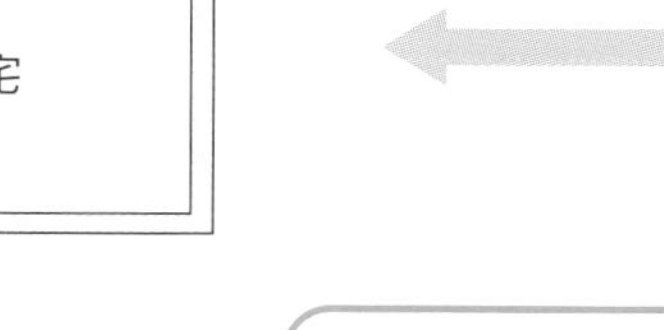

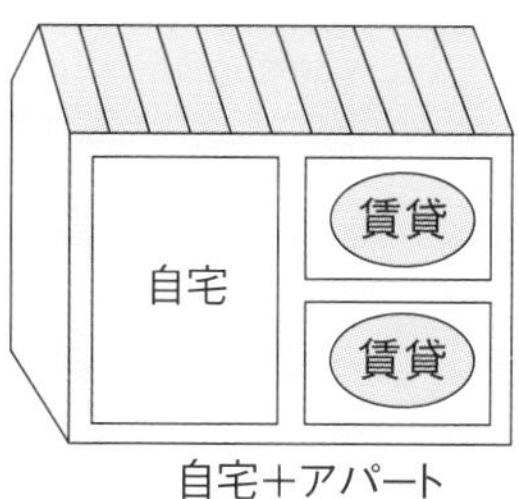

家賃収入でローンの返済が賄えるうえ、借金の利子や減価償却費は経費に計上できるのじゃあ!。年金生活の身にはホントに助かるのう。

手取り額は月々約8万円の差!

| 自宅を単に建替えた場合 | 自宅の建替えに伴い、アパートを併設した場合 |
|---|---|
| 建築費3,000万円 | 建築費　4,000万円 |
| 自己資金1,000万円<br>借入金　2,000万円 | 自己資金　1,000万円<br>借入金　3,000万円 |
| ● 月々の返済額　▲78,000円 | 月々の返済額　▲116,000円<br>月々の賃料収入　120,000円<br>● 差額収入　＋4,000円 |
| ※返済条件:金利年3%、返済期間30年とした場合 | ※アパート建築費1,000万円、アパート収入6万円／戸月×2戸とした場合 |

# 036 賃貸住宅の企画例③ 中古住宅のリノベーション

## リノベーションとは、コンセプトを再構築し新たな価値を創出すること

新築から5年、10年経過すると、屋根の防水工事、エレベーターの補修など、さまざまな修繕が必要になる。しかし、こうした修繕は、基本的には今までと同じ機能を維持するために、悪くなったところを直すことである。

また、リフォームとは、改装のことであり、居間の一部を書斎にするなど、手を加えて改良することをいう。

これに対し、リノベーションとは、単なる修繕やリフォームではなく、コンセプトを再構築し、新たな価値を創出することをいう。建物が造られてから20年、30年という歳月の間に生じた市場や立地の変化を見極め、既存建物をこれからのニーズに対応する、全く別の新しい価値を生み出すものに変化させるのである。

そのため、リノベーションを行った建物は、単なる修繕やリフォームに比べて、費用対効果が大きく、場合によっては周辺の新築建物と同程度の賃料がとれるようになることもある（図表1）。

## 定額制パッケージを活用して、手軽に賃貸住宅をリノベーション

ここでは、定額制のパッケージを利用して賃貸住宅をリノベーションした事例を紹介する（図表2）。

ASSY（アシー）は、パッケージ型のリノベーションシステムで、床、壁、天井、シンク、ドア、収納、スイッチ・コンセント、照明などのパーツがあらかじめパッケージ化されているため、手軽にリノベーションできる仕組みとなっている。パッケージモデルは2種類で、エンドユーザー向けのASSYと、再販事業者向けのASSY BIZ COMPOがある。たとえばリビング天井を躯体現しからラワン貼りに変更する等、置き換えできるパーツやオプションを使って、自分仕様にカスタマイズすることも可能となっている。

また、間取りのプランニングはオーダーメイドとなっており、既存の大部分を解体してスケルトン状態にするところから工事を始めるため、間取りの自由度も高い。

さらに、パッケージ費用は、住戸面積で決まる固定制となっており、プラン変更も3回まで含まれている等、コストコントロールがしやすい点も大きな特徴となっている。

## 修繕・リフォーム・リノベーションと物件価値の推移（図表1）

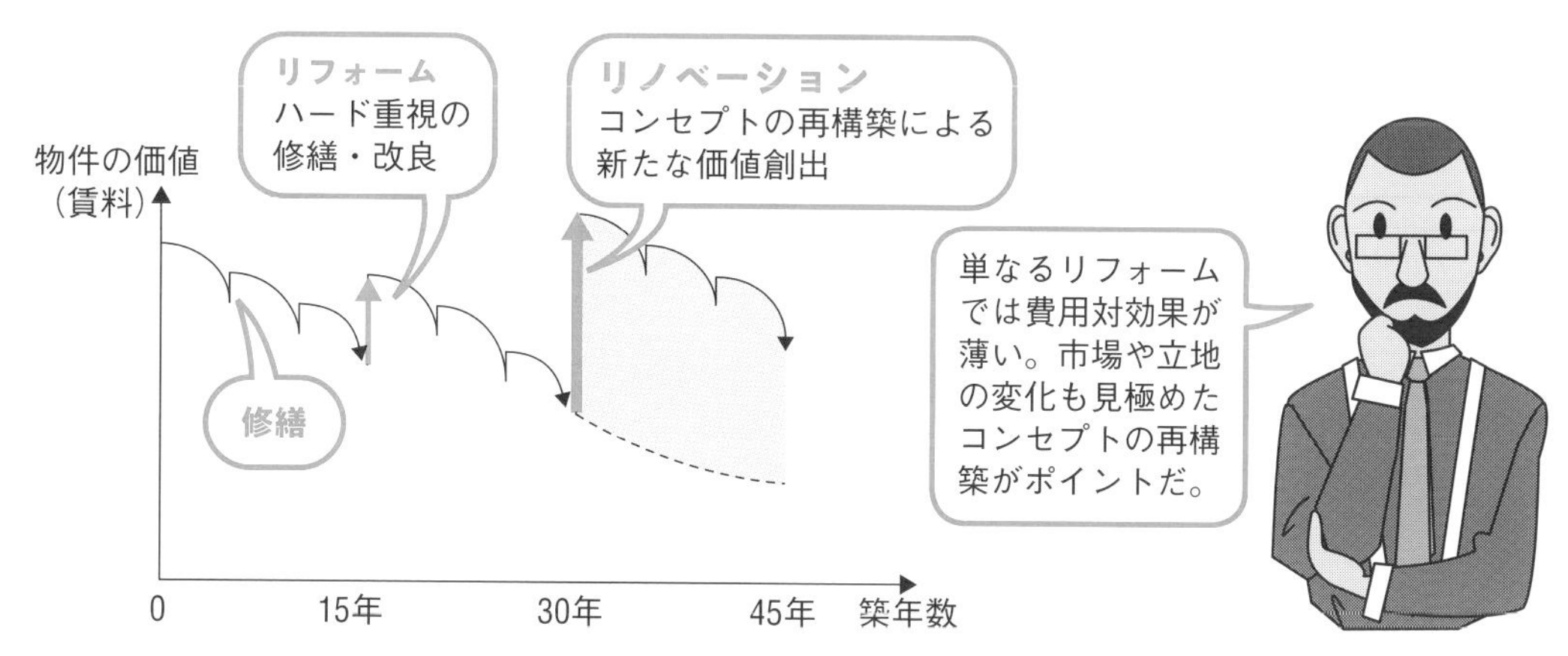

## パッケージ型のリノベーションシステム（図表2）

- 内装建材、住宅設備、インテリア商品の企画・開発・販売、リフォーム・リノベーションの企画・設計・施工を手掛ける（株）TOOLBOX が提供する、定額制パッケージ・リノベーションシステム。
- toolbox のパーツを使って「組み合わせ済みの空間」を提示することで、仕上がりをイメージしやすいメリットがあるため、賃貸事業や再販事業にも向いている。
- 料金は広さで金額が決まる定額制なので予算のコントロールをしやすく、間取りや空間コーディネートに注力できる。エンドユーザー向けの ASSY の場合は 80㎡で 137,500 円/㎡、ワンランク上の ASSY FULL CUSTOM は 80㎡で 165,000 円/㎡を基準に、1㎡毎にプラスマイナス 55,000 円の価格設定。鉄筋コンクリート造のマンションを対象に築年数は問わない（戸建て住宅は対象外）。
- 再販事業者向けの ASSY BIZ COMPO は、ASSY から吸い上げたニーズを元に素材やパーツの選択肢を絞り込むことで、さらなる低価格化を図ったモデル。個別設計並みのクオリティをリーズナブルに提供する。価格は 50㎡の場合 7,975,000 円、60㎡の場合 8,525,000 円、70㎡の場合 9,075,000 円。1㎡単位で価格が設定されており、事前にコストが把握できることで事業計画も立てやすくなる。
- 家族構成やライフスタイルにあわせてオーダーメイドでプランニング可能。工事は解体しスケルトン状態にするところから始めるので間取りは自由。3LDK までの設計料はパッケージ料金に含まれる。
- 内装材はラワンの木質とラフな躯体コンクリート現しをキーマテリアルに、素材感があり長く使えるものをセットアップ。

### リノベーション例

- オーナー所有の物件を賃貸運用のためにフルリノベーションしたケース。
- 既存は築 44 年、52㎡の 2 LDK で、回遊性のある 1 LDK+ ウォークスルークロゼットに。
- 今の住まい手の好みにあった競争力のある物件をつくるため、標準仕様が決まっていながら好みを反映できる柔軟性のある ASSY BIZ COMPO を選んだ。

### ASSY：リビングのメニューの一部（※は ASSY FULL CUSTOM 仕様）

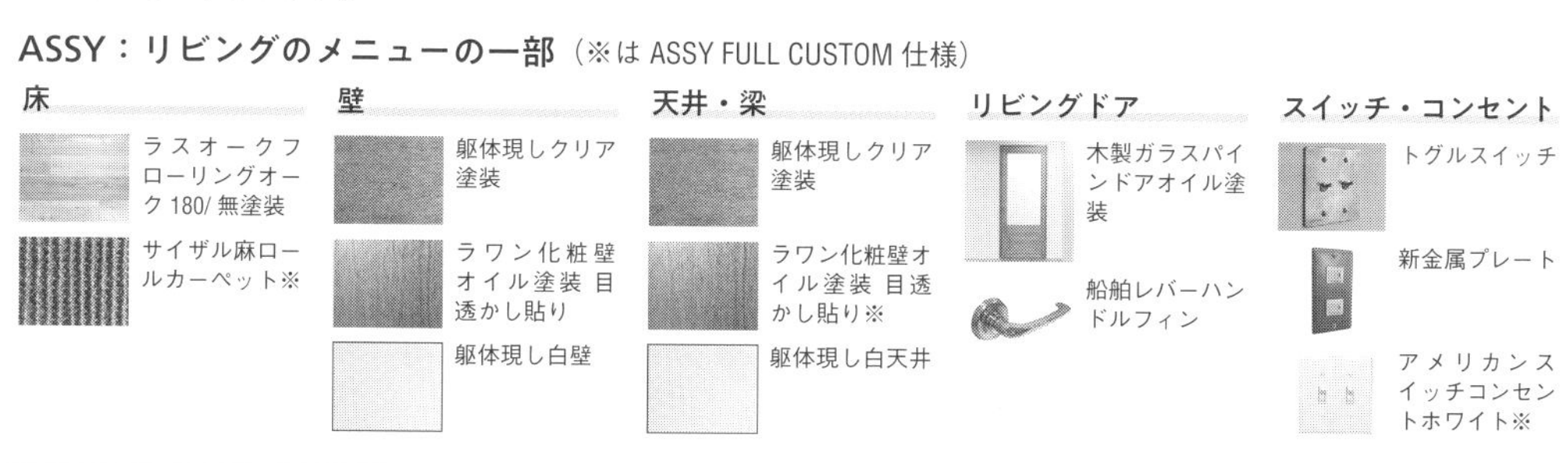

# 037 空き家活用

## 空き家に対し、新たな住宅セーフティネット制度で改修費を助成

2023年の我が国の総住宅数は6502万戸となっているが、そのうち空き家数は900万戸、空き家率は13・8％にも達しており、増加が著しい状況となっている。なかでも、賃貸用の空き家が空き家の約半数を占めている。

そこで、住宅セーフティネット制度では、空き家や空き室を高齢者や子育て世帯などの住宅確保要配慮者専用賃貸住宅として活用する場合には改修費等を助成している（図表1）。

## 築90年超の古民家の空き家を省エネ性能を高めた建物に再生

ここでは、築90年を超える古民家の空き家について、古民家の意匠を復元し、省エネ性能を高めた快適な宿とカフェに再生した事例を紹介する（図表2）。

重要伝統的建造物群保存地区に選定されている北国街道沿いに建つ2軒の空き家のうち、1軒を宿に、もう1軒をカフェに改修した。伝統的建造物群保存地区補助金を利用し、宿については、建築当時の意匠・材質を調べ、オリジナルで建具を製作、古民家としての意匠を再生するとともに、高断熱の内窓や真空ガラスで断熱性を補った。また、断熱性の向上を図るため、屋外に面する土壁の内側に高性能断熱パネルを張る特別仕様で断熱改修を行っている。間仕切壁については昔ながらの土壁を残し、風情のある空間を蘇らせている。

## 空き家アパートをシェアハウス・店舗・ギャラリーの複合型施設に再生、地域の交流拠点に

空き家解決サービス「アキサポ」では、空き家を固定資産税額を目安とした賃借料で借り受け、全額費用負担してリノベーション工事を行い、一定期間転貸するサービスを展開している。

東京都台東区谷中の築50年超アパートは、1年間空き家状態になっていたが、「アキサポ」により、水廻りを一新した全8部屋のシェアハウス、飲食店などの店舗、貸しギャラリーを併せた複合型施設に再生された。共有エリアには、居住者同士の交流やクリエイティブの相互共有を促す「アトリエコリビング」をつくるなど、地域に根付く交流拠点を目指している（図表3）。

## 住宅確保要配慮者専用賃貸住宅改修事業の概要（図表1）

- 住宅確保要配慮者専用の住宅として10年以上の登録
- 補助率：国1/3（地方公共団体を通じた補助の場合は国1/3＋地方1/3）
- 国費限度額：50万円／戸、ただし、共同居住用住居に用途変更するための改修・間取り変更、バリアフリー改修、防火・消火対策工事、子育て対応改修、耐震改修、交流スペースを設置する工事等を実施する場合は50万円／戸加算等各種加算あり
- 対象工事：用途変更のための改修・間取り変更工事、バリアフリー改修、子育て対応改修、省エネルギー改修など
- 入居対象者：子育て・新婚世帯、高齢者世帯、障害者世帯等で所得制限基準に該当する者等

## 事例①築90年超の空き家を断熱性能を上げて宿に再生（図表2）

- 国の重要伝統的建造物群保存地区（重伝建）に選ばれている南越前町の今庄宿で、空き家となっていた古民家を1棟貸し（1日7名）の宿とカフェにリノベーション。
- サッシに変わっていた建具は復元・製作。高断熱の内窓や真空ガラスで断熱性を補う。無断熱の土壁は、屋外に面する部分は高性能断熱パネルを使用。
- 断熱リフォームによる性能改善：省エネ区分5地域　改修前不明→改修後0.58W/(㎡・K)。文化庁からの伝統的建造物群保存地区補助金を利用。

施設名称：sou's minka Luru ／所在地：福井県南条郡南越前町今庄／延床面積：151.17m² ／構造・規模：木造2階建／竣工：1928年、リノベーション竣工：2024年／事業主、設計・施工：みつぐはうす工房

土壁の内側から断熱リフォームパネルを張り込んだ状態

## 事例②空き家を地域拠点となるシェアハウスに再生（図表3）

- アパートとして運営していた築50年超の物件は入居者が年々減少、老朽化により建物の状態が悪く、新たに入居者を募集できず、1年間空き家の状態が続いていた。
- オーナーが空き家解決サービス「アキサポ」を手掛ける（株）ジェクトワンに相談。谷根千エリアに位置し、観光客が多く住居ニーズも高いことから、シェアハウスと飲食店などの店舗、貸しギャラリーを併せた複合型施設として再生。
- 「アキサポ」の活用は、空き家を借り受けて全額費用負担でリノベーション工事を行い、一定期間転貸するサービス。長期的な賃料収入と、空き家という潜在的なマーケットを呼び起こし需要を喚起し、ビジネスチャンスを広げる。総合不動産として空き家の問題を解決、活用できない物件に対しても売買仲介や解体などの事業の幅を広げられるメリットがある。

リノベーション前

リノベーション後

開放的な庭部分を生かして、地域に開かれたスペースをつくる

水廻りも一新した居住部分

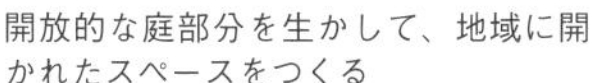

テナントはカフェ、セレクトショップ、飲食関係などが入る（2024年5月・現状）

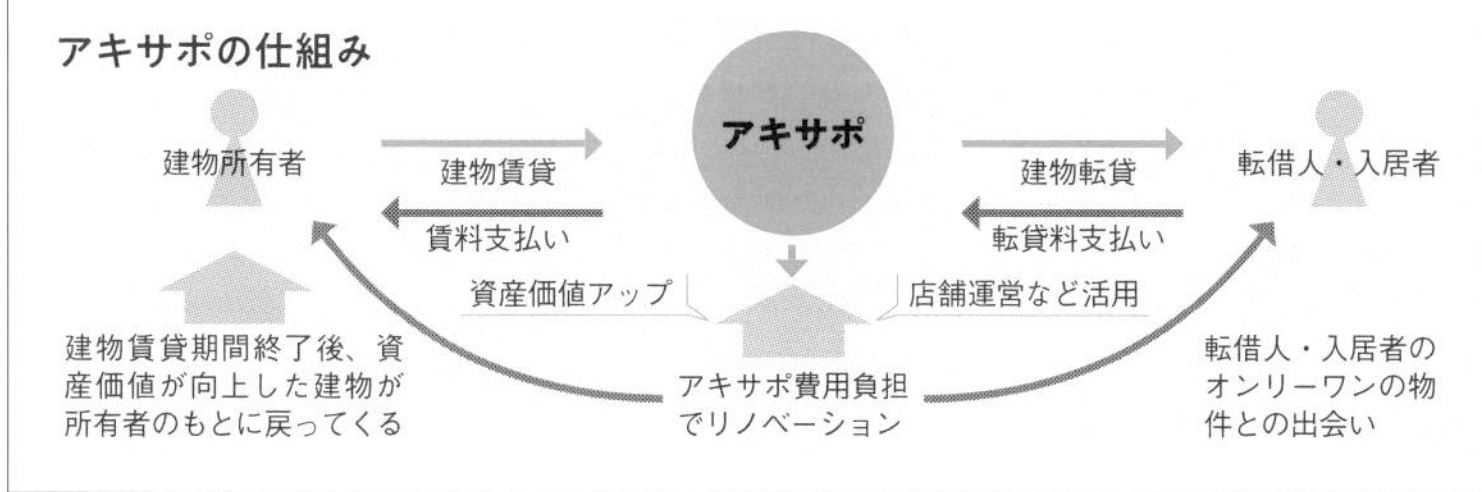


空き家所有者にとっては、建物がバリューアップして戻ってくること、リノベーション費用（設計・施工・工事管理費）は「アキサポ」が全額負担してくれるメリットがある。固定資産税程度（※条件等により異なる場合がある）の賃貸料で借上げ、工事費負担額を考慮した転貸料収入との差額収益で初期投資費用を回収する。空き家所有者とジェクトワン間はマスターリース、ジェクトワンと賃借人間がサブリース契約になる。

# 038 サブスクリプション住宅

## 利用期間に応じて定額料金を支払うサブスクリプション（サブスク）

サブスクリプション（サブスク）とは、製品やサービスなどの一定期間の利用に対して、代金を定額で支払う方式のことをいう。昔からある新聞の定期購読や会員制のフィットネスクラブもサブスクの一種だが、最近は、毎月定額で衣類やバッグが借りられるサービス、動画や音楽の配信が受けられるサービス、自動車や自転車を利用できるサービスなども普及している（図表1）。サブスクは、所有するよりも初期費用やメンテナンスコストが削減できるうえ、常に最新の機能やサービスが受けられる点がメリット。

商品やサービスを所有する時代から、必要なものを必要なときだけ利用する時代へと変化する中で、サブスクは建築・不動産業界にも普及しつつある。その一つがサブスクリプション住宅である。

サブスクリプション住宅は、毎月定額の料金を支払うことにより、家具・家電付き住宅に住むことができる会員制住宅サービスである。敷金、礼金、仲介手数料等の初期費用がかからないうえ、電気、ガス、水道、インターネット等の契約手続きも不要となっているケースが多い。

## 全国多拠点居住も可能なサブスク住宅「ADDress」

「ADDress」は、月額9800円から全国各地で運営するリノベーション住宅等に住める会員制サービスである（図表2）。

料金はチケット制になっており、チケット1枚につき1泊できる。月2枚で9800円、30枚で99800円で、電気、ガス、水道、ネット回線の料金が含まれており、敷金、礼金、保証金等の初期費用も不要となっている。5名まで無料で同伴者登録できるので家族と一緒の居住も可能。

また、各物件には「家守（やもり）」と呼ばれる個性あふれる地域住人の管理者が、地域との交流の機会やユニークなローカル体験、地元の情報などを提供してくれる。

利用は事前予約制となっており、会員専用サイトから空き状況やアクセス方法を確認して予約する方法で、最長12週先までの予約ができる。なお、専用ベッドを契約すれば、予約不要で専用の個室・ベッドを利用でき、住民登録も可能となっている。

## サブスクリプションの概要（図表1）

◆ **サブスクリプションとは**…製品やサービスなどの一定期間の利用に対して代金を定額で支払う方式のこと。

### ◆サブスクリプションの例

| 使い放題タイプ（所有型ではなく利用型となっている点が特徴） | | 従来から存在する定額タイプ（狭義の場合は含まれない場合もある） |
|---|---|---|
| ● 定額制動画視聴<br>● 定額制音楽視聴<br>● 定額制電子書籍購読<br>● 定額制ファッションレンタル<br>● コンピューターソフトの定期使用 | ● 家具・家電の定期利用<br>● ワークスペースの定額利用<br>● 自動車等の定期利用 | ● 新聞、雑誌の定期購読<br>● スポーツクラブの月会費<br>● 食品の定期購入 |

### ◆サブスクリプションの主なメリット

| 利用者のメリット | 事業者のメリット |
|---|---|
| ● 所有する必要がない<br>● 手軽に利用でき、基本的にはいつでも解約できる<br>● 初期費用が削減できる<br>● メンテナンスコストが削減できる<br>● 常に最新の機能やサービスが利用できる<br>● プロのアドバイスが受けられる | ● 継続的な収入を確保できる<br>● 売上予測が立てやすい<br>● 利用者の利用状況データを収集できる |

## 多拠点居住サブスク住宅「ADDress」の概要（図表2）

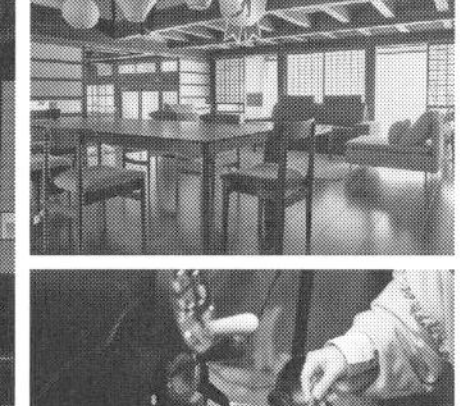

ADDress の家の一例「山梨県上野原市A邸」。珈琲焙煎所併設の築300年の古民家シェアハウス

- 管理運営：（株）アドレス（2018年11月設立）
- 個人会員料金：コミュニティプラン＝月額980円（税込）／寝泊まり・宿泊を伴わなくても食事やイベントのみ日帰りで参加できる。チケットプラン＝9800～99800円/月（税込）（チケット2枚、5枚数、10枚、15枚、30枚）
  - ・敷金・礼金・保証金などの初期費用はかからない。
  - ・同伴者登録を行うことで、家族やパートナーと滞在できる（年齢制限はなし）。登録は5名まで無料、6名以降は1人あたり1000円（税込）の手数料がかかる。
  - ・光熱費、共益費、Wi-Fi料金などは無料
  - ・各個室にはベッドまたは和室の場合は布団があり、共有部分は家具・家電完備。
- 専用ベッド：いつでも自由に利用できる自分だけの拠点を持ちたい人向け。好きな家の専用ベッド（別料金）。住民票登録や書類・郵便物の受け取りも可能。
- 利用方法：専用サイトで各拠点の写真や詳細情報、空室状況、レビューを確認。予約を行い、家を管理する「家守（やもり）」の承認を得たうえで利用する。
- 予約ルール：3ケ月先まで予約可能。
- 利用イメージ
  - ・フリーランサー：平日はリモートワークし、週末は自由に過ごす。
  - ・ファミリー：週末は家族でADDressで多拠点生活、アウトドアや地域での様々な体験を楽しむ。
  - ・シニア：定年後に夫婦で地方を巡る暮らし、憧れの地方で田舎暮らしを楽しむ。
- ADDressの家：アドレス社所有物件の他、空き家・空き部屋などの遊休資産を有効活用。

# 039 高齢者住宅の企画動向

**介護保険施設は、行政および介護報酬収入への経営の依存度が高い**

介護保険で入所できる介護施設には、介護老人福祉施設（特別養護老人ホーム）、介護老人保健施設（老健）、介護医療院がある。これらの施設はいわば公的な介護施設であり、行政および介護報酬収入への経営の依存度が高く、基本的には要介護1から5の認定を受けた者を入所対象としている。費用が比較的安く、多くの入居希望者がいる。ただし、それぞれ設置目的や特徴が異なり、入所条件や入所期間に大きな違いがある。

**民間の施設には、有料老人ホームやサービス付き高齢者向け住宅などがある**

一方、主に民間が運営する施設には有料老人ホームやグループホーム、サービス付き高齢者向け住宅などがある。これらの施設でも経営は主に介護保険制度に依拠しているが、いずれも施設サービスではなく、居宅サービスや地域密着型サービスが行われる。

有料老人ホームは、生活・介護サービス付き住宅で、老人福祉施設ではないものをいう。有料老人ホームには介護付き、住宅型、健康型の3つがあり、それぞれ特徴、入居基準、サービス内容が異なる。一方、養護老人ホームとは、主に経済的な理由により自宅での生活が困難な高齢者が入居できる施設である。その他、認知症等の高齢者を対象とするグループホームや、軽費老人ホームのひとつであるケアハウス、高齢者を支援するサービスを提供する賃貸住宅であるサービス付き高齢者向け住宅等がある（図表1・2）。

**施設の種類や立地により、設置・運営主体、補助金額、介護報酬収入の要件が異なる**

高齢者向け住宅・施設は、いずれも自治体の介護保険事業計画に基づく整備枠を確保できるかどうかが事業成立の最大のポイントとなる。

前述した介護保険施設は、介護報酬収入への依存度が高い。これに対し、有料老人ホームなどは、介護保険の対象となるサービスは基本部分で、これに利用限度額を超えた利用や、介護保険の対象外のサービスも付加できるため、これらによる収入が事業性を大きく左右する。なお、自治体によって整備費の補助金格差があるため、事業性は立地にも左右される。

## 高齢者向け住宅・施設のポジショニングマップ（図表1）

| | 介護保険施設 | 居住施設・住宅 | 短期入所・通所 |
|---|---|---|---|
| 医療サービス ↕ 介護・生活支援サービス | 介護医療院<br>介護老人保健施設<br>介護老人福祉施設（特別養護老人ホーム） | ケアハウス<br>養護老人ホーム<br>グループホーム<br>有料老人ホーム（介護付・住宅型・健康型）<br>サービス付き高齢者向け住宅 | ショートステイ<br>デイサービス<br>小規模多機能型・訪問サービス |

## 高齢者居住・介護・医療施設の名称と概要（図表2）

| 名称 | | 概要 | 設置・運営主体 |
|---|---|---|---|
| 介護老人福祉施設（特養） | 介護保険施設 | ●常時介護を必要とする認知症や寝たきりの要介護者に対し、食事・入浴・排泄を含む日常生活上の介護等や生活の場を提供する施設。老人福祉法に基づく老人福祉施設の一つ。社会福祉法・老人福祉法に基づく特別養護老人ホーム。介護保険法では指定介護老人福祉施設・地域密着型介護老人福祉施設。新規入所は原則、要介護３以上の者。 | 社会福祉法人、地方自治体等 |
| 介護老人保健施設（老健） | 介護保険施設 | ●介護保険法に基づく介護保険施設の一つ。<br>病状安定期の要介護者を対象に、自立と自宅での生活復帰を目指し、看護・医療・リハビリ等のサービスを提供する施設。 | 医療法人、社会福祉法人、地方自治体等 |
| 介護医療院 | 介護保険施設 | ●主に長期にわたる療養が必要な要介護者に対し、療養上の管理のもとで介護や機能訓練を行う施設。介護保険法だけでなく医療法にも位置づけられる。 | 医療法人、地方公共団体、社会福祉法人等 |
| 有料老人ホーム | 特定施設指定対象 | ●生活・介護サービス付きの住宅で、老人福祉施設※でないもの。類型として①介護付き（特定施設）、②住宅型（特定施設の指定を受けていない）、③健康型（介護サービスなし）がある。事業方式・提供サービスは施設により異なるが、介護付きは自治体によっては新規指定を制限している。（041参照） | 民間法人、社会福祉法人、医療法人等 |
| 養護老人ホーム | 特定施設指定対象 | ●主に経済上の理由により、居宅における生活が困難な高齢者を入所させ、養護する老人福祉施設。介護保険法の特定施設の指定対象。 | 地方自治体、社会福祉法人等 |
| ケアハウス | 特定施設指定対象 | ●身体機能の低下や高齢等の理由で独立して生活するには不安がある高齢者を対象とし、給食・入浴・生活相談等の生活の場を提供する老人福祉施設で、軽費老人ホームの一つ。介護付きの新型と介護なしの従来型がある。 | 地方自治体、社会福祉法人、医療法人、民間（新型のみ）等 |
| サービス付き高齢者向け住宅 | 特定施設指定対象 | ●高齢者の居住の安定を確保することを目的として、バリアフリー構造を有し、介護･医療と連携し高齢者を支援するサービスを提供する住宅。床面積、設備、サービス、契約等について登録基準がある。（040参照） | 民間法人、社会福祉法人、医療法人、NPO法人等 |
| グループホーム | | ●中・軽度の要介護認知症高齢者が共同で暮らし、食事、入浴、排泄等の生活上の介護を受ける施設。介護保険法の地域密着型施設のうち、認知症対応型共同生活介護及び介護予防認知症対応型共同生活介護。（042参照） | 民間法人、社会福祉法人、医療法人、NPO法人等 |
| 小規模多機能型居宅介護 | | ●通いを中心として要介護者の様態や希望に応じて随時、訪問や泊まりを組み合わせて提供する介護保険サービス。介護保険法の地域密着型サービス。 | 民間法人、社会福祉法人、医療法人、NPO法人等 |

※「老人福祉施設」とは、特別養護老人ホーム、老人短期入所施設、養護老人ホーム、ケアハウス(軽費老人ホーム)、老人デイサービスセンター、老人福祉センター、老人介護支援センターなどの施設。

# 040 高齢者住宅の企画例①
# サービス付き高齢者向け住宅

## 有料老人ホームも、基準を満たせばサービス付き高齢者向け住宅として登録できる

サービス付き高齢者向け住宅とは、バリアフリー構造等を有し、介護・医療と連携して高齢者を支援するサービスを提供する住宅のことである。日常生活や介護に不安のある高齢者世帯が、住み慣れた地域で安心して暮らすことができるよう、外部の24時間地域巡回型訪問介護や看護などの介護保険サービスと連携した住宅である（図表1）。

「高齢者の居住の安定確保に関する法律」による「サービス付き高齢者向け住宅」の登録制度があり、基準を満たす住宅の登録を実施している。登録基準は、各居住部分の床面積が原則25㎡以上、便所・洗面設備などの設置、バリアフリー化といったハードの基準のほか、安否確認や生活相談サービスの提供等、サービスに関する基準も設けられている。また、権利金・礼金・更新料などの金銭を授受しない契約であること、工事完了前に前払金を受領しないものであること等、契約内容についての基準も定められている。さらには、登録事項の情報開示や誇大広告の禁止といった事業者の義務や、行政の指導監督についても定められており、利用者の保護を図っている。

なお、有料老人ホームも、基準を満たせば、サービス付き高齢者向け住宅としての登録が可能である。登録を受けると老人福祉法による有料老人ホームの届出は不要となる。

サービス付き高齢者向け住宅の登録数は２０２３年12月時点で約29万戸となっており、入居者の約３割が要介護３以上、入居率は開設後2年以上では90％程度、平均入居費用（家賃・共益費・サービス費の合計額）は11万円／月程度となっている。

## サービス付き高齢者向け住宅整備事業の対象になると、税制優遇や補助が受けられる

サービス付き高齢者向け住宅整備事業の対象になると、建設費・改修費の補助や税制優遇が受けられる（図表2）。

具体的には、住宅部分及び高齢者生活支援施設それぞれに対して、建築費の１／10、改修費の１／３以内の補助が受けられる。また、固定資産税の税額軽減、不動産取得税の控除・減額がある。

なお、建設や購入にあたっては、住宅金融支援機構のサービス付き高齢者向け賃貸住宅の融資が利用できる。

## サービス付き高齢者向け住宅の概要（図表1）

|  | |  |
|---|---|---|
| 入居者<br> | | ● 高齢者：60歳以上の者または要介護・要支援認定を受けている者<br>（①単身高齢者、②高齢者＋同居者） |
| 登録基準<br>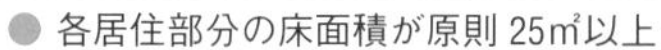<br>※地方公共団体ごとの独自基準有 | ハード | ● 各居住部分の床面積が原則25㎡以上<br>（※ただし居間・食堂・台所等は共用部分に十分な面積を有する場合は18㎡以上で可）<br>● 各居住部分に台所・水洗便所・収納設備・洗面設備・浴室<br>（※ただし台所・収納設備・浴室は共用部分に備えれば可）<br>● バリアフリー構造（廊下幅、段差解消、手すり設置） |
| | サービス | ● 少なくとも安否確認・生活相談サービスを提供<br>（※日中は職員が常駐、その他の時間帯は緊急通報システムによる対応で可） |
| | 契約内容 | ● 長期入院を理由に事業者から一方的に解約できないこととしているなど、居住の安定が図られた契約であること<br>● 敷金、家賃、サービス対価以外の金銭を徴収しないこと<br>● 前払金に関して入居者保護が図られていること<br>（初期償却の制限、工事完了前の受領禁止、保全措置・返還ルールの明示の義務付け） |
| 事業者の義務 | | ● 契約締結前に、サービス内容や費用について書面を交付して説明すること<br>● 登録事項の情報開示<br>● 誤解を招くような広告の禁止<br>● 契約に従ってサービスを提供すること |
| 指導監督 | | ● 報告徴収、事務所や登録住宅への立入検査<br>● 業務に関する是正指示<br>● 指示違反、登録基準不適合の場合の登録取消し |

## サービス付き高齢者向け住宅の供給支援措置（図表2）

|  |  |
|---|---|
| 建設・改修費補助<br> | ● 新たに創設される「サービス付き高齢者向け住宅」の供給促進のため、建設・改修費に対して、国が民間事業者・医療法人・社会福祉法人・NPO等に直接補助を行う<br><対象><br>● 登録されたサービス付き高齢者向け住宅及び高齢者生活支援施設<br><補助額><br>● 住宅：建築費の1/10、改修費・既設改修費の1/3（新築上限70～135万円/戸※、改修上限10～195万円／戸）　※ZEH水準は限度額1.2倍、補助率3/26<br>● 高齢者生活支援施設：建築費の1/10、改修費の1/3（国費上限1,000万円/施設）<br>● 再エネ等設備：太陽光パネル・蓄電池1/10（限度限4万円/戸）、太陽熱温水器1/10（限度限2万円/戸） |
| 税制優遇措置<br> | <固定資産税><br>● 5年間､税額を2/3を参酌して1/2以上5/6以下の範囲内で市町村が条例で定める割合を軽減（土地は含まない）<br>※2025.3.31までに取得等した場合に適用<br><不動産取得税><br>● 家屋：課税標準から1,200万円／戸控除<br>● 土地：家屋の床面積の2倍にあたる土地面積相当分（200$m^2$を限度）の価格等を減額<br>※2025.3.31までに取得等した場合に適用 |
| 融資<br> | ●（独）住宅金融支援機構が実施<br><サービス付き高齢者向け賃貸住宅融資><br>●「サービス付き高齢者向け住宅」として登録を受ける賃貸住宅の建設・改良に必要な資金、又は当該賃貸住宅とする中古住宅の購入に必要な資金を貸し付け<br><住宅融資保険の対象とすることによる支援><br>● 民間金融機関が実施するサービス付き高齢者向け住宅の入居一時金に係るリバースモーゲージ（死亡時一括償還型融資）に対して、住宅融資保険の対象とすることにより支援 |

# 041 高齢者住宅の企画例② 有料老人ホーム

## 有料老人ホームには、介護付き、住宅型、健康型の3つのタイプがある

有料老人ホームとは、老人福祉法第29条に定められた高齢者向けの生活・介護サービス付きの住宅で、老人福祉施設でないものをいう。

有料老人ホームは、介護保険の適用の有無や介護サービスの内容に応じて、①介護保険法の特定施設の対象となる「介護付き有料老人ホーム」、②介護が必要となった場合には、訪問介護等の外部のサービスを利用する「住宅型有料老人ホーム」、③介護が必要となった場合には、契約を解除して退去する「健康型有料老人ホーム」の3つのタイプに分けられる（図表1）。

有料老人ホームを設置する場合には、あらかじめ、都道府県知事等に届出を行う必要がある。

## 権利形態には、建物賃貸借方式、終身建物賃貸借方式、利用権方式がある

有料老人ホームの権利形態には、建物賃貸借方式、終身建物賃貸借方式、利用権方式の3つがある（図表2）。

建物賃貸借方式とは、一般の賃貸住宅と同様に、家賃相当額を毎月支払う方式である。この方式では、居住部分と介護や生活支援等のサービス部分の契約は別々になっている。また、終身建物賃貸借方式とは、建物賃貸借方式のうち、入居者の死亡によって契約が終了する方式である。一方、利用権方式とは、居住とサービスの終身にわたる利用権を取得するが、所有権を取得することはない。

また、利用料の支払い方法についても、全額前払い方式、月払い方式、併用方式、選択方式がある。全額前払い方式とは、終身にわたって支払う家賃相当額等の全部を前払金として一括して支払う方法である。それに対し、月払い方式は、前払金がなく、家賃相当額等を月払いする方法で、併用方式とは、その両方を併用する方式、選択方式とは、そのいずれかを選択できる方式である（図表3）。

有料老人ホームは、以前は高いというイメージがあったが、介護保険制度の導入により、介護費用の一部を保険で賄えるようになったため、低料金化が進んでいる。

また、東京都の場合には、定員30人以上の介護専用型有料老人ホームについては、施設整備費の補助がある。事業者整備型と、土地所有者が運営事業者に貸し付ける目的のオーナー型がある。

## 有料老人ホームの種類（図表1）

| | | |
|---|---|---|
| **介護付き** | **一般型特定施設入居者生活介護** | ● 介護保険法の特定施設入居者生活介護の指定を受けた有料老人ホーム<br>● 介護が必要となった場合でも、引き続き生活しながら介護サービスが受けられる<br>● 入居者の介護サービスの利用料は、介護保険サービス費の１割～3割および施設の付加サービス費 |
| | **外部サービス利用型特定施設入居者生活介護** | ● 介護サービス付きの高齢者向け居住施設<br>● 介護が必要となった場合には、有料老人ホームが提供する特定施設入居者生活介護を利用しながら、引き続き生活できる。ただし、有料老人ホームの職員は安否確認や計画作成等を実施し、介護サービスは委託先の介護サービス事業者が提供する<br>● 入居者の介護サービスの利用料は介護保険サービス費の１割～３割および施設の付加サービス費 |
| **住宅型** | | ● 食事サービスと緊急時の対応などの日常生活の支援が受けられ、施設による介護サービスの提供はない<br>● 介護が必要となった場合には、引き続き生活しながら、訪問介護等の外部の居宅介護サービスを利用する<br>● 介護サービスの利用料は、介護保険サービスの１割～３割負担分だが、要介護度により月額利用料に上限があるため、介護付きよりも高くなる場合がある |
| **健康型** | | ● 介護はまだ必要ないが、１人暮らしに不安を感じる者や同世代と老後を楽しみたい者などが入居できる。<br>● 介護が必要となった場合には、契約を解除して退去しなければならない |

## 有料老人ホームの権利形態（図表2）

| | |
|---|---|
| **建物賃貸借方式** | ● 一般の賃貸住宅と同様、家賃相当額を毎月支払う<br>● 居住部分と介護や生活支援等のサービス部分の契約は別々になっている<br>● 入居者の死亡によって契約が終了するわけではない |
| **終身建物賃貸借方式** | ● 建物賃貸借方式のうち、入居者の死亡によって契約が終了する方式<br>● 夫婦の場合には、契約者が死亡した場合でも、その配偶者が生存している場合は、引き続き居住できる |
| **利用権方式** | ● 居住部分と介護や生活支援等のサービス部分の契約が一体となっている<br>● 入居者は、施設や提供されるサービスの終身にわたる利用権を取得するが、居室などの所有権を取得することはないので、相続の対象となる資産にはならない |

## 有料老人ホームの利用料の支払い方法（図表3）

| | |
|---|---|
| **全額前払い方式** | ● 終身にわたって支払う家賃相当額等の全部を前払金として一括して支払う方法 |
| **月払い方式** | ● 前払金がなく、家賃相当額等を月払いする方法 |
| **併用方式　(一部前払い・一部月払い方式)** | ● 終身にわたって支払う家賃相当額等の一部を前払い金として一括して支払い、その他は月払いする方法 |
| **選択方式** | ● 上記のいずれかを選択する方法 |

● 介護付き有料老人ホームを開設するには、都道府県知事等による、老人福祉法に基づく設置届出および介護保険法に基づく特定施設入居者生活介護の指定を受ける必要があります。
● 介護保険の特定施設は、３年毎に策定される都道府県介護保険事業計画であらかじめ設置枠が定められており、指定権者である都道府県との協議が必要です。

# 042 高齢者住宅の企画例③ グループホーム

**グループホームとは、主に中・軽度の認知症高齢者のための共同住宅**

グループホームとは、主に中・軽度の要介護認知症高齢者が共同で暮らし、食事、入浴、排泄等の生活上の介護を受ける住宅をいう。少人数で個室もあることから、家庭的で落ち着いた雰囲気の中で暮らすことにより、認知症の症状の進行を緩やかにし、家庭介護の負担を軽減する役割を果たしている。要支援2から要介護5の認知症高齢者が入居対象だが、東京都の入居者の平均要介護度は2〜3程度となっている。

グループホームは、介護保険法の地域密着型サービスのうち、認知症対応型共同生活介護及び介護予防認知症対応型共同生活介護を提供するもので、介護サービス給付が利用できる。したがって、入居者が負担する費用は、所得に応じて介護保険サービス費の1割から3割、家賃、食費、光熱費、共益費、その他おむつ代等の日常生活費となる。ちなみに、東京都内のグループホームの月額平均利用料は、介護保険サービス費を除いて15万円程度となっている。

**グループホームはユニット単位で構成され、同一敷地内に3ユニットまで設置可能**

グループホームは、住宅地など、家族や地域住民との交流の機会が確保される地域に立地しなければならない。

また、グループホームはユニット単位で構成され、1つのユニットを1つの世帯の住宅として考える。ユニットのゾーニングの概念図を図表1に示す。

1ユニットあたり5〜9人とし、居室は原則として個室である。居室面積は、収納部分を除き7.43㎡（4・5畳）以上となっている。一方、居間、食堂、台所、浴室などは共用とする。個室以外にも、ゆったりとくつろげる広い共用のリビングがあるため、一人でいたいときは個室で過ごし、仲間と過ごしたいときはリビングで過ごすことができる。

グループホームは、1事業所あたり（同一敷地内）3ユニットまで設置可能となっている。なお、サテライト型を設置する場合には、本体と同一敷地内には設置できず、ユニット数も本体と合計で4以下にしなければならない。（図表2）。

その他、グループホームの指定基準には、人員基準、設備基準、運営基準等があり、各基準を満たさなければならない。

## グループホームの1ユニットのゾーニング概念図（図表1）

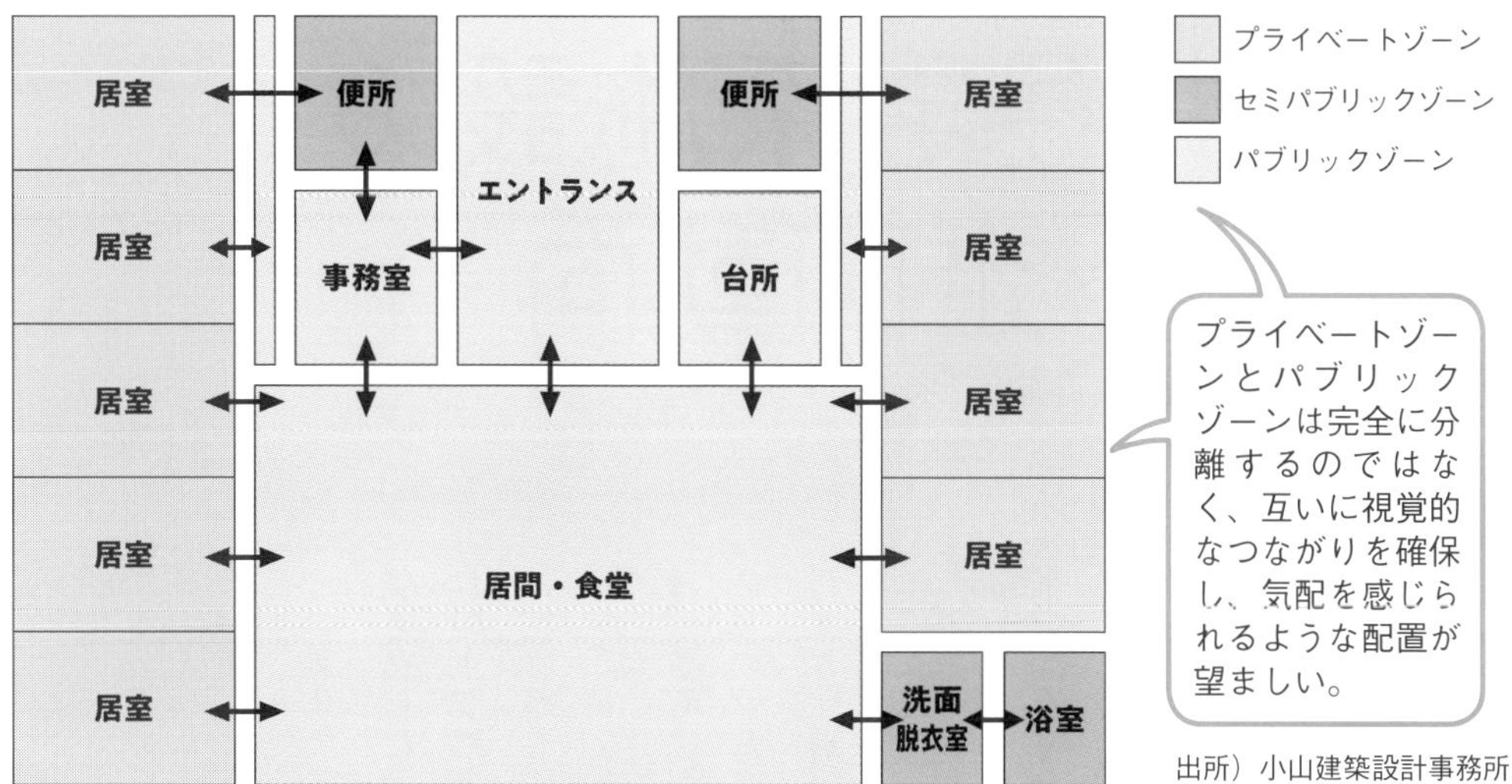


出所）小山建築設計事務所

## グループホームの設置基準（図表2）

- 1事業所あたり（同一敷地内）3ユニットまで（サテライト型との合計で最大4まで）設置可能
- 1ユニットあたり5～9人
- 居室は原則として個室とし、1つの居室面積は収納部分を除き7.43㎡（4.5畳）以上
- 居間、食堂、台所、浴室、消火設備等を設置する
- 食堂は居間と同一の場所でもよいが、十分な広さがあること

## グループホームの事例（図表3）

- 地域で愛されてきた桜の木を残す配置とするため道路から大きくセットバック。施設感が出ないよう住宅らしい佇まいを意識している。
- 平面計画は介護度でユニットを分けて計画。道路側のユニットでは比較的介護度の低い入居者を想定し、リビングダイニングから廊下を回遊できるように。敷地奥側は中心に大きなリビングダイニングを配置することで、各部屋を一体的に見守りができる平面としている。

写真／千葉正人

施設名称：グループホーム桜咲 ～ sakusaku ～／開設・運営：ＳＳアソシエイト株式会社／所在地：千葉県市原市牛久717-1／敷地面積：1,023.37㎡、建築面積：435.63㎡、延べ面積：416.17㎡／構造・規模：木造地上1階建て／定員：2ユニット18名（1ユニット9名）／竣工：2021年4月／設計・監理：有限会社大塚設計

# 043 非住宅系施設の企画動向

## オフィスの空室率は、世の中の景気と密接に関連しており、厳しい状況

オフィス需要は、世の中の景気と密接に関連しており、いずれの主要都市でも景気回復期には空室率も低下するが、逆に景気が悪くなると空室率も増加する。さらに最近では、リモートワークや大規模開発等の有無等により、地域差も大きくなっている（図表1）。

また、オフィスの平均賃料は横浜、名古屋等のように回復傾向にある地域と、福岡、札幌等のように低下傾向の地域があることがわかる（図表2）。

総人口の減少に加え、団塊世代の大量定年退職により、オフィス人口は確実に減少していること、さらにはコロナ禍を経てオフィスのあり方を検討している企業も増えていること等から、ますますオフィス再編が進むことが予想される。

一方、小売業の販売額は高いほうから順に、飲食料品、自動車、医薬品・化粧品となっている（図表3）。

また、近年、インターネットの普及により、ネット通販の拡大が通信販売市場の売上増加を牽引している。特に、コロナ禍以降の伸び率は高く、売上高は12兆7100億円と10年前に比べて2倍以上の規模に拡大している（図表4）。飲食料品、生活家電・PC関連機器、衣類、生活雑貨・家具・インテリア等、様々な分野で需要が増えており、人々の生活を支える重要なツールとなっている。

ネット販売市場拡大に伴い、物流施設の需要は拡大し続けており、大型物流施設も次々と建設されている。

## テナントの入らなくなった既存ビルをコンバージョンで他の用途に転用

近年、オフィスや店舗等の陳腐化や需要低迷により、テナントが入らなくなった既存ビルを他用途に転用する事例も増えている（046参照）。建物の用途を転換することを「コンバージョン」という。

コンバージョンに当たっては、用途変更することになるため、用途ごとに異なる規制がある建築基準法や消防法などの法規制、改修コスト、税制などの問題を一つひとつクリアしなければならない。しかし、これらの問題さえクリアすれば、空室率改善や賃料アップを図ることが期待できるため、コンバージョンは今後も大いに活用される手法と考えられる。

## 主要都市のオフィス空室率推移（図表1）

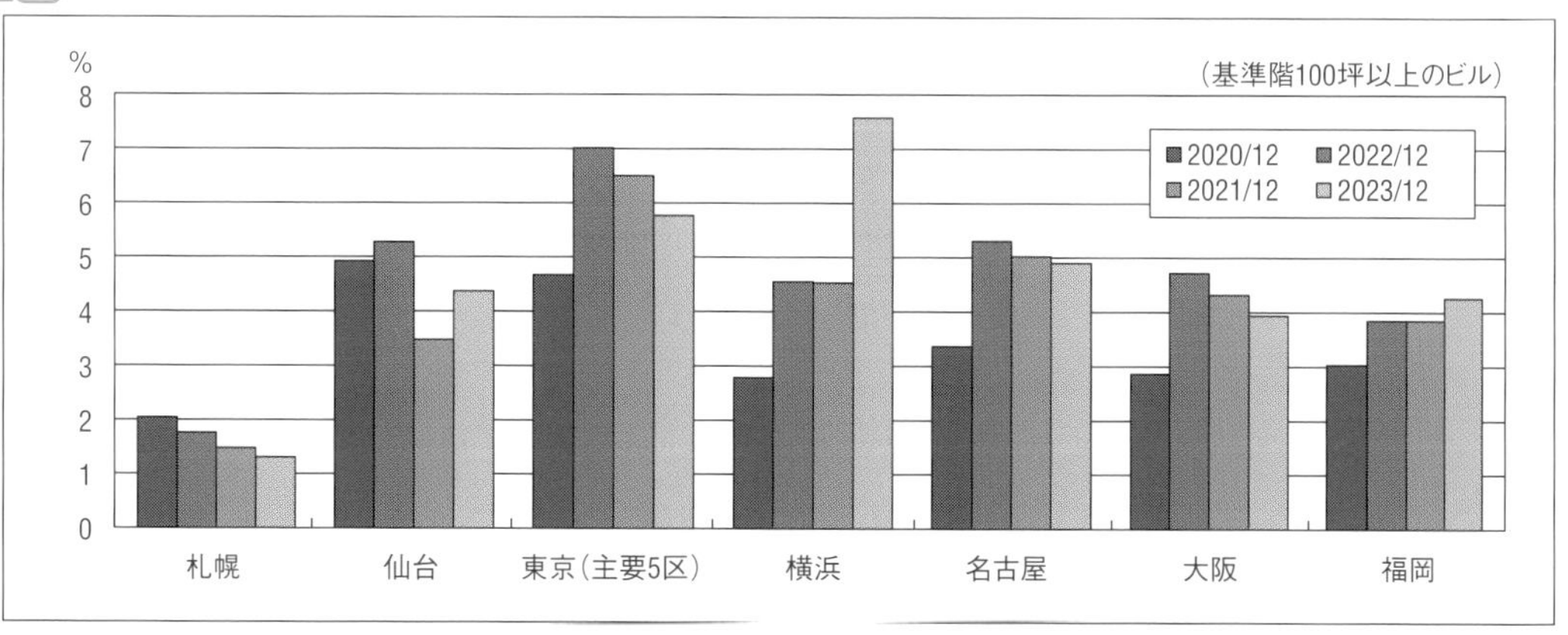

## 主要都市の平均賃料（図表2）

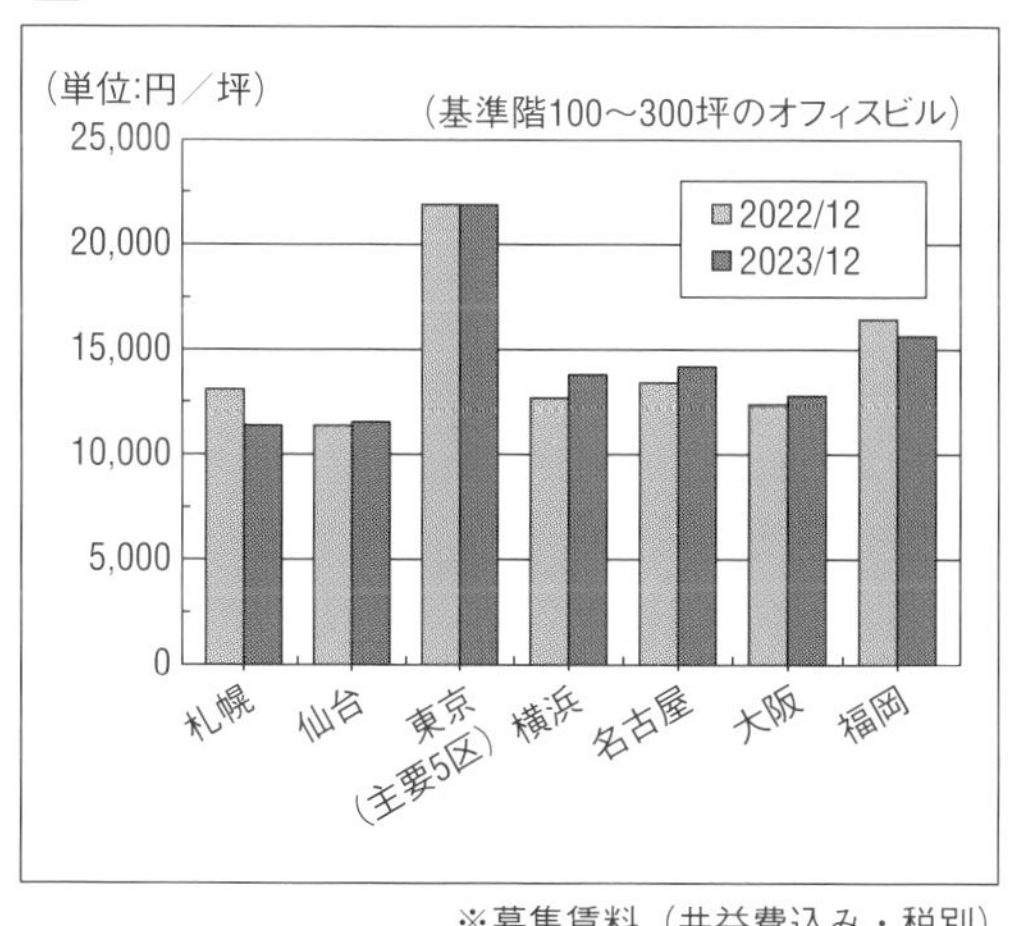


※募集賃料（共益費込み・税別）

## 小売業の業種別販売額（図表3）

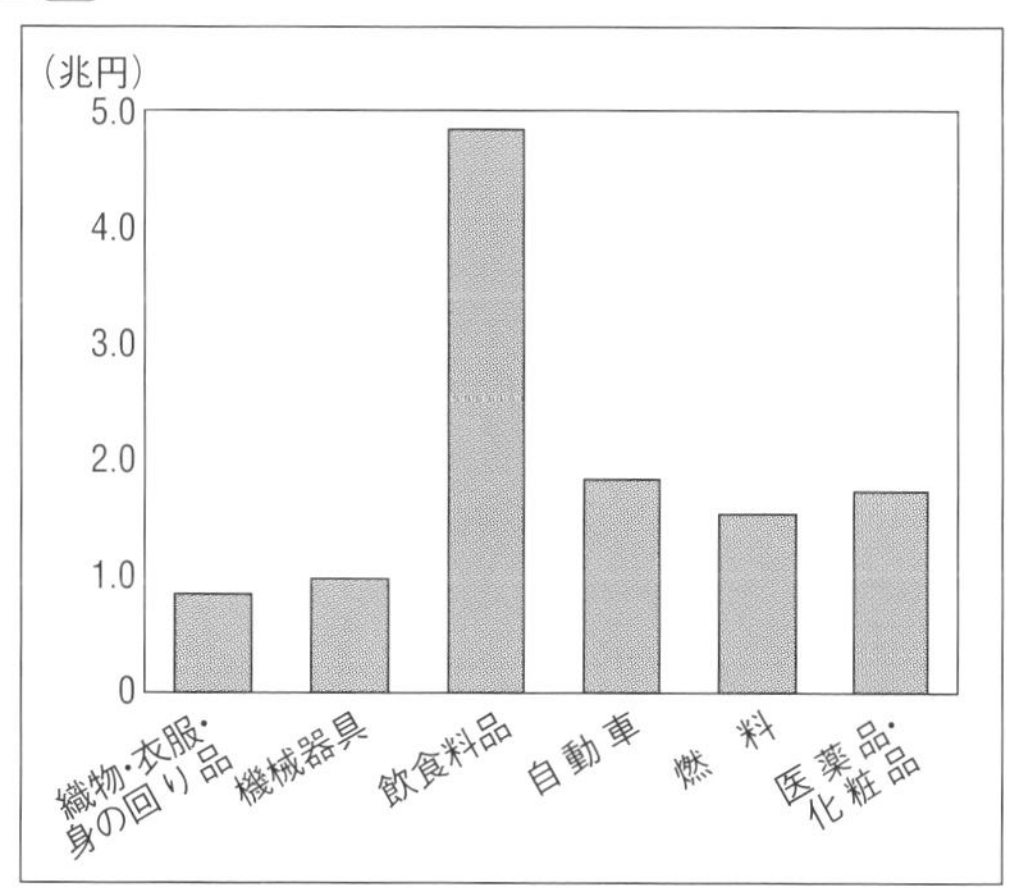


出所）商業動態統計年報（2023 年）

## 通信販売の売上高推移（図表4）

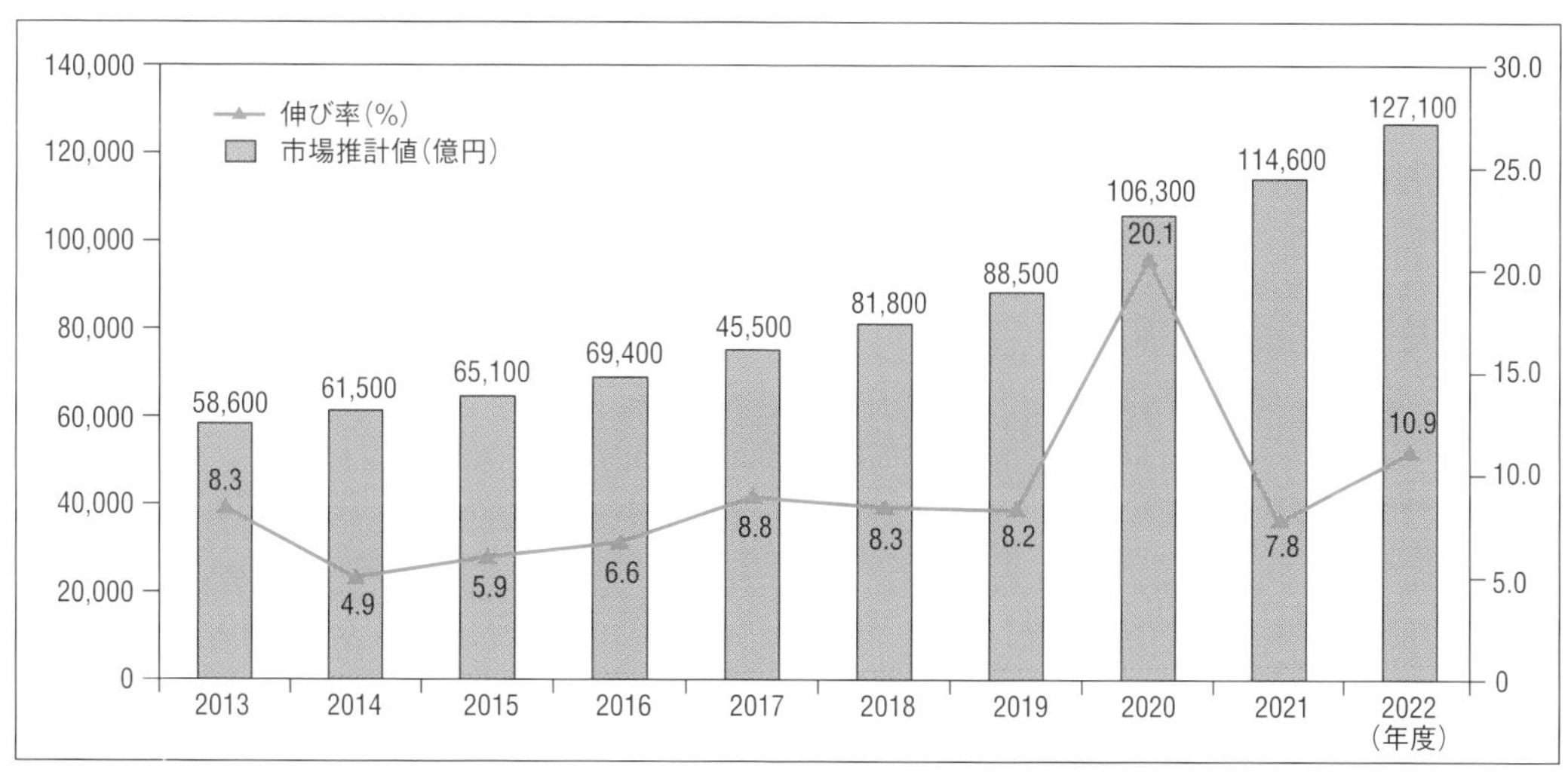


出所）日本通信販売協会（JADMA）

# 044
# 非住宅系施設の企画例①
# 貸し倉庫

**貸し倉庫は、安定収入が期待できるうえ、借上方式であれば運営上の手間もかからない**

ネット販売の増加に伴い、最新鋭の大型物流施設の需要が拡大する一方で、トランクルーム等の貸し倉庫のニーズも高まっており、個人地主の遊休地等の土地の有効活用手段の一つとして注目されている。貸し倉庫は、賃貸マンションやオフィスビル等に比べると、投資額が少なくて済み、高い収益が期待できる。入居者の退去に伴う原状回復費用がほとんどかからないというメリットもある。土地も、不整形地や狭小地等、賃貸住宅や賃貸ビルの建設には不向きな土地でも成立する可能性がある。

また、運営会社による一括借上方式の場合には、長期間安定の収入が期待できるうえ、運営の手間もかからない。さらに、土地を賃貸して建物は運営会社が建てる場合には、投資費用も一切不要なので、土地所有者にとっては参入しやすい事業といえる（図表1・2）。

**営業倉庫のトランクルームと不動産賃貸のレンタル収納スペースの2種類がある**

トランクルームは、消費者から寄託を受けた家財、衣類、書類や磁気テープ等の非商品の保管を行うもので、主として、営業倉庫のトランクルームと、不動産賃貸のレンタル収納スペースの2種類がある。前者は、国土交通省が定める倉庫業法上の倉庫に該当し、営業にあたっては許認可が必要となる。なお、一定の基準を満たした倉庫については、優良トランクルームの認定を受けることができる。

一方、不動産賃貸のレンタル収納スペースは、あくまでも場所貸しサービスで、倉庫業法上の倉庫ではない。この場合、保管物の出し入れや利用時間の制限はなく、不動産賃貸借契約に基づき、保管責任を負わずに収納スペースを貸すサービスとなる（図表3）。

**貸し倉庫用地は相続税評価額が低くなるが、計画できない地域もある**

相続税評価上、貸し倉庫用地は貸宅地や貸家建付地となるため、更地よりも低い評価額となる。さらに、小規模宅地等の評価減が受けられるケースもある。また、減価償却費を計上できるため、その分、所得税の節税が期待できる。

なお、貸し倉庫は、住居系地域では建設できない場合もあり、市街化調整区域では原則として建築できず、開発許可が必要となる。

## 貸し倉庫のメリット（図表1）

- 賃貸建物を建てるよりも、投資額が少なくて済む
- 入居者退去に伴う原状回復費用がほとんどかからない
- 賃貸アパートと比べて狭小地や変形地でも建設しやすい
- 貸家建付地となるため、相続税評価額が更地よりも低くなる
- 小規模宅地等の評価減が受けられる場合もある

普通営業倉庫

相続税評価上、貸し倉庫用地は更地よりも低い評価額となります。さらに、小規模宅地等の評価減が受けられるケースもあります。

## 運営方式別貸し倉庫運営のメリット・デメリット（図表2）

| | メリット ○ | デメリット × |
|---|---|---|
| **一括借上方式** | ● 長期間安定収入が確保できる<br>● 空室リスクがない | ● 収入が若干少ない |
| **業務委託方式** | ● 上記方式よりも高収益が可能 | ● 空室リスクがある<br>● 投資額が大きい |

## トランクルームの分類（図表3）

| | 営業倉庫のトランクルーム | レンタル収納スペース |
|---|---|---|
| **倉庫業法** | ● 倉庫業法上の倉庫 | ● 倉庫業法上の倉庫ではない |
| **契約形態** | ● 寄託契約 | ● 不動産賃貸借契約 |
| **許認可等** | ● 倉庫業法に基づく国土交通省の許認可が必要 | ● 特になし |
| **補償義務** | ● あり | ● なし |
| **利用方法** | ● 倉庫の営業時間内で、業者の立会い等が必要 | ● 原則自由 |

# 045 非住宅系施設の企画例②
# 駐車場経営

## 青空駐車場であれば、初期費用も安く、他の用途への転用も容易

駐車場経営は、経営が比較的簡単で、土地の形状等にも左右されないうえ、すぐにスタートできるという特徴がある。しかし、駐車場経営といっても、種類や形態は様々であるから、周辺環境や敷地規模、土地活用の目的等に応じて適切なタイプを提案することが大切となる（図表1）。

駐車場には、平面駐車場と立体駐車場がある（図表2・3）。また、立体駐車場は、自走式駐車場と機械式駐車場に分けられる。

平面駐車場は初期費用や維持管理費が安く、他の用途への転用も簡単である。一方、立体駐車場は、平面駐車場と比べると初期費用が高いため、短期間で他の用途に転用する場合には投資額を回収できない可能性もある。また、建築基準法上、用途制限により設置できない地域もあるので注意が必要だ。

なお、駐車場として使用する土地については、建物の所有を目的とするわけではないため、借地借家法の適用対象外となる。したがって、事前通告のみで契約解除できるため、相続時の売却や物納、他の用途への転用は容易といえる。

## 駐車場経営は、賃貸住宅事業に比べて税制上のメリットは少ない

駐車場の場合には、住宅用地としての固定資産税や都市計画税の軽減は受けられないため、賃貸住宅を保有する場合よりも土地保有税が高くなる。また、原則、貸宅地や貸家建付地による評価減が受けられず自用地評価となるため、相続税評価額が高くなる。さらに、建物を建てるわけではないので、減価償却費として計上できる経費が少なく、その分、所得税が多く課税されることになる。

## 立地によっては、月極駐車場よりもコインパーキングのほうが有利

月極駐車場は、初期費用が少なくても経営できるが、月々の収入も多くはない。また、空きが出た場合には、その期間の収入が得られないこともあり、他の事業に比べて収益面でのメリットは小さい。

一方、コインパーキングについては、利用者が多い地域では、高収入が期待でき、収入も比較的安定している。そのため、最近では、月極駐車場の空きスペースをコインパーキングにする事例も増えている（図表4）。

## 駐車場経営のメリット・デメリット（図表1）

| | |
|---|---|
| **メリット**<br>○ | ● 少ない初期費用でも経営可能<br>● 経営が比較的簡単<br>● すぐに経営をスタートできる<br>● 安定した収入が期待できる<br>● 土地の規模や形状に関係なく経営可能<br>● 借地借家法の適用対象外のため、相続時の売却や物納が容易にできる<br>● 他の用途への転用・売却が容易 |
| **デメリット**<br>× | ● 住宅用地としての固定資産税や都市計画税の軽減は受けられないため、賃貸アパート・マンションよりも土地保有税が高い<br>● 相続税評価では、原則、貸宅地や貸家建付地による評価減が受けられず、自用地評価となる<br>● 減価償却費として計上できる経費がゼロもしくは少額のため、賃貸建物を建てる場合よりも所得税が多くなる<br>● 立地に左右される |

## タイプ別駐車場の特徴（図表2）

| | |
|---|---|
| **平面駐車場** | ● 初期費用や維持管理費がほとんどかからない<br>● 他の用途への転用が容易 |
| **立体駐車場** | ● 自走式の場合には、維持管理費は安いが、機械式駐車場の場合には高くなる<br>● 自走式駐車場や多段式駐車場は建築物となるため、建築基準法の適用を受ける<br>● 用途制限により設置できない地域もある<br>● 初期費用が大きいと、短期間で他の用途に転用する場合には、投資額を回収できない可能性がある |

## 立体駐車場のタイプ（図表3）

● プレハブ式（簡易自走式）

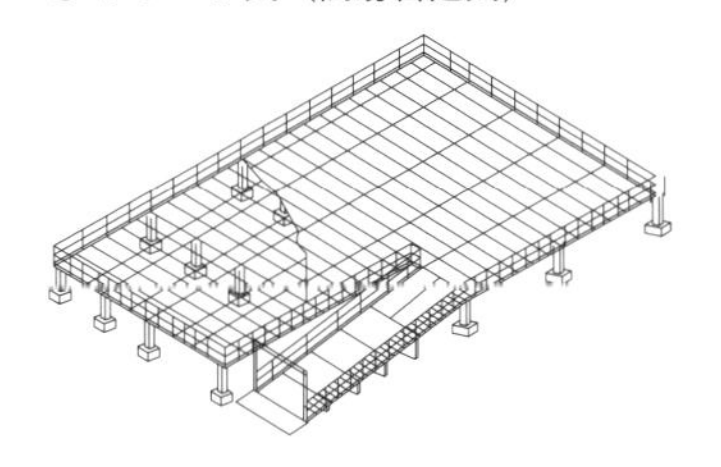

● 地上式単純昇降2段タイプ

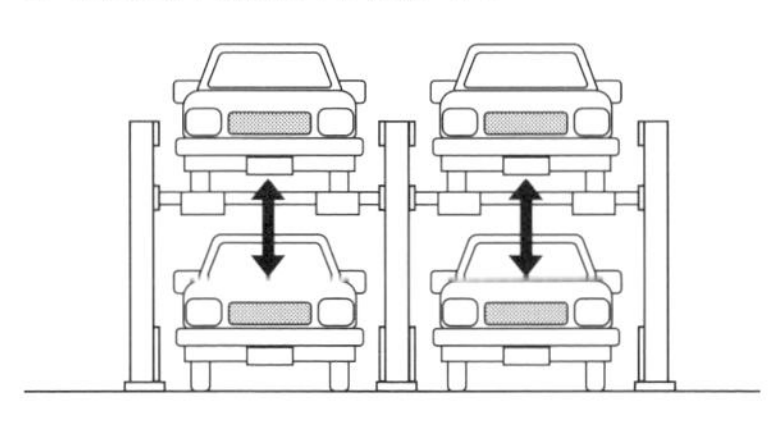

● 垂直循環方式（タワー式）

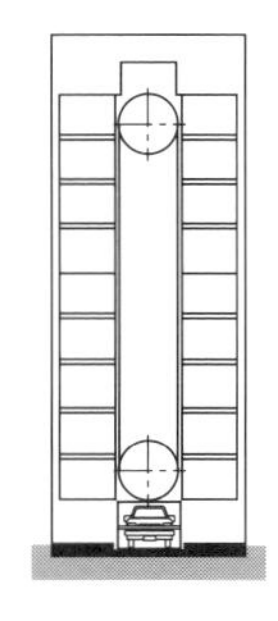

## 経営形態別駐車場の特徴（図表4）

| | メリット | デメリット |
|---|---|---|
| **月極駐車場** | ● 料金徴収のための機械を導入する必要がない | ● 収入が少ない<br>● 空き期間は収入が得られない |
| **コインパーキング** | ● 収入が比較的安定している<br>● 利用者が多い地域では、高収入も期待できる | ● 料金徴収のための機械を導入する必要がある |

# 046 非住宅系施設の企画例③ コンバージョン

## 稼働率の低い建物を需要の多い用途にコンバージョンすれば、収益アップも可能

建物が古くなり、空室率が増加しているうえに賃料も下落が続いているような場合には、既存の建物を需要の多い他の用途に変更することも考えられる。

たとえば、オフィスビルよりも賃貸住宅のほうが賃料が高くなる「レントギャップ」という現象が生じているような地域では、既存のオフィスビルを、需要が多く高い賃料がとれる住宅に用途変更することで、収益性の改善が期待できるとともに、既存ストックの再生が可能となる。

このように、時代の変遷や社会状況の変化等で、建築当初の使用目的が失われたり必要とされなくなった場合に、建物の用途を変更して別の用途に転用することにより、既存ストックを再生することを「建築コンバージョン」という。海外では事例の多い建築コンバージョンだが、日本では、壊して建て替える「スクラップ&ビルド」が主流だった。しかし、最近では日本でもコンバージョンの事例が増えており、今後の展開が期待されている（図表1）。

## コンバージョンを行う場合には、確認申請が必要となることもある

コンバージョンするにあたり、類似の用途以外の特殊建築物への用途変更では、200㎡超の場合には建築基準法上の確認申請が必要となる。なお、既存不適格建築物でも市街地環境や安全上影響のない改修であれば現行基準適合対象外となる。

## オフィスビルを省エネに配慮したライフスタイルホテルにコンバージョン

コンバージョンは、建替えと比べて建設コストが安く、解体費もかからないため、投資額が少なくてすむ。したがって、立地特性や建物の持つポテンシャルを上手に活かすことで、他とは一味違った個性的な空間を提供することも可能となる。

ここでは、オフィスビルを省エネに配慮したホテルにコンバージョンした事例を紹介する（図表2）。奈良の自然素材を多用するとともに、既存開口部全てに膜を張るように障子を取り付けたことで、サスティナブルに基づいたデザインとなったうえ、試算では24%電気代を圧縮でき、差額で高単価の再生可能エネルギーを採用している。

## コンバージョンのメリット・デメリット（図表1）

| | |
|---|---|
| メリット ○ | ● 建替えよりも建設コストが安く、解体費もかからないため、投資額が少なくてすむ。<br>● 工事が短期間ですむ。<br>● 一部に入居者がいても、そのまま工事をすることが可能。<br>● 時代の変遷や社会状況の変化等に応じて、既存ストックを再生できる。<br>● 需要の多い用途に転換することで、収益性アップが期待できる。<br>● 再生により建物の資産価値を高めることができる。  |
| デメリット × | ● 類似の用途以外の特殊建築物への用途変更で200㎡超の場合には、建築確認申請が必要となる。<br>● 既存不適格建築物の場合には、コンバージョン時に現行の法規に適合させる必要がある（例外有 082参照）。  |

## 事例 省エネを意識してビルをホテルに用途変更（図表2）

- 1990年竣工の鉄骨造のオフィスビル（地下1階RC造、地上4階）を、奈良の歴史と景観を満喫するライフスタイルホテルにコンバージョン。
- 古いサッシを交換するハードルの高さや、改修後のエネルギー消費量の課題を解決するため、既存開口部の断熱化による消費エネルギー抑制と、再生可能エネルギーの採用により環境負荷を低減。
- 事業期間、投資予算、ランニングコスト、インテリアデザインとの調和を鑑み、建物外皮計算を行い既存の自社運営ホテルの消費エネルギー実績と比較検討し、既存開口部全てに障子を取り付けることに。電気代を圧縮した差額で高単価の再生可能エネルギーを採用。省エネ対策となる障子はデザインの重要な要素の一つにもなる。
- 外構やランドスケープには自然素材を多用。マテリアルの経年変化を受け入れ、ロングスパンで魅力が増すサスティナブルの考え方に基づいたデザインとしている。

客室

1階共用スペース

宿泊者専用の地下ラウンジ

（事業主：合同会社奈良荒池ホテル、プロデュース：株式会社ウェルウッド、企画・運営：株式会社リビタ）

**①オフィス（1990年竣工）**

**②ライフスタイルホテル：MIROKU 奈良 by THE SHARE HOTELS（2021年9月）**

1階平面図

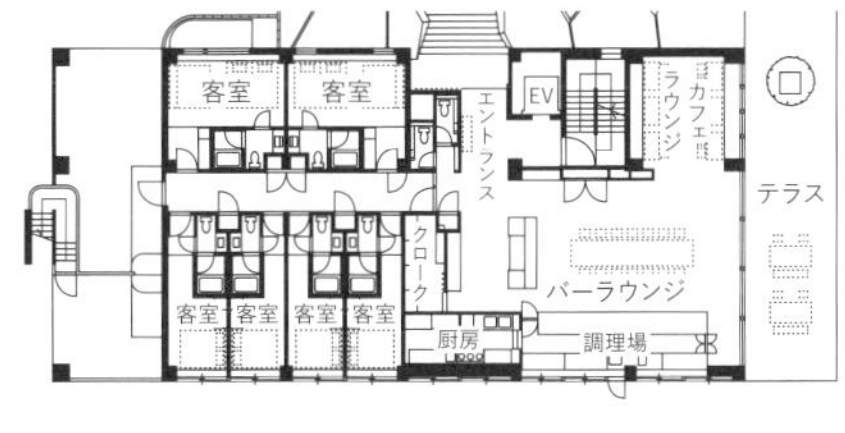


事務室 / EV / 廊下 / 事務室 → 客室 / EV / 廊下 / 客室

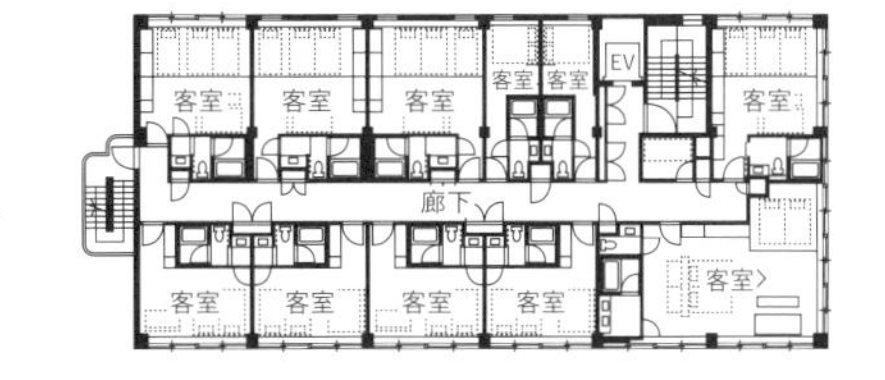


3階平面図

# 047 非住宅系施設の企画例④ 中大規模木造建築物

**建築基準法改正で、3000㎡超の大規模な木造建築物も木材の「あらわし」による設計が可能に**

2050年カーボンニュートラル、2030年度温室効果ガス46％削減の実現に向け、地球温暖化対策等の削減目標が強化され、建築物の分野でも木材利用の促進が大きなテーマとなっている。日本では、古くから建築には木材が多用され、戸建て住宅では約9割が木造となっているが、今後は、中大規模の建築物のさらなる木造化促進が求められている。

以前は、延べ面積3000㎡超の大規模建築物については、主要構造部を耐火構造等にするか、もしくは3000㎡以内ごとに高い耐火性能を有する構造体で区画することが求められていた。その場合、木造部分を石膏ボードなどの不燃材料で被覆する必要があったが、建築基準法改正により、延べ面積が3000㎡を超える大規模な木造建築物でも、構造部材の木材をそのまま見せる「あらわし」による設計が可能となる構造方法が導入され、大規模建築物への木造利用の促進が図られている（図表1）。

また、以前は壁、柱、床などのすべての部位について例外なく一律の耐火性能が要求されていたが、建築物の階数や床面積等に応じて要求性能が規定され、防火上他と区画された範囲の木造化が可能となり、たとえばメゾネット住戸内の中間床や柱等を木造化することも可能となる（図表2）。

**木に包まれた学校・病院は、子どもの成長、患者の前向きな気持ちを促進**

ここでは、木をふんだんに利用した学校と病院の2つの事例を紹介する。

木がもつあたたかさとやわらかさに触れながら子どもたちが成長していく学び舎を目指した学校は、木造＋RC造＋S造。外壁部は伝統的な下見板張りを人口木で表現、軒天井は天然木の自然な風合いを醸し出す目透かしの仕上げとなっている（図表3）。

一方、従来のRC造の病院は、病と戦う患者にとって牢獄に感じることもある。そこで、床・壁・天井等の内装だけでなく、外構・屋根・デッキの外装や家具に至るまで、木を最大限に活用。木のぬくもりに包まれた空間は、リゾートに滞在しているかのような心地よさを提供し、木のもつ自然治癒力で患者の前向きな気持ちを促進、リハビリに貢献している（図表4）。

## 3000㎡超の大規模建築物の木造化の促進【建築基準法第21条第２項】(図表1)

● 3000㎡超大規模建築物について、構造部材木材をそのまま見せる「あらわし」による設計が可能な新たな構造方法を導入し、大規模建築物へ木材利用促進を図る。

以前
以下のいずれかの設計法とする必要有。
・壁・柱等を耐火構造とする
・3000㎡毎に耐火構造体で区画する

改正後
火災時に周囲に大規模な危害が及ぶことを防止でき、木材「あらわし」による設計が可能な構造方法を導入。
<政令以下で規定構造方法例>
・大断面木造部材を使用しつつ、防火区画を強化すること等により、火災による延焼を抑制し、周囲へ延焼を制御できる構造

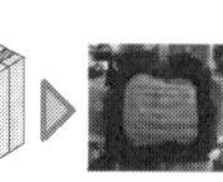

（出所／国土交通省）

## 大規模建築物における部分的な木造化の促進【建築基準法第２条第９号の２ほか】(図表2)

● 耐火性能が要求される大規模建築物においても、壁・床で防火上区画された範囲内で部分的な木造化を可能とし、大規模建築物への木材利用の促進を図る。

以前
耐火性能が要求される大規模建築物において、壁・柱等の全ての構造部材を例外なく耐火構造とすることを要求

改正後
防火上・避難上支障がない範囲内で、部分的な木造化を可能とする
<政令以下で規定する防火上・避難上支障がない範囲>
壁・床で防火上区画され、当該区画外に火災の影響を及ぼさない範囲

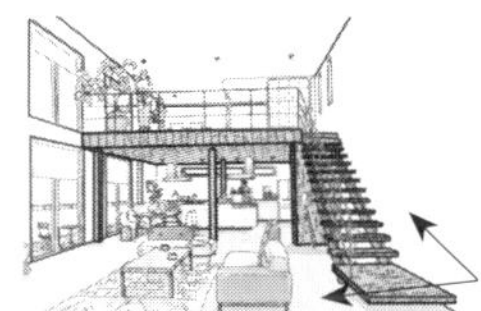

（出所／国土交通省）

## 事例①子どもの健やかな成長を見守る木の学校(図表3)

● やわらかな曲面状の外壁部は伝統的な下見板張りを人工木で表現、軒天井は天然木の自然な風合いを醸し出す杉を目透かしで仕上げている。
● 普通教室と共用部を積極的に木構造化・木質化を行い、長大な校舎を木の列柱と吹き抜け空間からなる回廊でつないで、木のもつあたたかさとやわらかさの宿る学舎に。

施設名称：江東区立有明西学園／事業主：江東区／所在地：東京都江東区／延床面積：24494㎡／構造・規模：混構造（木造＋RC造＋S造）5階建／耐火性能：耐火建築物、主な構造用木材：耐火集成材／竣工：2018年／設計・構造設計：久米・竹中設計共同体、施工：竹中工務店

## 事例②木を最大限活用したリハビリ施設(図表4)

● 従来のコンセプトである「リハビリテーション・リゾート」を推し進めるべく、内装だけではなく外構・屋根・デッキの外装や家具に至るまで木を最大限に活用。
● 木のもつ自然治癒力が心身ともに傷ついた患者を癒し、前向きな気持ちを促し、自宅での生活をめざすリハビリテーションに貢献。

施設名称：千里リハビリテーション病院アネックス棟／事業主：（医）和風会／所在地：大阪府箕面市／延床面積：1422m²／構造・規模：木造軸組構法平屋建・2階建／耐火性能：準耐火建築物、主な構造用木材＝集成材／竣工：2017年／設計・施工：住友林業、構造設計：住友林業アーキテクノ

（出所／「建てるのなら、木造で－身近なまちの建物から中大規模建築まで」［公益財団法人　日本住宅・木材技術センター］を加工したもの）

# 048 非住宅系施設の企画例⑤ 民泊

## 住宅宿泊事業法で、空き家ストックの有効活用や宿泊客の多様化するニーズに対応

国内外からの観光旅客の多様化するニーズへの対応と空き家ストックの有効活用、健全な民泊の普及のため、2018年6月に住宅宿泊事業法（民泊新法）が施行された（図表1）。民泊とは、旅館業法の営業者以外の者が、宿泊料を受けて住宅（届出住宅）に人を宿泊させる事業をいう。

住宅宿泊事業法により、個人でも届出を行えば合法的に民泊事業を行えるようになったが、既存の旅館やホテルとは法律上異なる取り扱いとするため、年間営業日数180日という上限がある。ただし、国家戦略特区民泊のような宿泊日数制限は無く、1日単位での利用も可能となる。

民泊の住宅宿泊事業者には、家主居住型と家主不在型がある。前者は自宅に観光客を宿泊させる場合等で、住宅提供者本人が管理するのに対し、後者は民泊運営代行業者等に管理を委託することになる。また、住宅宿泊事業者は、行政庁への届出が必要となる。さらに、利用者名簿の作成や保存、衛生管理、利用者への注意事項の説明、苦情対応等も行わなければならない。一方、民泊の管理業者は、国土交通大臣の登録を、民泊の仲介業者は、観光庁長官の登録を受けなければならない（図表2）。

## 住宅宿泊事業法による民泊は、収益性や使い勝手が課題

住宅宿泊事業の届出住宅数は、約2万件となっており、宿泊者の内訳としては、日本人と外国人が半々程度、米国、韓国、中国、台湾、香港からの利用が多い。

ただし、住宅宿泊事業法による民泊は営業日数制限があるため、事業の収益性は悪い。さらに、自治体条例により、立地・年間営業日数が制限されている場合もある。そこで、残りの半年はマンスリーマンションにする等、稼働率をあげる方法を検討する必要がある。

一方、国家戦略特区民泊の場合には、2泊3日以上という制限はあるが、一年中民泊として営業できる（図表3）。

なお、区分所有マンションでトラブルを回避するために民泊事業を禁止する場合には、国土交通省作成の標準管理規約雛型をもとにマンション管理規約に専有部分を民泊事業に使用してはならない旨を明記することが大切となる。

## 民泊新法（住宅宿泊事業法）の概要（図表1）

| | | |
|---|---|---|
| **目的** | | ●国内外からの観光旅客の多様化する宿泊需給への対応、住宅の空きストックの有効活用、健全な民泊の普及など |
| **概要** | | ●民泊とは、旅館業法の営業者以外の者が、宿泊料を受けて住宅（届出住宅）に人を宿泊させる事業<br>●年間営業日数は180日が上限（実際に利用した日数でカウント）<br>●騒音の発生などによる生活環境の悪化を招くおそれがある場合、都道府県等は政令の範囲内で条例により、住宅地や学校周辺など対象区域を限定して営業日数を短縮できる<br>●住居専用地域でも実施可能だが、地域の実情に応じて条例等により禁止できる<br>●宿泊者1人当たりの面積基準（3.3㎡以上）を遵守する |
| **類型** | **家主居住型（届出制）** | ●個人の生活の本拠である（原則として住民票がある）住宅で提供日に住宅宿泊事業者も泊まっている<br>●民泊を行う住宅宿泊事業者は行政庁（都道府県知事・保健所設置市）へ届け出る<br>●住宅宿泊事業者は、利用者名簿の作成・保存、衛生管理措置、利用者への注意事項の説明、苦情対応、賃貸借契約又は管理規約上問題がないことの確認等を行う |
| | **家主不在型（届出・登録制）** | ●個人の生活の本拠でない、または個人の生活の本拠でも提供日に住宅宿泊事業者が泊まっていない住宅で、提供する住宅に住宅宿泊管理業者が存在すること<br>●住宅宿泊事業者は住宅宿泊管理業者に管理業務を委託する<br>●住宅宿泊事業者、管理業者は適切な管理（民泊を行っている旨等の玄関への表示、名簿備付け、衛生管理、苦情対応、契約違反の確認等）を行う |
| **住宅宿泊管理業者（登録制）** | | ●住宅宿泊管理業者は国土交通大臣へ登録する<br>●利用者名簿の作成・保存等を行う<br>●行政庁による報告徴収・立入検査・業務停止・罰則がある |
| **住宅宿泊仲介業者（登録制）** | | ●住宅宿泊仲介業者は観光庁長官へ登録する<br>●行政庁による報告徴収・立入検査・業務停止・罰則がある |

## 民泊新法の制度スキーム（図表2）

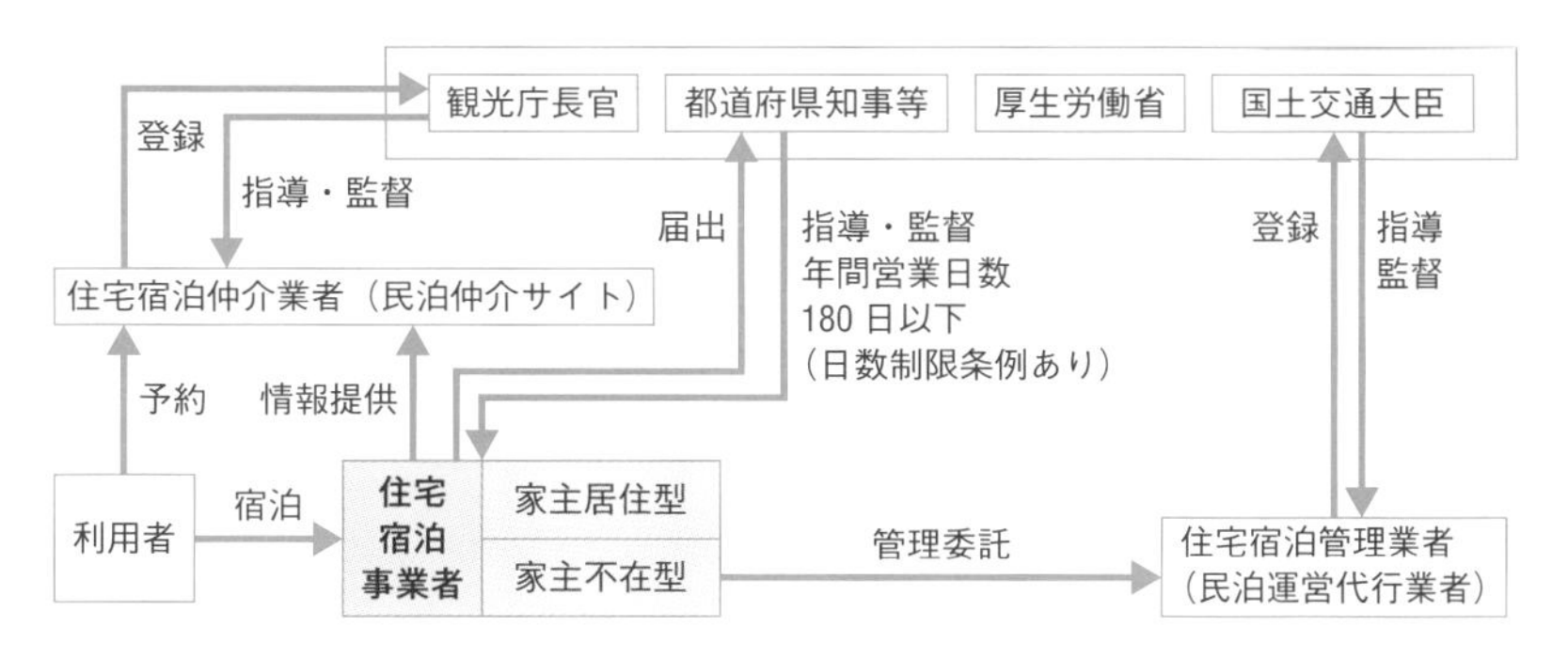

## 民泊の類型（図表3）

| | 住宅宿泊事業法 | 国家戦略特区法（特区民泊） | 旅館業法（簡易宿所） |
|---|---|---|---|
| **所管省庁** | 国土交通省、厚生労働省、観光庁 | 内閣府（厚生労働省） | 厚生労働省 |
| **許認可等** | 届出 | 認定※ | 許可 |
| **住専地域での営業** | 可能（条例により制限の場合あり） | 可能（自治体ごとに制限の場合あり） | 原則不可 |
| **営業日数の制限** | 年間提供日数180日以内（条例で実施期間の制限が可能） | 2泊3日以上が滞在条件（下限日数は条例規定、年間営業日数上限なし） | 制限なし |
| **最低床面積、最低床面積（3.3㎡/人）** | 最低床面積3.3㎡/人 | 原則25㎡以上/室 | 最低床面積33㎡、宿泊者数10人未満の場合は3.3㎡/人 |
| **非常用照明等の安全確保の措置義務** | あり（家主同居で宿泊室の面積が小さい場合は不要） | あり（6泊7日以上の滞在期間の施設の場合は不要） | あり |
| **消防用設備等の設置** | あり（家主同居で宿泊室の面積が小さい場合は不要） | あり | あり |
| **近隣住民とのトラブル防止措置** | 必要（宿泊者への説明義務、苦情対応の義務） | 必要（近隣住民説明、苦情・問合せ対応体制・周知方法、連絡先確保） | 不要 |
| **不在時の管理業者への委託業務** | 規定あり | 規定なし | 規定なし |

※東京都大田区、大阪府、北九州市などで実施

COLUMN 3

# 「一種いくら」とはなにか？

不動産業界関係者と話をしていると、「一種20万円」といった言葉を聞くことがあります。では、この「一種いくら」とは、いったい何を指しているのでしょうか。

## 容積率100%あたりの土地単価

「一種いくら」とは、容積率100%あたりの土地単価を言います。つまり、たとえば容積率200%で坪単価100万円の土地の場合には、100万円÷2＝一種50万円ということになります。この考え方は、不動産業者がマンション用地を購入する際に、利益の出る適正な土地価格かどうかを判断するため等に使われてきました。

たとえば、坪単価300万円・500坪（総額15億円）、容積率200%の分譲マンション用の土地の購入を検討する場合について考えてみましょう。

今、周辺の分譲相場が坪250万円のとき、この土地に建築費の坪単価70万円、有効率※85%の建物を建てるとします。この場合の原価は、［15億円＋70万円×1000坪＝22億円］となります。一方、想定される売上高は、［250万円×1000坪×有効率85%＝21億2500万円］です。つまり、容積率200%では想定される売上高よりも原価のほうが大きくなってしまうため事業は成立しません。

しかし、もし容積率が400%であれば原価は、［15億円＋70万円×2000坪＝29億円］、想定される売上高は、42億5千万円となります。

一般に、売上高から原価を引いた粗利益は売上高の20%以上が目安です。［売上高42億5千万円－原価29億円＝粗利益13億5千万円］となり、売上高の30%を超えているため、事業は成立しそうです。

## 土地にかけられる費用の求め方

では、今度は逆に、土地にかけられる費用を求める方法について考えてみましょう。

土地価格は、先の計算より、想定される売上高から粗利益と建設費を引けばよいことがわかります。先の例では、1000坪＝土地面積×容積率でしたから、土地にかけられる費用は、〔分譲相場×有効率×（1－粗利益率）－建設費の坪単価〕×容積率、と表すことができます。具体的には、［250万円×85%×（1－20%）－70万円＝100万円］なので、100万円×容積率までの坪単価の土地なら事業が成立するというわけです。

先の例では、土地の坪単価は300万円なので、容積率300%以上であれば買ってもよいだろうという判断ができます。

逆に、土地の坪単価300万円、容積率400%なら、一種75万円、土地にかけられる費用は100万円なので、75万円よりも高いから利益が出そうだ、という判断ができるわけです。

このように、一種いくらというのは、ざっくりと土地を評価する際に昔から建築・不動産業界で使われてきた考え方です。

※有効率は、延床面積に対する分譲専有面積。

# chapter 4 敷地調査のキホン

# 049 敷地調査の項目と調査方法

## 権利関係、面積・地形・境界、接道条件、敷地の利用状況等について把握する

顧客の状況と並んで、最初に把握しておくべき事項として、対象地の敷地の状況がある。ここでいう敷地の状況とは、権利関係、面積・地形・境界、前面道路の接道条件、都市計画規制や供給処理施設の状況、敷地の利用状況など、敷地に固有の条件である。

これらについての調査項目と調査手段の概要は図表に示すとおりである。

## 許認可等のコストやスケジュールも含めて、事業成立性を調査する

権利関係については、所在のほか、所有権及び所有権以外の権利の有無と権利者名などについて確認する。このとき、たとえば、依頼者が敷地の所有者でないケースでは、誰がプロジェクトの当事者になりうるのかを明確にしておく必要がある。また、抵当権などの状況を見ると、土地所有者の資金繰り状況や金融機関との取引状況などがある程度分かり、企画を中止せざるをえないこともある。さらに、税務上の特例措置の適用要件に関係するため、所有権などの権利の設定・移転の時期と、その原因についても把握しておくことが大切である。

面積・地形・境界については、設計業務で行う調査と同じだが、企画業務の場合、設計業務とは異なり、計画上の与条件は企画担当者自らが設定すべきものであるから、土地のすべてを計画敷地とすべきかどうかといった判断も、企画担当者に求められる。

接道条件についても、接道条件による計画上の制約が大きい場合には、隣地との共同化や道路認定の申請など、接道条件を改善する方向での企画案の検討も必要になる。

都市計画規制・供給処理施設の状況については、詳細は5章で説明するが、法律による規制以外に、市町村などの行政指導による規制や負担条件を十分に把握する必要がある。

また、許認可の可能性やコスト、スケジュールなどを含めて、事業自体の成立性を検証し、その可能性を高める方策を講じることが必要であり、そうした観点からの基礎調査が必要となる。

敷地の利用状況については、特に既存建物がある場合には018でも説明した通り、慎重に調査する必要がある。

# 敷地に関する調査項目と調査手段（図表）

| | 調査項目 | 調査手段 |
|---|---|---|
| 権利関係 | ☐所在、地番、地目<br>☐所有権者<br>☐所有権以外の権利と権利者<br>☐所有権などの設定（移転）時期・原因<br>☐隣地など周辺土地所有者 | ●住宅地図<br>●公図、登記情報<br>●現地調査<br>●依頼者などからの聞き取り<br>等 |
| 面積・地形・境界 | ☐面積（公簿、実測）<br>☐地形（間口、奥行、形状、地勢、高低差、地盤など）<br>☐境界（隣地境界、道路境界） | ●住宅地図<br>●公図、登記情報<br>●現地調査、立会い<br>●依頼者などからの聞き取り<br>●地積測量図<br>等 |
| 接道条件（前面道路） | ☐公道、私道の別<br>☐幅員<br>☐舗装状況<br>☐道路境界<br>☐道路の種類（建築基準法上の扱い）<br>☐接道方向<br>☐接道長さ<br>☐接面状況<br>☐道路の性格・状況<br>☐私道にかかる制限 | ●道路台帳<br>●担当部署へのヒアリング<br>●実測、歩測<br>等 |
| 都市計画規制<br>供給処理施設の状況 | ☐都市計画区域区分<br>☐都市計画制限<br>☐用途地域<br>☐特別用途地区、特定用途制限地域<br>☐その他の地域地区等<br>☐建蔽率・容積率<br>☐建築物の高さの制限<br>☐その他の建築制限<br>☐条例による制限、その他の法令に基づく制限<br>☐上下水道、ガス、電気など | ●都市計画図<br>●担当部署へのヒアリング<br>等 |
| 敷地の利用状況 | 【既存建物】<br>☐所有権者<br>☐所有権以外の権利と権利者<br>☐所有権などの設定（移転）時期・原因<br>☐用途・構造・築年数<br>☐使用状況（自己使用、空室、賃貸、使用貸借）<br>☐居住用・事業用の別<br>☐土地賃貸・建物賃貸に関する資料<br>☐石綿使用調査結果の記録<br>☐建物の耐震診断に関する事項<br>【その他】<br>☐使用状況（自己使用、貸地、使用貸借）<br>☐土地賃貸に関する資料 | ●住宅地図<br>●依頼者などからの聞き取り<br>●登記情報<br>●現地調査<br>等 |

# 050 公図を調べる

## 公図とは、土地の境界や建物の位置を確認するための地図に準ずる図面

敷地調査においては、対象地がどこに位置しており、またどのような形状であるかを確認しなければならない。そこで、敷地の地番、面積、形状などの調査にあたっては、まず公図を確認することになる。

公図とは、土地の境界や建物の位置を確定するための地図に準ずる図面のことをいう（図表1）。公図から、登記された土地の地番、位置、形状、面積の概略などを知ることができる。

## 公図は不確かな部分もあり、その内容を無条件に信頼すべきではない

図表2に、公図の例と、閲覧・写しの申請書の例を示す。公図の縮尺は、原則として500分の1であるが、実際にはさまざまな縮尺がある。

公図は、対象地の所轄の法務局（登記所）に備え付けられている。登記所にある申請書に必要事項を記入して、印紙を貼って申請すると、閲覧・写しの交付を受けることができる。また、法務局のホームページ「登記情報提供サービス（有料）」からも閲覧できる。

なお、公図の閲覧にあたっては、住居表示ではなく地番が必要となる。地番は権利証等で確認できるが、地番がわからない場合には、必ず住宅地図や航空写真などと照らし合わせて対象地の土地の形状を確認することにより、対象地の地番をあらかじめ調べておかなければならない。

公図は、そもそも登記所が保管している旧土地台帳付属地図のことをいい、多くは明治時代の地租改正に伴って作成されたものである。したがって、現状とは大きく異なる場合もあり、必ずしも正しいものとはいえない。現在、地籍調査が実施されており、公図を正確な地図に置き換える作業が進められているところだが、特に都市部の人口集中地区（DID）では、27％（令和4年度末時点）の進捗率に留まっている。

このように、公図は、その内容を無条件に信頼すべきではないが、たとえば、境界が直線であるか、土地がどのように位置しているかなど、対象地と隣地についての状況を調査するための資料としては利用できる。しかし、土地の売買等、不動産の取引を行う際には、別途、必ずきちんとした測量を行う必要がある。

## 公図の見方・調べ方（図表1）

| | |
|---|---|
| 公図（こうず）とは？ | ● 土地の境界や建物の位置を確定するための地図に準ずる図面、法務局に備え付けられたもの。<br>● 一般に旧土地台帳施行細則第２条の規定に基づく地図のことを指す。<br>● 登記された土地の地番、位置、形状、面積の概略などがわかる。 |
| 公図の調べ方 | ● 対象地の所轄の法務局（登記所）に備え付けられている。<br>● 申請書に必要事項を記入して、登記印紙を貼って申請すると閲覧、写しの交付を受けることができる。<br>● 法務局のホームページ「登記情報提供サービス」からも閲覧できる。 |

## 公図の見方と例（図表2）

権利証等で確認済の場合はその地番。不確かな場合は法務局備えつけのブルーマップ（住宅地図）で見た地番（近隣地番）を記入する。

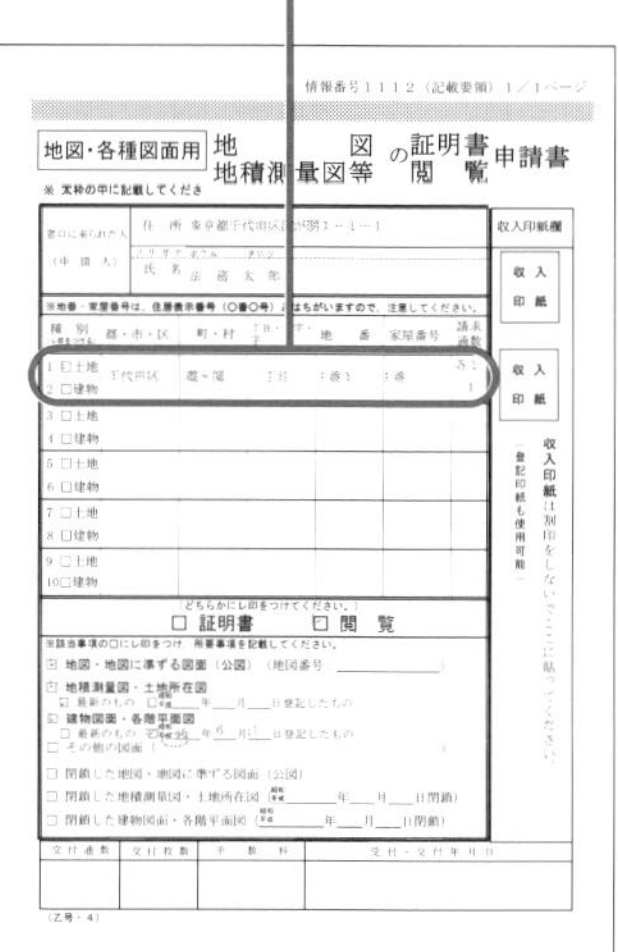


境界が直線であるか、土地がどのように位置しているかなど、対象地と隣地についての状況を調査するために利用する。

地図に準ずる図面は、土地の区画を明確にした不動産登記法所定の地図が備え付けられるまでの間、これに代わるものとして備え付けられている図面で、土地の位置及び形状の概略を記載した図面。

# 051 登記情報を調べる

## 登記情報から、土地建物の状況、所有者、抵当権の設定状況などがわかる

不動産登記とは、土地や建物の所在、面積のほか、所有者の住所・氏名などを一般に公開することにより、権利関係などの状況が誰にでもわかるようにし、取引の安全と円滑をはかる役割を果たしている（図表1）。

登記記録には表題部と権利部があり、土地は1筆（1区画）ごとに、建物は1戸ごとに区分して作成されている。

表題部には、土地の場合は、所在・地番・地目（土地の現況）・地積（土地の面積）などが、建物の場合には、所在・地番・家屋番号・種類・構造・床面積などが記録されている。

権利部には、その不動産についての権利に関する内容が表示されており、甲区と乙区に区分されている（図表2）。甲区には、その不動産の所有者に関する事項が記録されており、過去から現在までの所有者や、いつ、どんな原因で所有権が移転したのかが順を追ってわかるようになっている。一方、乙区には、抵当権、地上権、地役権など、その不動産についての所有権以外の権利に関する事項が記録されているが、所有権以外の権利の登記がない場合には、乙区はなく、その不動産の登記記録は甲区までとなる。

登記記録の全部または一部を証明した書面を登記事項証明書、登記事項の概要を記載した書面を登記事項要約書という。これらの書面は、所定の請求書を登記所に提出すると、誰でも交付を受けることができる。また、公図と同様、法務局ホームページ「登記情報提供サービス」からも閲覧できる。

なお、登記事項証明書は、以前の登記簿の謄本・抄本と同じ内容のものである。

## 登記申請は義務ではないので、登記内容と実態が必ずしも一致しているわけではない

企画にあたっては、登記記録を確認し、面積、所有者、差押や抵当権の有無等を調べる必要があるが、注意しなければならないことは、不動産の権利に関する登記は申請を義務付けられていないため、登記内容と実態が必ずしも一致しているわけではないことである※。また、土地については、登記面積と実測面積が異なっている場合も多い。したがって、企画に際しては、顧客からの聞き取り等も含めて総合的に判断する必要がある。

※相続登記は2024年4月から、氏名・住所に変更があった場合の変更登記については2026年4月から義務化される

## 登記情報の見方・調べ方（図表1）

| | | |
|---|---|---|
| **不動産登記とは？** | | ●土地・建物の所在、面積、所有者の住所・氏名などを一般公開することにより、権利関係等の状況が誰にでもわかるようにし、取引の安全と円滑をはかる役割を果たしているもの。<br>●表題部と権利部（甲区、乙区）がある。 |
| **登記情報の調べ方** | 法務局 | ●対象地の所轄の法務局（登記所）に備え付けられている。<br>●申請書に必要事項を記入して、登記印紙を貼って申請すると交付を受けることができる。<br>●登記事項証明書：登記記録の全部または一部を証明した書面<br>●登記事項要約書：登記事項の概要を記載した書面 |
| **登記記録の見方** | **【表題部】** | **土地の場合**：所在・地番・地目・地積が記載されている。<br>●地目：宅地、畑、山林など、土地の現況、利用目的などに重点を置いて定められている。<br>●地積（ちせき）：土地の水平投影面積。登記面積と実測面積は異なっている場合も多いため注意が必要。<br>**建物の場合**：所在、家屋番号、種類、構造、床面積が記載されている。<br>●種類：居宅、店舗など、建物の主たる用途により定められている。<br>●構造：木造瓦葺２階建など、建物の主たる部分の構成材料、屋根の種類、階層が定められている。<br>●床面積：各階ごとに壁その他の区画の中心線で囲まれた部分の水平投影面積（壁芯面積）で登記されるが、区分所有建物の場合には内法面積で登記される。 |
| | **【権利部／甲区】** | ●所有権に関する事項が記載されている。<br>●過去から現在までの所有者、所有権移転の原因（売買、相続など）がわかる。 |
| | **【権利部／乙区】** | ●所有権以外の権利に関する事項が記載されている。<br>●地上権、賃借権、抵当権などの権利が付着しているかどうかがわかる。 |

## 登記記録の例（図表2）

### ◆土地

埼玉県○○市○○区○○丁目○○－○○－○　　全部事項証明書　（土地）

| 【表題部】（土地の表示） | | | 調製　平成○○年○○月○○日 | 地図番号　余白 |
|---|---|---|---|---|
| 【所在】 | ○○区○○丁目 | | 余白 | |
| 【①地番】 | 【②地目】 | 【③地積】㎡ | 【原因及びその日付】 | 【登記の日付】 |
| ○○番○○ | 宅地 | 188 63 | 余白 | 余白 |
| 余白 | 余白 | 余白 | 余白 | 平成○○年○○月○○日 |

| 【権利部（甲区）】（所有権に関する事項） | | | | |
|---|---|---|---|---|
| 【順位番号】 | 【登記の目的】 | 【受付年月日・受付番号】 | 【原因】 | 【権利者その他の事項】 |
| 1 | 所有権移転 | 平成○○年○○月○○日<br>第○○○○○号 | 平成○○年○○月○○日相続 | 所有者　○○区○○丁目○番○○○号 |
| | 余白 | 余白 | 余白 | 平成○○年○○月○○日 |

| 【権利部（乙区）】（所有権以外の権利に関する事項） | | | | |
|---|---|---|---|---|
| 【順位番号】 | 【登記の目的】 | 【受付年月日・番号】 | 【原因】 | 【権利者その他の事項】 |
| 1 | 抵当権設定 | 平成○○年○○月○○日<br>第○○○○○号 | 平成○○年○○月○○日設定 | 債権者<br>利息<br>損害金<br>債務者<br>抵当権者 |

登記面積と実測面積が異なっている場合も多いため注意が必要。

相続・売買など所有権移転の原因の履歴がわかる。

抵当権、賃借権、地上権などの権利が付着しているかがわかる。

### ◆建物

埼玉県○○市○○区○○丁目○○－○○－○　　全部事項証明書　（建物）

| 【表題部】（主たる建物の表示） | | | 調製　平成○○年○○月○○日 | 所在図番号　余白 |
|---|---|---|---|---|
| 【所在】 | ○○区○○丁目○○○番地 | | 余白 | |
| 【家屋番号】 | ○○番○○の○ | | 余白 | |
| 【①種類】 | 【②構造】 | 【③床面積】㎡ | 【原因及びその日付】 | 【登記の日付】 |
| 居宅 | 軽量鉄骨造スレート葺２階建 | 1階 66 82<br>2階 66 82 | 平成○○年○○月○○日新築 | 余白 |
| 余白 | 余白 | 余白 | 余白 | 平成○○年○○月○○日 |

| 【権利部（甲区）】（所有権に関する事項） | | | | |
|---|---|---|---|---|
| 【順位番号】 | 【登記の目的】 | 【受付年月日・受付番号】 | 【原因】 | 【権利者その他の事項】 |
| 1 | 所有権保存 | 平成○○年○○月○○日<br>第○○○○○号 | 余白 | 所有者　○○区○○丁目○番○○○号 |

壁芯面積で登記されるが、区分所有建物の場合は内法面積。

# 052 借地権とは

**借地権には地上権と賃借権があり、地上権では権利の登記や承諾なく売却・転貸できる**

借地権とは、建物の所有を目的とする地上権または土地の賃借権をいう。

地上権は、民法上の物権に当たり、その権利を登記できるうえ、地主の承諾なしに譲渡や建替えができる。これに対し土地の賃借権は、賃貸借契約に基づいて賃借人が目的物を使用収益する権利で、民法上の債権に当たる。賃借権の場合、地主に登記を拒否されることがあり、地主の承諾なしには、売却や転貸をすることはできない（図表1）。また、土地の賃借権の場合、建替えする際にも地主の承諾が必要となる。この場合、建替え承諾料は更地価格の3％前後が目安となっている。

なお、一般に、借地権というと地上権ではなく賃借権であることが多い。

**単に「借地権」と記載されていれば、旧法借地権と考えてよい**

また、借地権には、昔から存在する旧法借地権と、平成4年に施行された新借地借家法にもとづく普通借地権、定期借地権の3つがある（図表2）。

流通している借地権の多くは旧法が適用される借地権である。したがって、通常、単に「借地権」と記載されていれば、旧法が適用される旧法借地権と考えてよいだろう。

旧法の借地権の場合、借地期間は木造などの非堅固な建物は最低20年となっているが、賃貸の契約は地主側にそれを継続しない正当事由がない限り自動的に更新されるため、借り手側は継続して土地を利用できる。ただし、非堅固な建物を堅固な建物に建て替えるときは、借地条件の変更についての地主の承諾が必要となる。この場合、借地条件変更承諾料を支払うことが慣行化しており、同時に地代も改定する場合が多い。なお、新法施行前の借地関係は、原則として借地契約更新後も旧法が適用される。

一方、新法の定期借地権の場合には、契約期間満了とともに借地関係が終了し、必ず地主に土地が返還される。そのため、土地所有者にとっては、安心して土地を貸すことができる。なお、定期借地権には、一般定期借地権、事業用定期借地権、建物譲渡特約付き借地権の3種類があり、それぞれ借地権の存続期間や使用目的、契約上の特徴が異なる（126参照）。

##  地上権と賃借権の比較（図表1）

| | 地上権 | 賃借権 |
|---|---|---|
| 概要 | ● 他人の土地に建物・橋などの工作物または竹木を所有するため、その土地を使用する物権 | ● 賃貸借契約に基づいて賃借人が目的物を使用収益する権利。民法上は債権だが、用益物権に近い性質をもつ<br>● 一般に、借地権というと賃借権であることが多い |
| 登記 | ● 権利を登記できる | ● 地主に登記を拒否されることがある<br>● ただし、定期借地権の場合には登記することが多い |
| 抵当権 | ● 設定可能 | ● 設定不可 |
| 売却・転貸・建替え | ● 地主の承諾不要 | ● 地主の承諾が必要<br>● 通常は承諾料が必要 |

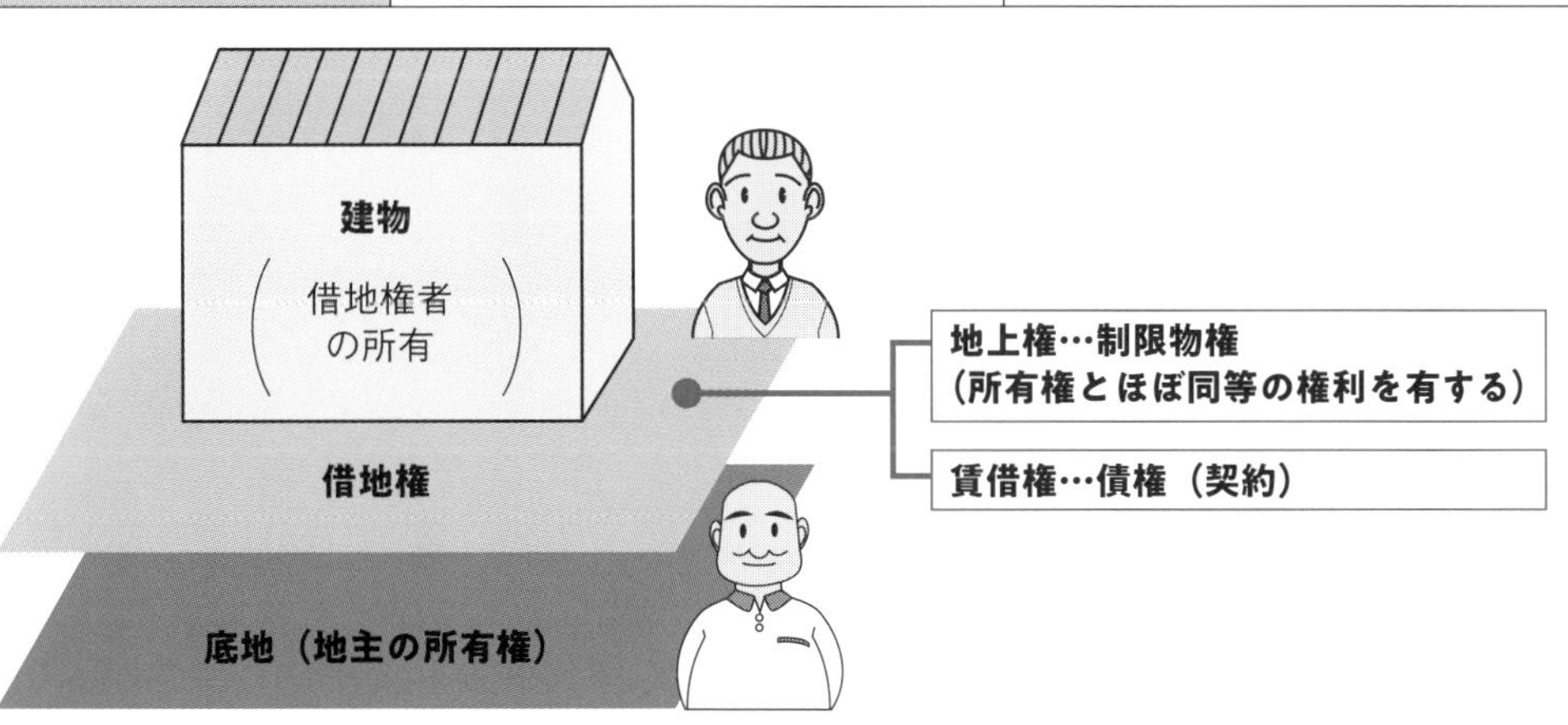


##  借地権の比較（図表2）

| 成立時期 | 平成４年８月１日以降に成立した借地権 | | 平成４年７月31日時点で成立していた借地権 |
|---|---|---|---|
| 種類 | 普通借地権 | 一般定期借地権 | 旧法借地権 |
| 存続期間 | ● 当初は30年以上 | ● 50年以上 | ● 堅固建物：30年以上（期間の定めがなければ60年）<br>● 非堅固建物：20年以上（期間の定めがなければ30年） |
| 更新 | ● 貸主に「正当事由」がない限り更新を拒絶できない<br>● 借地人が更新を求めた場合、同一の条件で契約を更新しなければならない<br>● 更新後の契約期間：<br>１度目：20年以上<br>２度目以降：10年以上 | ● 契約期限満了時には、建物を取り壊して更地にして返還する必要がある<br>● 契約更新、建物の築造による存続期間の延長がなく、買取請求をしない旨を定めることができる | ● 貸主に「正当事由」がない限り更新を拒絶できない<br>● 借地人が更新を求めた場合、同一の条件で更新したものとみなす<br>● 更新後の契約期間<br>堅固造30年以上、非堅固造20年以上 |
| 使用目的 | ● 制限なし | ● 制限なし | ● 制限なし |
| 契約形式 | ● 制限なし | ● 特約は公正証書などによる書面又は電磁的記録とする | ● 制限なし |

# 053 区分所有権とは

**区分所有権とは、マンションなどの専有部分を所有する権利のこと**

分譲マンションなどのように、一棟の建物が構造上いくつかの部分に区分され、その部分が独立して住居、店舗、事務所等の建物としての用途に使用できる場合に、その区分された各部分のことを専有部分といい、この専有部分を所有する権利のことを「区分所有権」という。また、区分所有権を有する者を区分所有者という。区分所有権は、それぞれの専有部分ごとに登記され、自由に売買することもできる。

「建物の区分所有等に関する法律（区分所有法）」は、このように区分所有された建物（図表1）についての所有関係や管理方法などを定めた法律である。

**大規模修繕は3／4以上、建替えは4／5以上の賛成が必要※**

区分所有された建物は、専有部分と共用部分に分けることができる。共用部分には、建物の基礎や外壁などの躯体部分、共用廊下、階段、エレベーターなどが含まれる。共用部分については、区分所有者の全員または一部の者の共有となり、共有部分に対する持分の権利を共有持分権という。通常、共有持分権は、所有する専有部分の床面積の割合によることが多い。

一方、敷地については、専有部分を所有するための建物の敷地に関する権利として、「敷地利用権」が設定される。敷地利用権は、原則として、専有部分と分離して売買できず、「敷地権」である旨の登記がなされると、土地についての権利は、専有部分の建物の登記によって判断されることになる。

専用使用権とは、建物の共用部分や敷地を特定の区分所有者だけが排他的に使用する権利をいう。たとえば、専用庭やバルコニー、屋外駐車場の使用権などがこれにあたる。通常、専用使用権については使用料を設定することが多いが、専用使用権を他に譲渡することはできない（**図表2**）。

区分所有建物の管理組合は、共用部分の管理や修繕などについて、管理規約を定め、運営する。なお、区分所有者及び議決権の各4分の3以上の賛成で共用部の変更を伴う大規模修繕決議が、区分所有者および議決権の各5分の4以上の賛成で建替え決議が、敷地利用権の持分の価格を加えた各5分の4以上の賛成で敷地売却決議が成立する※。

※区分所有法は改正予定（巻頭企画参照）

## 区分所有建物の概念図（図表1）

◆ 1棟のマンション（区分所有建物）

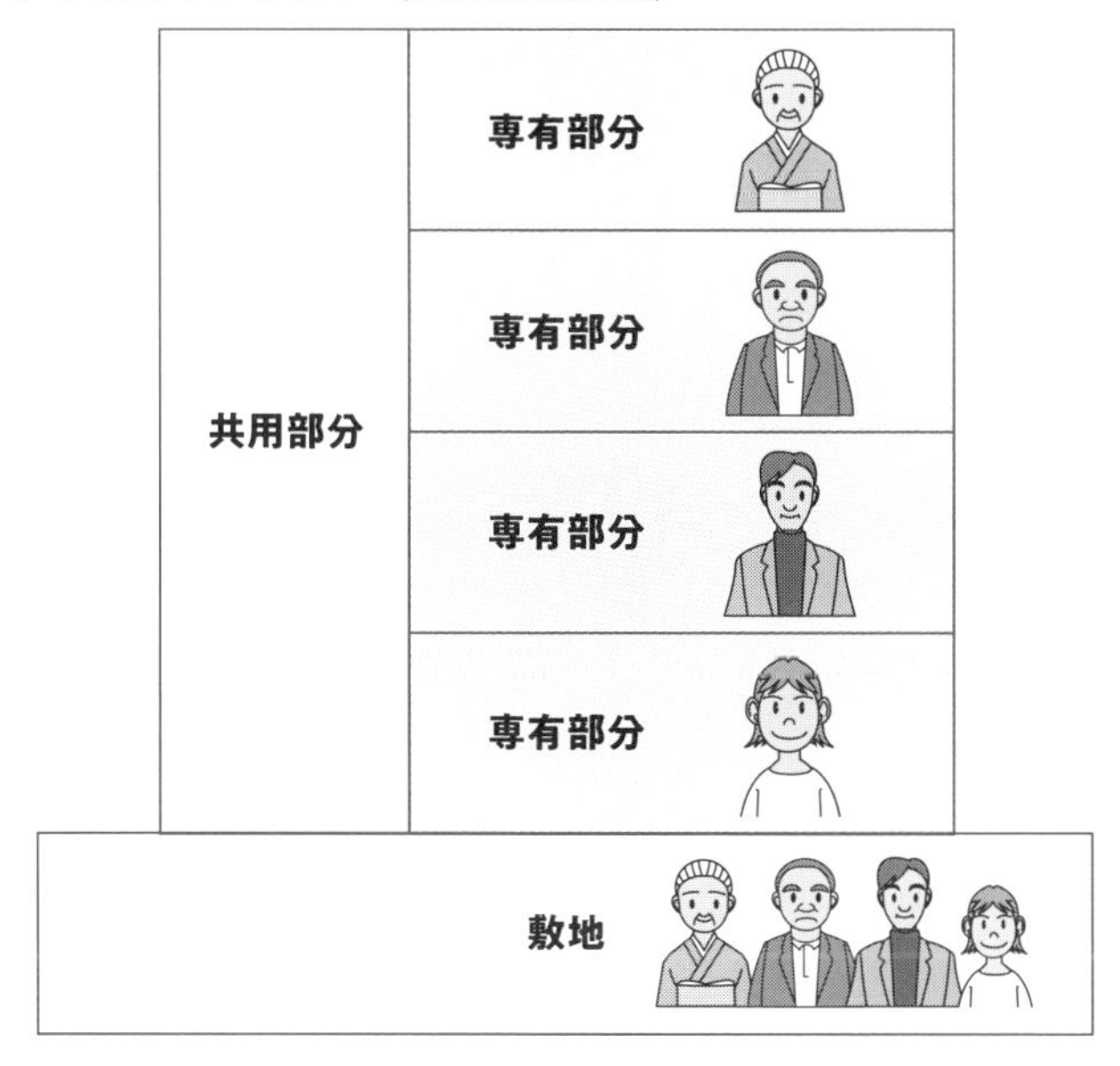


◆マンションの共用部分と専有部分

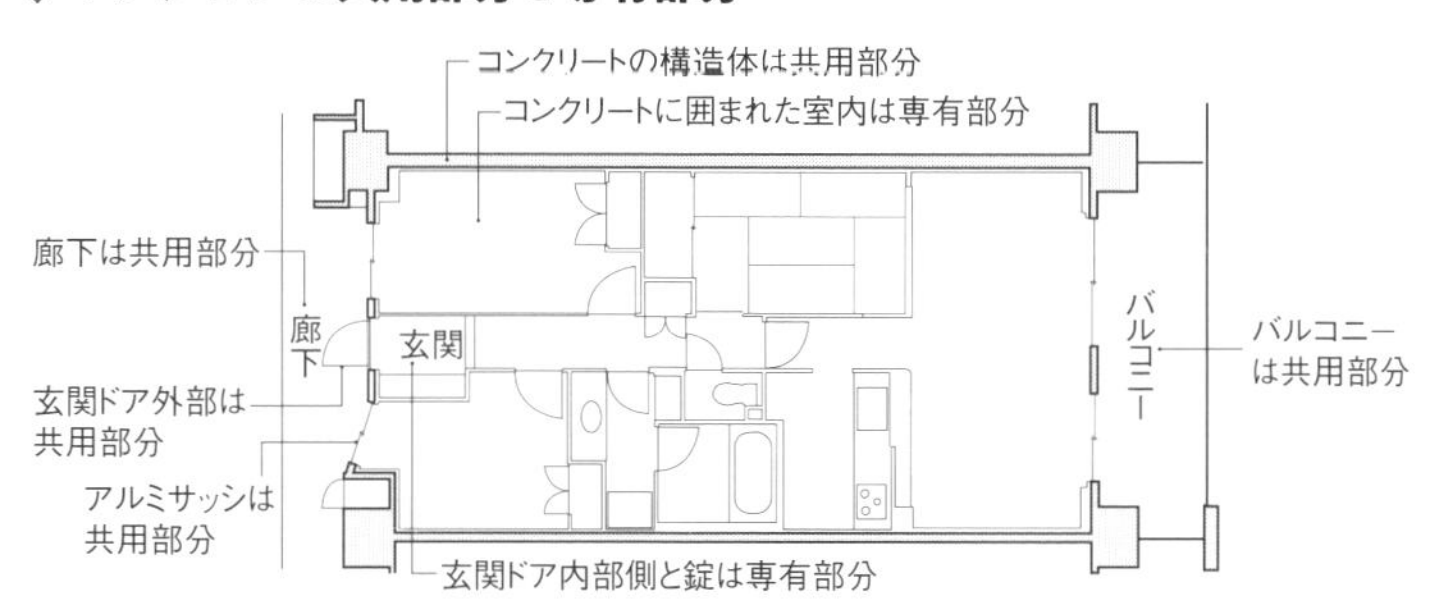

## 区分所有者の権利（図表2）

| | | | |
|---|---|---|---|
| 敷地 | | 敷地利用権 | ● 敷地利用権のうち、専有部分と一体のものとして登記された権利を「敷地権」という。<br>● 敷地権である旨の登記がなされると、土地についての権利は専有部分の建物の登記によって判断されることになる。 |
| 区分所有建物 | 専有部分 | 区分所有権 | ● 専有部分を所有する権利のことを区分所有権という。<br>● 専有部分ごとに登記され、自由に売買できる。 |
| | 共用部分 | 共有持分権 | ● 建物の基礎、躯体、共用廊下、共用階段、エレベーター、共用玄関、ロビー、電気・ガス・水道等の設備、消火設備など。<br>● 共有部分に対する持分の権利を共有持分権といい、所有する専有部分の床面積の割合によることが多い。 |
| | | 専用使用権 | ● 建物の共用部分・敷地を特定の区分所有者だけが排他的に使用する権利。<br>● 専用庭、バルコニー、屋外駐車場の使用権など。 |

# 054 敷地境界を確認する

## 敷地境界は隣地とのトラブルを避けるためにも、必ず確認する

建築・不動産企画にあたっては、対象地の境界を確認しなければならない。境界については隣地とのトラブルも多いため、慎重に調査を行う必要がある。

境界は、通常、図表1に示す縁石などの境界標によって確定される。ただし、境界標は、地中に埋まっていることもあるので、場合によっては掘ってみるなどして確認する必要がある。また、境界線上にブロック塀などがある場合には、境界がブロック塀の内側になるのか、外側になるのか、線上になるのか等を確認しなければならない。さらに、境界に、隣地建物の軒や雨樋などがはみ出していないかなども確認する（図表2）。

境界の確認にあたっては、隣地所有者の立会いが必要となる。したがって、まず、隣地所有者に立会いをもとめなければならない。隣地所有者と日程調整を行い、境界の立会い日を決定することにより実施される。

境界の確認に当たっては、関係者間で境界点の位置、目標物、境界線を確認する。この際、過去に境界が確定している場合には、既存の境界確定通知書、境界確認書等を取り寄せたうえで立ち会いを行う必要がある。一方、境界確認時に境界石がない場合には、土地家屋調査士等の立会いにより、境界石の埋設を行う。

なお、境界の状況、境界確定の根拠、確定経緯等は、記録しておく必要がある（図表3）。

また、測量図を作成する場合にも、必ず隣地所有者等の立会いが必要となることから、境界の確認と測量図の作成は並行して行うとよい。境界確認にもとづき作成された測量図を、確定測量図という。

## 境界をめぐる紛争には、筆界特定制度を使うとよい

土地の境界をめぐる紛争の多くは、登記の際に定められる土地と土地を区画する境界（筆界）の不明によるものである。特に、古くからの土地で筆界が不明な場合に、その土地にある家屋を改築したり、土地を売買するときにトラブルになるケースが少なくない。

そこで、こうしたトラブルを裁判をすることなく解決するために、筆界特定登記官が登記名義人等の申請に基づいて土地の筆界の位置を特定する「筆界特定制度」がある。

## 境界標の例（図表1）

### ◆コンクリート標または石標

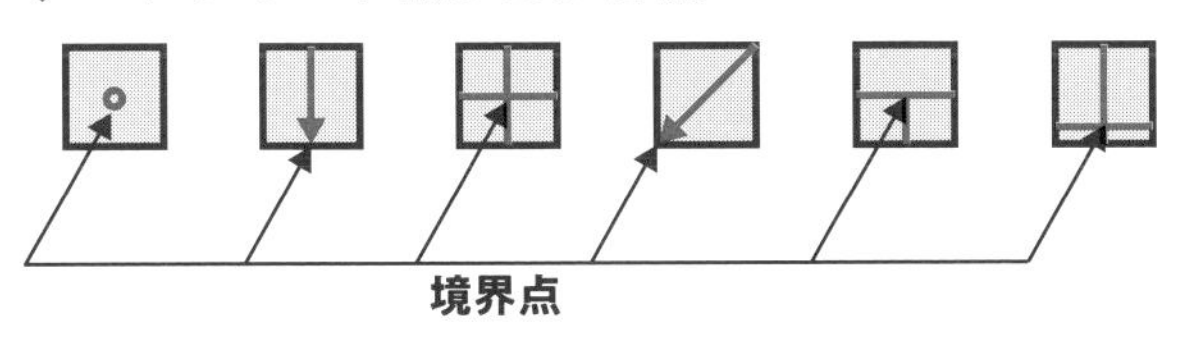


### ◆良くない設置

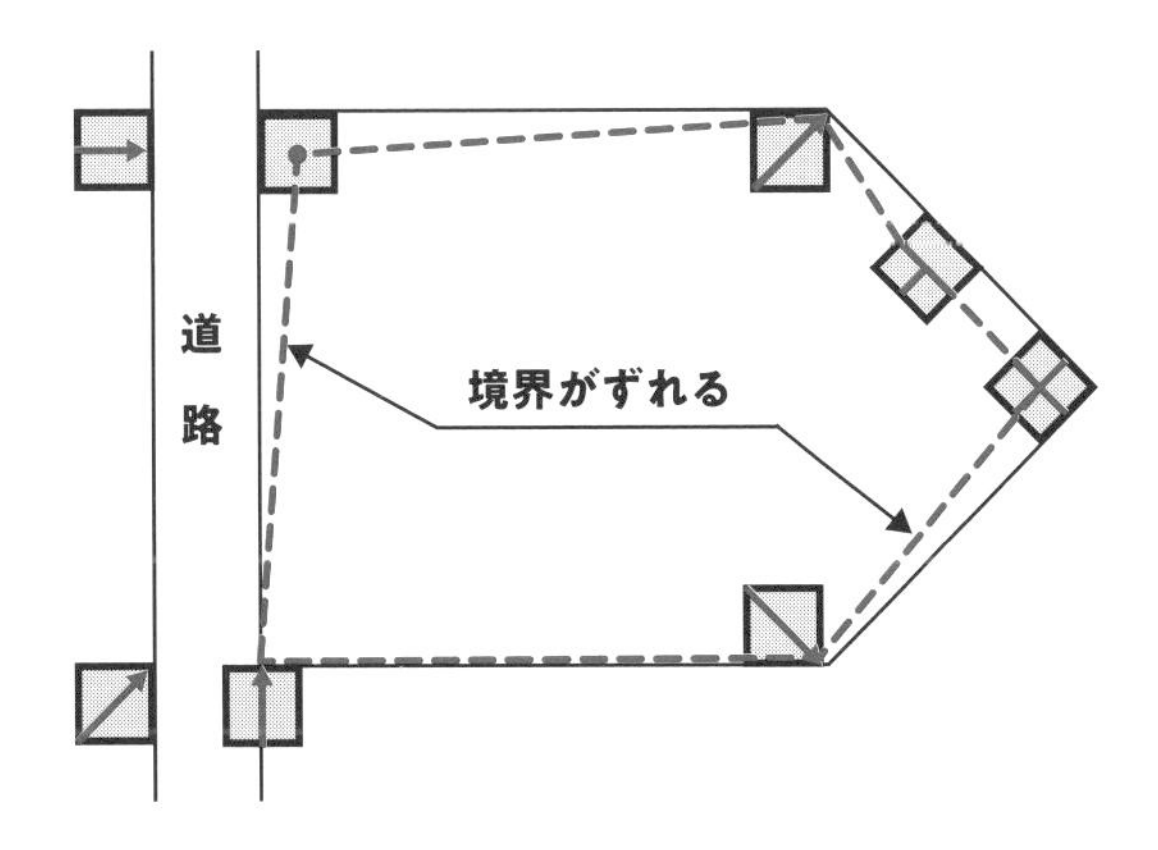


### ◆境界標の種類

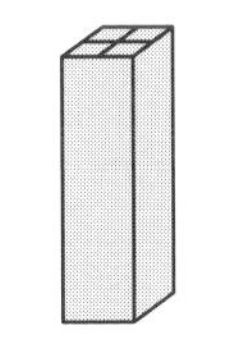


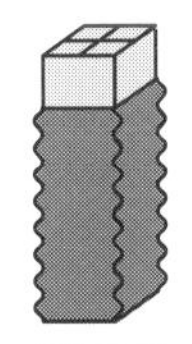


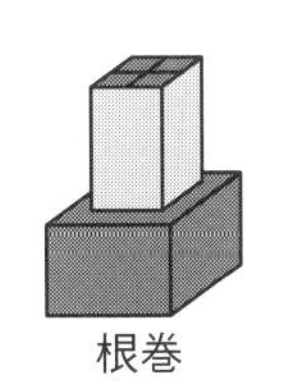


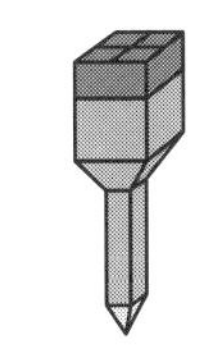


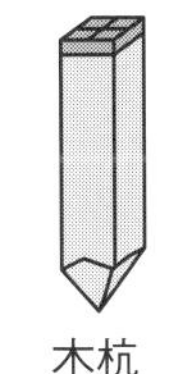


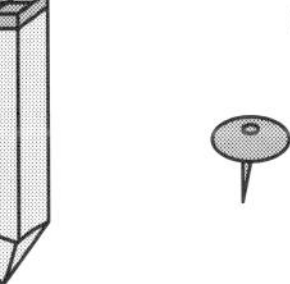

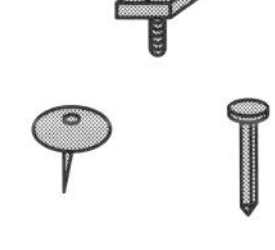

## 境界についての現地調査における留意点（図表2）

- 境界のポイントは地中に埋まっていることもあるので注意する。
- 境界線上にブロック塀等がある場合には、その状況（線上か、外か内か）を確認する。
- 隣地建物の雨樋等が境界にはみ出していないかを確認する。

ブロック塀の外側に設置されたコンクリート杭。
境界は田の中心。

## 境界の確認手順（図表3）

**隣地所有者等と日程調整を行い、境界立会いの日を決定**

**関係者間で境界点の位置、目標物、境界線を確認**

- 境界石がない場合には、土地家屋調査士等の立会いにより、境界石の埋設を行う。
- 過去に境界が確定している場合には、既存の境界確定通知書、境界確認書等を取り寄せたうえで立会いを行う。

**境界の状況、境界確定の根拠、確定経緯等を記録**

# 055 地積測量図を調べる

**地積測量図とは、土地の面積を法的に確定した図面のことで、正確な土地面積がわかる**

建築・不動産企画にあたって、対象地の正確な土地の面積を知るためには、地積測量図を確認することになる。

地積測量図とは、一筆の土地の測量の結果を表示した図面のことである（**図表1**）。地積測量図には、土地の地番、所在、方位、面積などが記載されており、土地の表示登記、地積の変更や更正の登記、分筆の登記などの申請の際に添付しなければならない。

地積測量図は登記所に保存されており、誰でも閲覧及び写しの交付を請求することができる。閲覧・写しの交付の際には、対象地の所轄の登記所で、備え付けの申請書に必要事項を記入して、登記印紙を貼って申請すればよい。なお、法務局ホームページ内「登記情報提供サービス」からも有料で入手できる。

**どんな土地でも地積測量図があるわけではなく、分筆等が行われた土地のみに存在**

地積測量図は、**図表2**にあるように、原則として250分の1の縮尺となっている。地積測量図には、縮尺のほか、地番、土地の所在、方位、地積とその求積方法を示した求積表、設置されている境界標とその種別、申請人、作製者、作製年月日などが記入されており、公図には示されていない土地の詳細を知ることができる。

測量の結果、実測面積と登記面積が異なる場合には、地積更正の登記を行うことになる。

ところで、登記記録には地積が記載されているが、地積測量図はすべての土地についてあるわけではない。

これは、地積測量図が分筆や地積更正の際に提出されることがほとんどで、分筆や地積更正が行われたことのない土地等には地積測量図が存在しないからである。なお、たとえ分筆が行われた土地であっても、地積測量図の法務局への備え付けの体制が整う以前に分筆が行われた場合には、地積測量図は存在しない。

また、**054**で記載した確定測量図が基本的には最も信頼できる測量図であるが、実際には公共用地との境界の確定（官民査定）が行われていない場合も多い。したがって、実務上は、隣接する民有地との境界のみを確定した「現況測量図」で土地の売買の取引等を行う場合もある。

## 地積測量図の見方・調べ方（図表1）

| 地積測量図とは？ | ● 一筆の土地の測量の結果を表示した図面のこと。<br>● 土地の地番、所在、方位、面積などが記載されている。<br>● 登記所に保存されており、誰でも閲覧及び写しの交付を請求することができる。 |
|---|---|
| 地積測量図の調べ方 | ● 対象地の所轄の法務局（登記所）に備え付けられている。<br>● 申請書に必要事項を記入して、登記印紙を貼って申請する。 |

## 地積測量図の見方と例（図表2）

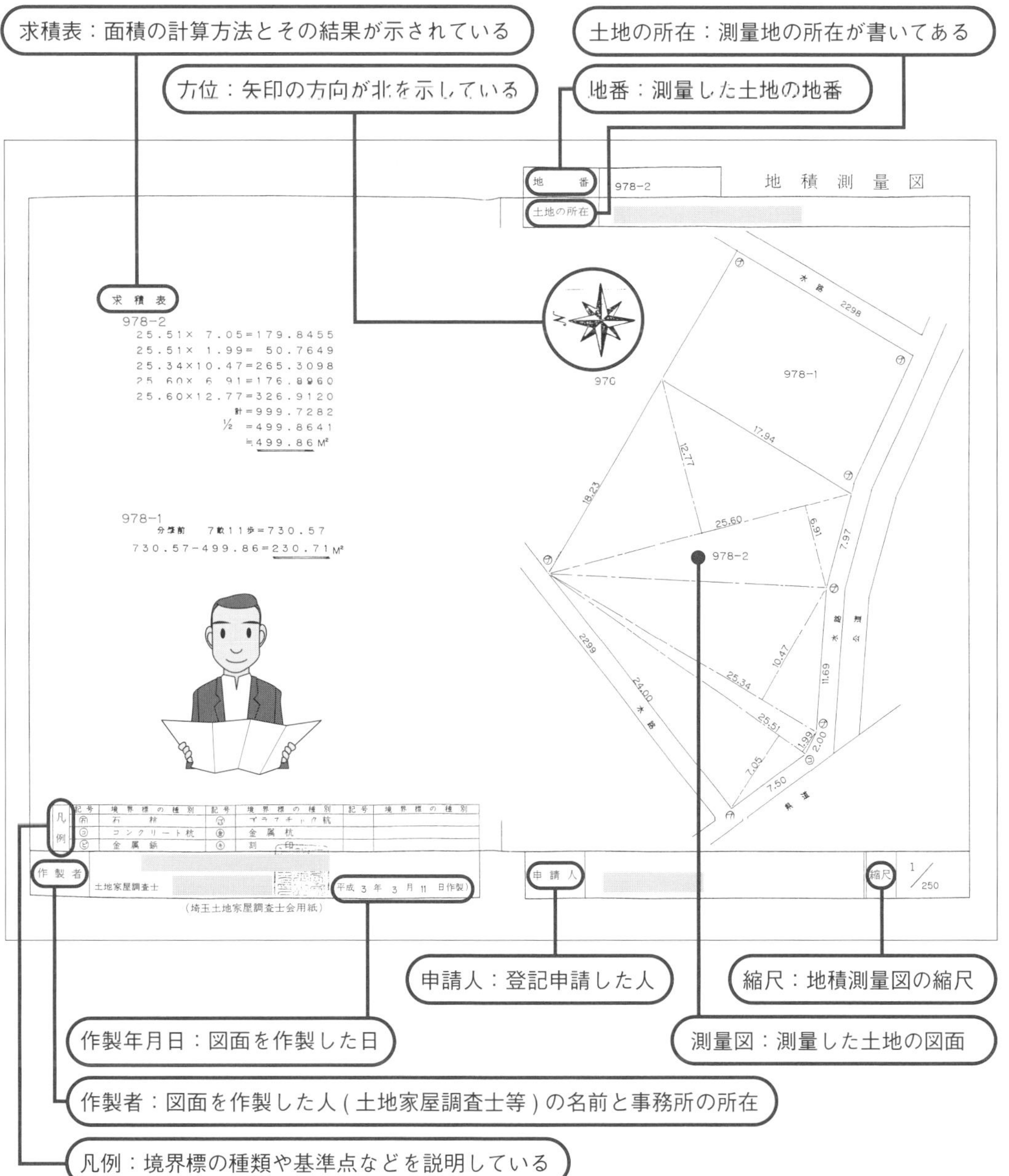


※引照点：現地の事情により、境界標を物理的に設置できない場合や、境界標がなくなった場合に復元することができるように設置した標識

# 056 建物図面を調査する

## 建物図面とは、登記申請時に添付する建物の位置や形状等を示す図面のこと

ここでいう建物図面とは、登記情報にある建物図面のことで、建物の位置や形状等を示す図面のことである。建物を新築したり増改築した際には、その登記申請時に必ずこの建物図面を添付しなければならない。具体的には、新築による表示登記、床面積の変更や更正の登記、建物の分割、区分、合併の登記などの申請の際に添付する必要がある（図表1）。

建物図面は登記所に保存されており、所有権に関する事項等と同様、誰でも閲覧及び写しの交付を請求することができる。対象地の所轄の登記所で、申請書に必要事項を記載して、登記印紙を貼って申請すれば閲覧・交付が受けられる。また、法務局のホームページ内「登記情報提供サービス」からも入手可能となっている。ただし、建物図面を入手するためには、事前に対象の建物と家屋番号を特定しておく必要がある。

なお、建物図面は昭和35年の不動産登記法改正により規定されたものであるため、それ以前に登記された建物については、建物図面は備え付けられていない。

## 建物図面の各階平面図は、間取りを記載した設計図面とは異なる

建物図面には、図表2に示すように、建物（付属建物がある場合には、主たる建物または付属建物の別）、求積表、床面積、方位、敷地の境界、対象地と隣地の地番、縮尺などが記載されている。縮尺は原則として５００分の1（各階平面図については２５０分の1）となっており、各階平面図からは、各階の形状、建物の周囲の長さ、登記上の床面積などを知ることができる。

また、一般的には、建物図面と各階平面図は1枚の紙に描かれているが、マンションなどの区分所有建物の場合には、各戸ごとの建物図面と各階平面図が存在することになる。

ところで、ここでいう各階平面図は、通常よく目にするような、間取りが記載されている設計図面の各階平面図とは異なる。すなわち、登記を目的とした図面なので、この図面を見ても間取りや設備等がわかるわけではない。

企画にあたっては、建物図面に記載されている形状や面積が、実際の建物と一致することを確認する必要がある。

## 建物図面の見方・調べ方（図表1）

| 建物図面、各階平面図とは？ | ● 建物の位置・形状等を示す図面のこと。<br>● 登記所に保存されており、誰でも閲覧及び写しの交付を請求することができる。<br>● 建物を新築・増改築等した場合には、その登記申請の際に必ず添付しなければならない。 |
|---|---|
| 建物図面の調べ方 | ● 対象地の所轄の法務局（登記所）に備え付けられている。<br>● 申請書に必要事項を記入して、登記印紙を貼って申請すると閲覧、交付が受けられる。 |

## 建物図面の見方と例（図表2）

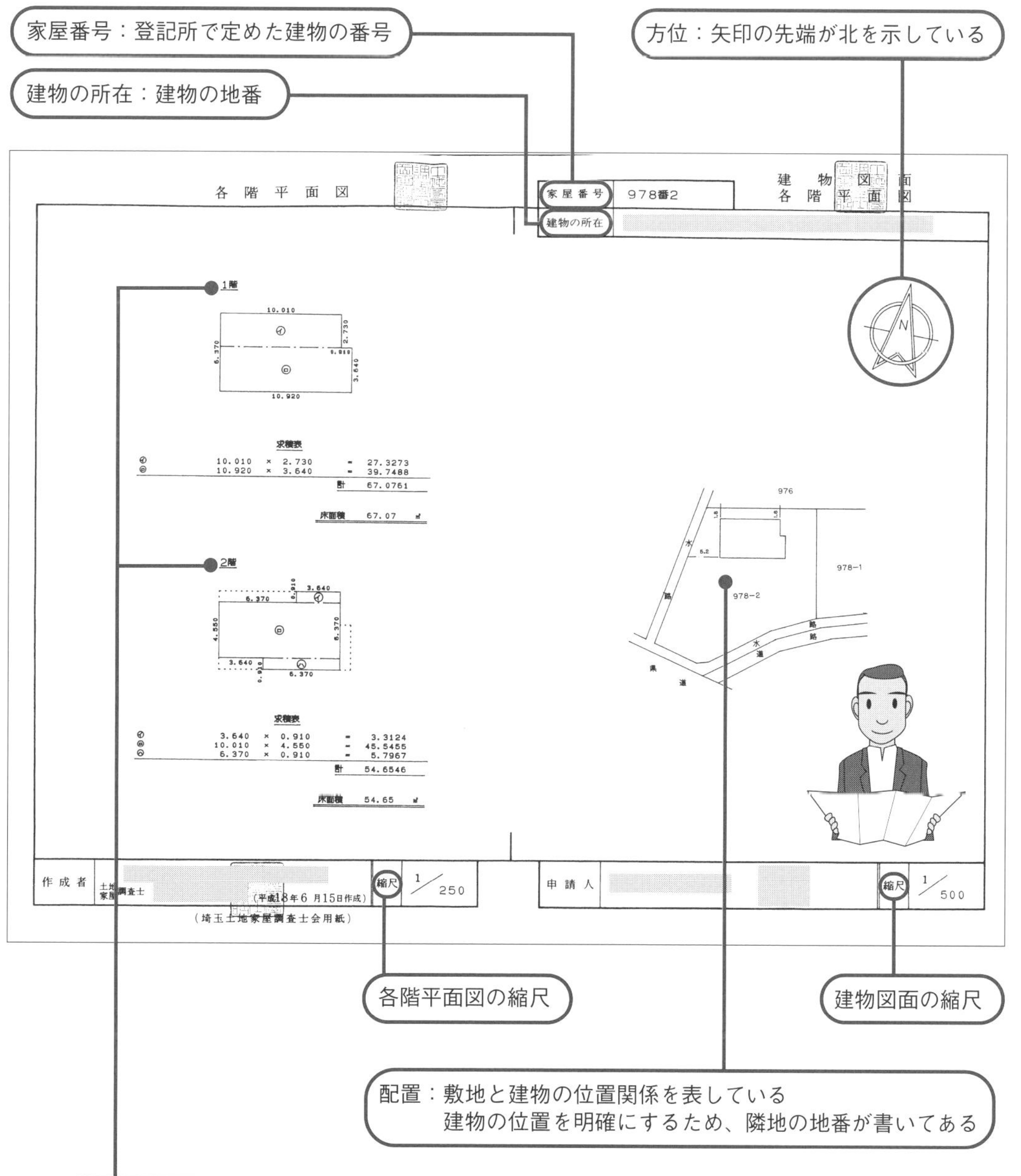

# 057 前面道路を調べる

**前面道路の種類や幅員、接道長さなどによって、建設可能な建物が決まる**

建築基準法では、敷地の接道条件、道路内の建築制限、道路幅員による容積率制限、道路斜線制限などが定められており、前面道路の種類や幅員、接道長さなどによって、その土地にどのような建物が建てられるかが制限される。したがって、前面道路の調査は、建築・不動産企画において非常に重要であり、**図表1**の調査内容について、確実に調査を行わなければならない。

前面道路の調査には、公道・私道の別、幅員、舗装状況、道路境界、道路の種類、接道方向、接道長さ、接道状況、道路の性格・状況、私道にかかる制限などの項目がある。

**私道の場合、道路台帳幅員と現況幅員が異なる場合、2項道路の場合等は注意が必要**

前面道路の調査における各項目の調査のポイントについては**図表1**を参照されたい。

このうち、私道の場合には、私道部分の面積を権利証や登記記録などで確認する必要がある。また、変更・廃止が可能かどうか、負担金や利用制限の有無などについても確認しなければならない。

また、道路台帳の幅員と現況幅員が異なり、道路境界が不明な場合には、道路管理者との確認が必要となる。ただし、この場合の境界確定には6ヶ月位かかる場合もある。

建築基準法上の道路の種類は、**図表2**に示す通りであるが、都市計画区域内の土地については、幅員4m以上の道路に2m以上接していなければ建物は建てられない。したがって、たとえば、道路幅員が4m未満の42条2項道路の場合には、原則、道路中心線より2mの後退が必要で、後退部分は敷地面積に算入できない(081参照)。また、2m以上の接道が不可能な敷地では、基本的に建物は建てられない。さらに、東京都建築安全条例や特殊建築物の場合等、接道義務や幅員の制限が付加されている場合もあるので注意が必要だ。

なお、道路内または道路に突き出して建物や擁壁を建築することはできない。ただし、地盤面下の建物や公衆便所、渡り廊下など、**図表3**に示す建物の場合は、例外的に建築できる。また、道路地盤面下に地下鉄等の都市施設があると、それに伴う建築制限がかかる場合もある。

## 前面道路の調査内容（図表1）

| | |
|---|---|
| **公道・私道の別** | ● 公道か私道かの別、所有者は誰かを確認する。<br>● 私道の場合、負担金等の発生についても確認する必要がある。 |
| **幅員** | ● 道路境界を確認の上、メジャーで幅員を測定する現況幅員と、道路境界確定によって確定している認定幅員がある。幅員が一定でない場合もあるので、役所等で必ず詳細を確認する。 |
| **舗装状況** | ● 完全舗装、簡易舗装、未舗装等の状況を確認する。 |
| **道路境界** | ● 道路の境界標、側溝、縁石等の有無を確認する。 |
| **道路の種類** | ● **図表 2** のいずれに該当するかを確認する。 |
| **接道方向** | ● 東西南北いずれに面している道路かを地図・磁石等で確認する。 |
| **接道長さ** | ● 原則、建築基準法に定める道路（**図表 2**）に 2m 以上接していなければ建築できない。 |
| **接面状況** | ● 対象地と道路が直接接しているか、間に水路や他人の所有地がないかどうかを確認する。 |
| **道路の性格・状況** | ● 通り抜け道路か行き止まり道路か等、道路の性格をチェックする。<br>● また、道路地盤面下に地下鉄が通っている等、道路内の都市施設についても調査する。 |
| **私道にかかる制限** | ● 私道の変更・廃止が可能かどうかを確認する。 |

## 建築基準法上の道路の種類（図表2）

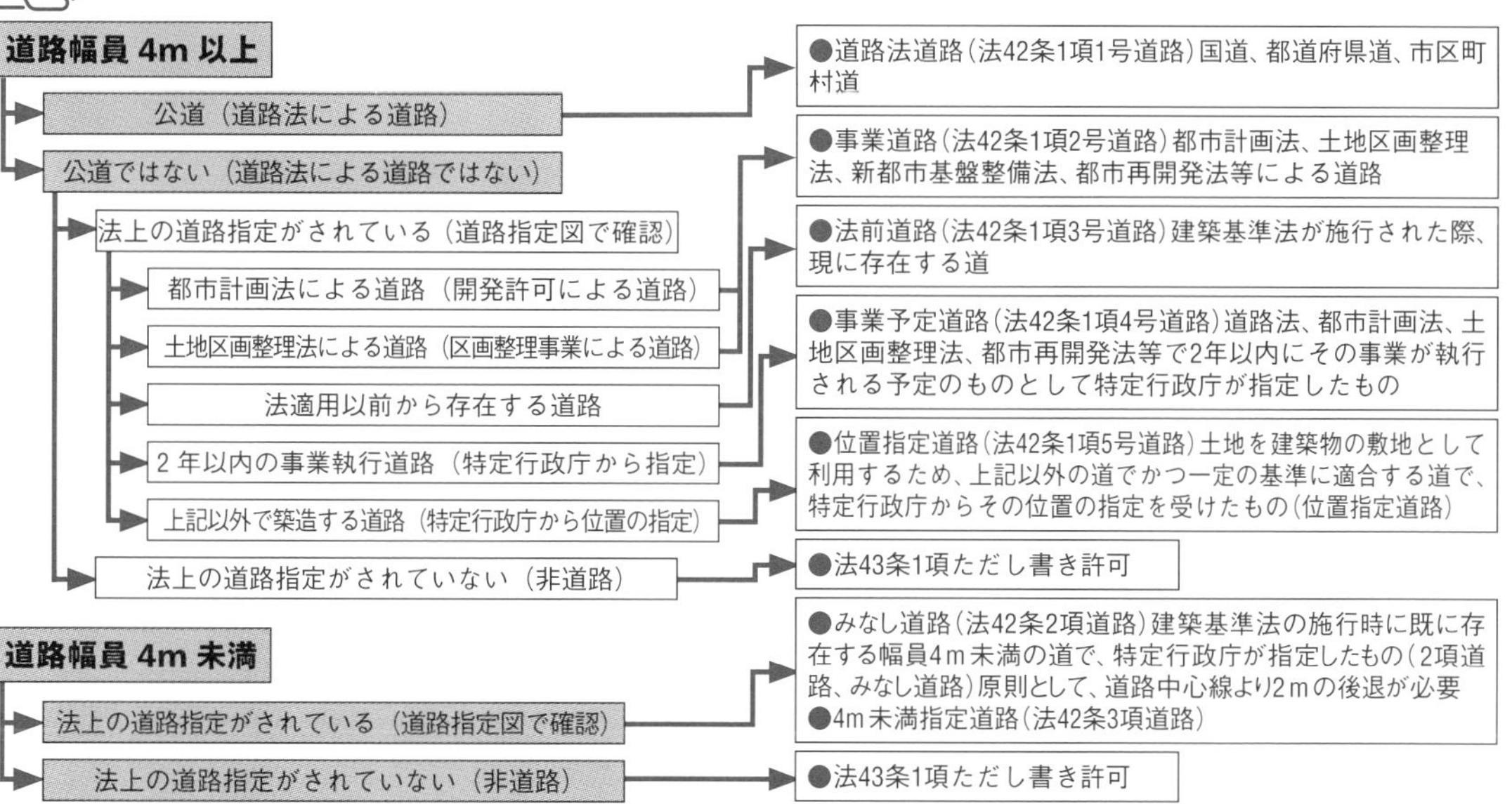

## 道路内に建築することができる建築物（図表3）

- 地盤面下に設ける建築物
- 公衆便所、巡査派出所その他公益上必要な建築物で特定行政庁が通行上支障がないと認めて建築審査会の同意を得て許可したもの
- 地区計画の区域内の自動車のみの交通の用に供する道路又は特定高架道路等の上空又は路面下に設ける建築物のうち、当該地区計画の内容に適合し、かつ、政令で定める基準に適合するものであって特定行政庁が安全上、防火上及び衛生上支障がないと認めるもの
- 公共用歩廊その他政令で定める建築物で特定行政庁が許可したもの

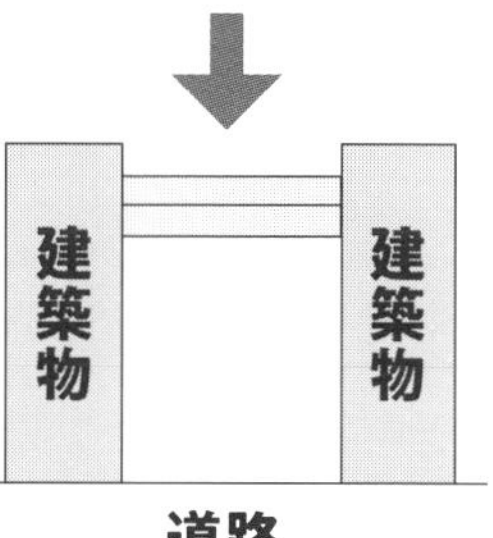

# 058／都市計画規制・供給処理施設について調査する／

## 各種都市計画規制の制限をクリアしなければ建築物は建築できない

土地・建物の使用等に当たっては、都市計画法、建築基準法をはじめとする各種法令上の制限があり、これらの制限をクリアしなければ建築物を建築できない。したがって、建築・不動産企画においては、これらの規制を、もれなく確認する必要がある。

都市計画規制としては、開発許可、都市計画制限、用途地域による制限、特別用途地区・特定用途制限地域・その他の地域地区等による制限、建蔽率・容積率の制限、建築物の高さの制限、条例による制限などがある。それぞれの制限の詳細は図表1に示す参照ページで確認してほしい。

法令等の調査では、法令により役所等の担当窓口が異なるので、役所等に訪れる前に調査項目を事前に整理しておくとよい。なお、対象地だけを調査するのではなく、対象地に影響を及ぼす可能性のある近隣の計画や用途地域等についても確認すべきである。また、法律による規制以外に、市町村などの行政指導による規制や負担条件も十分に把握する必要がある。

## 上下水道、ガス、電気については、配管図等を収集し確認する

供給処理施設については、上下水道、電気、ガスの状況について、それぞれ図面等を収集する必要がある。

上水道は、地方自治体の水道局にて配管図・台帳等を閲覧・コピーし、水栓の位置等を確認する。このとき、新たに給水管などを引き込む必要がある場合には、その費用が必要となることもある。

下水道は、下水道局で下水道台帳を閲覧できるが、ホームページで公開されている場合も多い。都市ガスについては、ガス会社にガス管埋設状況確認を依頼し、内容を確認する。電気については、電力会社に利用状況を確認する。

供給処理施設の調査の際には、地中の配管が他人の敷地を通っていないか、他人の配管が対象地を通っていないか等、配管の所有者や配管敷地の所有者を確認することが大切である。なお、共有管の場合には、掘り起こしに伴う工事を行うには共有者の承諾を得る必要がある。

また、これらの施設を新設しなければならない場合や変更等が必要な場合には、その整備費用や利用負担金等を確認しなければならない。

## 調査項目と調査内容（図表1）

| 都市計画規制 | 開発行為の許可 | ●開発許可の必要の有無等を確認する（070 参照） |
|---|---|---|
| | 都市計画制限 | ●都市計画施設等の区域内、都市計画事業の事業地内、地区計画の区域内であるかどうかを確認する。<br>●該当する場合には、建築等の制限がかかることになる。 |
| | 用途地域 | ●用途地域を確認する（072 参照） |
| | 特別用途地区、特定用途制限地域 | ●中高層階住居専用地区、●商業専用地区、●特別工業地区、●文教地区、●小売店舗地区、●事務所地区、●厚生地区、●観光地区、●娯楽・レクリエーション地区、●特別業務地区、●研究開発地区など、地方公共団体により指定されている地区に該当する場合にはその内容を確認する。 |
| | その他の地域地区等 | ●高層住居誘導地区、●高度地区又は高度利用地区、●特定街区、●都市再生特別措置法第 36 条第 1 項の規定による都市再生特別地区、●防火地域又は準防火地域、●密集市街地整備法第 31 条第 1 項の規定による特定防災街区整備地区、●景観地区又は準景観地区、●風致地区、●駐車場整備地区、●臨港地区、●歴史的風土特別保存地区、●第 1 種歴史的風土保存地区又は第 2 種歴史的風土保存地区、●特別緑地保全地区、●流通業務地区、●生産緑地地区、●伝統的建造物群保存地区、●航空機騒音障害防止地区又は航空機騒音障害防止特別地区に該当する場合には、その内容を確認する。 |
| | 建蔽率・容積率 | ●指定建蔽率、指定容積率等を確認する。（074、075 参照） |
| | 建築物の高さの制限 | ●斜線制限、高度地区、日影規制等を確認する。（077、078、079 参照） |
| | その他の建築制限 | ●外壁の後退距離制限の有無とその内容、敷地面積の最低限度の有無及びその内容を確認する。<br>●建築協定の有無及びその内容についても確認する。 |
| | 条例による制限、その他の法令に基づく制限 | ●都道府県、市区町村で様々な制限があるので必ずその内容を確認する。（061 参照） |
| 供給処理施設 | 上水道 | ●水道局等で、配管図・台帳等を閲覧・コピーし、水栓の位置等を確認する。 |
| | 下水道 | ●下水道局等で、下水道台帳を閲覧・コピーし、合流管、汚水管、雨水管等を確認する。 |
| | ガス | ●ガス会社に対して、ガス管理設状況確認を依頼し、内容を確認する。 |
| | 電気 | ●電力会社等に利用状況を確認する。 |

## 上水道・配管図の例（図表2）

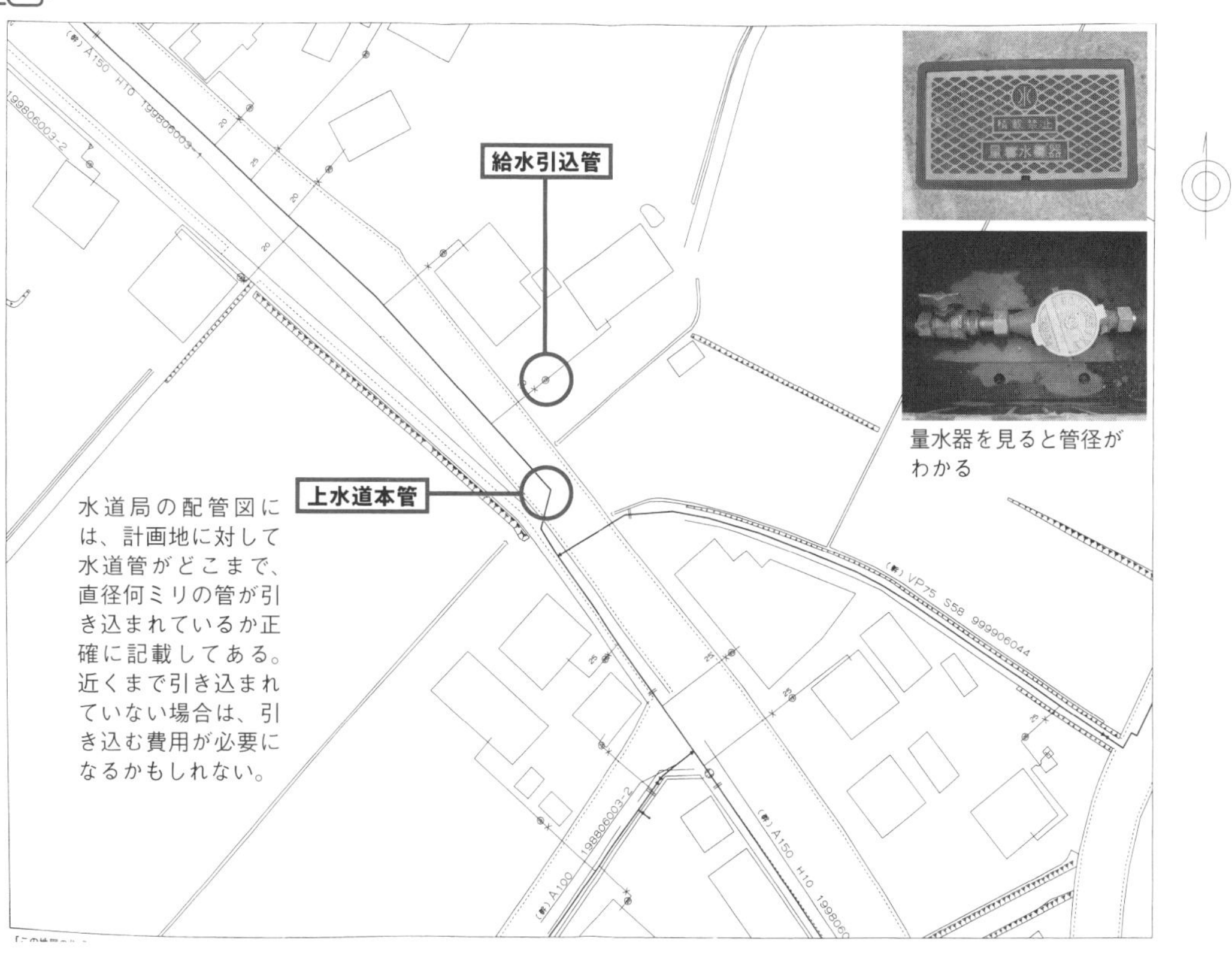

# 059／各種法令に基づく制限を調査する

## 都市計画法と建築基準法以外にも多くの法令の制限を確認しなければならない

建築・不動産企画に当たっては、都市計画法及び建築基準法以外にも、都市緑地法や生産緑地法をはじめ、景観法、都市再開発法、農地法など、図表に示す各種法令についての制限を確認しなければならない。

これらの法令は、地域で規制しているもの、規模で規制しているもの、開発の内容で規制しているものなどがある。たとえば、宅地造成面積が500㎡を超える切土、盛土の工事を行う場合には、盛土規制法の規制の対象となり、都道府県知事や政令指定都市等の長等による許可が必要となる。また、農地を転用して宅地にする場合には、原則として、農地法4条による許可が必要となる。

このように、同じ土地であっても企画の内容によって該当する法令が違ってくる場合もあるので、ある程度、用途や規模などを企画した上で、各種法令についての調査を行うべきである。

なお、各種法令のうち、調査頻度の高い文化財保護法と土壌汚染対策法については060で、国土利用計画法と公有地の拡大の推進に関する法律については063で詳しく説明する。

## 各種法令に基づく制限は、役所等で一つひとつその内容を確認する必要がある

横浜市の「行政地図情報提供システム」などのように、地方自治体によっては、ホームページ内で対象地を指定すると、その土地に該当する法令が地図上に表示されるような親切な対応を行っているところもあるが、通常は、役所等で一つひとつ該当するかどうかを確認しなければならない。しかし、これらの法令は非常に多岐に渡っており、役所等の担当窓口もそれぞれ異なる。したがって、できる限り見落としのないように、住宅地図や都市計画図などを事前にチェックして、あらかじめ対象地に該当する可能性のある法令の一覧を作成しておくとよい。また、各法令の担当窓口についても、地方自治体のホームページで確認できるので、あわせて該当する担当窓口の連絡先や所在についても一覧にしておけば、よりスムーズに調査できるであろう。

なお、役所等を訪れた際には、事前に想定した法令以外にも該当する法令がないかどうかを必ず確認する必要がある。

# 都市計画法、建築基準法以外の主な法令に基づく制限（図表）

| 法令 | 制限 |
|---|---|
| 古都における歴史的風土の保存に関する特別措置法 | ●歴史的風土特別保存地区内における建築等の制限 |
| 都市緑地法 | ●緑地保全地域における建築等の制限、緑地協定等 |
| 生産緑地法 | ●生産緑地地区内における建築等の制限 |
| 特定空港周辺航空機騒音対策特別措置法 | ●航空機騒音障害防止地区及び同特別地区内における建築等の制限 |
| 景観法 | ●景観計画区域内における建築等の制限、景観協定等 |
| 大都市地域における住宅及び住宅地の供給の促進に関する特別措置法 | ●住宅街区整備事業に係る制限、土地区画整理促進区域内における建築行為等の制限等 |
| 地方拠点都市地域の整備及び産業業務施設の再配置の促進に関する法律 | ●拠点整備促進区域内における建築行為等の制限 |
| 被災市街地復興特別措置法 | ●被災市街地復興推進地域内における土地の形質の変更、建築物の新築等の制限 |
| 新住宅市街地開発法 | ●新住宅市街地開発事業による制限等 |
| 新都市基盤整備法 | ●新都市基盤整備事業による制限等 |
| 旧公共施設の整備に関連する市街地の改造に関する法律 | ●防災建築街区造成事業の施行地区内における建築等の制限 |
| 首都圏の近郊整備地帯及び都市開発区域の整備に関する法律 | ●工業団地造成事業により造成された工場敷地の処分の制限等 |
| 近畿圏の近郊整備区域及び都市開発区域の整備及び開発に関する法律 | ●工業団地造成事業により造成された工場敷地の処分の制限等 |
| 流通業務市街地の整備に関する法律 | ●流通業務地区内における流通業務施設等以外の施設の建設の制限等 |
| 都市再開発法 | ●市街地再開発促進区域内における建築制限、第一種市街地再開発事業の施行地区内における建築行為等の制限等 |
| 幹線道路の沿道の整備に関する法律 | ●沿道地区計画の区域内における土地の区画形質の変更、建築物等の新築等の行為等の届出 |
| 集落地域整備法 | ●集落地区計画の区域内における土地の区画形質の変更、建築物等の新築等の行為等の届出 |
| 密集市街地における防災街区の整備の促進に関する法律 | ●防災街区整備地区計画の区域内の建築物の新築等の制限等 |
| 地域における歴史的風致の維持及び向上に関する法律 | ●認定による開発行為等についての特例措置等 |
| 港湾法 | ●港湾区域内における工事等の制限等 |
| 住宅地区改良法 | ●住宅地区改良事業に係る改良地区内における建築等の制限 |
| 公有地の拡大の推進に関する法律 | **063 参照** |
| 農地法 | ●農地の転用の制限等 |
| 宅地造成及び特定盛土等規制法 | ●規制区域内における盛土等の制限 |
| 都市公園法 | ●公園保全立体区域内における制限等 |
| 自然公園法 | ●特別地区内における建築等の制限等 |
| 首都圏近郊緑地保全法 | ●保全区域内における建築物等の新築等の行為等の届出等 |
| 近畿圏の保全区域の整備に関する法律 | ●保全区域内における建築物等の新築等の行為等の届出等 |
| 都市の低炭素化の促進に関する法律 | ●低炭素建築物・住宅に対する特例措置等 |
| 河川法 | ●河川区域内における工作物の新築、土地の形状変更等の制限等 |
| 特定都市河川浸水被害対策法 | ●著しい雨水の流出増をもたらす一定規模以上の行為の許可等 |
| 海岸法 | ●海岸保全区域内における土石採取等の制限 |
| 津波防災地域づくりに関する法律 | ●津波災害特別警戒区域における建築物の建築等の制限 |
| 砂防法 | ●砂防指定地内における土地の掘削等の制限 |
| 地すべり等防止法 | ●地すべり等防止区域内における工作物の新築等の制限等 |
| 急傾斜地の崩壊による災害の防止に関する法律 | ●急傾斜地崩壊危険区域内における工作物の設置等の制限 |
| 森林法 | ●地域森林計画の対象となっている民有林内での開発行為の制限等 |
| 道路法 | ●道路予定地内における土地の形質変更等の制限等 |
| 全国新幹線鉄道整備法 | ●行為制限区域内における土地の形質変更等の制限 |
| 土地収用法 | ●事業認定告示後の起業地における土地の形質変更の制限等 |
| 文化財保護法 | **060 参照** |
| 航空法 | ●進入表面等にかかる物件の制限等 |
| 国土利用計画法 | **063 参照** |
| 廃棄物の処理及び清掃に関する法律 | ●廃棄物の処理及び清掃に関する制限等 |
| 土壌汚染対策法 | **060 参照** |
| 都市再生特別措置法 | ●都市再生特別地区の制限等 |
| 東日本大震災復興特別区域法 | ●対象区域の特例措置、規制等 |
| 大規模災害からの復興に関する法律 | ●届出対象区域について建築物等の新築等を行う場合の届出義務 |
| 高齢者、障害者等の移動等の円滑化の促進に関する法律 | ●特定建築物等のバリアフリー化の基準等 |
| 土地区画整理法 | ●土地区画整理事業の施行地区内における換地処分の公告の日までの建築等の制限等 |

# 060／埋蔵文化財・土壌汚染について調べる／

## 対象地が周知の埋蔵文化財包蔵地にかかるかどうかを、市町村の教育委員会に確認する

対象地が、周知の埋蔵文化財包蔵地にかかるかどうかについて、必ず市町村の教育委員会に確認しなければならない（図表1）。

周知の埋蔵文化財包蔵地にかかる場合には、文化財保護法における規制対象となり、工事着手の60日前までに、文化財保護法に基づく土木工事等のための発掘に関する届出を提出する必要がある。この場合、試掘調査等が行われ、事業計画の一部変更や、場合によっては事業中止が余儀なくされることもある。

また、対象地が伝統的建造物群保存地区内にある場合にも、建築物等の新築、増改築等、修繕、模様替え又は色彩の変更でその外観を変更することになるもの、土地の形質の変更等を行う際には、市町村の教育委員会等の許可が必要となる。

## 土壌汚染対策法における規制区域かどうかを、役所等で指定区域台帳を確認する

土壌汚染対策法（図表2）では、使用が廃止された有害物質使用特定施設に係る工場や事業場の土地、3千㎡以上（現に有害物質使用特定施設が設置されている土地では900㎡以上）の土地の形質の変更を行う場合で汚染のおそれがある場合等については、土壌汚染調査を義務づけている。なお、先に調査を行い、土地の形質の変更の届出に併せてその結果を提出すれば、手続きの迅速化が可能となる。

土壌汚染対策法による調査の結果、基準を超える土壌汚染が判明した土地については、都道府県知事等が要措置区域もしくは形質変更時要届出区域として指定し、それぞれ台帳で公示される。

したがって、建築・不動産企画を行うにあたっては、役所等で台帳を閲覧し、対象地がこれらの区域かどうかを確認する必要がある。要措置区域にかかる場合には、土地の形質変更は原則禁止となっている。一方、形質変更時要届出区域にかかる場合には、土地の形質の変更時に都道府県知事等に届出が必要となる。

また、不動産の証券化や土地の資産評価など、目的によっては、法律の規制の対象にはなっていないが、自主的に土壌汚染調査が行われる場合もある。

なお、既存建物が存在する場合には、アスベスト等の調査が必要となる。

## 文化財保護法における規制（図表1）

### ◆周知の埋蔵文化財包蔵地

**周知の埋蔵文化財包蔵地の範囲、遺跡の概要を市町村の教育委員会に確認する**

**※周知の埋蔵文化財包蔵地とは**…発掘調査で確認された遺跡、過去の文献等からその範囲が推定されたもの

**周知の埋蔵文化財包蔵地にかかる場合**

**工事着手の60日前までに、文化財保護法に基づく土木工事等のための発掘に関する届出を提出する必要がある**

**事業中止、**
**事業計画一部変更等の指示**
**事前発掘調査実施の指示等**

**●東京都遺跡地図情報**
**インターネット提供サービス**

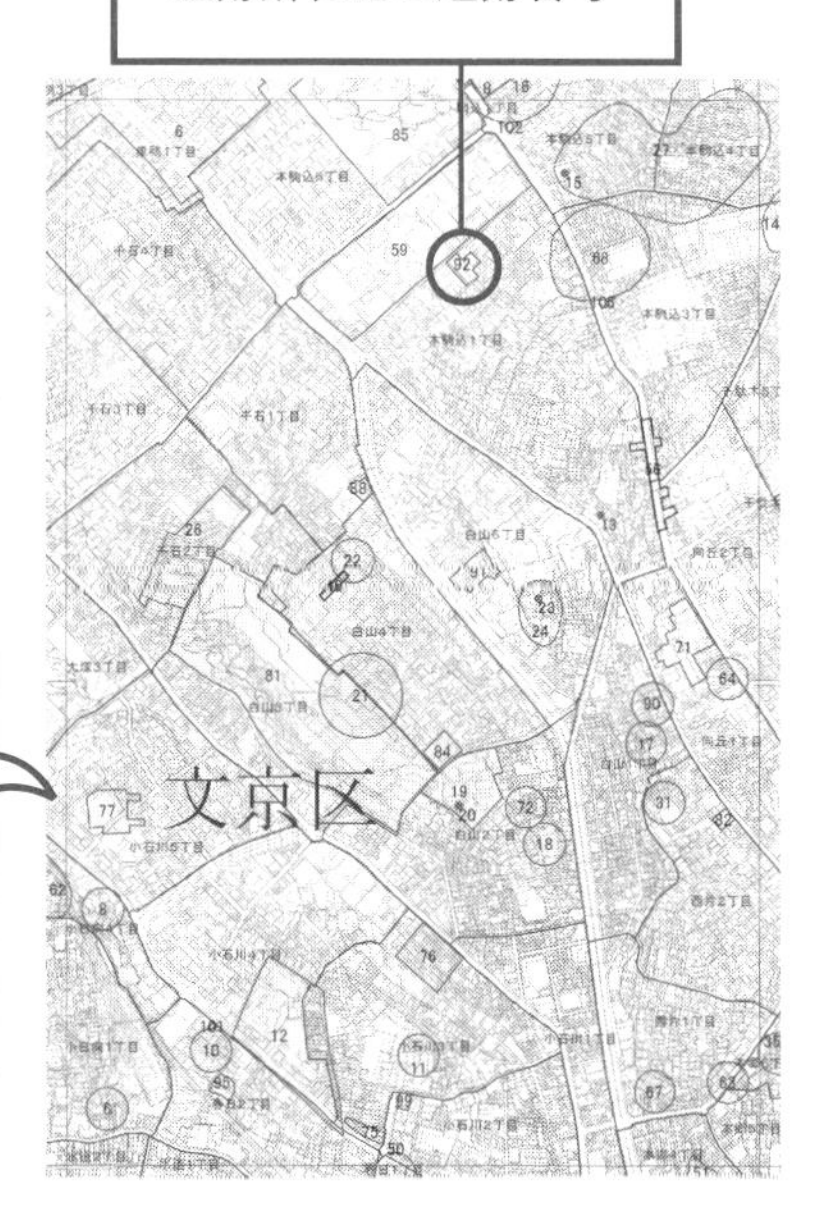

### ◆伝統的建造物群保存地区

伝統的建造物群保存地区内において、建築物等の新築、増改築等、修繕、模様替え又は色彩の変更でその外観を変更することとなるもの、土地の形質の変更等を行う場合には、市町村の教育委員会の許可が必要

## 土壌汚染対策法における規制（図表2）

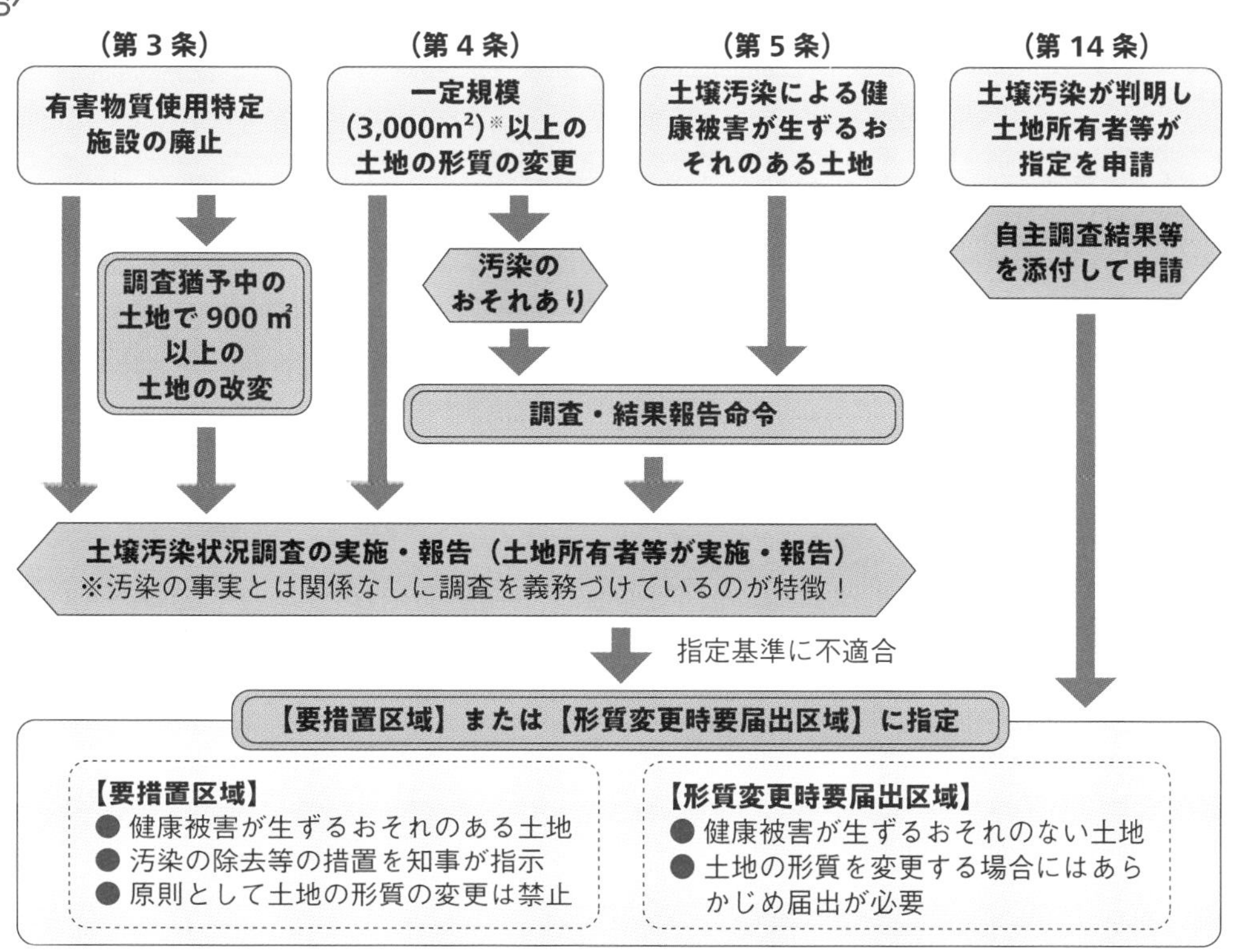


※現に有害物質使用特定施設が設置されている土地では900㎡以上

東京都環境局より

# 061／建築指導要綱・条例を調べる／

## 建築指導要綱とは、建築にかかわる行政指導の内容を定めたもの

建築指導要綱とは、建築にかかわる行政指導の内容を定めたものをいう。地方自治体では、この要綱に基づいて建築の指導や紛争の予防・調整を行う。

建築指導要綱は、地域の行政課題に応じて多様なものが設けられているが、基本的には、①建築に係る紛争予防・調整に関するもの（中高層建築物紛争予防条例など）、②特定の建築物に対して、特定の施設・設備の付帯を求めるもの（中高層建築物紛争予防条例、ワンルーム住宅指導要綱・条例、福祉のまちづくり条例、細街路整備要綱・条例など）、③特定の施設・環境の整備に関するもの（景観まちづくり条例など）に分類される。

また、地方自治体が国の法律とは別に自主的に定める法を条例という。条例も建築指導要綱と同様に、地方自治体ごとに、まちづくりの方針に沿った建物建設を求めている。**図表1**に、東京都や各市区町村の条例の例をあげているので参考にされたい。

## 建築指導要綱や条例は、自治体ごとに定められていて、それぞれ内容が異なる

条例の中でも、とくに建築・不動産企画において影響の大きな条例が東京都建築安全条例である。この条例によれば、たとえば、旗竿敷地の場合には、路地状部分の幅員が10m以上で、かつ、敷地面積が1千㎡未満の場合等以外は、マンション等の特殊建築物を建築することはできない。

さらに、東京都新宿区では、ワンルームマンション等の建築及び管理に関する条例が定められており、ワンルームマンションが乱立しないよう規制している。また、神奈川県横浜市では、斜面地における地下室建築物の建築及び開発の制限等に関する条例が定められている。これは、斜面地の多い横浜市で、斜面地を切り崩して大半が建築基準法上の地下室となるような高層マンションが多く建設されたことから定められた条例である（**図表2**）。

このように、自治体ごとに条例や要綱が多く定められているので、企画にあたっては、必ず、対象地の所轄自治体で、これらを確認しなければならない。なお、たとえ名称が同じ条例や要綱でも、自治体によって内容が著しく異なる場合もあるので注意が必要である。

## 自治体条例の例（図表1）

| 東京都の条例の例 | ● 東京都建築安全条例<br>● 東京都中高層建築物の建築に係る紛争の予防と調整に関する条例<br>● 東京都福祉のまちづくり条例<br>● 東京都駐車場条例<br>● 東京都屋外広告物条例<br>● 東京都建築物バリアフリー条例<br>● 東京における自然の保護と回復に関する条例 |
|---|---|
| 市区町村の条例等の例 | ● 開発指導要綱・条例<br>● 景観まちづくり条例<br>● 中高層建築物の建築に係る紛争の予防と調整に関する条例<br>● ワンルームマンション等建築物に関する指導要綱<br>● 住宅付置義務要綱<br>● 福祉のまちづくり条例<br>● 細街路整備要綱<br>● テレビ電波障害対策要綱<br>● 建設リサイクル法<br>● 緑化推進要綱<br>● リサイクル及び一般廃棄物の処理に関する条例<br>● 災害危険区域条例<br>● 傾斜地・地下室マンション規制条例 |

## マンション条例の例（図表2）

### ◆新宿区ワンルームマンション等の建築及び管理に関する条例

| ワンルーム形式の住戸 | ● 地階を除く階数が 3 以上で、ワンルーム形式の住戸（専用面積が 30㎡未満の住戸）が 10 戸以上の共同住宅（寮・寄宿舎・長屋を含む） |
|---|---|
| 計画の周知徹底 | ● 建築主は事前に標識を設置<br>● 建築主はすみやかに計画書を提出<br>● 建築主は敷地から 10m 以内の近隣住居者へ説明、要望があれば説明会開催 |
| 1 住戸あたりの専用面積 | ● 25㎡以上を確保（寮・寄宿舎を除く） |
| 自動車駐車スペースの確保 | ● 一時的に運送車両、緊急車両が駐車できる空地を確保 |
| 自転車・自動二輪車の駐車場の設置 | ● 合計で総住戸分を設置<br>● うち、自動二輪車駐車場を総住戸の 1/20 以上設置 |
| 廃棄物保管場所の設置 | ● 保管場所及び保管方法について清掃事務所と協議 |
| 表示板の設置 | ● 緊急時の管理人の連絡先等の表示板を設置 |
| 家族向け住戸の設置 | ● ワンルーム形式の住戸が 30 戸以上の場合、専用面積が 40㎡以上の住戸を規定数設置<br>● 第一種低層住居専用地域<br>(ワンルーム形式の住戸数－29)×1/2 以上<br>● その他の用途地域<br>(ワンルーム形式の住戸数－29)×1/3 以上 |
| 高齢者の利用に配慮した住戸の設置割合 | ● ワンルーム形式の住戸が 30 戸以上の場合、2 割以上設置 |
| 管理人室の設置<br>管理人の駐在による管理 | ● 総住戸が 30 戸以上の場合に設置<br>● 規模に応じて適切な管理を行う |
| コミュニティの推進 | ● 入居者に対し町会・自治会等に関する案内書等を配付 |

### ◆横浜市斜面地における地下室建築物の建築及び開発の制限等に関する条例の概要

**地下室建築物の建築の制限【階数の制限】**
第 1 種最高限高度地区（高さ制限 10m）：5 階まで
第 2 種最高限高度地区（高さ制限 12m）：6 階まで

**斜面地開発行為の制限【盛土の制限】**
地下室建築物の延べ面積を増加させることとなる盛土を行ってはならない

**【緑化等の義務】**
敷地の最も低い位置で規則で定める部分に境界線から 4m 以上の幅の空地を設けて、当該空地において、敷地面積の 10％以上の緑化または既存の樹木の保存を行う

**【地下室建築物の定義】**
周囲の地面と接する位置の高低差が 3m を超える共同住宅、長屋または老人ホーム等の用途に供する建築物で、当該用途に供する部分を地階に有するもの

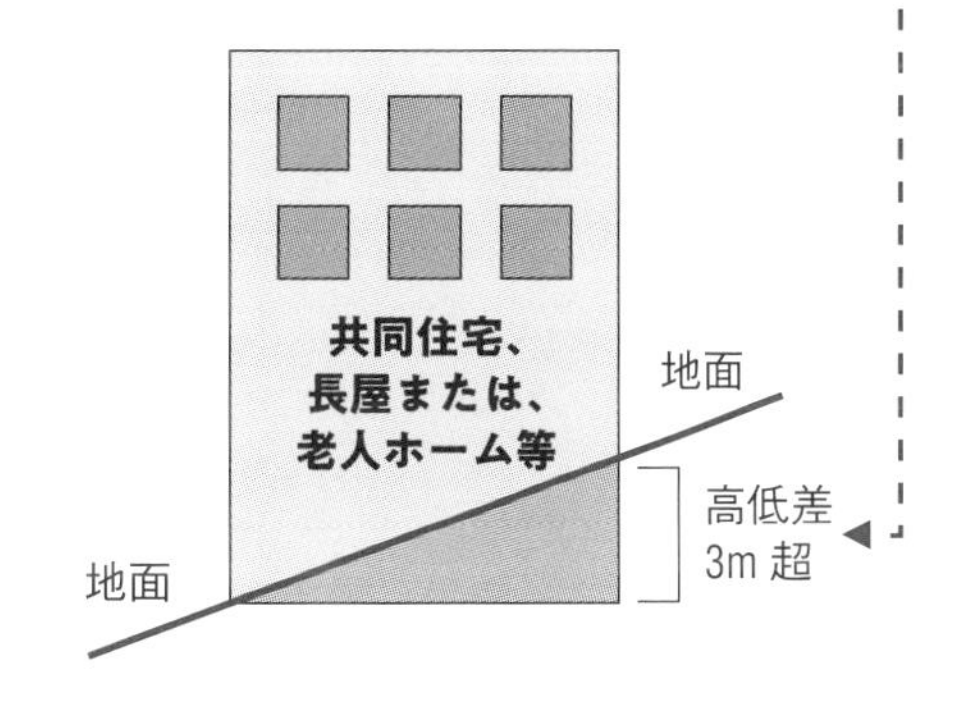


## 建築指導要綱とは・・・

- 地方自治体が、建築に係る行政指導について、あらかじめその内容を一律的に定めて指導を行うためのもの。
- 建築に係る紛争予防・調整に関するもの、特定の建築物に対して特定の施設・設備の付帯を求めるもの、特定の施設・環境の整備に関するものなどがある。

# 062／近隣調整の事前準備をする／

## 一定規模以上の建物を建築する場合には、近隣住民と計画建物について折衝する

一定規模以上の建物を建築する場合には、近隣関係住民と計画建物について折衝を行わなければならない。自治体では、建築工事に伴って発生する近隣紛争を防止するため、「建築紛争予防条例・指導要綱」などを定めている場合が多い。この場合、建築主は、設計者や施工者とともに、条例等に従って、建築計画の説明会や個別説明を行うことになる。

建築紛争予防条例・指導要綱には、近隣者の範囲、標識の設置、説明会の開催・説明事項、説明会の結果についての報告書の提出、建築主と近隣者の間に紛争が生じた場合の斡旋・調停の手続きが規定されている。条例・指導要綱の内容は各自治体により異なるので、事前に調査しておく必要がある。ここでは東京都の条例の例を図表に示す。

## 計画建物が近隣に及ぼす影響を検討し、近隣住民に対して説明を行う

企画段階では、まず、住宅地図等を利用して、近隣の範囲を図示する。これに、電波障害の予測範囲、計画建物による冬至日の日影を記入し、それらをもとに、土地・建物等の権利関係の調査と現地調査を行うことになる。

なお、権利関係の調査については、登記事項証明書等で確認し、一覧にしておくとよい。

次に、計画建物が近隣に及ぼす影響について検討する。特に、説明会など、実際の近隣折衝の場で近隣者から出されるであろう各種の要望や意見に対して、どのように対応するか、具体的に検討しなければならない。近隣住民からよく出される内容としては、日照阻害、採光阻害、通風阻害、電波障害、視界阻害、圧迫感、騒音・振動などがある。図表「近隣の生活環境に及ぼす影響と対策の検討」欄に項目を示しているので参考にしてほしい。

これらの事前の検討を行った結果によっては、建築計画案を再検討し、修正しなければならない場合もある。

なお、万が一、近隣関係住民と建築主との間で、建築計画や工事についての話し合いがうまくいかず紛争が起きた場合には、当該自治体が当事者の申請に応じて、あっせんまたは調停を行い、紛争の迅速かつ適正な解決を図ることになる。

# 近隣調整の事前準備の流れ（図表）

**近隣配置図の作成**
住宅地図等で、条例等に定められた近隣の範囲を図示し、テレビ電波障害の予測図、計画建物による日影図を記入する

**近隣の生活環境に及ぼす影響と対策の検討**

【設計上の配慮】
- 日照阻害、採光阻害
- 通風阻害
- 電波障害
- 視界阻害、圧迫感
- 景観・眺望阻害
- プライバシー侵害
- ビル風害
- 大気汚染
- 水質汚濁
- 騒音
- 悪臭
- 交通障害
- 環境悪化

【施工上の配慮】
- 騒音・振動
- 大気汚染
- 水質汚濁、土壌汚染
- 地盤沈下、建物の損傷
- 悪臭
- じんあい飛散、道路の汚損
- 交通障害

**計画の再検討と決定**
上記検討に基づいて計画案を再検討し、必要な修正を加えて計画を決定する。
また、近隣対策費の試算を行う。

**近隣説明の実施**

●「東京都中高層建築物の建築に係る紛争の予防と調整に関する条例」の概要

| | |
|---|---|
| **中高層建築物とは** | ● 原則として高さが10mを超える建築物<br>● 例外として第一種・第二種低層住居専用地域・田園住居地域は、地上3階建て以上または軒の高さが7mを超える建築物 |
| **近隣関係住民とは** | ● 計画建築物の敷地境界線から、計画建築物の高さを2倍した距離の範囲内にある土地または建築物の権利者及び居住者<br>● 電波障害については、計画建築物により影響を著しく受けると認められる者はすべて |
| **建築紛争とは** | ● 中高層建築物の建築に伴って生ずる日照、通風、採光の阻害、風害、電波障害、プライバシーの侵害等や、工事中の騒音、振動、工事車両による交通問題等の周辺の生活環境に及ぼす影響に関する近隣関係住民と建築主との間の紛争 |
| **標識の設置義務** | ● 中高層建築物を建築しようとする建築主は、建築確認等の申請を行う前に、「建築計画のお知らせ」という建築計画概要を記載した標識を、建築予定地の道路に接する部分に設置 |
| **標識の設置期間** | ● 延べ面積が1,000㎡を超え、かつ、高さが15mを超える中高層建築物に係る標識の設置期間は、建築確認等の申請日の少なくとも30日前から工事が完了した日等まで。それ以外の中高層建築物は、申請日の少なくとも15日前から |
| **説明すべき事項**<br> | ①中高層建築物の敷地の形態・規模、敷地内の建築物の位置、付近の建築物の位置の概要<br>②中高層建築物の規模、構造、用途<br>③中高層建築物の工期、工法、作業方法等<br>④中高層建築物の工事による危害の防止策<br>⑤中高層建築物の建築に伴って生ずる周辺の生活環境に及ぼす著しい影響及びその対策 |
| **建築紛争の調整（あっせん・調停）** | ● 当事者間の話し合いによって紛争が解決しない場合、当事者からの申出によりあっせん、調停を行う |

**（東京都の制度概略図）**

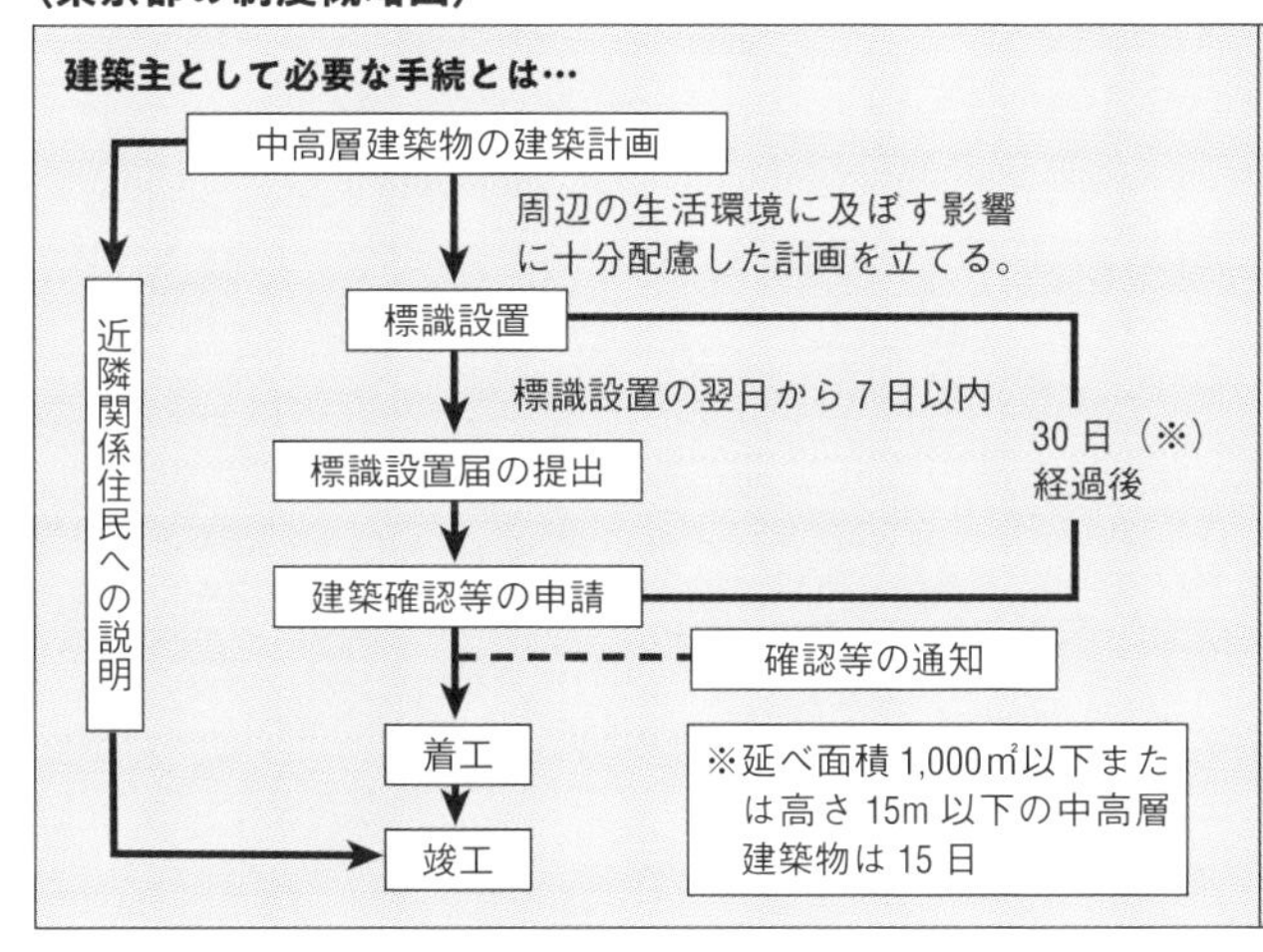


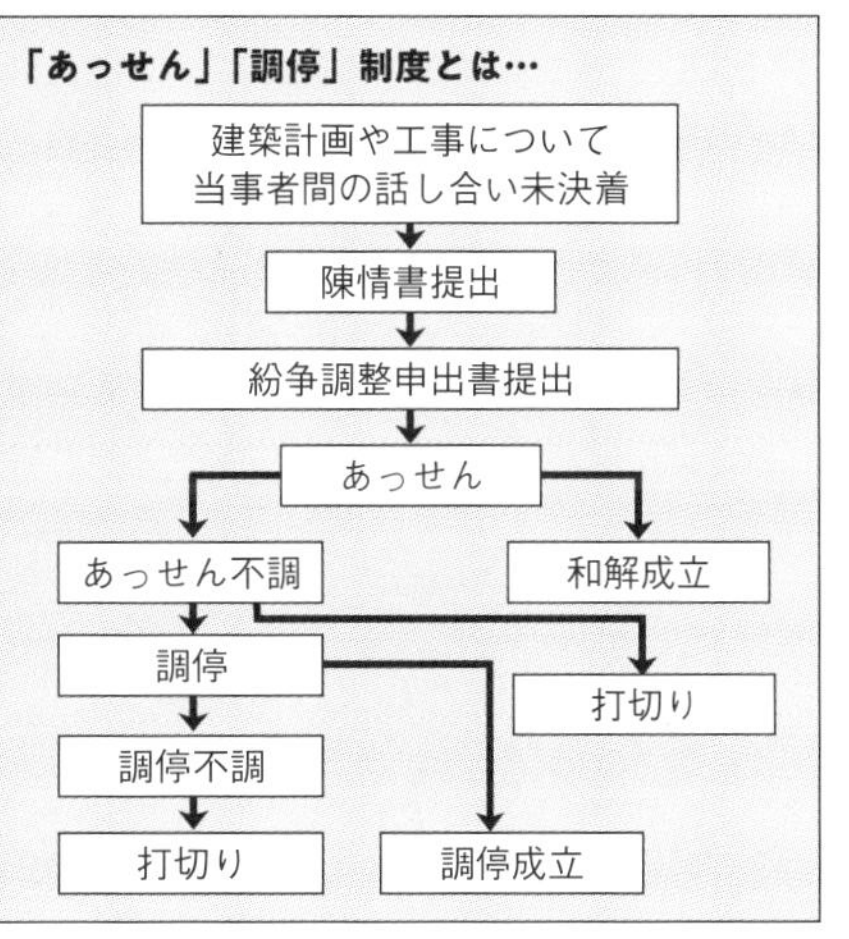

# 063 土地取引に関する規制を調べる

## 売買等の土地取引を行う際には、国土利用計画法と公有地拡大法の規制に要注意

売買等の土地取引を行う際には、その取引が規制の対象となるかどうかをチェックする必要がある。

土地取引に関する規制には、主に、国土利用計画法による規制（図表1）と公有地の拡大の推進に関する法律による規制（図表3）があるので、対象地の取引が各規制に該当するかどうかを確認しなければならない。

## 規制区域、監視区域、注視区域に含まれるかどうかを確認する

まず、売主・買主、面積などから、対象地の取引が国土利用計画法の対象となる取引に該当するかどうかを確認する。そして、対象地が規制区域、監視区域、注視区域に含まれているかどうかを確認する。規制区域に含まれている場合には、都道府県知事等の許可が必要となり、予定対価の額と利用目的の審査を受ける。注視区域、監視区域内に含まれている場合には、売買契約締結前に届出をしなければならない。この場合も予定対価の額と利用目的の審査を受ける。その他の区域の場合には、事後届出（図表2）となり、契約締結後2週間以内に届出が必要となる。この場合には、利用目的の審査を受けることになる。

なお、国土利用計画法に違反して無許可もしくは無届出で契約した場合には、規制区域については契約無効となるが、監視区域、注視区域、その他の区域では契約は有効となる。

## 都市計画区域内の一定規模以上の土地等の有償譲渡の場合には届出が必要

公有地の拡大に関する法律は、公有地の拡大の計画的な推進を図り、地域の秩序ある整備と公共の福祉の増進に資することを目的とした法律である。

都市計画区域内の一定規模以上の土地や都市計画施設等の区域内の土地の場合、その所有者が対象地を有償で譲り渡そうとするときは、届出が必要となる。この届出は、売買契約締結前に届け出なければならない。

なお、届出をした土地は、少なくとも3週間は譲渡できないことになるので、スケジュール管理上、注意が必要となる。ただし、規制に違反して契約が行われた場合でも、売買契約は有効となる。

## 国土利用計画法による土地取引の規制（図表1）

| | 規制区域 | 監視区域 | 注視区域 | その他の区域 |
|---|---|---|---|---|
| 許可・届出が必要な面積 | すべて | 知事等が都道府県の規制で定める面積以上 | ● 市街化区域　2000㎡以上<br>● 上記以外の都市計画区域　5000㎡以上<br>● 都市計画区域外　10000㎡以上 | |
| 許可・届出の別 | 許可 | 届出 | | |
| 許可・届出の当事者 | 契約前に売主・買主が申請 | | | 契約締結後２週間以内に買主が届出（事後届出） |
| 審査 | ６週間以内に処分がない場合には許可があったものとみなす | ６週間以内の契約締結禁止 | | ー |
| 違反した場合 | 無許可で契約した場合には無効 | 無届出で契約しても契約は有効 | | 契約後届出なしでも契約は有効 |

## 事後届出のフロー（図表2）

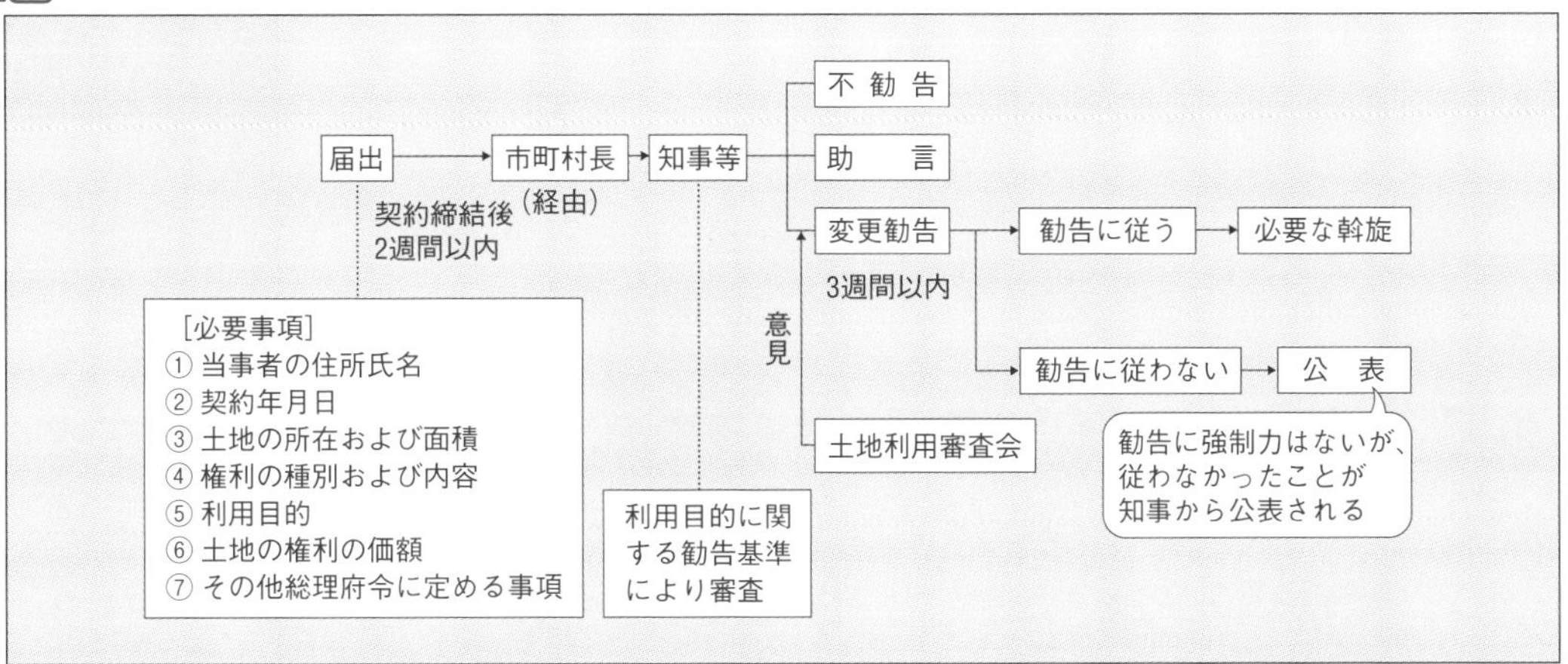


## 公有地の拡大の推進に関する法律による土地取引の規制（図表3）

| | 市街化区域内 | 非線引都市計画区域内 |
|---|---|---|
| 届出が必要な面積 | 5000㎡以上 | 10000㎡以上 |
| 譲渡制限 | ● 買取協議の通知があった場合<br>通知があった日から起算して３週間を経過する日まで<br>● 買取希望がない旨の通知があった場合<br>通知があったときまで<br>● 上記通知がない場合<br>届出をした日から起算して３週間を経過する日まで | |
| 違反した場合 | ● 売買契約は有効 | |
| 主な届出不要な場合 | ● 当事者の一方が国、地方公共団体等の場合<br>● 開発許可を受けた開発区域に含まれる場合<br>● 国土利用計画法上の許可・届出を要する土地の場合 | |

# 064 地震や水害のリスクを調査する

## 以前に河川や池・沼だった土地や臨海部の埋立地の場合には液状化に注意

地盤の液状化現象とは、地震などによって地盤が液体状になる現象をいう（図表１）。阪神・淡路大震災や東日本大震災でも、液状化現象の発生によって地盤が軟化し、その上に建っていた建物が沈下・傾斜・倒壊するといった被害が多く見られた。

液状化は、以前に河川、池、湖沼、水田だった土地や、臨海部の埋立地などで発生しやすい傾向がある。

対象地の液状化の可能性について調べる方法としては、自治体のホームページ等で公表されている「液状化予測図」を確認するとよい（図表２）。また、国土地理院発行の過去の地形図や土地条件図、自治体の地盤調査データなども参考にするとよい。

調査の結果、液状化の可能性があると判断できる場合には、地盤調査（０６５参照）を実施し、実際の地盤の状況を把握したうえで対策を講じることが望ましい。

## ハザードマップで地震や水害のリスクを確認し、対象地のリスクを検討する

液状化のほかにも、津波、洪水、高潮、土砂災害等、さまざまな自然災害によるリスクが考えられるが、調査にあたっては、ハザードマップを確認するとよい。ハザードマップとは、自然災害による被害を予測し、その被害の発生する恐れのある区域を地図上に表示するとともに、避難に関する情報等を知らせる地図である。国土交通省の「ハザードマップポータルサイト」には、全国の各市町村のハザードマップがリンクされている。また、洪水、土砂災害、津波のリスク情報、道路防災情報、土地の特徴・成り立ちなどを地図や写真に重ねて表示できる（図表３）。

また、ジオテック㈱のホームページでは、地盤調査を行った結果、軟弱地盤と診断された場所を地図上にプロットしたデータを公開しており、住所で検索できるようになっている。さらに、市区町村の地形の特徴と地盤データの例も閲覧できるため、対象地付近の地盤状況が、ある程度予測可能となる。

建築・不動産企画を行うにあたっては、ハザードマップをはじめとする地図データを活用することにより、対象地の地震や洪水等の自然災害のリスクをあらかじめ予測し、企画に反映させることが重要となる。

## 液状化発生の仕組み（図表1）

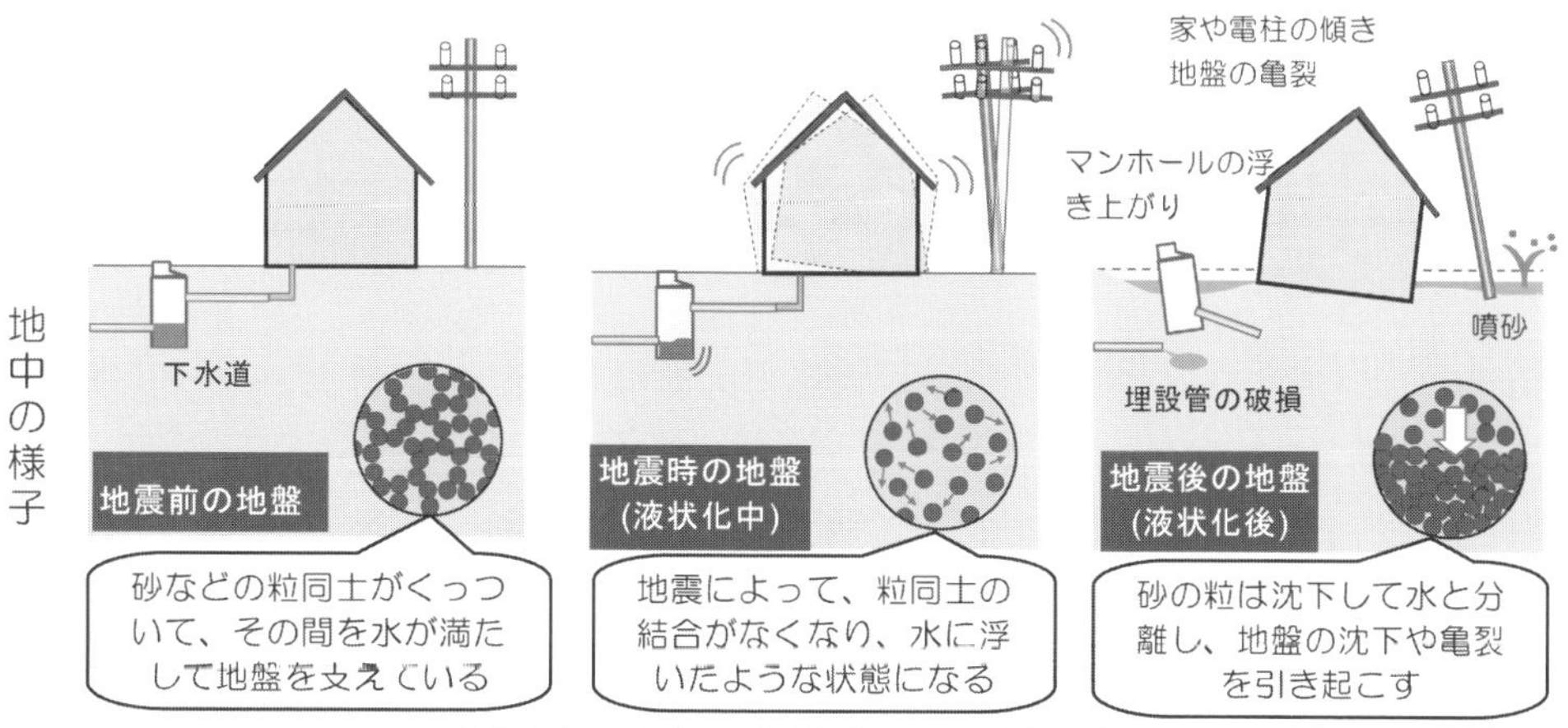


東京都都市整備局「液状化による建物被害に備えるための手引」より

## 液状化予測図の例（東京都）（図表2）

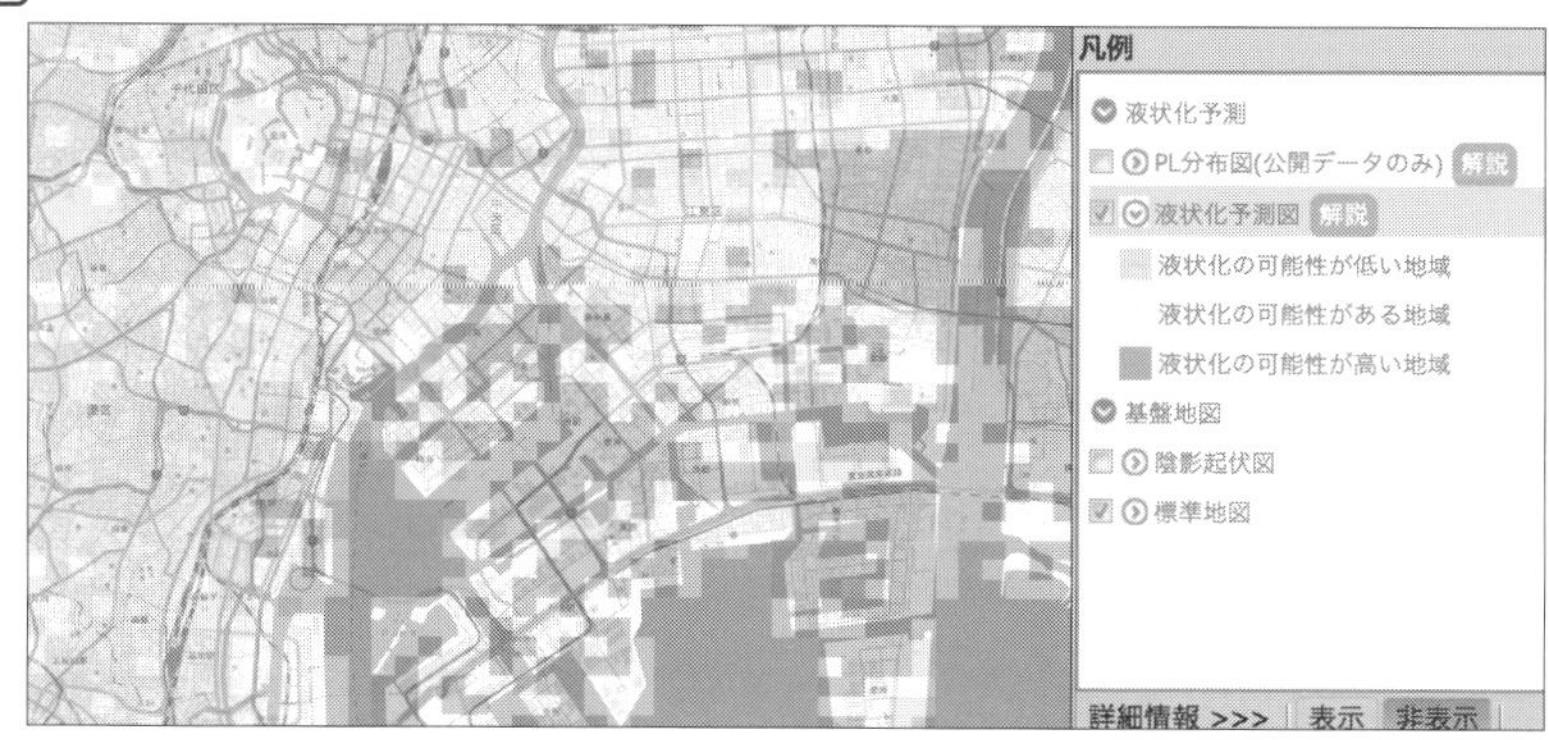

液状化による被害状況（千葉県浦安市）

## ハザードマップの例（図表3）

### ● 国土交通省 ハザードマップポータルサイト

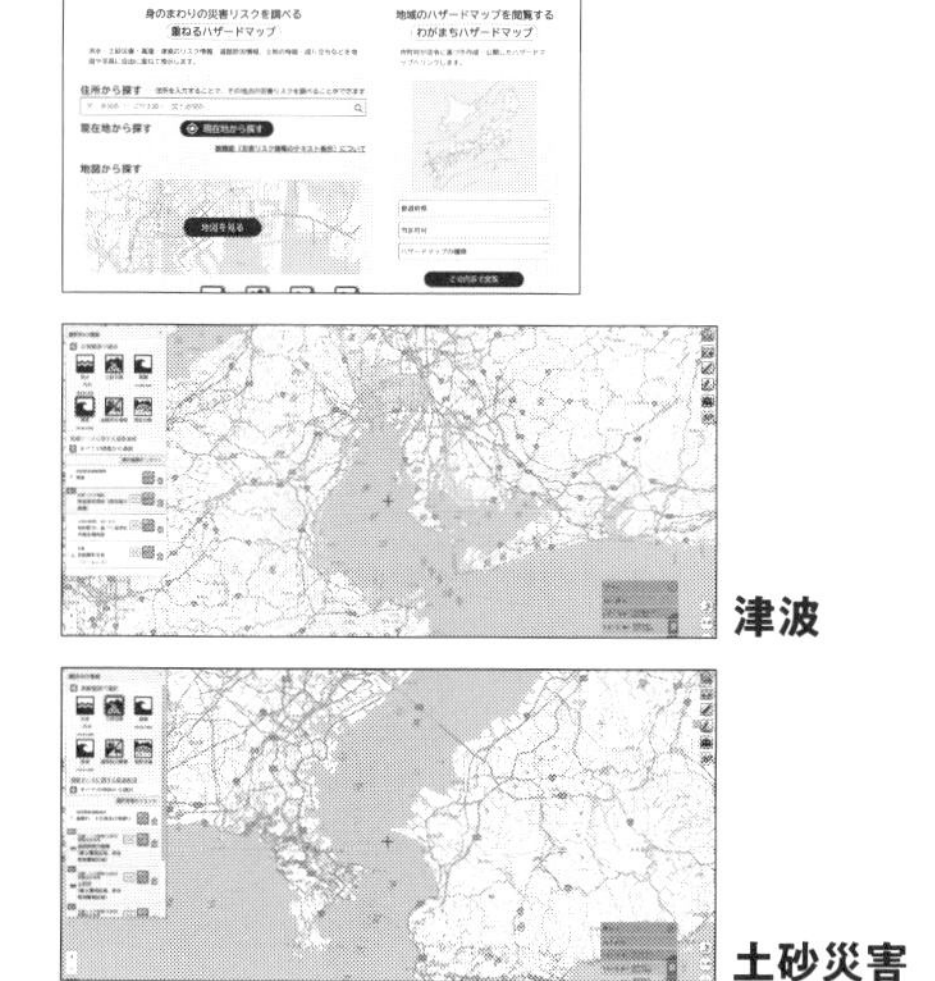


津波

土砂災害

### ● 軟弱地盤マップ（ジオダス）

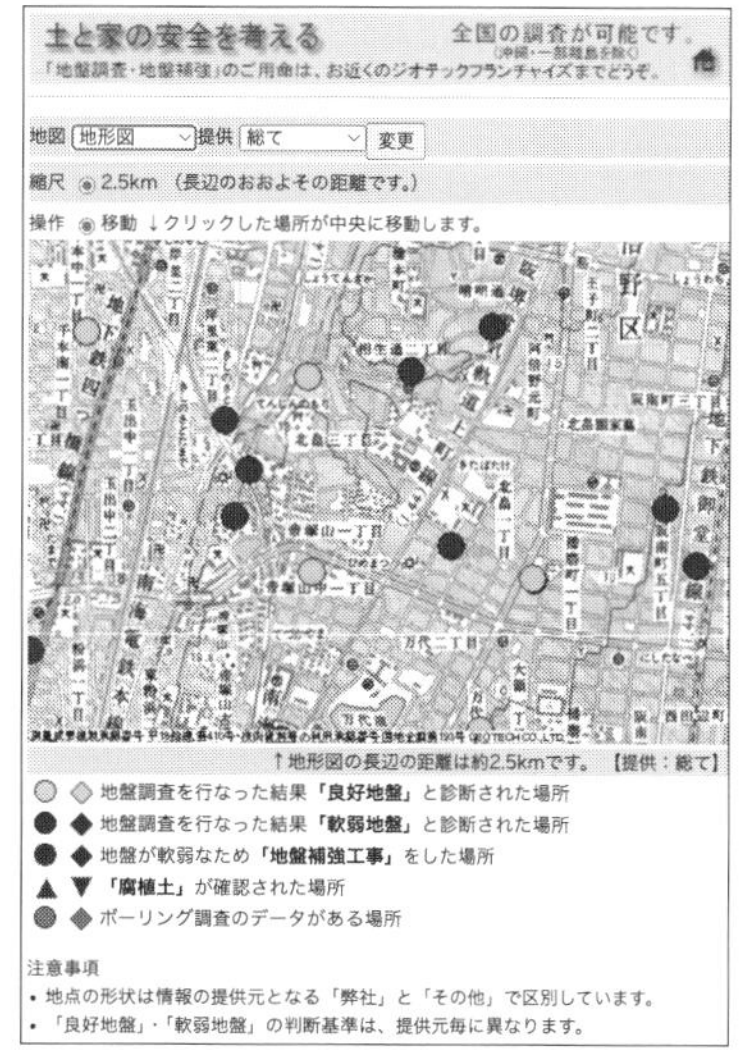


https://www.jiban.co.jp/geodas/

# 065 地盤調査を実施する

## 地盤調査の方法には、主に、ボーリングとスクリューウエイト貫入試験（SWS試験）がある

地盤調査とは、建物を建てる際に必要な地盤の硬さや性質などを把握するために行われる調査のことをいい、この調査をもとに設計が行われることになる。地盤調査の方法には、主に標準貫入試験とスクリューウエイト貫入試験（SWS試験）がある（図表）。

標準貫入試験は、一般に、ボーリング調査とも呼ばれている。この試験は、サンプラーを地盤に30cm打ち込むのに要する打撃回数（N値）を求めることにより地盤の強度を推定する方法である。土を採取するため、土質を調べることもできる。標準貫入試験は、深い層や硬い層でも調査でき、結果の評価が容易だが、調査の際に広いスペースが必要で、コストも比較的高い。

一方、スクリューウエイト貫入試験は、ロッドの先端のスクリューポイントを調査地点に突き立て、荷重をかけてその沈み具合を測定する方法である。ロッドの回転数でN値に相当する換算N値を測定できるうえ、コストがあまりかからないことから、戸建住宅を中心に頻繁に用いられている手法である。ただし、この手法で調査可能な深さは最大10mまでで、土中にガラ等がある場合には硬い地盤と間違えてしまう危険性もある。また、測定者によって判定にばらつきが出やすい点も注意が必要である。

## 軟弱地盤であることが判明した場合には、地盤補強工事が必要となる

地盤調査により、軟弱地盤であることが判明した場合には、地盤補強工事が必要となる。

軟弱地盤判定の目安としては、地表面下10mまでの地盤に、有機質土や高有機質土がある場合、もしくは標準貫入試験で粘性土の場合でN値が2以下、砂質土の場合でN値が10以下、スクリューウエイト貫入試験で粘性土の場合には換算N値が3以下、砂質土の場合には換算N値が5以下といった基準となっている。

ただし、スクリューウエイト貫入試験の場合、基本的には、換算N値の数字を見るのではなく、半回転数がゼロの層、すなわち自沈層がどの深さにどれだけあるかで判断することになる。自沈層である軟弱地盤が地盤面から連続して見られる場合には、一般に補強工事が必要となる。

# 地盤調査の主な方法と概要（図表）

## ◆標準貫入試験（ボーリング）

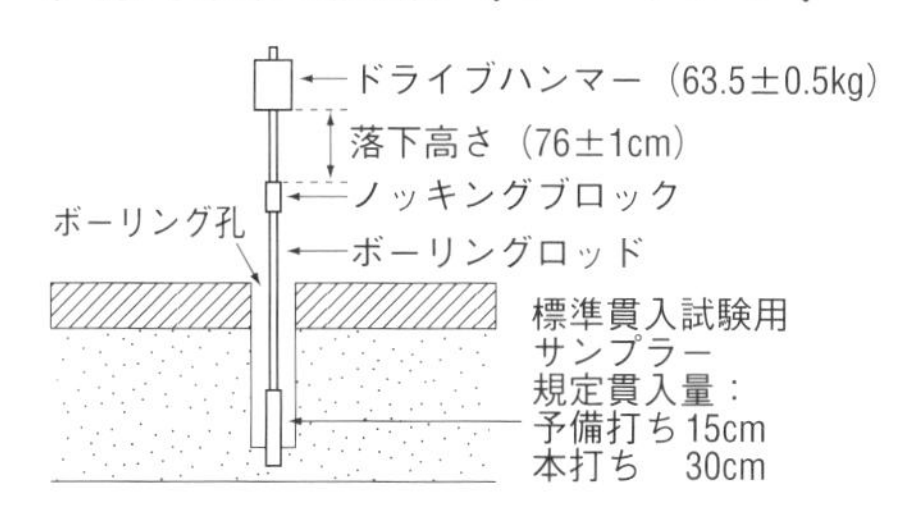


- 標準貫入試験装置を用いて、質量63.5kgのドライブハンマーを76cm自由落下させてボーリングロッド頭部に取り付けたノッキングヘッドを打撃する。
- ボーリングロッド先端に取り付けられた標準貫入試験用サンプラーを地盤に30cm打ち込むのに要する打撃回数（＝N値）を求めることにより、地耐力を確認する方法。
- 試験では、同時に土を採取し、土質も調べる。

## ◆スクリューウエイト貫入試験（SWS試験）

※旧スウェーデン式サウンディング試験

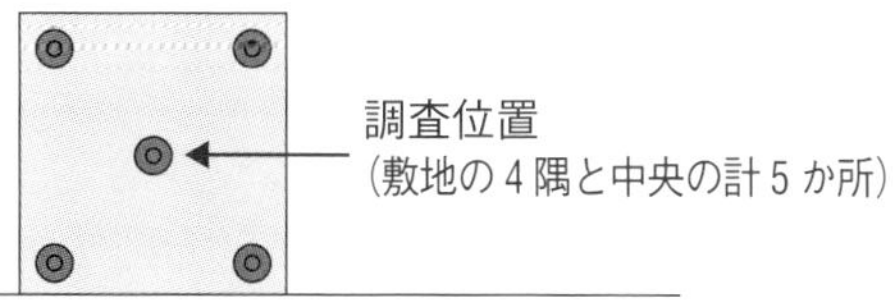


- ロッドの先端のスクリューポイントを調査地点に突き立て、50N、150N、250N、500N、750N、1000Nの荷重をかけ、その沈み具合を測定する方法。荷重1000Nで下がらない場合には、ロッドを回転させ、25cm貫入する回転数を測定。N値に相当する換算N値を求める。
- 原則として、1宅地で5箇所、深度10m程度まで測定し、土質は、粘性土と砂質土に分類し、データ処理を行う。

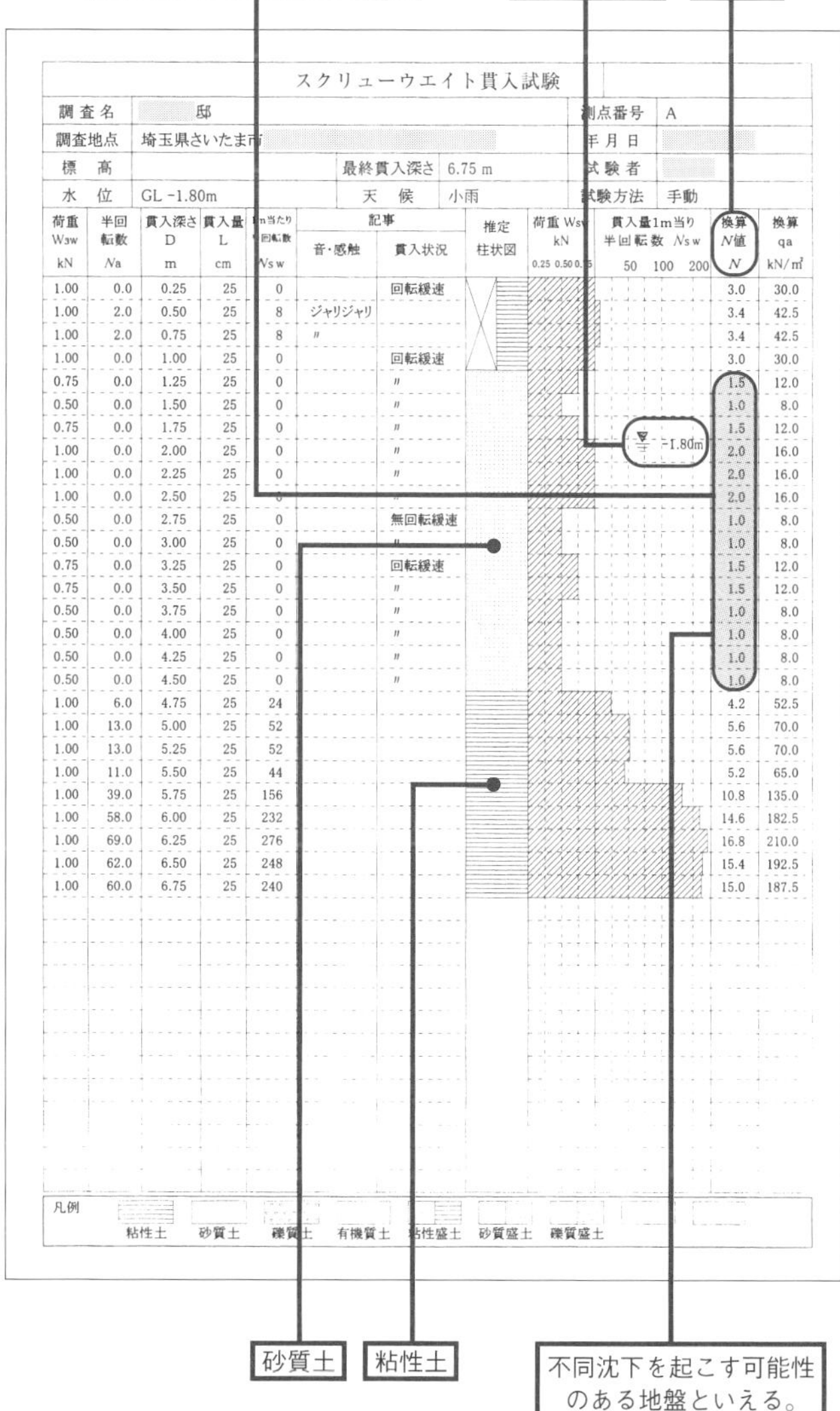


スクリューウエイト貫入試験

| 調査名 | 邸 | 測点番号 | A |
|---|---|---|---|
| 調査地点 | 埼玉県さいたま市 | 年月日 | |
| 標高 | 最終貫入深さ 6.75 m | 試験者 | |
| 水位 | GL −1.80m　天候 小雨 | 試験方法 | 手動 |

| 荷重 Wsw kN | 半回転数 Na | 貫入深さ D m | 貫入量 L cm | 1m当たり半回転数 Nsw | 記事 音・感触 | 記事 貫入状況 | 換算N値 N | 換算 qa kN/m² |
|---|---|---|---|---|---|---|---|---|
| 1.00 | 0.0 | 0.25 | 25 | 0 | | 回転緩速 | 3.0 | 30.0 |
| 1.00 | 2.0 | 0.50 | 25 | 8 | ジャリジャリ | | 3.4 | 42.5 |
| 1.00 | 2.0 | 0.75 | 25 | 8 | 〃 | | 3.4 | 42.5 |
| 1.00 | 0.0 | 1.00 | 25 | 0 | | 回転緩速 | 3.0 | 30.0 |
| 0.75 | 0.0 | 1.25 | 25 | 0 | | 〃 | 1.5 | 12.0 |
| 0.50 | 0.0 | 1.50 | 25 | 0 | | 〃 | 1.0 | 8.0 |
| 0.75 | 0.0 | 1.75 | 25 | 0 | | 〃 | 1.5 | 12.0 |
| 1.00 | 0.0 | 2.00 | 25 | 0 | | 〃 | 2.0 | 16.0 |
| 1.00 | 0.0 | 2.25 | 25 | 0 | | 〃 | 2.0 | 16.0 |
| 1.00 | 0.0 | 2.50 | 25 | 0 | | 〃 | 2.0 | 16.0 |
| 0.50 | 0.0 | 2.75 | 25 | 0 | | 無回転緩速 | 1.0 | 8.0 |
| 0.50 | 0.0 | 3.00 | 25 | 0 | | 〃 | 1.0 | 8.0 |
| 0.75 | 0.0 | 3.25 | 25 | 0 | | 回転緩速 | 1.5 | 12.0 |
| 0.75 | 0.0 | 3.50 | 25 | 0 | | 〃 | 1.5 | 12.0 |
| 0.50 | 0.0 | 3.75 | 25 | 0 | | 〃 | 1.0 | 8.0 |
| 0.50 | 0.0 | 4.00 | 25 | 0 | | 〃 | 1.0 | 8.0 |
| 0.50 | 0.0 | 4.25 | 25 | 0 | | 〃 | 1.0 | 8.0 |
| 0.50 | 0.0 | 4.50 | 25 | 0 | | 〃 | 1.0 | 8.0 |
| 1.00 | 6.0 | 4.75 | 25 | 24 | | | 4.2 | 52.5 |
| 1.00 | 13.0 | 5.00 | 25 | 52 | | | 5.6 | 70.0 |
| 1.00 | 13.0 | 5.25 | 25 | 52 | | | 5.6 | 70.0 |
| 1.00 | 11.0 | 5.50 | 25 | 44 | | | 5.2 | 65.0 |
| 1.00 | 39.0 | 5.75 | 25 | 156 | | | 10.8 | 135.0 |
| 1.00 | 58.0 | 6.00 | 25 | 232 | | | 14.6 | 182.5 |
| 1.00 | 69.0 | 6.25 | 25 | 276 | | | 16.8 | 210.0 |
| 1.00 | 62.0 | 6.50 | 25 | 248 | | | 15.4 | 192.5 |
| 1.00 | 60.0 | 6.75 | 25 | 240 | | | 15.0 | 187.5 |

凡例　粘性土　砂質土　礫質土　有機質土　粘性盛土　砂質盛土　礫質盛土

## ◆軟弱地盤判定の目安

地表面下10mまでの地盤に次のような地層の存在が認められる場合

| 有機質土・高有機質土（腐植土） | |
|---|---|
| **粘性土** | 標準貫入試験でN値が2以下、またはスクリューウエイト貫入試験で100kg以下の荷重で自沈する場合（換算N値3以下） |
| **砂質土** | 標準貫入試験でN値が10以下、またはスクリューウエイト貫入試験で半回転数50以下の場合（換算N値5以下） |

# 066 デュー・デリジェンスとは

**デュー・デリジェンスは、対象資産の価値、収益力、リスク等を詳細に調査・分析すること**

デュー・デリジェンスとは、投資用不動産などの取引において、投資対象となる資産の価値や収益力、リスクなどを、詳細に調査・分析することである。デュー・デリジェンスは、一般に、物理的、法的、経済的側面の3つの観点から行う。なお、エンジニアリングレポートとは、デュー・デリジェンスの中の物理的調査をいい、対象建物の現状を調査して、報告書としてまとめたものである。

デュー・デリジェンスは、依頼者の目的や調査費用・調査期間等により調査項目が異なるが、基本的には当該不動産から生じるキャッシュフローが依頼者にとって最大の関心事であることから、賃貸借契約等の法的調査、マーケット調査、賃貸収入調査、運営費調査、建物状況調査、環境調査等は行われる場合が多い。

**デュー・デリジェンスには、物理的調査、法的調査、経済的調査がある**

物理的調査には、①土地状況調査、②建物状況調査、③環境調査がある。土地状況調査では、土地の所在・地番・地目・数量等、隣地との境界、埋蔵文化財、地下埋設物、地質・地盤等について調査が行われる。建物状況調査では、耐震診断のほか、建築確認や検査済証取得後の建物の改装や用途変更等による違法性、建物再調達価格の算出等を行う。環境調査には、土壌汚染調査、有害物質調査等がある。

法的調査には、①権利関係調査、②占有状況、契約・債権債務等の調査、③各種法的規制及び遵法性に係る調査がある。具体的には、登記情報による権利関係の調査、不法占拠や係争関係といった占有状況、契約・債権債務等の調査、賃貸借契約書や管理契約書の確認及び分析、隣地所有者との関係の確認、土地利用状況や建物利用状況が法令を遵守しているか否かの確認、土壌等の状況が土壌汚染対策法や環境基準等を遵守しているかどうかの確認などがある。

経済的調査には、①マーケット調査と②不動産経営調査がある。マーケット調査には、一般的要因分析、地域要因分析、不動産市場分析、個別的要因分析がある。不動産経営調査には、収入に関する調査、支出に関する調査、追加投資の必要性やキャッシュフロー分析等がある(図表)。

## デュー・デリジェンスの業務内容（図表）

| | | |
|---|---|---|
| 物理的調査 | ①土地状況調査 | ● 所在、地番、地目、地積、数量等の調査<br>● 隣地との境界調査<br>● 地質・地盤調査<br>● 水害・火災等の災害リスク調査<br>● 埋蔵文化財調査<br>● 地下埋設物の調査 |
| | ②建物状況調査 | ● 建物概要<br>● 耐震診断<br>● 建物劣化調査<br>● 修繕・更新費の算出<br>● 遵法性調査<br>● 地震リスク調査（ＰＭＬ算出）<br>● 建物再調達価格の算出 |
| | ③環境調査 | ● 土壌汚染調査<br>● アスベスト等の有害物質調査 |
| 法的調査 | ①権利関係調査 | ● 登記内容の確認 |
| | ②占有状況、契約、債権債務等の調査 | ● 賃貸借契約、管理契約書の内容の確認及び分析<br>● 占有状況等の調査<br>● 係争関係の有無等 |
| | ③各種法的規制及び遵法性に係る調査 | ● 建築基準法、都市計画法等の法規制に適合しているか否かの確認<br>● 既存不適格建築物かどうかの確認<br>● 土壌汚染対策法、環境基準等を遵守しているか否かの確認 |
| 経済的調査 | ①マーケット調査 | ● 一般的要因分析<br>● 地域要因分析<br>● 不動産市場分析<br>● 個別的要因分析 |
| | ②不動産経営調査 | ● 収入に関する調査<br>● 支出に関する調査<br>● 追加投資の必要性、キャッシュフロー分析等 |

### ◆ PML 値とは…

● 50 年間に 10% を超える確率（475 年に一度）で起こる大地震が発生したとき、被災後の建物を被災前の状況に復旧するために必要な工事費の建物価格（再調達価格）に対する割合。
● 算定式は次のとおり。

**PML 値（%）＝ 地震による建物被害額／建物の再調達価格 × 100**

● PML 値と地震による建物被害リスクの目安

| PML | 危険度 | 予想される被害の程度 |
|---|---|---|
| 0 ～ 10% | 非常に低い | 軽微な構造体の被害 |
| 10 ～ 20% | 低い | 局部的な構造体の被害 |
| 20 ～ 30% | 中程度 | 中破の可能性が高い |
| 30 ～ 60% | 高い | 大破の可能性が高い |
| 60%以上 | 非常に高い | 倒壊の可能性が高い |

# 067／土地売買契約の際の注意点

**不動産の売買契約では、重要事項説明があるので、必ず契約前に内容を確認する**

土地売買契約は、**図表1**に示す流れで進められるが、契約にあたっては、土地の権利関係や取引条件などを明確にする必要がある。そのため、不動産取引に関する専門家としての宅地建物取引業者（仲介業者）がきちんと調査を行い、宅地建物取引士が、買主に対して取引物件の重要な事項について契約前に書面で説明しなければならない。この書面を重要事項説明書といい、**図表2**に示す内容となっている。

仲介業者によっては契約当日に重要事項説明を行う場合もあるが、契約の1週間ほど前には説明を受け、疑問点をなくしてから契約にのぞむよう、顧客にアドバイスすることが大切である。

**抵当権がついている場合には、契約書に売主の登記抹消の義務を明記しておく**

重要事項説明の内容について納得できれば、売買契約の締結を行うことになる。

売買契約の締結前には、売主と買主が、仲介業者立会いのもと売買契約書の読み合わせを行い、記載された売買契約条件の確認を行う。この際、契約書に不満があれば、項目の追加、変更、削除等を行って、納得できる契約を結ぶことが大切だ。特に、抵当権の設定登記や仮登記などがなされている不動産については、売主の登記抹消の義務の明記を確認すべきである。

買主は、売買契約の締結と同時に、売買契約書で合意した手付金を売主に支払うことになる。手付金の支払いには、一般に、現金もしくは預金小切手を使用する。なお、手付金に限らず、金銭の授受に預金小切手を使用する際には、万一に備え、預金小切手のコピーを取っておくとよい。

また、売買契約書に押印する印は、実印でなくてもかまわないが、重要な契約なので実印を求める業者も多い。

なお、売買契約を締結すると、原則として契約を解除することはできない。ただし、相手方が契約の履行に着手するまでは、買主は売主に交付した手付金を放棄して、売主は買主に手付金の倍額を返還して、それぞれ契約を解除することができる。さらに、地震や火事等で引渡しができなくなったときには、契約は解除でき、この場合、売主が買主に手付金等を全額返還する。

## 土地売買契約の流れ（図表1）

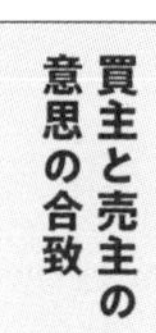

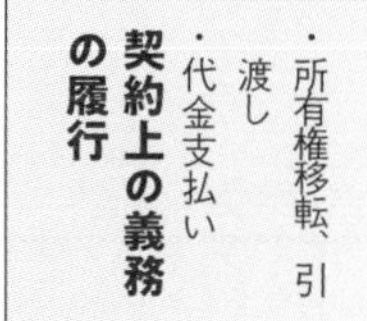

## 重要事項説明書の内容（図表2）

| | 項目 | 細目 |
|---|---|---|
| ◆表示 | ●仲介を行う宅建業者の概要 | □商号、代表者氏名、主たる事務所、免許番号、免許年月日 |
| | ●説明をする宅地建物取引士 | □氏名、登録番号、業務に従事する事務所 |
| | ●取引の態様 | □売買等の態様（売主・代理・媒介の区分） |
| | ●売主 | □住所、氏名 |
| | ●取引対象物件の表示 | □土地（所在地、登記上の地目、面積）建物（所在地、家屋番号、種類および構造、床面積） |
| ◆取引物件に関する事項 | ●登記記録に記載された事項 | □所有権に関する事項（土地・建物の名義人、住所）<br>□所有権にかかる権利に関する事項（土地・建物）<br>□所有権以外の権利に関する事項（土地・建物） |
| | ●法令に基づく制限の概要 | □都市計画法（区域区分、制限の概要）<br>□建築基準法(用途地域、地区・街区等、建ぺい率の制限、容積率の制限、敷地と道路との関係、私道の変更又は廃止の制限、その他の制限)<br>□それ以外の法令に基づく制限 |
| | ●私道の負担に関する事項 | □負担の有無、負担の内容 |
| | ●造成宅地防災区域内か否か | □造成宅地防災区域外、内 |
| | ●土砂災害警戒区域内か否か | □土砂災害警戒区域外、内<br>□土砂災害特別警戒区域外、内 |
| | ●津波災害警戒区域内か否か | □津波災害警戒区域外、内 |
| | ●水害ハザードマップ | □水害ハザードマップの有無 |
| | ●住宅性能評価を受けた新築住宅である場合 | □住宅性能評価書の交付 |
| | ●建物の石綿使用調査に関する事項 | □石綿使用調査結果の記録の有無、結果の内容 |
| | ●建物状況調査の結果 | □建物状況調査の実施の有無（既存建物の場合） |
| | ●建物の耐震診断等に関する事項 | □耐震診断等の有無、診断の内容 |
| | ●飲用水・ガス・電気の供給施設及び排水施設の整備状況 | □直ちに利用可能な施設か、整備予定はあるか、整備に関する特別な負担はあるか等 |
| | ●宅地造成又は建物建築の工事完了時における形状・構造等 | □未完成物件等の場合 |
| ◆取引条件に関する事項 | ●代金・交換差金及び地代に関する事項 | □売買代金、交換差金、地代 |
| | ●代金・交換差金以外に授受される金額等 | □金額、授受の目的 |
| | ●契約の解除に関する事項 | □手付解除、引渡前の滅失・毀損の場合の解除、契約違反による解除、融資利用の特約による解除、契約不適合責任による解除等 |
| | ●損害賠償額の予定又は違約金に関する事項 | □損害賠償額の予定又は違約金に関する定め |
| | ●手付金等保全措置の概要（業者が自ら売主となる場合） | □宅建業者が自ら売主となる宅地、建物の売買において、一定の額または割合を超える手付金等を領収する場合に義務づけられている保全措置を説明する項目で、保全の方式、保全を行う機関を記載 |
| | ●支払金又は預り金の保全措置の概要 | □宅建業者が支払金、預り金等を領収する場合には、その金銭について保全措置を行うか否か、行う場合にはその措置の概要を記載 |
| | ●金銭の貸借に関する事項 | □金銭の貸借の斡旋の有無、斡旋がある場合にはその内容、金銭の貸借が成立しないときの措置 |
| | ●割賦販売の場合 | □割賦販売の場合、現金販売価格、割賦販売価格およびそのうち引渡しまでに支払う金銭と割賦金の額 |
| | ●契約不適合責任の履行に関する措置 | □保証保険契約等の措置を講じるか否か、講じる場合には措置の概要 |
| ◆その他の事項 | 添付書類等 | |

・説明者が有資格者か、宅地建物取引士証で確認。
・売主か代理か仲介(媒介)か。

・土地の登記名義人と売主の名称が異なる場合は、登記名義人と売主との間で売買契約が成立しているか確認。
・土地の権利が所有権か賃借権か地上権か。

・敷地と道路との関係、接面道路の種類・幅員・接道長さなどを確認。道路の種類や接道状況によっては建物を建築することができない(建築確認を取得できない)。
・土地区画整理事業地内における「仮換地」の場合、売買対象不動産として表示される土地（従前の土地）と実際に使用できる土地が異なる。
・私道の負担がある場合、負担方法にはさまざまな形態がある。

・水道設備を新設した場合、水道局等に対して分担金（水道加入金）が必要か。
・水道管が敷地まで届いているか、管径が十分か、水道やガス配管が他人の敷地を通って埋設されているか、逆に対象物件の敷地に他人の配管が埋設されているか。

・建物の建築工事、土地造成工事などを前提とする売買で、その工事が契約締結時点で完了していない場合。

・手付金、固定資産税・都市計画税清算金、管理費・修繕積立金清算金、借地権の地代清算金などが該当。

・「備考」「特記事項」「容認事項」「告知事項」などとして、嫌悪施設や騒音など周辺環境、近隣建物などによる将来的な問題、その他さまざまな事項が記載されていないか。特に、傾斜地における擁壁の改修等の必要性と費用については注意が必要。

COLUMN 4

# 火災保険・地震保険はどう選ぶ？

火事や地震などの災害に備えて、通常は建物や家財、業務用の場合には設備・備品や商品・製品等に保険をかけることになります。

火災保険は、火災・落雷・破裂・風災・雪災などの損害を補てんする保険です。水害、盗難、水漏れ、衝突なども補償に含まれている商品、補償範囲を選択できる商品などさまざまなので、保険料を比較する際には補償範囲を必ず確認する必要があります。また、保険の対象が「建物のみ」の場合には、「家財」等は補償されません。なお、賃貸物件の場合には、オーナーは建物の火災保険をかけ、入居者が家財等の火災保険をかけることになります。

火災保険料を安くするには、補償範囲をよく吟味し、区分所有建物の高層階の場合には水災を外すなど、不必要な項目は補償対象外にするとよいでしょう。

なお、火災保険料は、建物の構造によって大きく異なり、同じ保険金額であっても、木造一戸建て住宅のほうがマンションよりも保険料は高くなります。また、賃貸用の場合には、火災等によって家賃収入が無くなった場合に補償額が支払われる家賃補償特約というものもあります。

## 地震保険は火災保険とセットで加入

一方、地震保険は、火災保険に付帯して加入する保険なので、火災保険とセットでなければ加入できません。なお、地震保険は、居住用が対象なので、居住部分のない建物については地震保険に加入することはできず、企業向け火災保険用の特約である地震危険補償特約を付帯することになります。

地震保険の保険料は、所在地・建物の構造・築年数・建物の耐震等級などによって異なりますが、同じ条件であれば、どの会社の保険に加入しても、補償内容も保険料も同じです。なお、支払われる保険金は、全損、大半損、小半損、一部損の4区分となっています。

一方、地震危険補償特約は、損害保険会社によって条件や保険料が異なります。

**図表　地震保険の概要**

| | |
|---|---|
| 保償対象 | ● 居住用建物と生活用動産（家財） |
| 支払対象の損害 | ● 地震・噴火・津波を直接または間接の原因とする火災・損壊・埋没・流失による損害を補償<br>（※火災保険では地震による火災（延焼・拡大を含む）は保証されない） |
| 契約方法 | ● 火災保険とセットで契約しなければならない |
| 保険料 | ● 建物の構造および所在地（都道府県）により異なる<br>● 建物の免震・耐震性能に応じた割引制度がある<br>（※免震建築物割引、耐震等級割引、耐震診断割引、建築年割引） |
| 保険金の支払い | ● 全損（契約金額の全額）<br>● 大半損（同 60%）<br>● 小半損（同 30%）<br>● 一部損（同 5%） |

# chapter 5

# 建築法規のキホン

# 068／建築法規のチェック項目と調査方法／

## 建物の建築にあたっては、対象地に該当する法規制を一つひとつ確認しなければならない

建築基準法では、建築物の敷地や構造、設備、用途に関する基準を定めるとともに、建築主に対して着工以前に建築確認（086参照）を受けることを義務付けている。また、都市計画法では、区域区分、地域地区などにより建築できる建築物の用途、容積率、形態、構造などの制限を定めている。

このように、建物の建築に当たっては、対象地に該当する法規制を一つひとつ確認しなければならない。そして、企画する上で、どのような用途のどのくらいの規模の建物であれば建築可能か、それを建築するにあたっての制限や許可が必要なものは何か等も調査しておく必要がある。

## 開発許可、用途地域、高さ制限、日影規制などの調査が必要

都市計画ではさまざまな区域が定められており、これにより、開発行為や建築の可否などに制限が加えられる。そこで、まず、都市計画法に基づく区域（市街化区域、市街化調整区域等）、開発許可の必要性の有無、都市計画施設等による都市計画制限、地域地区による規制（用途地域）、防火地域や準防火地域に含まれるかどうかなどについて、都市計画図等で調査しなければならない。さらに、市区町村の都市計画課などで、その詳細を確認しなければならない。

また、建築基準法で定められている形態制限についても調査する必要がある。具体的には、道路の幅員や接道長さ等の道路と敷地の関係、建蔽率制限、容積率制限、高さ制限、外壁後退距離制限・敷地面積制限、絶対高さ制限、道路斜線制限、隣地斜線制限、北側斜線制限、日影規制などがある。その他、建築協定が定められている場合等については、その内容についても確認する。

対象地には、これらの制限をすべて満たした建物しか建築することができないため、その内容については見落としのないよう、十分に調査しなければならない。法規制については、基本的には市区町村の建築指導課などで確認できる。

なお、必要な調査項目は、担当窓口も含めて一覧にしておくと、役所等を訪れた際に効率的に調査できる。また、各調査項目の詳細については**図表**中に参照ページを示しているので、そちらで確認してほしい。

## 建築のための法規制チェックシート（図表）

|  |  |
| --- | --- |
| **都市計画区域（069 参照）** | □ 市街化区域　□ 市街化調整区域　□ 未線引区域　□ 準都市計画区域<br>□ 都市計画区域・準都市計画区域外 |
| **開発許可（070）** | □ 必要（□ 許可済　□ 許可未済）□ 不要 |
| **都市計画制限** | □ 都市計画施設等の区域内<br>□ 都市計画事業の事業地内<br>□ 地区計画の区域内 |
| **用途地域（072）** | □ 第一種低層住居専用地域　□ 第二種低層住居専用地域<br>□ 第一種中高層住居専用地域　□ 第二種中高層住居専用地域<br>□ 第一種住居地域　□ 第二種住居地域　□ 準住居地域　□ 田園住居地域<br>□ 近隣商業地域　□ 商業地域<br>□ 準工業地域　□ 工業地域　□ 工業専用地域<br>□ なし |
| **地区・街区等** | □ 特別用途地区（　　　　　　　　　　　　　）<br>□ 特定用途制限地区 |
| **防火・準防火地域（073）** | □ 防火地域、□ 準防火地域、□ 法 22 条区域（屋根不燃化区域）<br>□ 指定なし |
| **その他の地域地区等（078）** | □ 高層住居誘導地区　□ 第 1 種高度地区　□ 第 2 種高度地区<br>□ 高度利用地区　□ 特定防災街区整備地区　□ 風致地区<br>□ その他（　　　　　　　　　　　　　） |
| **建蔽率（074）** | （　　　%）<br>建築面積の限度＝敷地面積×建蔽率 /100 ＝　　　　　㎡ |
| **容積率（075）** | （　　　%）<br>延べ面積の限度＝敷地面積×容積率 /100 ＝　　　　　㎡ |
| **高さ制限（077・078・079）** | 道路斜線制限　□ 有　□ 無<br>隣地斜線制限　□ 有　□ 無<br>北側斜線制限　□ 有　□ 無<br>絶対高さ制限　□ 有（高さ　　　m）□ 無<br>日影規制　□ 有　□ 無 |
| **その他の建築制限** | □ 外壁後退距離制限（　　　）m 以上<br>□ 敷地面積の制限　最低限度（　　　）㎡<br>□ 災害危険区域<br>□ 建築協定　有り<br>□ その他（　　　　　　　　　　　　　） |
| **前面道路（081）** | 計画道路の予定　□ 有　□ 無<br>道路の所有　□ 公道　□ 私道（所有者：　　　　　　　　　　）<br>道路幅員　　　m（　　　側）<br>接道長さ　　　m<br>道路の種類　□ 建築基準法第 42 条第 1 項第 1 号の道路<br>□ 同条第 1 項第 2 号の道路<br>□ 同条第 1 項第 3 号の道路<br>□ 同条第 1 項第 4 号の道路<br>□ 同条第 1 項第 5 号の道路（位置指定道路）<br>□ 同条第 2 項道路<br>（道路中心線から　　m 後退の必要あり）<br>□ 建築基準法第 42 条道路に該当しない<br>（原則建築不可） |

# 069 都市計画区域を調べる

## 都市計画区域には、「市街化区域」と「市街化調整区域」がある

都市計画とは、都市の健全な発展と秩序ある整備を図るための土地利用、都市施設の整備及び市街地開発事業に関する計画である。都市計画法では、都市計画の内容やその決定手続きなどが定められている（**図表1**）。

都市計画は、原則として「都市計画区域」で定められる。ここで、都市計画区域とは、一体の都市として総合的に整備、開発、保全する必要がある区域をいい、優先的に市街化を図る「市街化区域」と、市街化を抑制すべき「市街化調整区域」に区分される。また、都市計画区域のうち区域区分がなされていないものを非線引都市計画区域という（**図表2・3**）。

一方、都市計画区域に含まれないエリアは、都市計画区域外となり、都市計画法による規制は行われないが、都市計画区域外の区域のうち、そのまま放置すれば、将来、一体の都市としての整備・開発・保全に支障が生じるおそれがあると認められる一定の区域については、市町村が「準都市計画区域」として指定できる。ただし、準都市計画区域では、定めることができる都市計画は限定されており、用途地域、高度地区、景観地区、風致地区などは定めることができるが、都市施設、市街地開発事業、地区計画などについては定めることはできない。

## 市街化調整区域では、原則として開発や建築行為はできない

都市計画区域のうち市街化区域は、既に市街地となっている区域と、おおむね10年以内に優先的かつ計画的に市街化を図るべき区域で、用途地域（**072参照**）、防火地域（**073参照**）、高度地区（**078参照**）等が定められる。また、都市施設として、少なくとも、道路、公園、下水道が定められ、住宅、店舗、工場など、計画的な市街化が図られる区域となっている。

一方、市街化調整区域は、市街化を抑制すべき区域であるため、原則として、宅地造成等の開発行為や建築行為はできない。したがって、建築物を建築する等の場合には、許可等が必要となる。

このように、企画にあたっては、対象地の属する区域によって、建築可能な建物の用途や規模等が異なるので、区域等とその規制内容について確認する必要がある。

## 都市計画法体系（図表1）

**都市計画法**
- 総則
- 都市計画
  - 都市計画の内容
  - 都市計画の決定及び変更
- 都市計画制限等
  - 開発行為等の規制
  - 建築等の規制
- 都市計画事業
- 社会資本整備審議会等

都市計画の内容：
都市計画区域の整備、開発及び保全の方針
区域区分
都市再開発方針等
地域地区
促進区域
遊休土地転換利用促進地区
被災市街地復興推進地域
都市施設
市街地開発事業
市街地開発事業等予定区域
市街地開発事業等予定区域に係る市街地開発事業又は都市施設に関する都市計画に定める事項
地区計画等
地区計画（中略）
都市計画基準
都市計画の図書

## 都市計画区域とは？（図表2）

**行政区域**

**都市計画区域**
- 一体の都市として総合的に整備・開発・保全する必要がある区域
- 人口1万人以上かつ商工業等職業従事者が50％以上の町村、中心人口3千人以上などの区域

**準都市計画区域**
- 都市計画区域外の区域のうち、相当数の建築物等の建築等が現に行われる等、そのまま措置を講じることなく放置すれば、将来、一体の都市としての整備・開発・保全に支障が生じるおそれがあると認められる一定の区域

**都市計画区域外**

| 市街化区域 | 市街化調整区域 | 非線引都市計画区域 |
|---|---|---|

## 都市計画区域の区域区分（図表3）

- 市街化区域と市街化調整区域との区分を区域区分という。
- また、線引きとは、都市計画区域を市街化区域と市街化調整区域とに区分すること（区域区分を定めること）をいう。

| | 市街化区域 | 市街化調整区域 | 非線引都市計画区域 |
|---|---|---|---|
| **概要** | ● 既に市街地となっている区域と、おおむね10年以内に優先的に市街化を図るべきとされた区域 | ● 市街化を抑制すべき区域 | ● 市街化区域と市街化調整区域の区域区分が定められていない区域 |
| **用途地域** | ● 定める | ● 原則として定めない | ● 必要に応じて定める |
| **開発許可** | ● 原則1000㎡未満（3大都市圏の一定の区域は500㎡未満）は不要 | ● 許可必要 | ● 原則3000㎡未満は不要 |

# 070 開発行為とは

**開発行為とは、建築等の目的で行う土地の区画形質の変更のことをいう**

開発行為とは、主として建築物の建築や、コンクリートプラント、ゴルフコース等の特定工作物の建設を目的とした土地の区画形質の変更をいう。一定の開発行為を行う場合には、知事等の許可が必要となる（**図表１**）。

市街化区域では、原則として開発面積が１０００㎡以上の場合には許可が必要となる。一方、市街化調整区域については、面積に関係なく開発許可申請が必要となる。ただし、図書館などの公益上必要な施設の建築のための開発行為や都市計画事業として行う開発行為など、開発主体や建築物によっては開発許可申請が不要となる場合もある。

その他、非線引都市計画区域や準都市計画区域では、原則として開発面積が３０００㎡以上の場合に、都市計画区域及び準都市計画区域外では１ｈａ以上の場合に開発許可が必要となる。なお、開発区域の捉え方については実際には許認可者の判断となるため、早めの協議が必要となる。

開発行為の手順は**図表２**に示すとおりである。開発許可申請は書面で行い、法33条、34条の開発許可基準や地方公共団体の開発指導条例・要綱に適合しているかが判断される。

**実務上は建築制限解除の申請を行い、開発行為と同時に建築等の工事を行うことも多い**

開発許可申請に当たっては、あらかじめ、開発行為に関係のある公共施設の管理者の同意を得て、かつ当該開発行為または当該開発行為に関する工事により設置される公共施設を管理することとなる者等と協議しなければならない。

開発許可基準は都市計画法で定められており、道路・公園・給排水施設等の確保、防災上の措置等に関する技術基準と、市街化調整区域のみに適用される立地基準があるが、地方公共団体によっては独自の開発指導条例・要綱などに基づき、さらに厳しい内容を求めることも多い。そのため、企画の際には、対象地の開発指導担当部署を訪れ、事前に相談を行っておく必要がある。

開発許可を受けた開発区域内の土地では、工事完了公告があるまでは、建築物や特定工作物を建築することはできない。しかし、実務上は建築制限解除の申請を行い、開発行為と同時に建築等の工事を行うことも多い。

## 開発許可の概要（図表1）

● **開発行為とは**…主として建築物の建築又は特定工作物の建設の用に供する目的で行う土地の区画形質の変更をいう。開発行為を行う場合には、知事等の許可が必要。

● **開発区域とは**…開発行為をする土地の区域のこと。

| | 市街化区域 | 市街化調整区域 | 非線引都市計画区域 | 準都市計画区域 | 左記以外 |
|---|---|---|---|---|---|
| **許可必要な規模** | 原則1000㎡（3大都市圏の一定の区域は500㎡）以上 | 最低規模なし（常に許可必要） | 原則3000㎡以上 | 原則3000㎡以上 | 1ha以上 |
| **許可不要な開発行為** | ● 公益上必要な施設（鉄道施設、公民館、図書館、変電所等）建築のための開発行為<br>● 都市計画事業、土地区画整理事業、市街地再開発事業、住宅街区整備事業、防災街区整備事業として行う開発行為<br>● 公有水面埋立法による埋立地で竣工認可告示前に行う開発行為<br>● 非常災害のための応急措置として行う開発行為<br>● 通常の管理行為、軽易な行為 | | | | |
| | － | ● 農林漁業用建築物、農林漁業者の居住のための開発行為 | | | |

## 開発行為の手順（図表2）

あらかじめ、関係公共施設の管理者の同意、新設される公共施設の管理者等との協議が必要

→ 公共施設とは、道路、公園、下水道、緑地、広場、河川、運河、水路、消防の用に供する貯水施設。

↓

許可申請

→ 開発区域の位置、区域及び規模、予定建築物等の用途、設計、工事施行者等を記載した申請書を知事等に提出する。

↓

法33条・34条の開発許可基準、地方公共団体の開発指導条例・要綱等に適合しているかどうか判断

→ ● 宅地開発指導条例・要綱とは、地方自治体がまちづくりを進めるうえで、都市計画法に定められた開発許可の基準だけでは不十分であるとして開発者に対して法定以上の内容を求めるもの。
指導内容としては、開発の規模、住宅敷地面積、道路、公園、緑地ほかがある。
● 指導要綱は法的な裏付けのない行政指導にすぎないことから、最近は指導要綱を条例化する自治体が増えている。

↓

- 許可 → 工事 → 完了の届出 → 検査 → 完了の公告
- 許可 → 工事完了前の建築承認申請 → 建築確認申請 → 建築確認 → 建築工事着手 → 建築工事完了
- 不許可

● 開発許可を受けた開発区域内の土地では、工事完了公告があるまでは、原則として、建築物や特定工作物を建築することができない。
● しかし、建築等の工事についても、開発行為と同時でなければ不可能な場合も多く、こうした場合は、開発行為の許可が下りたら、すぐに、建築制限解除の申請を行う。

完了の公告・建築工事完了 ↓

開発事業完了　引渡し

# 071 地区計画とは

**地区計画とは、地区の特性を踏まえ、住民の意向も反映して策定するまちづくりの計画**

地区計画とは、良好な環境の地区の形成を図るため、建築物の形態や用途、公共施設の配置などを定める計画で、市町村が住民の意向を反映しながら策定するものである（**図表**）。

地区計画は、都市計画区域内で用途地域が定められている土地の区域と、用途地域が定められていない土地の区域で不良な街区の環境が形成されるおそれがある場合など特に必要な区域で定めることができる。なお、準都市計画区域内では地区計画を定めることはできない。

地区計画では、目標・方針を定めるとともに、地区整備計画で、道路や公園、広場などの地区施設や建築物等に関する事項など、まちづくりの内容を定める。

具体的には、地区内に必要な道路や公園、広場などを地区施設に位置づけ、必要な公共空間を確保するとともに、建築物等に関する事項で、建物の配置と規模、用途制限、容積率の最低・最高限度、建蔽率の最高限度、建物の敷地面積又は建築面積の最低限度、壁面の位置の制限、建物の高さの最高・最低限度、建物の形態や色彩、緑化率の最低限度などの詳細なルールを定めることができる。また、緑地の保全など、土地の利用の制限なども定められる。

**地区計画の区域内で、建築物の建築等を行う場合には、市区町村長への届出が必要**

地区計画の区域内において企画を行う場合には、その区域の地区整備計画に沿って進める必要があるとともに、地区計画の区域内において、土地の区画形質の変更、建築物の建築、工作物の建設、建築物等の用途変更、建築物等の形態又は意匠の変更、木材の伐採を行う場合には、市区町村長への届け出が必要となる。

また、地区計画の区域内の建築物の形態に係る内容については、市町村で建築条例を定めることができる。そしてこの条例による制限は、建築確認の際の必要条件となるため、内容に適合しない場合には建築確認がおりない。さらに、地区計画に定められた道路が予定道路として指定されると、その部分の建築物の建築は制限される。

なお、開発許可を要する地域では、開発行為の設計内容が地区計画に適合しなければ許可されないことになる。

# 地区計画の概要（図表）

## ◆地区計画とは？

- 良好な環境の地区の形成を図るため、建築物の形態や用途、公共施設の配置などを定める計画で、市町村が住民の意向を反映しながら策定する手法。
- 地区の将来像を描き、建築物のルールや道路、公園等の位置や規模を定めることができるとともに、地区の特性に応じて、用途制限、容積率制限等を緩和・強化できる。

## ◆地区計画で定める内容

□地区計画の種類、名称、位置及び区域、区域の面積のほかに、次の事項を定める

- 地区計画の目標
- 地区の整備、開発及び保全に関する方針
- 地区施設及び建築物等の整備並びに土地の利用に関する計画（地区整備計画）

□地区整備計画で定めることができるもの

- 地区施設に関する事項（道路、公園等の配置・規模）
- 建築物等に関する事項
  - （1）建築物の用途の制限
  - （2）容積率の最高（最低）限度
  - （3）建蔽率の最高限度
  - （4）建築物の敷地面積の最低限度
  - （5）建築面積の最低限度
  - （6）壁面の位置の制限
  - （7）建築物等の高さの最高（最低）限度
  - （8）建築物等の形態又は色彩その他の意匠の制限
  - （9）建築物の緑化率の最低限度
  - （10）垣又はさくの構造の制限
- 樹林地、草地等で良好な居住環境を確保するため必要なものの保全に関する事項

## ◆地区計画等の種類と目的

|  |  |
|---|---|
| **地区計画** | ● 建築物の建築形態、公共施設その他の施設の配置等からみて、一体として区域の特性にふさわしい態様を備えた良好な環境の各街区を整備・開発・保全する。 |
| **再開発等促進区** | ● 高度利用と都市機能更新のため、一体的かつ総合的な再開発又は開発整備を実施する。 |
| **開発整備促進区** | ● 特定大規模建築物の整備による商業その他業務の利便の増進を図る。 |
| **誘導容積型** | ● 公共施設の伴った土地の有効利用を促進する。 |
| **容積適正配分型** | ● 区域を区分して容積率の最高限度を定める。 |
| **高度利用型** | ● 高度利用と都市機能の更新を図るため、容積率の最高限度等を定める。 |
| **用途別容積型** | ● 住居と住居以外の用途とを適正に配分する。 |
| **街並み誘導型** | ● 高さ、配列及び形態を備えた建築物を整備する。 |
| **立体道路制度** | ● 道路の整備と併せて道路の上空又は路面下で建築物等の整備を一体的に行う。 |
| **防災街区整備地区計画** | ● 災害時の延焼防止、避難路確保に必要な道路、建築物等を総合的に整備する。 |
| **歴史的風致維持向上地区計画** | ● 歴史的風致の維持及び向上と土地の合理的かつ健全な利用を図る。 |
| **沿道地区計画** | ● 沿道整備道路に接続する土地の区域で、一体的かつ総合的に市街地を整備する。 |
| **集落地区計画** | ● 営農条件と調和のとれた良好な居住環境と適正な土地利用を図る。 |

## ◆地区計画による制限

|  |  |
|---|---|
| **届出・勧告** | ● 地区計画の区域内において、土地の区画形質の変更、建築物の建築、工作物の建設、建築物等の用途変更、建築物等の形態又は意匠の変更、木材の伐採を行う場合には、工事着手30日前までに市区町村長に届出が必要。適合していない場合は市区町村長は設計変更等必要な措置をとることを勧告できる。 |
| **建築条例** | ● 地区整備計画を定めた地区計画の中で建築物の形態に係る内容については、市町村で建築条例を定めることができる。内容に適合しない場合は建築確認がおりない。 |
| **予定道路** | ● 地区計画に定められた道路が予定道路として指定されると、その部分は道路としての取扱いを受け、建築は制限される。 |
| **開発許可** | ● 開発許可を要する地域では、開発行為の設計内容が地区計画に適合しなければ許可されない。 |

# 072 用途地域を調べる

## 用途地域は住居系、商業系、工業系に大別され、全13種類ある

用途地域とは、都市の環境保全や利便の増進のために、地域における建物の用途・容積・形態について制限を定める地域である。用途地域は住居系、商業系、工業系に大別される。平成30年には田園住居地域が創設され、第一種低層住居専用地域、近隣商業地域、準工業地域など、全部で13種類となっている（図表）。

## 工業専用地域では住宅・寄宿舎・老人ホームなどは建築できない

図表に示すとおり、用途地域ごとに形態制限と用途制限が定められている。たとえば、第一種低層住居専用地域は、良好な住居環境を保護するために定められた地域であることから、外壁の後退距離、絶対高さ制限、道路斜線制限、北側斜線制限など、最も厳しい規制がかけられている。一方、商業系地域や工業系地域の場合には、住居系地域のような厳しい規制はないため、比較的高層の建物も建てやすくなっている。

次に、用途制限についてみてみると、住宅や寄宿舎、老人ホームなどは、工業専用地域では建築できないが、その他の地域では建築可能となっている。また、住居専用地域では、原則として一般の事務所は建築できず、店舗・飲食店等についても床面積や階数の制限がある等、建築可能な建物が限定されている。一方、近隣商業地域、商業地域や準工業地域は、用途による制限は少ない。そのため、たとえば準工業地域では、中小規模の工場や住宅、店舗が混在している地域も多く見られる。また、都心では工場跡地にマンションが建ち並んでいるところも多い。

また、田園住居地域では、農家レストランや直売所なども建築できる。

## 敷地が2以上の地域にまたがる場合には、過半以上の属する区域の規制を受ける

計画敷地が2以上の用途地域にまたがる場合には、過半以上の属する区域の規制を受けることになる。たとえば、1000㎡の敷地のうち700㎡が第2種中高層住居専用地域、300㎡が近隣商業地域の敷地の場合には、第2種中高層住居専用地域の規制を受けることになるため、この敷地では一般の事務所は建築できないことになる。

## 13の用途地域と主な建築制限（図表）

○…建てられるもの
△…建てられるが床面積や階数が制限されているもの
×…建てられないもの

<table>
<tr><th colspan="2" rowspan="2">地区地域の種別</th><th rowspan="2">設定目的と対象地域</th><th colspan="5">形態制限</th><th colspan="7">主な用途制限</th></tr>
<tr><th>外壁の後退距離</th><th>絶対高さ制限</th><th>道路斜線制限勾配</th><th>隣地斜線制限 立ち上がり／勾配</th><th>北側斜線制限 立ち上がり／勾配</th><th>住宅、共同住宅、寄宿舎、下宿</th><th>老人ホーム、身体障害者福祉ホーム等</th><th>保育所、診療所、一般の公衆浴場</th><th>事務所兼用住宅</th><th>一般の事務所</th><th>店舗兼用住宅</th><th>一般の店舗、飲食店等</th></tr>
<tr><td rowspan="4">住専系地域</td><td>第一種低層住居専用地域</td><td>● 低層住宅に係る良好な住居の環境を保護するため定める地域</td><td rowspan="2">1m、1.5m</td><td rowspan="2">10m、12m</td><td rowspan="2">1.25</td><td rowspan="2">—</td><td rowspan="2">5m /1.25</td><td>○</td><td>○</td><td>○</td><td>△</td><td>×</td><td>△</td><td>×</td></tr>
<tr><td>第二種低層住居専用地域</td><td>● 主として低層住宅に係る良好な住居の環境を保護するために定める地域</td><td>○</td><td>○</td><td>○</td><td>△</td><td>×</td><td>△</td><td>△</td></tr>
<tr><td>第一種中高層住居専用地域</td><td>● 中高層住宅に係る良好な住居の環境を保護するため定める地域</td><td>—</td><td>—</td><td rowspan="2">1.25、1.5</td><td>20m/1.25 31m/2.5</td><td rowspan="2">10m /1.25</td><td>○</td><td>○</td><td>○</td><td>△</td><td>×</td><td>△</td><td>△</td></tr>
<tr><td>第二種中高層住居専用地域</td><td>● 主として中高層住宅に係る良好な住居の環境を保護するため定める地域</td><td>—</td><td>—</td><td>20m/1.25 31m/2.5</td><td>○</td><td>○</td><td>○</td><td>○</td><td>△</td><td>○</td><td>△</td></tr>
<tr><td rowspan="4">住居系地域</td><td>第一種住居地域</td><td>● 住居の環境を保護するため定める地域</td><td>—</td><td>—</td><td rowspan="2">1.25、1.5</td><td>20m/1.25 31m/2.5</td><td>—</td><td>○</td><td>○</td><td>○</td><td>○</td><td>△</td><td>○</td><td>△</td></tr>
<tr><td>第二種住居地域</td><td>● 主として住居の環境を保護するため定める地域</td><td>—</td><td>—</td><td>20m/1.25 31m/2.5</td><td>—</td><td>○</td><td>○</td><td>○</td><td>○</td><td>○</td><td>○</td><td>△</td></tr>
<tr><td>準住居地域</td><td>● 道路の沿道としての地域の特性にふさわしい業務の利便の増進を図りつつ、これと調和した住居の環境を保護するため定める地域</td><td>—</td><td>—</td><td>1.25、1.5</td><td>20m/1.25 31m/2.5</td><td>—</td><td>○</td><td>○</td><td>○</td><td>○</td><td>○</td><td>○</td><td>△</td></tr>
<tr><td>田園住居地域</td><td>● 農業の利便の増進を図りつつ、これと調和した低層住宅に係る良好な住居の環境を保護するため定める地域</td><td>1m、1.5m</td><td>10m、12m</td><td>1.25</td><td>—</td><td>5m /1.25</td><td>○</td><td>○</td><td>○</td><td>△</td><td>×</td><td>△</td><td>△</td></tr>
<tr><td rowspan="2">商業系地域</td><td>近隣商業地域</td><td>● 近隣の住宅地の住民に対する日用品の供給を行うことを主たる内容とする商業その他の業務の利便を増進するため定める地域</td><td>—</td><td>—</td><td rowspan="5">1.5</td><td rowspan="5">31m/2.5 適用除外</td><td>—</td><td>○</td><td>○</td><td>○</td><td>○</td><td>○</td><td>○</td><td>○</td></tr>
<tr><td>商業地域</td><td>● 主として商業その他の業務の利便を増進するため定める地域</td><td>—</td><td>—</td><td>—</td><td>○</td><td>○</td><td>○</td><td>○</td><td>○</td><td>○</td><td>○</td></tr>
<tr><td rowspan="3">工業系地域</td><td>準工業地域</td><td>● 主として環境の悪化をもたらすおそれのない工業の利便を増進するため定める地域</td><td>—</td><td>—</td><td>—</td><td>○</td><td>○</td><td>○</td><td>○</td><td>○</td><td>○</td><td>○</td></tr>
<tr><td>工業地域</td><td>● 主として工業の利便を増進するため定める地域</td><td>—</td><td>—</td><td>—</td><td>○</td><td>○</td><td>○</td><td>○</td><td>○</td><td>○</td><td>△</td></tr>
<tr><td>工業専用地域</td><td>● 工業の利便を増進するため定める地域</td><td>—</td><td>—</td><td>—</td><td>×</td><td>×</td><td>○</td><td>×</td><td>○</td><td>×</td><td>△</td></tr>
</table>

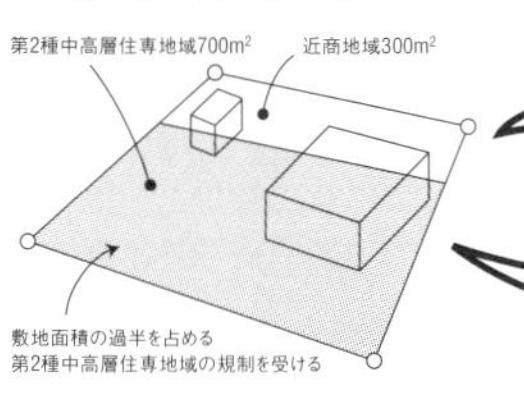


敷地が2以上の地域にまたがる場合には過半以上の属する区域の規制を受ける。

敷地が3以上の地域にまたがる場合で、敷地の過半を占める地域がない場合は、法の趣旨に照らして判断される。

# 073／防火規制を確認する／

**対象地が、防火地域・準防火地域に指定されているかどうかを確認する**

防火地域、準防火地域とは、市街地の火災が拡がるのを抑えるため、都市計画法に基づいて指定される地域である。

一般に、防火地域は都心の中心市街地や幹線道路沿いに指定され、準防火地域は防火地域周辺の住宅地に指定される場合が多い。

防火地域や準防火地域に指定されている地域に建物を建てる場合には、**図表1**に示すような義務づけがある。これらの防火規制は、火災の延焼の防止を目的としているので、建物の階数、延べ面積に応じて、建物を耐火建築物・準耐火建築物等といった燃えにくく延焼しづらい構造にしたり、外壁、軒裏等を防火構造等にするなどの規制がかけられている。

なお、対象地がどの地域に指定されているかは、都市計画図などに記載されているので、役所等で確認できる。

防火地域の場合には、階数が3以上または延べ面積100㎡超の場合には、耐火建築物等としなければならず、それ以外の場合でも耐火又は準耐火建築物等としなければならない。

**建物が複数の地域にまたがっているときは、規制の厳しい地域の規制が適用される**

建物が複数の地域にまたがっている場合には、原則として規制の厳しい地域の規制が適用される。ただし、敷地が防火地域に含まれていても、建物が防火地域に含まれていなければ、防火地域の規制はかからない。

また、防火地域または準防火地域内にある建築物で、外壁を耐火構造にしたものは、外壁を隣地境界線に接して設けることができる。

**道路中心線や隣地境界線から1階が3m、2階以上が5m以内は延焼のおそれのある部分**

延焼のおそれのある部分とは、基本的には、**図表2**に示すように、道路中心線や隣地境界線から、1階が3m以内、2階以上が5m以内にある部分のことであり、この3m、5mの線を延焼線と呼ぶこともある。

防火地域や準防火地域内では、この部分の窓や玄関ドアなどの開口部は網入りガラスなど防火仕様にしなければならない。ただし、建物と隣地境界線との角度に応じて、延焼のおそれのある部分が緩和される。

## 防火地域、準防火地域の規制（図表1）

| 階数 | 防火地域 | | | 準防火地域 | | |
|---|---|---|---|---|---|---|
| | 50㎡以下 | 100㎡以下 | 100㎡超 | 500㎡以下 | 500㎡超 1,500㎡以上 | 1,500㎡超 |
| 4階以上 | 耐火建築物 ＋耐火建築物相当 | 耐火建築物 ＋耐火建築物相当 | 耐火建築物 ＋耐火建築物相当 | 耐火建築物 | 耐火建築物 | 耐火建築物 |
| 3階建 | 耐火建築物 | 耐火建築物 | 耐火建築物 | 一定の防火措置 ＋準耐火建築物相当 | 準耐火建築物 ＋準耐火建築物相当 | 耐火建築物 |
| 2階建 | 準耐火建築物 ＋準耐火建築物相当 | 準耐火建築物 ＋準耐火建築物相当 | 耐火建築物 | 防火構造の建築物 ＋防火構造の建築物相当 | 準耐火建築物 | 耐火建築物 |
| 平屋建 | 準耐火建築物 ＋準耐火建築物相当 | 準耐火建築物 ＋準耐火建築物相当 | 耐火建築物 | 防火構造の建築物 ＋防火構造の建築物相当 | 準耐火建築物 | 耐火建築物 |

**POINT!**

- 耐火建築物とは：屋内または周囲で発生した火災に対して、火災が終了するまでの間、倒壊するほどの変形や損傷などがなく、延焼もしないで、耐えることのできる建築物
- 準耐火建築物とは：耐火建築物ほどの耐火性能はないが、火災の際に一定の時間、倒壊や延焼を防ぐ耐火性能がある建築物
- 主要構造部とは：構造上重要な壁、柱、床、梁、屋根又は階段
- 耐火構造とは：一定の時間、火災に耐えることができる耐火性能を持つ構造のこと

## 延焼のおそれのある部分（図表2）

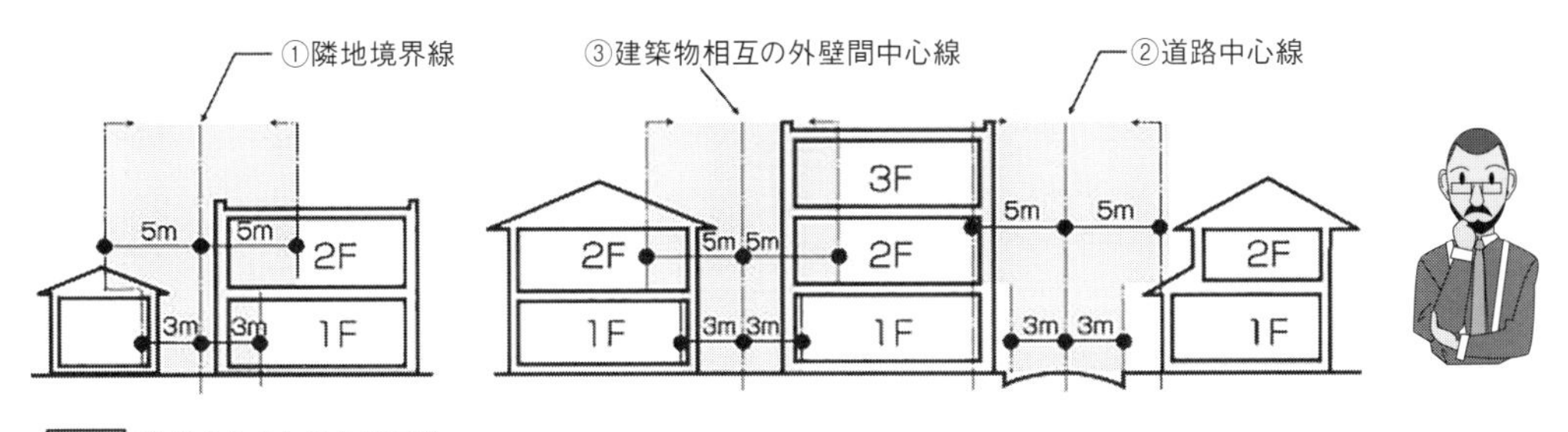


●建物と隣地境界線との角度に応じて「延焼のおそれのある部分」を定める

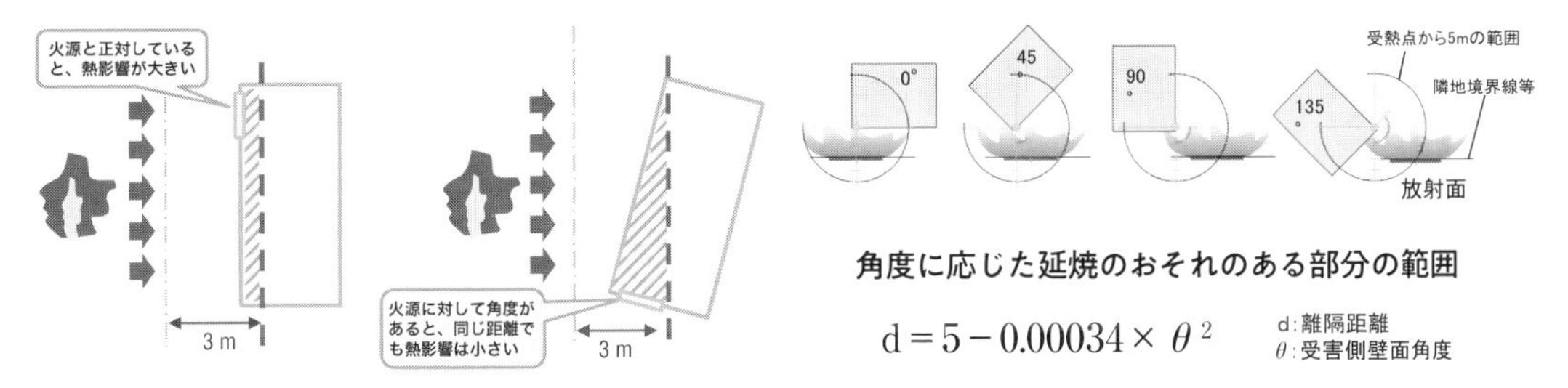

※詳細は、令和２年国土交通省告示第 197 号参照

# 074 建蔽（ぺい）率を計算する

**建蔽率とは、建築面積（建物の水平投影面積）の合計の敷地面積に対する割合をいう**

建蔽率とは、建築面積の合計の敷地面積に対する割合をいう（**図表1**）。ここで建築面積とは、建物の水平投影面積をいう。すなわち、建物の真上から光を当てて、地面にできる影の面積のことである。厳密には、軒、庇、バルコニーなど、柱や壁に支えられていない、はね出している部分は、その先端から1m※を除いて計算される。なお、この建築面積は、柱や壁の中心線で計測する。

建蔽率は、用途地域ごとに都市計画で定められているため、指定されている建蔽率を超えて建物を建てることはできない。たとえば、住居系地域では、建蔽率は30％から60％と低めの設定になっているが、商業地域では80％となっている。そのため、商業地域では敷地いっぱいに建物を建てることも可能だが、逆に、住居系地域では、敷地が狭すぎると建物を建てる余裕がなくなってしまうこともある。

なお、建蔽率は都市計画図に記載されているので、役所等で確認できる。

**角地の場合や防火地域内の耐火建築物等の場合には、建蔽率が10％増しになる**

企画の際には、指定された建蔽率から建築可能な建築面積を求めることになる。たとえば、建蔽率50％の地域にある敷地で、面積が100㎡の場合には、建築面積50㎡までの建物しか建てることができないことになる。

ただし、**図表2**に示すように、①敷地が角地の場合には、建蔽率が10％増しになる。また、②建蔽率80％とされている地域外で、かつ、防火地域内の耐火建築物等や準防火地域内の耐火・準耐火建築物等も、10％増しになる。さらに、①と②の両方を満たす場合には、建蔽率は20％増しになる。なお、④に示す地域内で、かつ防火地域内の耐火建築物等については、建蔽率の制限はなく、敷地いっぱいに建物を建てることが可能となる。

⑤敷地が2以上の地域又は区域にわたる場合には、それぞれの面積の加重平均により建蔽率の限度を求めることになる。**図表2⑤**は、建蔽率80％と建蔽率50％の2つの地域にまたがる600㎡の敷地の例である。この場合、建蔽率は、AとB2つの土地の建蔽率の加重平均となり、60％と計算されるため、建築面積の限度は360㎡となる。

※一定の要件を満たす物流倉庫等の積卸し等が行われる庇は5m

## 建蔽率とは（図表1）

| 用途地域 | 建蔽率の限度（以下の数値のうち、都市計画で定められたもの） |
|---|---|
| 第一種・第二種低層住居専用地域、第一種・第二種中高層住居専用地域、田園住居地域、工業専用地域 | 30%、40%、50%、60% |
| 第一種・第二種住居地域<br>準住居地域、準工業地域 | 50%、60%、80% |
| 近隣商業地域 | 60%、80% |
| 商業地域 | 80% |
| 工業地域 | 50%、60% |
| 用途地域の指定のない区域 | 30%、40%、50%、60%、70% |

## 建蔽率の計算方法（図表2）

① 敷地が角地の場合→ **＋10%になる**

例）

建蔽率 50%
敷地面積 400 ㎡

50%＋10%＝60%より、
建蔽率は 60%となる

② 建蔽率 80%とされている地域外で、かつ、防火地域内の耐火建築物等または準防火地域内の耐火・準耐火建築物等
→ **＋10%になる**

例）

建蔽率 50%
敷地面積 400 ㎡

50%＋10%＝60%より、
建蔽率は 60%となる

③ ①＋②の場合→ **＋20%になる**

例）

建蔽率 50%
敷地面積 400 ㎡

50%＋20%＝70%より、
建蔽率は 70%となる

④ 第一種住居地域、第二種住居地域、準住居地域、準工業地域、近隣商業地域、商業地域で建蔽率の上限が80%とされている地域内で、かつ、防火地域内の耐火建築物等
→ **建蔽率制限なし**

⑤ 敷地が 2 以上の地域又は区域にわたる場合→ **面積の加重平均による**

例）

A
建蔽率 80%
敷地面積 200 ㎡

B
建蔽率 50%
敷地面積 400 ㎡

$$\frac{80\% \times 200\ \text{㎡} + 50\% \times 400\ \text{㎡}}{600\ \text{㎡}} = 60\%$$

建蔽率は 60%となる

# 075 容積率を計算する

**容積率とは、延べ面積（各階の床面積の合計）の敷地面積に対する割合をいう**

容積率とは、延べ面積の敷地面積に対する割合をいう。たとえば、１００㎡の敷地に延べ面積２００㎡の建物がある場合には、容積率は２００％ということになる（**図表１**）。

ここで、延べ面積とは、各階の床面積の合計のことである。正確には、屋内的用途に使われる空間の床面積が対象となり、建築面積と異なり、住宅の出入りのための玄関ポーチなどは対象とならないが、駐車場や駐輪場は対象になる。バルコニーなども、建築面積とは扱いが異なり、吹きさらしで外気に十分開放されていれば、先端から２ｍまでは対象外となる。壁や柱の有無は関係ない。

**道路幅員12ｍ未満の場合には、道路幅員×０・４（０・６）と指定容積率の小さいほうになる**

容積率の限度は、敷地が面する道路の幅によって異なる。前面道路の幅員が12ｍ以上であれば、その敷地の容積率の限度は都市計画で定められる指定容積率そのものとなるが、12ｍ未満の場合には、前面道路（ｍ）に、係数、すなわち原則的に住居系の用途地域は０・４、その他の用途地域は０・６を乗じた容積率と、指定容積率を比べ、いずれか小さいほうとなる（**図表２①**）。

この容積率を基準容積率とよび、敷地面積に基準容積率を乗じたものが延べ面積の最高限度となる。

また、敷地が２以上の地域又は区域にわたる場合には、建蔽率の計算の場合と同様に、加重平均により容積率を求めることになる。たとえば、**図表２②**の敷地は、近隣商業地域と準住居地域に属しており、いずれも容積率４００％となっている。しかし、前面道路が８ｍのため、準住居地域については前面道路幅員に０・４を、近隣商業地域については０・６を乗じた容積率を計算し、それと指定容積率を比較して小さいほうの容積率がこの敷地の容積率となる。計算の結果、近隣商業地域の容積率は前面道路幅員による容積率よりも指定容積率のほうが小さいため４００％となるが、準住居地域の容積率は３２０％となるため、対象地の容積率は、４００％と３２０％の加重平均３５２％となる。よって、この敷地に建てられる延べ面積の最高限度は、敷地面積５００㎡×３５２％＝１７６０㎡となる。

## 容積率とは（図表1）

$$容積率 = \frac{延べ面積}{敷地面積}（× 100）$$

| 用途地域 | 容積率の限度（以下の数値のうち、都市計画で定められたもの） | 幅12m未満の前面道路に接する敷地 |
|---|---|---|
| 第一種・第二種低層住居専用地域<br>田園住居地域 | 50%、60%、80%、100%、150%、200% | 前面道路幅員×0.4 |
| 第一種・第二種中高層住居専用地域<br>第一種・第二種住居地域、準住居地域 | 100%、150%、200%、300%、400%、500% | 前面道路幅員×0.4<br>（特定行政庁指定区域内以外） |
| 近隣商業地域<br>準工業地域 | 100%、150%、200%、300%、400%、500% | 前面道路幅員×0.6<br>（特定行政庁指定区域内以外） |
| 商業地域 | 200%、300%、400%、500%、600%、700%、800%、900%、1000%、1100%、1200%、1300% | |
| 工業地域、工業専用地域 | 100%、150%、200%、300%、400% | |
| 用途地域の指定のない区域 | 50%、80%、100%、200%、300%、400% | |

## 容積率の計算方法（図表2）

### ①最も広い前面道路の幅員が12m未満の場合
### →前面道路幅員×0.4又は0.6と指定容積率の小さい方

例）

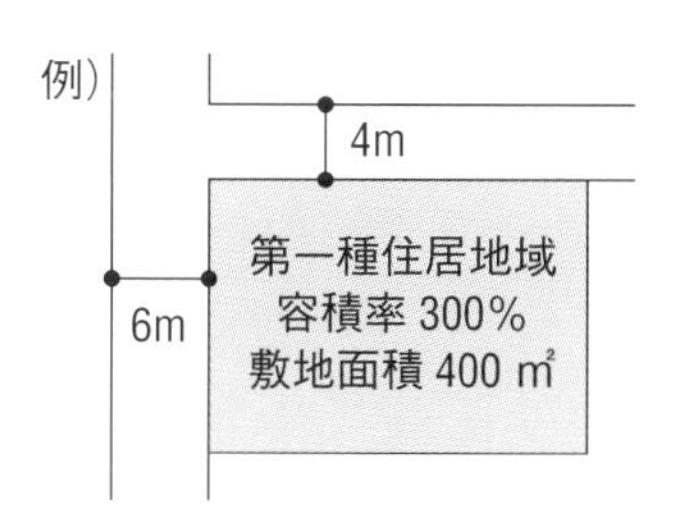


前面道路幅員6m×0.4×100%＝240%
指定容積率　300%＞240%より、

容積率は240%となる

### ②敷地が2以上の地域又は区域にわたる場合→面積の加重平均による

例）

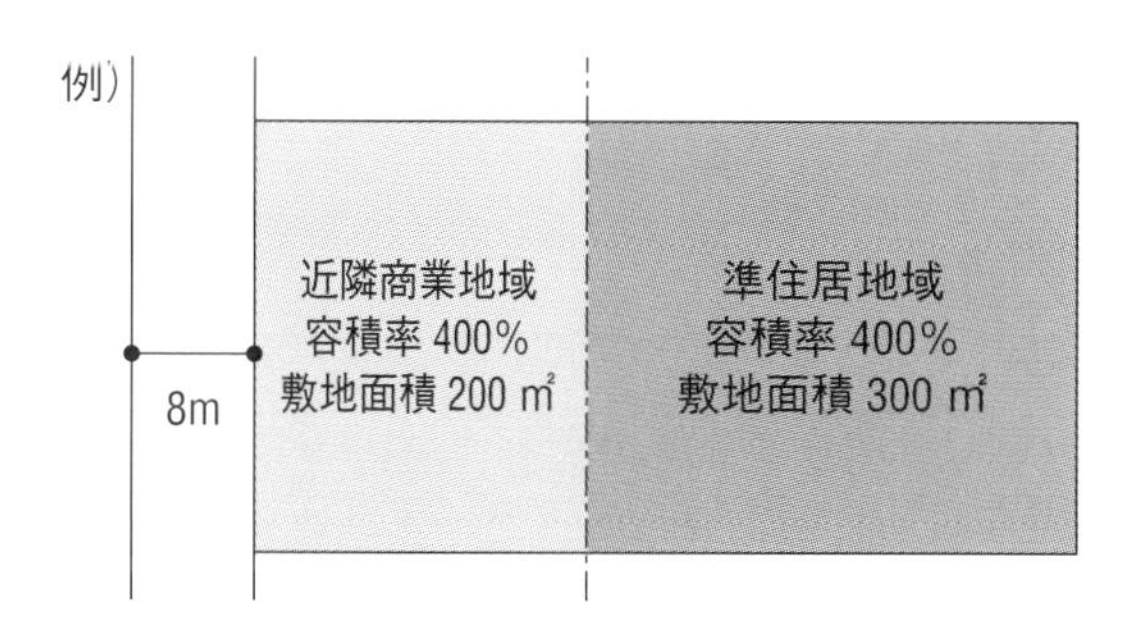


前面道路幅員による乗数
- 近隣商業地域 0.6
- 準住居地域　0.4

● 近隣商業地域
- ・400%
- ・前面道路幅員8m×0.6×100%＝480%

いずれか小さい方より、400%

● 準住居地域
- ・400%
- ・前面道路幅員8m×0.4×100%＝320%

いずれか小さい方より、320%

● よって、

$$\frac{400\% \times 200㎡ + 320\% \times 300㎡}{500㎡} = 352\%$$

容積率は352%となる

# 076／容積不算入にできる床もある／

## 駐車場については、延べ面積の1／5までは容積率に算入しない

駐車場や駐輪場の用途に利用する床面積ついては、延べ面積の1／5までは容積率算定上の床面積から除外できる。したがって、図表①のように、事務所の1階部分が駐車場の場合、駐車場部分800㎡のうち、延べ面積の1／5に当たる760㎡は、容積対象延べ面積から控除できる。

## 住居等の地下室やマンションの共用廊下は容積不算入にできる床がある

住宅や老人ホーム等の地階で、天井高さが地盤面から1m以下にある住宅等の用途に供する部分の床面積については、住宅等の用途に供する部分の床面積の合計の1／3を限度として容積率不算入にできる。たとえば、図表②に示すように、敷地面積100㎡、容積率100%の土地に住宅を建てる場合には、地上部分で最高100㎡、地下部分に50㎡の床を造ることが可能となる。このように、地下室を利用すれば、床面積を1・5倍にまで増やすことができる。しかし、斜面地を中心に、この緩和制度を利用して、地下室住宅が多く造られたことから、横浜市などでは、条例で斜面地における地下室建築物の建築を規制している（061参照）。

また、住宅の小屋裏、天井裏なども容積対象の床面積に算入されない。ただし、天井の最高高さが1・4m以下、直下階の床面積の50%までで、物置などの収納スペースの場合に限られる。

さらに、共同住宅や老人ホーム等の場合には、共用廊下、共用階段、エントランスホール、エレベーターシャフト、アルコーブ、バルコニー（幅2mまで）なども、容積率の計算に算入する必要がない。

なお、エレベーターシャフトについては、建物の用途は限定していないので、共同住宅等以外でもその分の床面積を増やすことができる。

また、駐車場等の容積率緩和規定と、地下室等の緩和規定は併用可能となっている。ただし、駐車場については建物用途が住宅以外でも緩和対象となるが、地下室の緩和は住宅や老人ホーム等の用途に限られる。

このように、容積率の算定にあたっては、様々な緩和規定があるが、工事費の基礎となる面積は容積率算定上の面積とは異なる。また、固定資産税等の税金の計算の基礎となる床面積もこれとは違う。

## 容積不算入にできる床（図表）

### ①駐車場、駐輪場

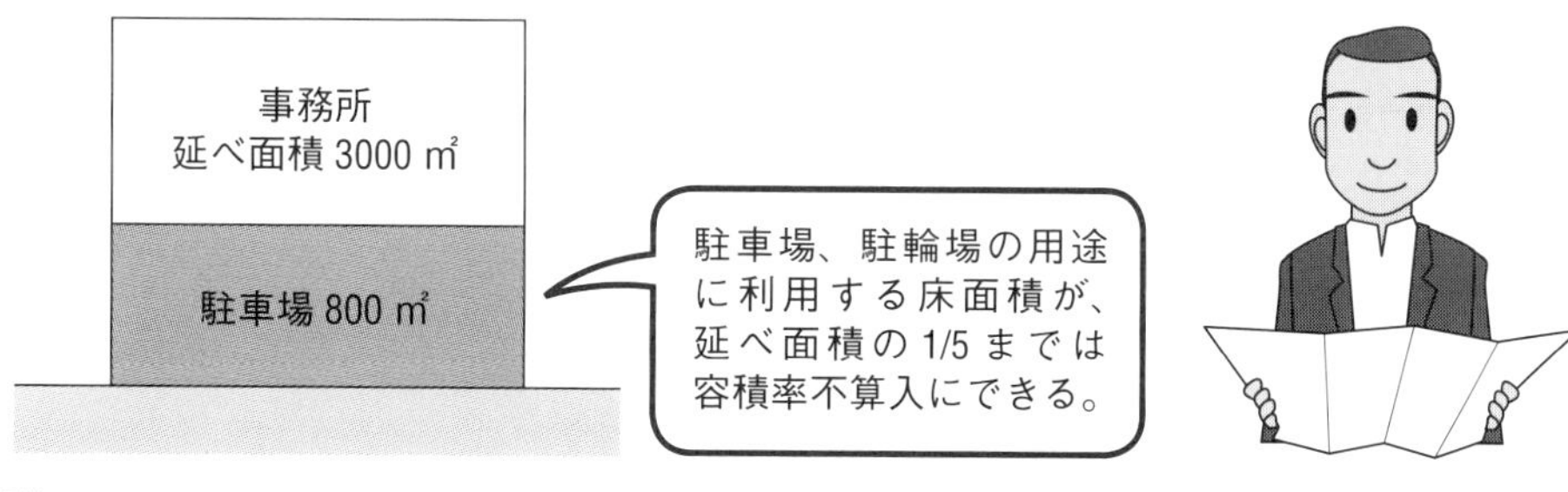


例）
（3000㎡＋ 800㎡）/5 ＝ 760㎡より、
容積対象延べ面積は、
3000㎡＋ 800㎡－ 760㎡＝ 3040㎡となる。



### ②住居の地下室

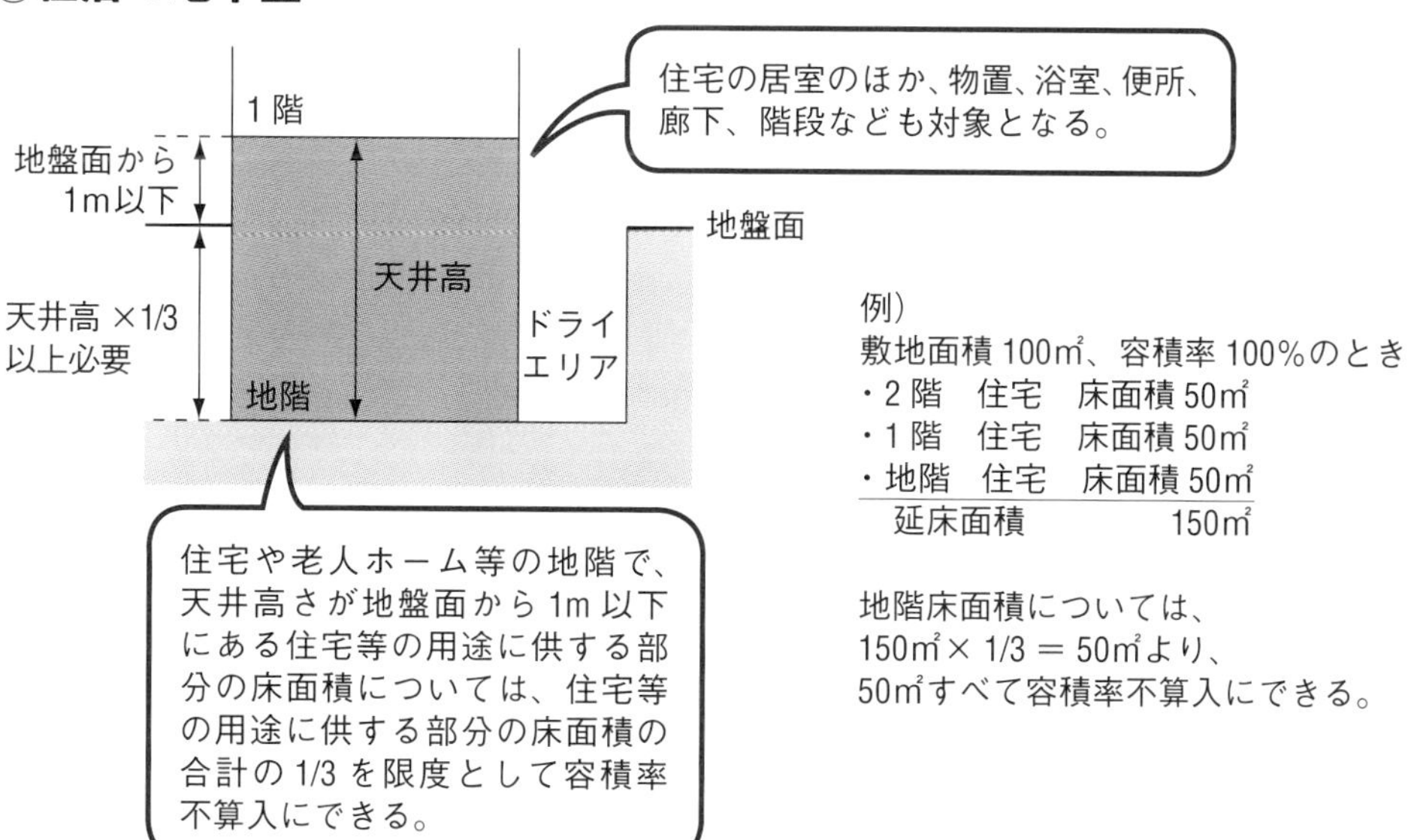


例）
敷地面積 100㎡、容積率 100％のとき
・2 階　住宅　床面積 50㎡
・1 階　住宅　床面積 50㎡
・地階　住宅　床面積 50㎡
　延床面積　　　　　150㎡

地階床面積については、
150㎡× 1/3 ＝ 50㎡より、
50㎡すべて容積率不算入にできる。

### ③共同住宅や老人ホーム等の共用廊下、階段等の部分

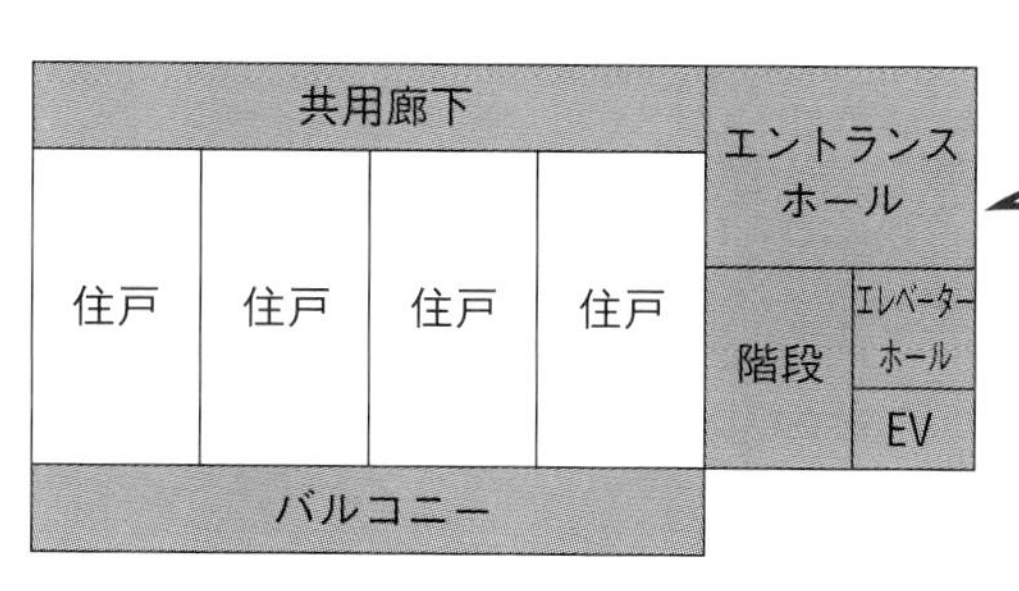


◆ 容積不算入にできる部分
- 共用廊下、共用階段
- エントランスホール
- エレベーターホール
- エレベーターシャフト
- アルコーブ
- バルコニー（幅 2m まで）
- 給湯設備等設置のための機械室等　など

# 077 斜線制限を調べる

採光や通風などを確保し、良好な環境を保つために、建物の各部分の高さを制限する規定として斜線制限がある。斜線制限は建築基準法で定められており、道路斜線制限、隣地斜線制限、北側斜線制限がある。よくトウフの角が削られたような家が建っているのを見かけることがあるが、これは大抵、斜線制限によるものである。建物を計画する際には、建物の高さが図表のように斜線を超えないように計画しなければならない。

## 道路斜線制限は、建物を道路境界線からセットバックさせるとその分、緩和される

道路斜線制限は、前面道路の反対側の境界線から一定の角度で線を引き、これにより建築物の高さを制限するものである（図表1）。一般に勾配は、住居系の地域では1・25、その他の地域では1・5となっている。

なお、建物を道路境界線からセットバックさせると、後退した距離だけ敷地の反対側の道路境界線が後退したものとみなして、道路斜線が緩和される。

## 隣地斜線制限は、第一種・第二種低層住居専用地域、田園住居地域ではかからない

隣地斜線制限は、日照、通風、採光などの隣地の環境の確保のために定められており、隣地境界線までの水平距離に応じて高さを規制している（図表2）。

斜線の勾配は、基本的には住居系の地域では1・25、その他の地域では2・5となっている。ただし、第一種・第二種低層住居専用地域、田園住居地域では、隣地斜線制限はかからない。

## 北側斜線制限は、低層住居・中高層住居専用地域、田園住居地域にかかる

北側斜線制限は、北側の隣地の環境、特に日照の確保のために定められており、北側前面道路の反対側の境界線または北側隣地の境界線までの真北方向に計った水平距離に応じて高さを規制している（図表3）。北側斜線制限は、第一種・第二種低層住居専用地域、田園住居地域、第一種・第二種中高層住居専用地域にかかる規制である。

なお、北側に水路、線路敷、その他これらに類するものがある場合、北側に高低差がある場合には、制限が緩和される。また、日影規制が定められている中高層住居専用地域については、北側斜線制限は適用除外となる。

## 道路斜線制限（図表1）

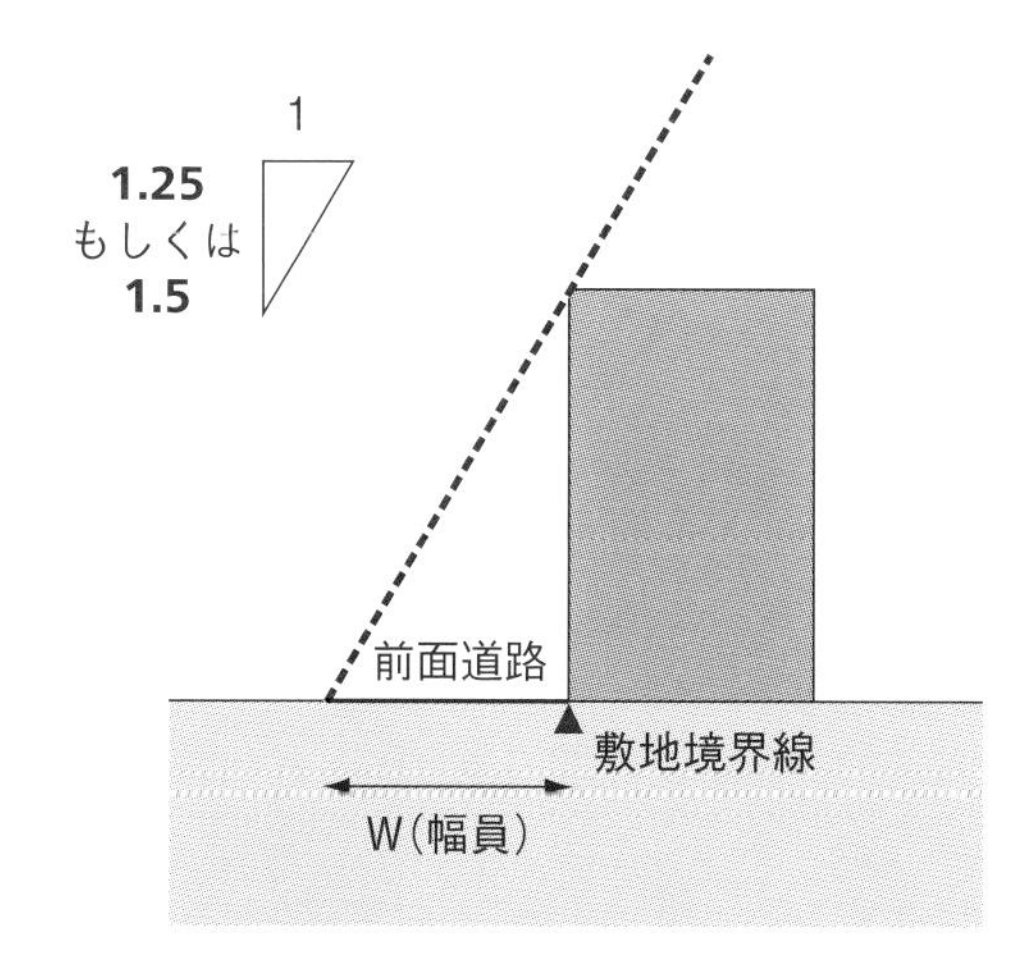


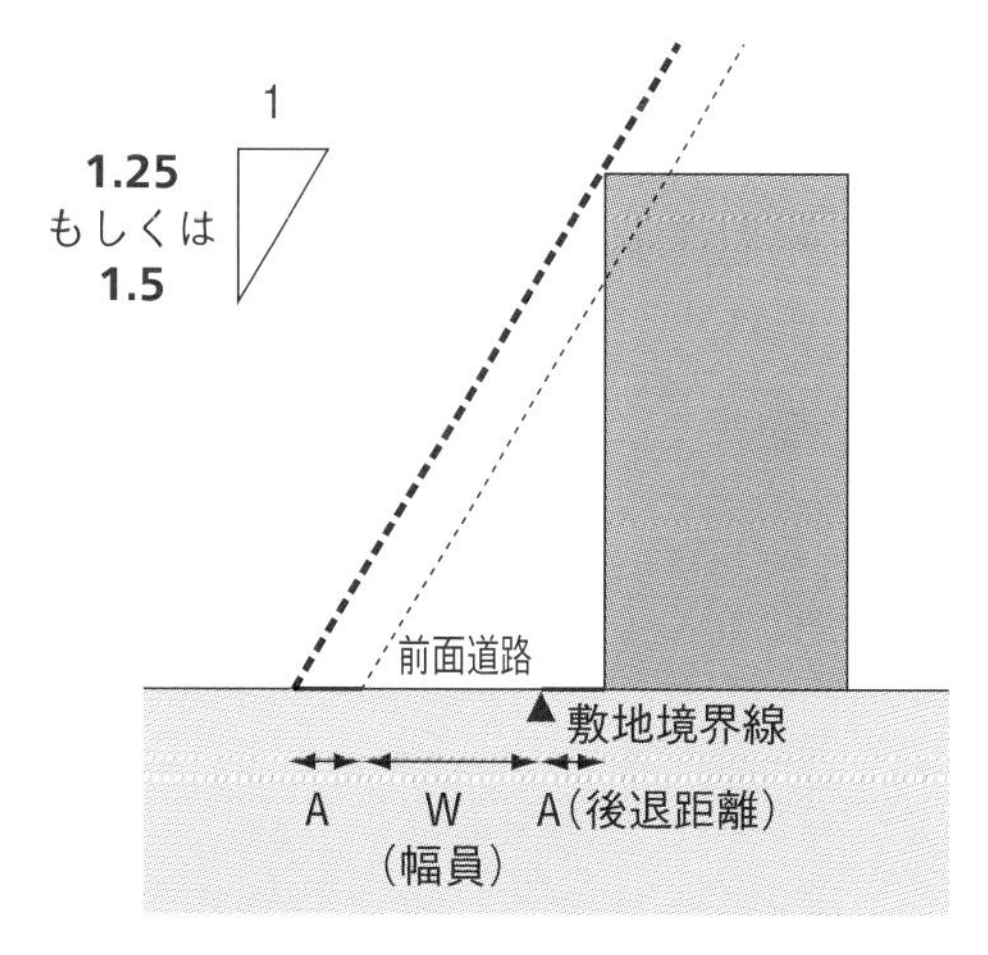


◆ 道路境界線から受ける高さ制限。敷地の反対側の道路境界線から一定の角度で引かれた線にかからない高さで建てなければならない。

◆ 道路境界線から後退（セットバック）すると、後退した距離だけ敷地の反対側の道路境界線が後退したものとみなして、道路斜線が緩和される。

## 隣地斜線制限（図表2）

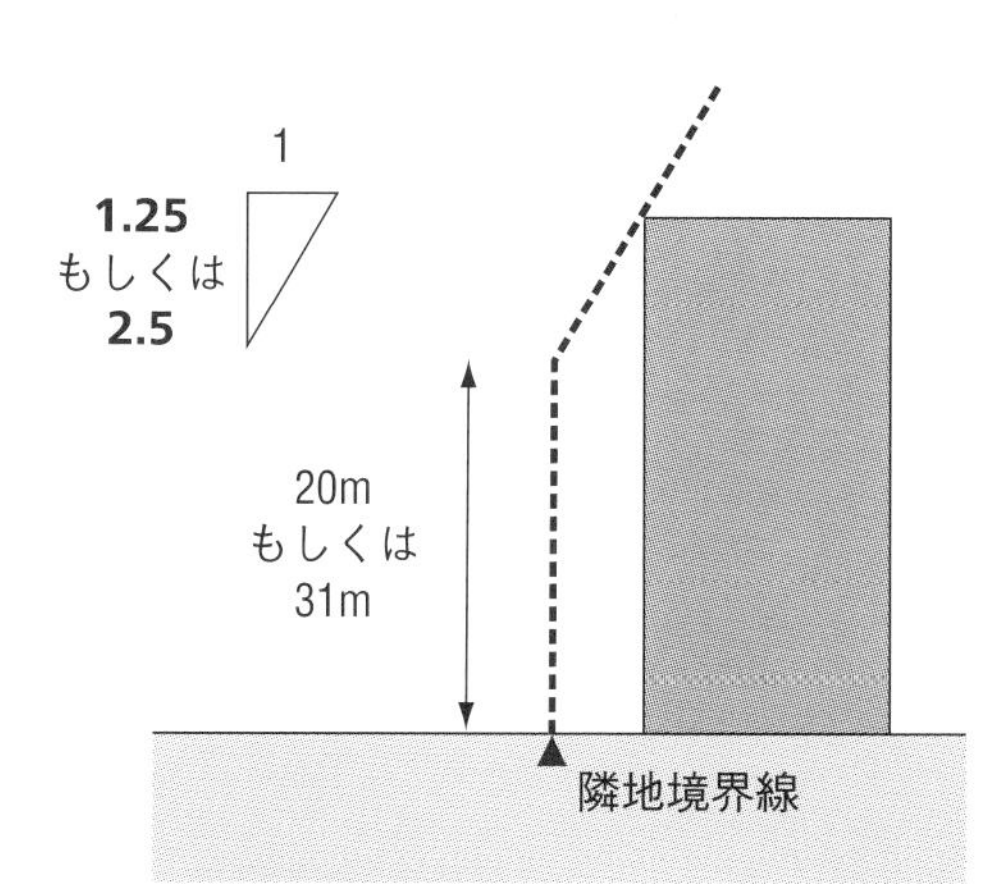


◆ 道路に接する部分以外の隣地境界線から受ける高さ制限。
● 住居系地域（低層住専系地域・田園住居地域を除く）：
20m ＋ 1.25 ×隣地境界線までの水平最小距離
● その他の地域：
31m ＋ 2.5 ×隣地境界線までの水平最小距離
が原則の制限数値となる。

## 北側斜線制限（図表3）

**（第一種・第二種低層住居専用地域、田園住居地域
第一種・第二種中高層住居専用地域）**

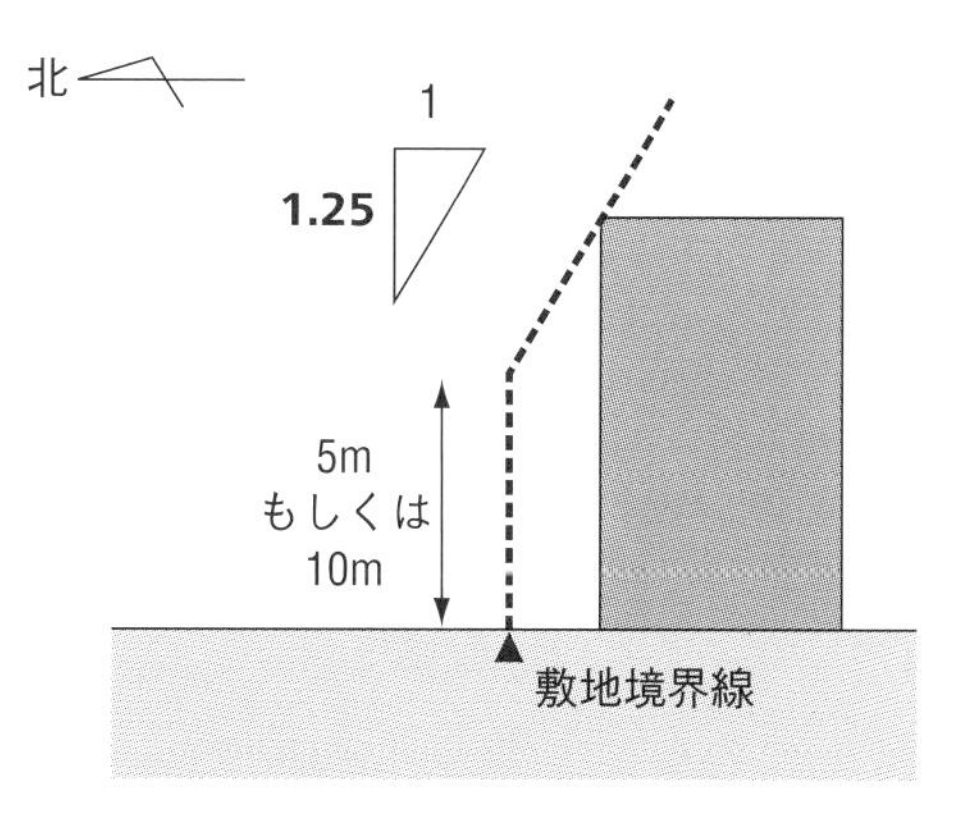


◆ 敷地の真北方向の隣地境界線から受ける高さ制限。
● 第一種・第二種低層住居専用地域、田園住居地域では 5m ＋ 1.25 ×真北の隣地境界線までの水平最小距離
● 第一種・第二種中高層住居専用地域では 10m ＋ 1.25 ×真北の隣地境界線までの水平最小距離
の高さ制限となる。

# 078 高度地区・絶対高さを調べる

**高度地区とは、建物の高さの最高限度または最低限度が定められている地区**

高度地区とは、市街地の環境の維持や土地利用の増進を図るため、都市計画法によって建物の高さの最高限度または最低限度が定められている地区である。高度地区による高さ制限には、絶対高さを制限する方法と斜線制限による方法がある。

たとえば、東京都の場合の高度地区の制限は、**図表1**に示すとおりである。地域により、第1種高度地区、第2種高度地区、第3種高度地区が定められており、それぞれ**図表**中の着色部分の範囲内の高さの建物としなければならない※。

なお、対象地が、どの高度地区に該当するかは都市計画図などに記載されている。

高度地区は、都市ごとに定められており、その内容はそれぞれ異なっている。特に、大規模な建築物を企画する場合などは、制限に対する適用の除外や例外の許可等の措置が定められている場合もあるので、その内容について十分に確認する必要がある。

なお、天空率（**080参照**）の導入をはじめとする建築規制の緩和等により、都心部を中心に各地で高層マンション等の高層建物の建設が頻発しているが、高さに対する近隣とのトラブルもたびたび起こっている。そこで、居住環境の維持や良好な街並み景観を確保するため、これまでの斜線制限による高さ制限に加えて、建物の絶対高さを制限する自治体が多くなっている。特に、東京都では高度地区で絶対高さを制限する自治体も多く、たとえば、目黒区では、**図表2**に示すような高度地区における絶対高さ制限を定めている。

**第一種・第二種低層住居専用地域・田園住居地域では、建物の高さは10m もしくは12m 以下**

建築基準法による絶対高さ制限とは、斜線によって高さの制限を定める斜線制限方式に対し、地盤面からの高さの限度を数字で水平に定め、絶対的に高さを規制する方式である。この制限は、隣地斜線制限（**077参照**）がない第一種・第二種低層住居専用地域、田園住居地域で定められており、これらの地域では、建物の高さは10m又は12mの絶対高さ以下としなければならない※（**図表3**）。

なお、10mか12mどちらの制限がかかっているかについては、都市計画で指定されているので、役所等で確認するとよい。

※再生可能エネルギー源利用設備の設置等の場合は限度超も可

## 高度地区の制限（東京都の場合）（図表1）

◆第１種高度地区　◆第２種高度地区　◆第３種高度地区

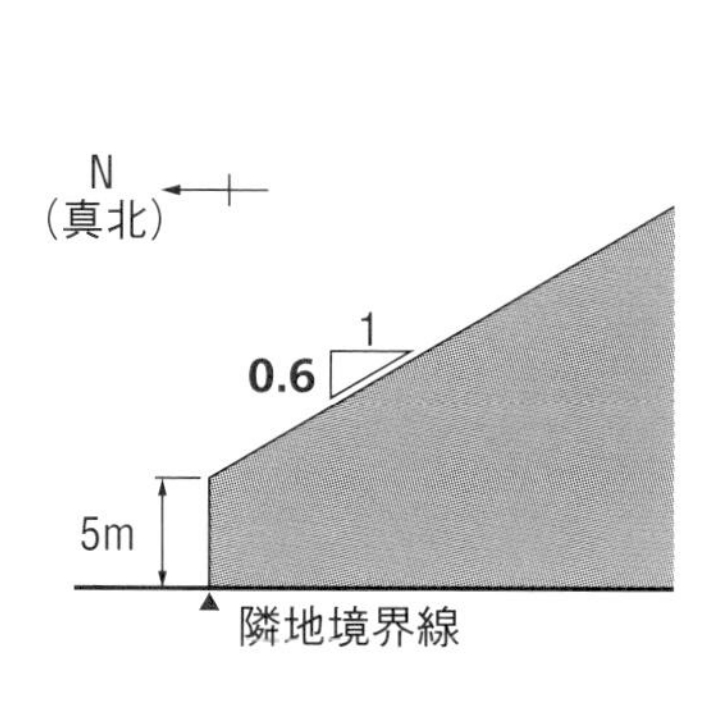


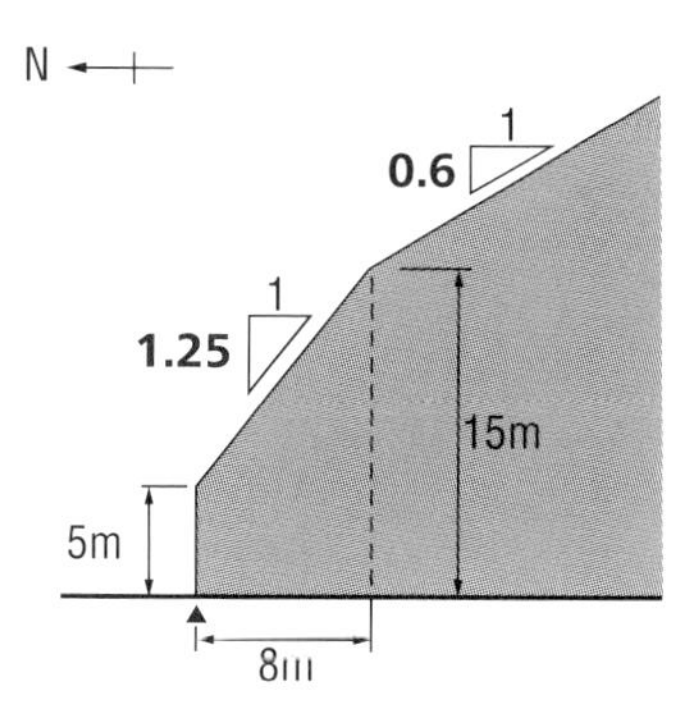


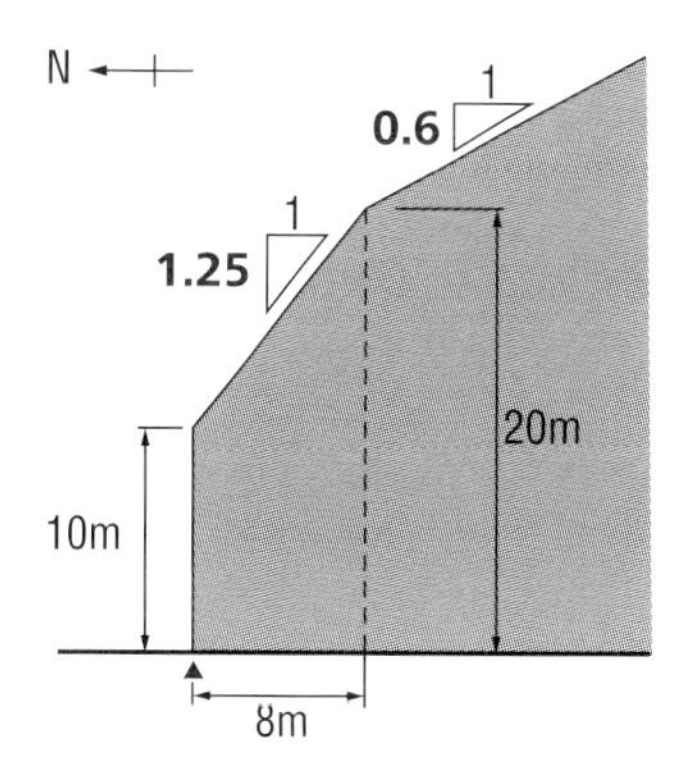

## 高度地区における絶対高さ制限（図表2）

◆絶対高さ制限の導入例

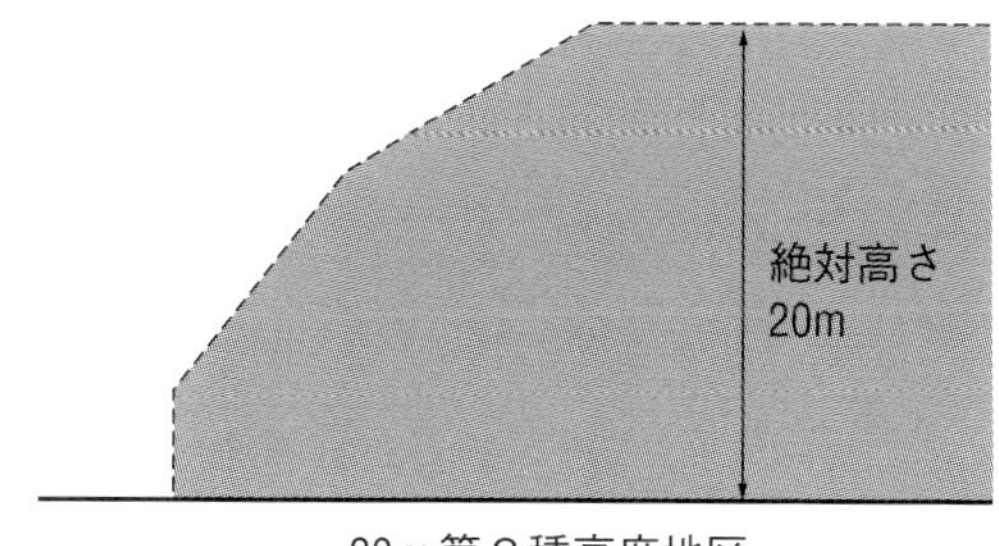


20m第２種高度地区

- 高度地区を指定している都市のなかには、斜線制限に加え、絶対高さ制限も定めている都市がある。この場合、建物の高さは絶対高さ以下でなければならない※。
- たとえば、東京都目黒区では、17m 第1種高度地区、17m 第2種高度地区、20m 第2種高度地区、30m 第2種高度地区、17m 第3種高度地区、20m 第3種高度地区、30m 第3種高度地区、40m 第3種高度地区などを定めている。

## 第一種・第二種低層住居専用地域、田園住居地域における絶対高さ制限（図表3）

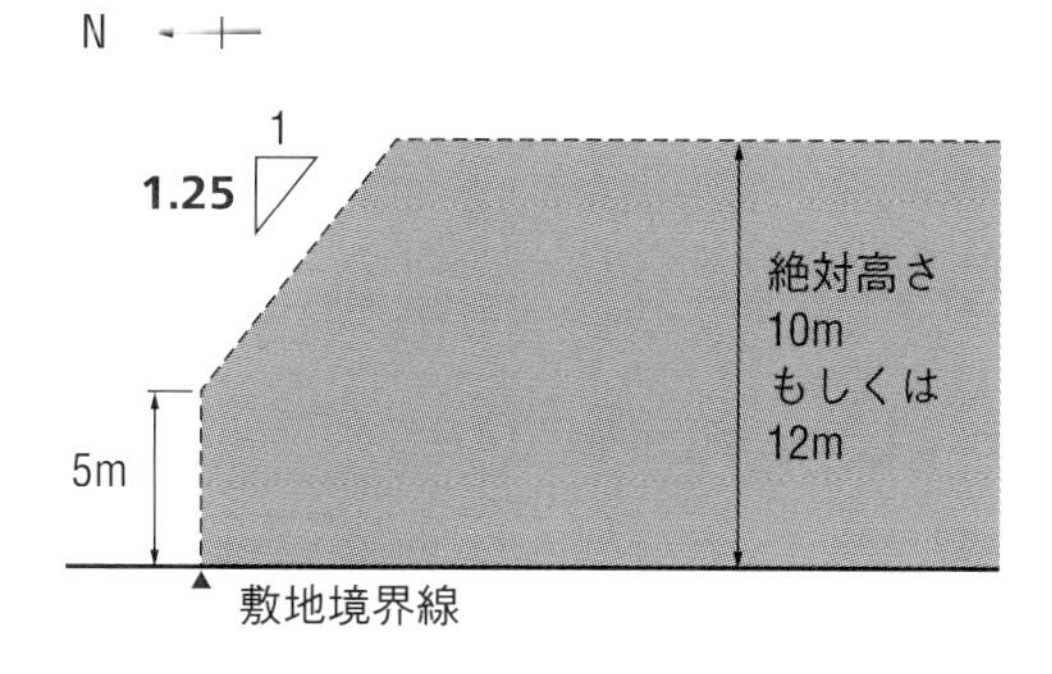


- 第一種・第二種低層住居専用地域、田園住居地域では、斜線制限（**077 参照**）がない代わりに、建物の高さは 10m 又は 12m の絶対高さ以下でなければならない※。
- 10m か 12m かは都市計画において指定されている。

# 079 日影規制を調べる

## 日影規制は、冬至日の午前8時から午後4時までに生じる日影の量を制限する規制

日影規制とは、近隣の建築物の日照確保のため、敷地境界線から一定の距離内に一定以上の日影を生じさせる中高層建築物に対する規制である（**図表1**）。冬至日の午前8時から午後4時まで（北海道の区域内は午前9時から午後3時まで）に生ずる日影の量を制限することにより、建物の形態を規制している。

日影は水平地盤面からの高さの水平面で測定するが、その高さは地方公共団体の条例で指定されている。また、日影制限時間についても、地方公共団体が条例で指定しており、敷地境界から5mライン、10mラインを設定して、そのラインを超えて条例で設定された一定時間以上の日影が生じないように建物を計画しなければならない。

なお、日影規制は、高さ10m以上（低層住専・田園住居地域では軒高7m以上、または3階建て以上）の建築物が対象となるが、商業地域、工業地域、工業専用地域では日影規制はない。

ただし、対象建物がたとえ日影規制の対象地域外の敷地にあったとしても、規制対象地域に日影を及ぼす場合には、規制が適用されるので、対象地近隣の用途地域やその日影規制についても調べておく必要がある。

## 日影図を描いて計画建物の影の重なる時間を求め、計画建物の高さを調整する

日影の測定水平面は、**図表2**に示すように、平均地盤面ではなく、そこから1・5mもしくは4mなどの高さに設定されている。

次に、日影図の描き方について説明する。たとえば日影規制が「1・5m、3時間・2時間」と指定されている場合について考えてみよう。

まず、地盤面から1・5mの高さの対象建物の影を午前8時から午後4時まで、1時間ごとに描く。そして、描いた影が3時間以上重なる部分と、2時間以上重なる部分を算定する。ここで、3時間以上重なる部分は、すべて敷地境界から5mのラインの内側に、2時間以上重なる部分は、10mのラインの内側に入っていなければならない。もし、計画した建物の日影図を描いたときに、これらのラインからはみ出していた場合には、建物の高さを調整し、日影がこれらのラインを超えないような建物計画としなければならない。

## 日影規制とは？（図表1）

- 冬至日の午前８時から午後４時まで（北海道の区域内は午前９時～午後３時まで）に生ずる日影の量を制限することにより、建物の形態を制限する規制。
- 日影は水平地盤面からの高さの水平面で測定するが、その高さは地方公共団体の条例で指定されている。
- 日影制限時間は、敷地境界から5mライン、10mラインを設定して、そのラインをこえて一定時間以上の日影が生じないように、地方公共団体が条例で指定している。

## 日影図と建物高さの設定方法（図表2）

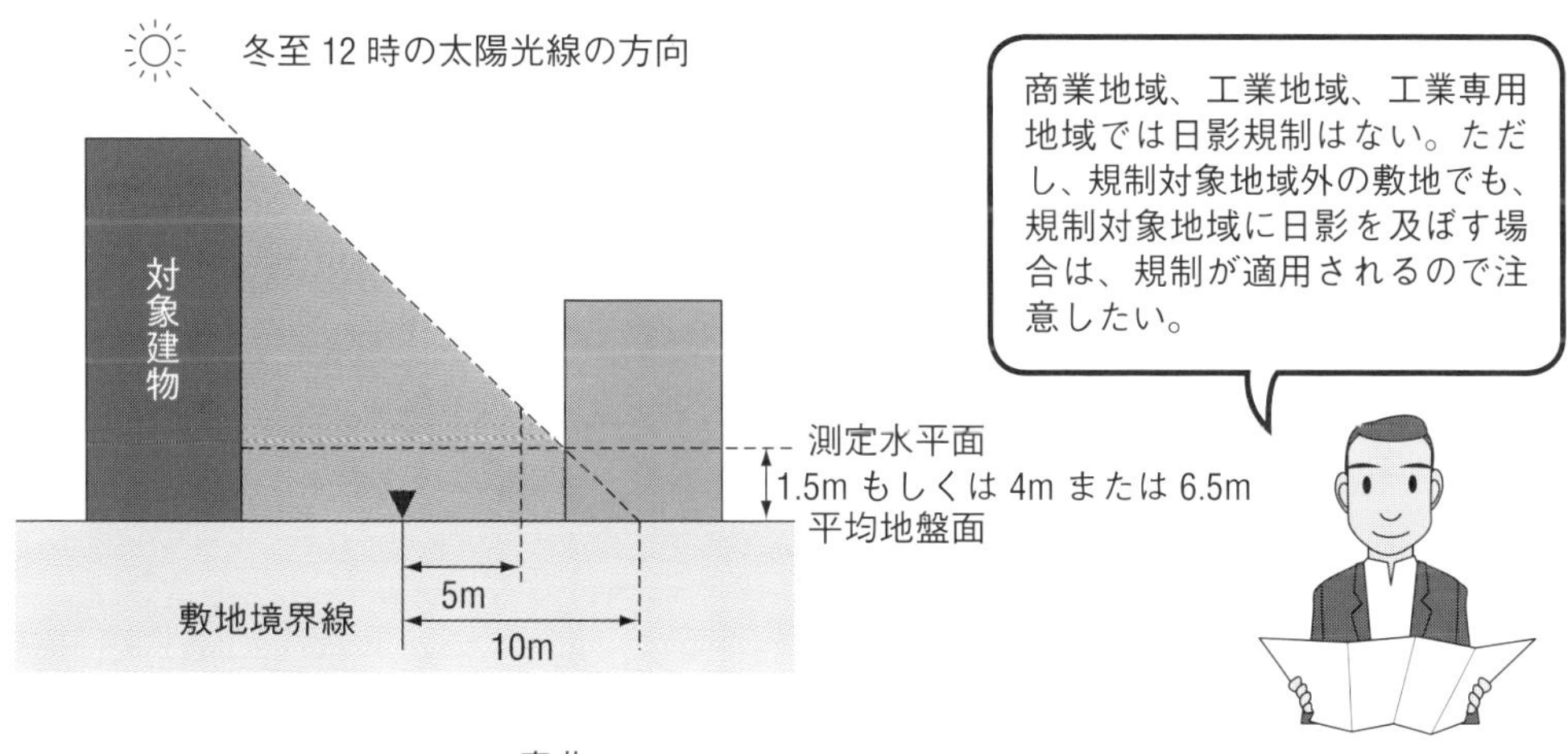


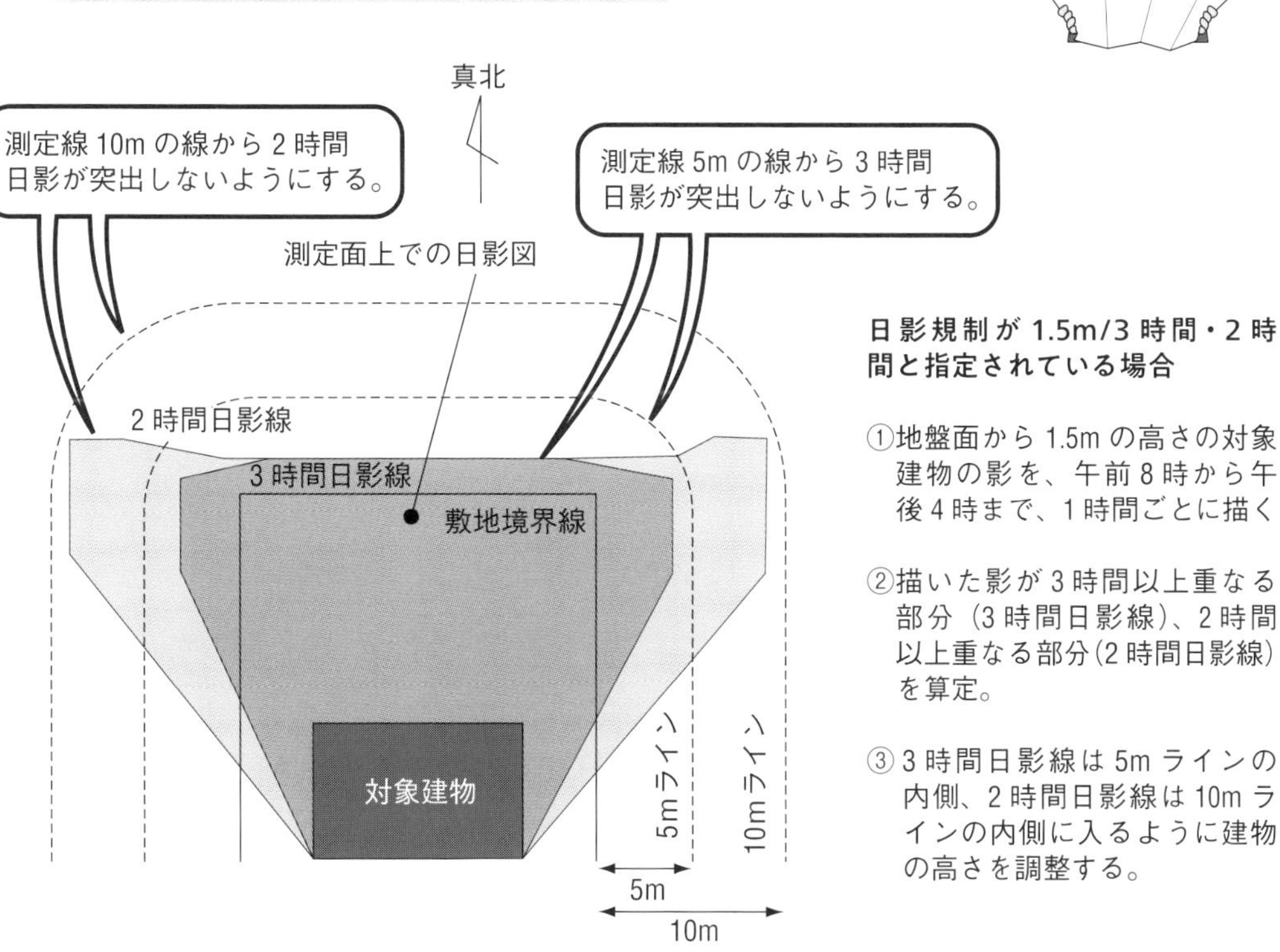


**日影規制が 1.5m/3 時間・2 時間と指定されている場合**

①地盤面から 1.5m の高さの対象建物の影を、午前 8 時から午後 4 時まで、1 時間ごとに描く

②描いた影が 3 時間以上重なる部分（3 時間日影線）、2 時間以上重なる部分（2 時間日影線）を算定。

③ 3 時間日影線は 5m ラインの内側、2 時間日影線は 10m ラインの内側に入るように建物の高さを調整する。

# 080／天空率とは

## 一定以上の天空率が確保できる場合には、斜線制限がかからない

天空率とは、天空の占める立体角投射率のことであり一定の位置から見上げたときに見える空の割合を示したものである（図表1）。

天空率の制度は、従来の道路斜線、隣地斜線、北側斜線（077参照）による建物の天空率と同等以上の天空率をすべての算定位置で確保できる場合には、採光、通風等が確保できているとして、斜線制限がかからないという緩和制度である。

この制度は、住宅用途に限られておらず、また、すべての用途地域、用途地域無指定地域で適用になる。また、特定行政庁は適用除外区域を指定することができない。

ただし、日影規制は、天空率による適用除外にはならない。

## 道路斜線、隣地斜線、北側斜線関係それぞれについて天空図を描き、天空率を求める

天空率は、図表2に示す計算式により求められる。すなわち、天空図全体の面積から天空図に描かれた建物の影の面積を引いたものが、天空図全体の面積に占める割合のことである。

天空図を描くには、まず算定位置を定めなければならない。算定位置は、道路斜線制限関係、隣地斜線制限関係、北側斜線制限関係それぞれについて、図表2に示すように定められている。なお、算定位置の高さは、基本的には、道路斜線制限関係については前面道路の路面の中心の高さ、隣地斜線制限関係と北側斜線制限関係については地盤面の高さとなる。また、2以上の道路がある場合、隣地境界線が2以上ある場合については、すべての境界線について天空率を検討しなければならない。

算定位置から建物の輪郭に向けて延ばした直線と、想定半球との交点から、垂直に水平面に下ろした点を結ぶことにより天空図が描かれる。この描かれた天空図から天空率を求め、それぞれの斜線制限の天空率以上であれば、天空率による斜線制限緩和が受けられるわけである。

天空率の考え方は、間口の広い敷地において比較的設計の自由度が上がり、特に細長い高層建物については斜線制限よりも有効だが、現実的には、隣りの敷地にも高層建物が建ってしまった場合には、その地域周辺全体としては採光が損なわれてしまうという欠点がある。

## 天空率とは（図表1）

- 天空の占める立体角投射率のこと。
- 従来の斜線制限（077 参照）による建物の天空率と同等以上の天空率をすべての算定位置で確保できる場合には、斜線制限がかからない。

## 天空率の算定方法（図表2）

### ◆天空率の計算式

$$天空率(Rs) = \frac{As - Ab}{As}$$

As　想定半球（地上のある位置を中心としてその水平面上に想定する半球）の水平投影面積
＝天空図全体の面積

Ab　建築物及びその敷地の地盤を As の想定半球と同一の想定半球に投影した投影面の水平投影面積
＝天空図に描かれた建築物及び敷地の地盤の面積

### ◆位置関係

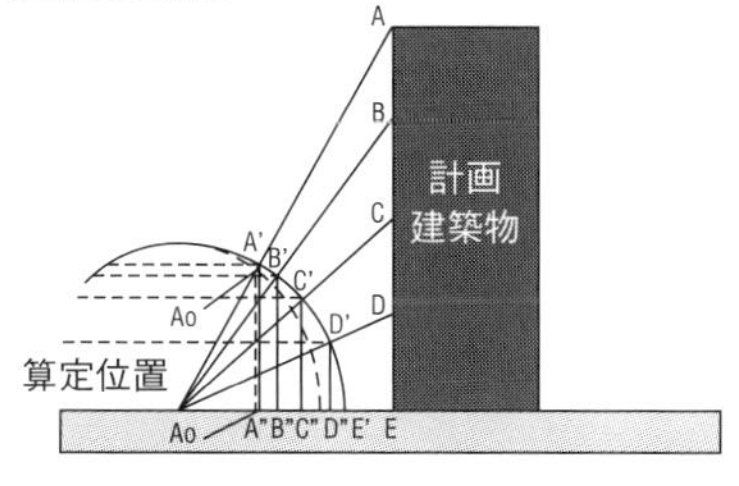


### ◆天空図

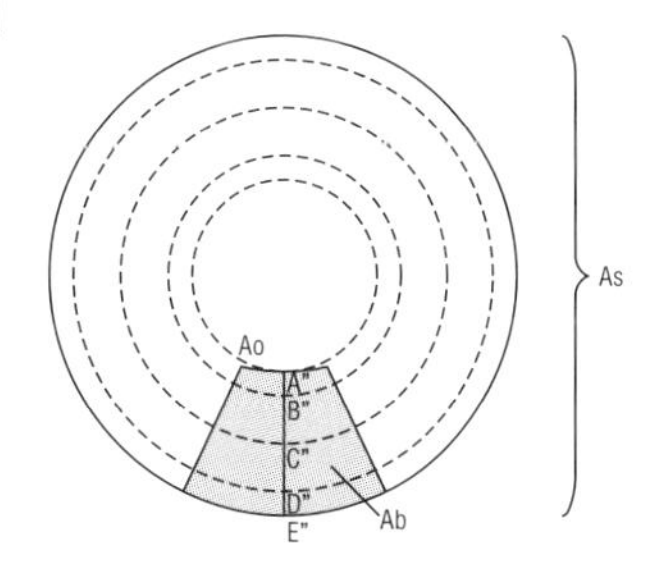


### ◆算定位置

**①道路斜線制限関係**
計画建築物の敷地の前面道路に面する部分の両端から最も近い当該前面道路の反対側の境界線上の位置

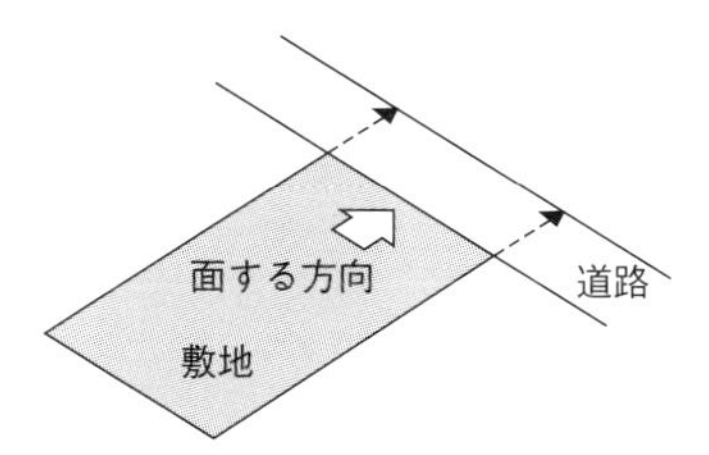


左の２つの算定位置の間の延長が前面道路の幅員の 1/ 2 を超える場合は、当該位置の間に前面道路の幅員の 1/2 以内の間隔で均等配置

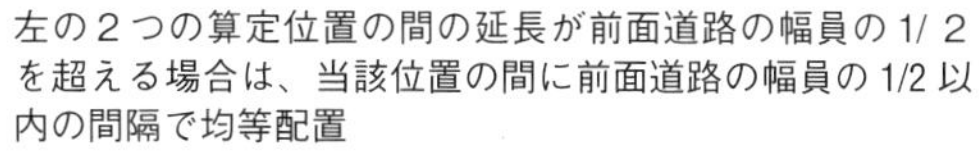


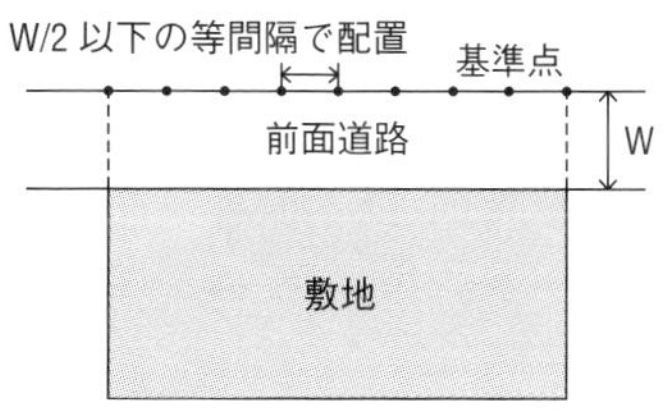


**②隣地斜線制限関係**
1:1.25 の斜線適用の場合は 16 m外側の位置、1:2.5 の斜線適用の場合は 12.4 mとなる。それぞれ、8 m・6.2 m以下の間隔で均等配置

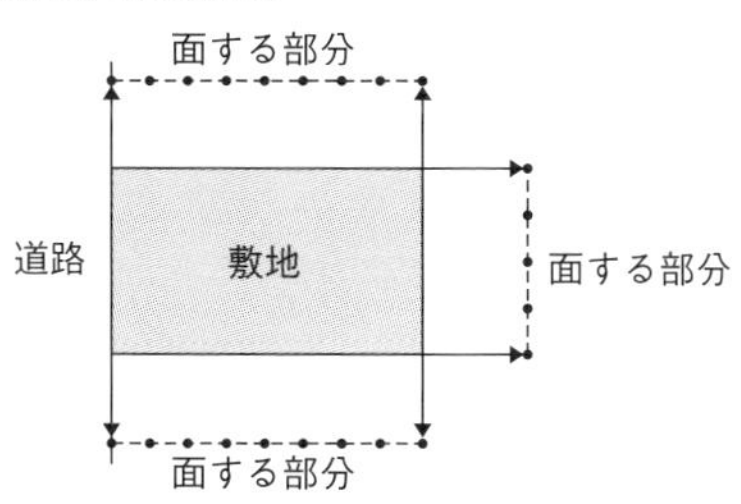

**③北側斜線制限関係**
北側方向への水平距離及び算定位置の間隔は、中高層住居専用地域は 8 mで、2 m以下の間隔

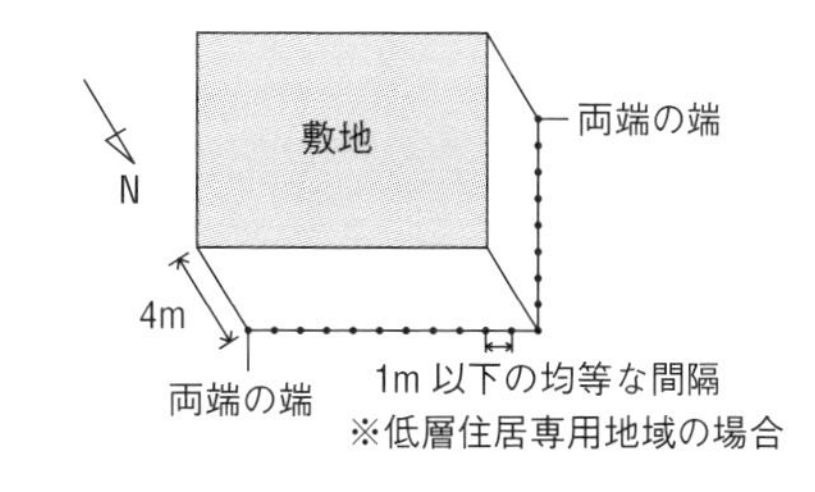


Chapter 5　天空率とは

# 081 前面道路による規制を調べる

## 2項道路の場合、セットバック部分は容積率等の計算の際に敷地面積に算入できない

2項道路（建築基準法42条2項道路）とは、建築基準法施行時に既に存在する幅員4m未満の道路で、特定行政庁が指定したものをいう。都市部の4m未満の道の多くが、この2項道路に指定されており、2項道路に2m以上接する敷地でも建物は建てられる。ただし、2項道路に面する敷地に建物を建てる場合には、原則として道路中心線から2m後退した線が道路と敷地の境界線として取り扱われる（図表①）。

したがって、後退部分は敷地面積に算入されず、建蔽率や容積率の計算を行うことになる。なお、道路の反対側が河川、線路敷等の場合には、道路反対側から4mの線が境界線になる。

## 旗竿敷地の場合、接道長さなど、厳しい規制がかかる場合がある

図表②のように、路地状部分だけで道路に接道している土地を旗竿敷地とか路地状敷地などという。東京都建築安全条例などでは、路地状部分の長さが20mを超える場合には、接道長さは3m以上必要となる。また、3階以上の建物や共同住宅などの特殊建築物では、路地状部分の形状により、さらに厳しい規制がかけられている。

## 袋地の場合、囲繞地通行権による建替えの主張は原則としてできない

図表③のように、まったく道路に接する部分を持たない敷地を「袋地」という。こうした土地の場合でも、すでに建物が建っていて、隣地を通って道路から建物にアクセスしている場合がある。

こうしたケースでは、対象地は隣地の土地Aの一部を通行する権利を持っており、この権利を囲繞地通行権という。しかし、この囲繞地通行権は、袋地にとっての必要最小限の通行を確保するための権利でしかなく、建物の新築や建替えを行うために他人の土地を借りる権利ではないため、囲繞地通行権による建物建替えを主張することは原則としてできない。

旗竿敷地や袋地の多くは、一つの敷地の一部売却や相続による分割によって生じたものと考えられる。売却や相続を含めた建築・不動産企画にあたっては、できるだけ、旗竿敷地や袋地のような敷地にならない分割方法を検討することも大切である。

## 前面道路による規制の例（図表）

### ①42条2項道路の場合

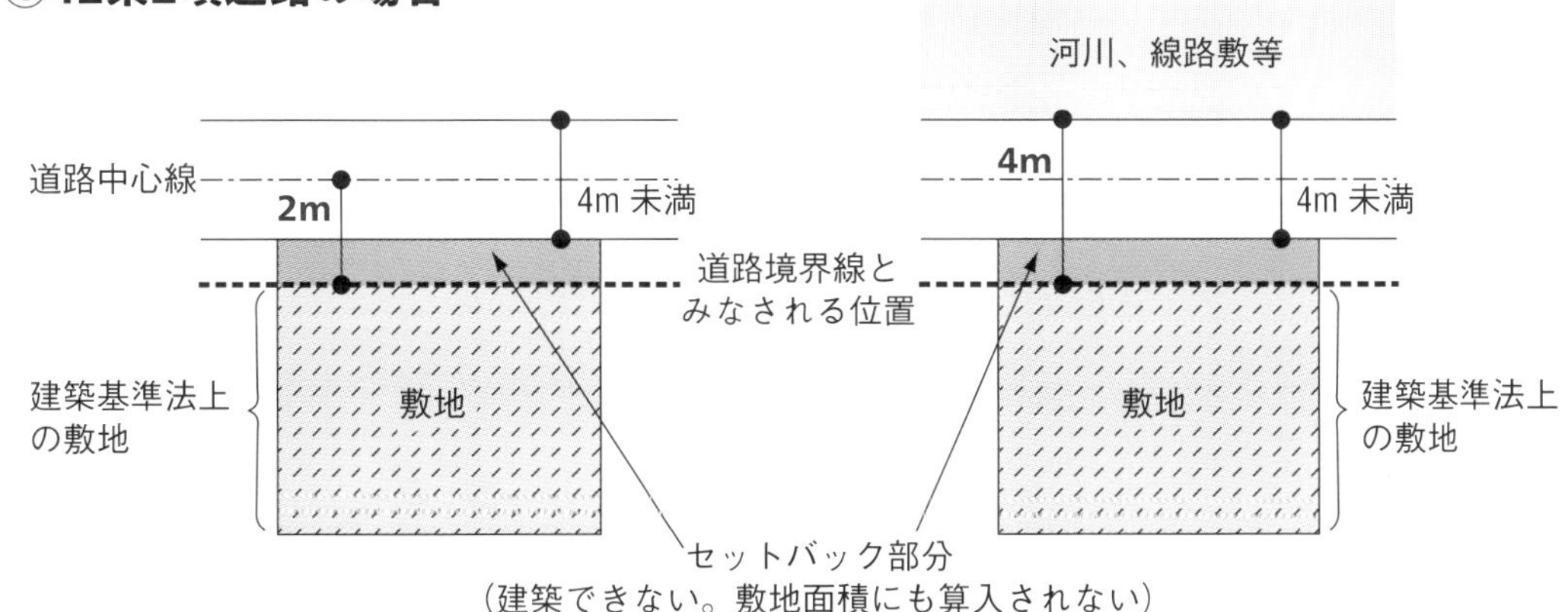


### ②旗竿敷地（路地状部分だけで道路に接道している敷地）の場合

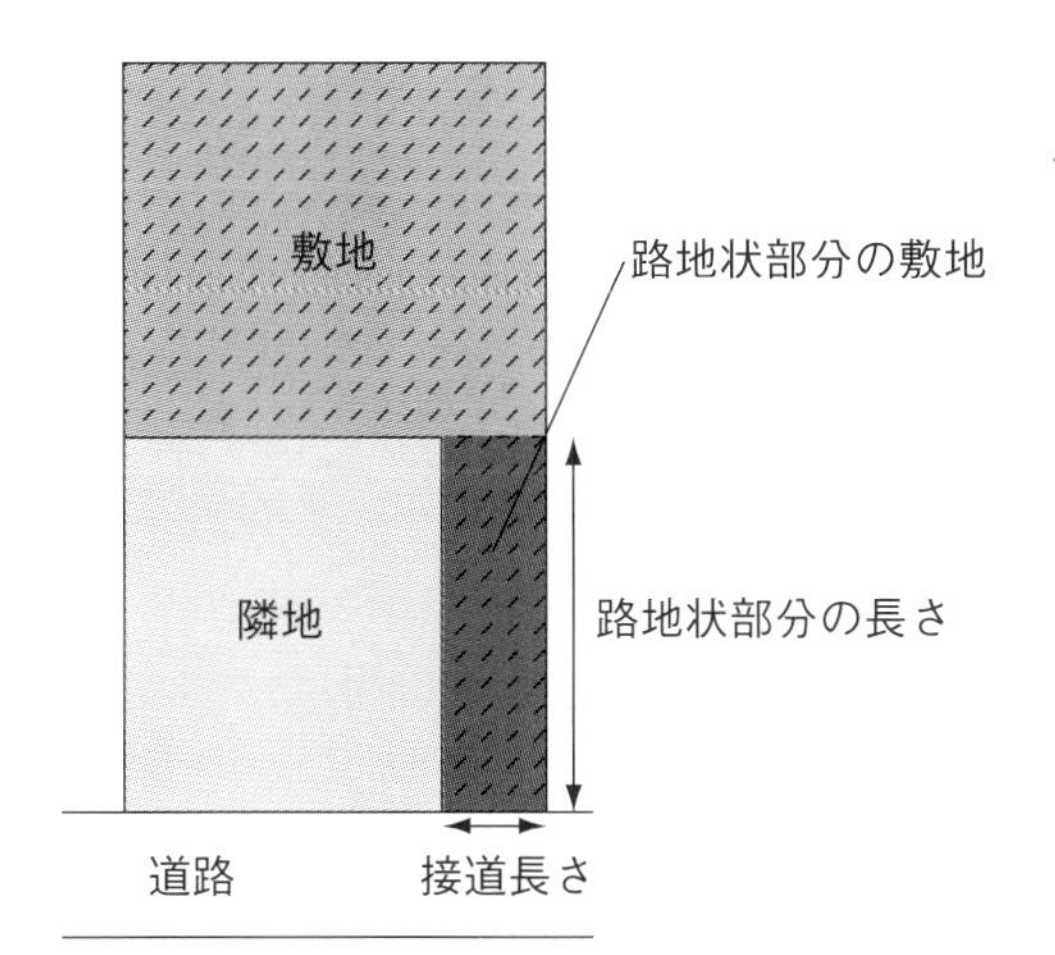


**◆東京都建築安全条例では**

- 路地状部分の長さが 20m 以下の場合、接道長さは 2m 以上必要
- 路地状部分の長さが 20m を超える場合、接道長さは 3m 以上必要
- 耐火・準耐火建築物以外で延べ面積 200㎡超の場合には、さらに＋ 1m 必要
- 路地状部分の幅員が 4m 未満の場合、階数が 3（一定要件を満たす場合は 4）以上の建物の建築は不可
- 共同住宅等の特殊建築物は原則として建築できない
- 長屋の場合の通路幅等についても規制強化

### ③袋地（道路に接する部分を持たない土地）の場合

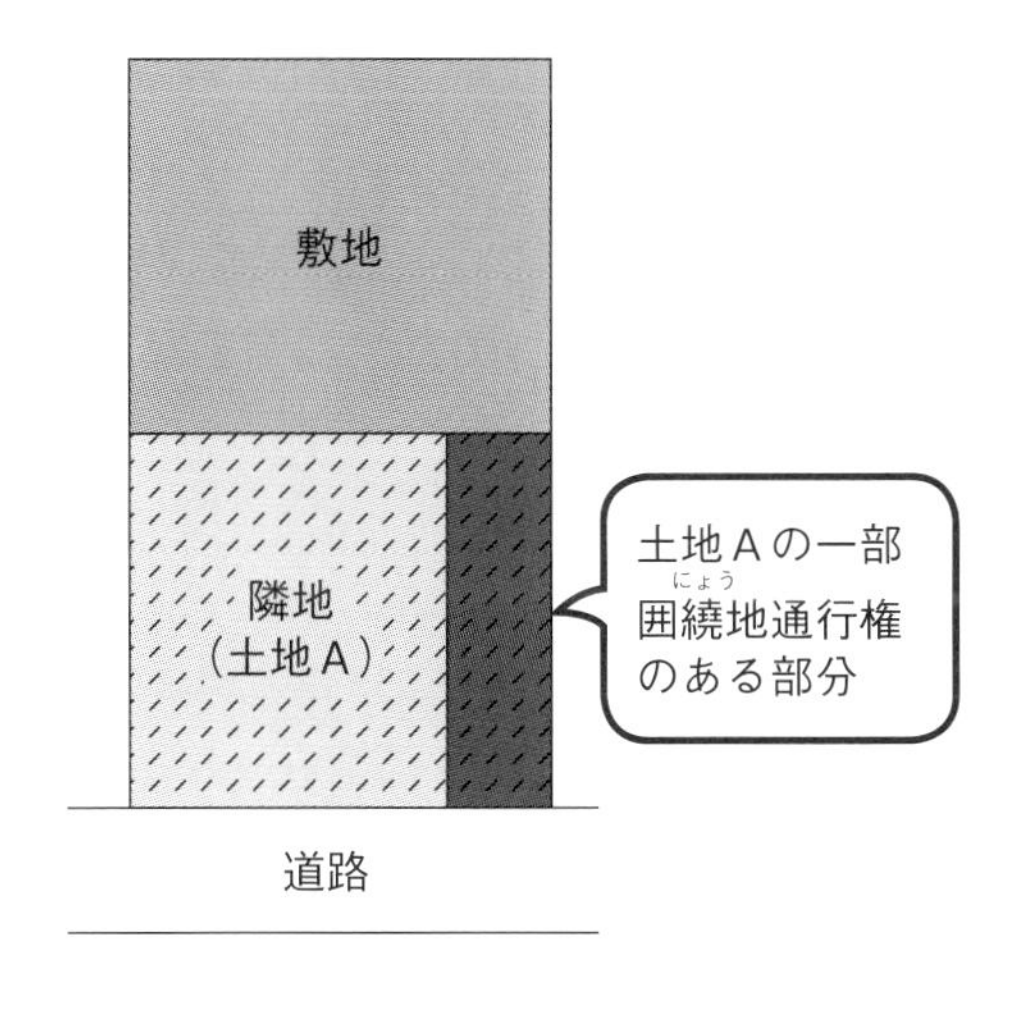


**◆囲繞（にょう）地通行権**

- 所有者の承諾なしで通行し、公路まで出られる権利
- ただし、建物の新築や建替えを行うために他人の土地を借りる権利ではないため、原則、囲繞（にょう）地通行権による建替えを主張することはできない。

# 082 既存不適格建築物とは

**既存不適格建築物とは、現行法に対して不適格な部分が生じた建築物**

既存不適格建築物とは、建築された時点では適法に建てられた建築物だが、その後の法改正によって、現行法に対して不適格な部分が生じた建築物のことをいう。したがって、既存不適格建築物は、法律的には違法ではないため、当初から法令に違反して建築された違反建築物とは異なる。

既存不適格建築物は、新たな法改正により不適合が生じても、そのまま使い続けることはできる。しかし、増改築、大規模修繕、大規模模様替等を行う際には、原則として建物全体を現行規定に適合させる必要がある。

なお、特定行政庁は、一定の用途・規模の既存不適格建築物について、劣化が進み、そのまま放置すれば著しく危険又は衛生上有害なものについては、所有者等に対して、必要な措置をとることを勧告できる。また、その勧告に係る措置をとらなかった場合で特に必要があると認めるときは、その勧告に係る措置をとることを命ずることもできる（**図表1**）。

**既存不適格建築物を増改築する場合でも、現行法に適合させなくてよいこともある**

増改築等を行う場合には、基本的に建物全体を現行規定に適合させる必要があることから、大規模な改修等を必要とする建物であっても、経済的な理由等で増改築を断念するという問題が生じていた。そこで、緩和措置が設けられ、現在では、既存不適格建築物を増改築する場合、**図表2**に示す増改築については緩和措置を受けることができ、増改築後も既存不適格建築物として存続することが可能となっている。

また、安全性の確保等は前提とするものの、建築物の長寿命化・省エネ化等に伴う市街地環境への影響が増大しない大規模の修繕・模様替えの場合の接道義務や道路内建築制限、防火・避難上の安全性が低下しない屋根外壁の大規模修繕、小規模増改築等の防火規定・防火区画規定も遡及適用対象外となっている。さらに、分棟的に区分された建築物で分棟のみを増築等する場合には、分棟部分に限って遡及適用すればよく、廊下等の避難関係規定や内装制限、建築材料品質規定についても、増築等をする部分に限り遡及適用が求められる。

## 既存不適格建築物の概要（図表1）

**◆既存不適格建築物とは？**

● 建築された時点では適法に建てられた建築物だが、その後の法改正によって、現行法に対して不適格な部分が生じた建築物のこと

既存不適格建築物 ← ● 放置すれば著しく危険となるおそれがある場合
→改修等の措置をとることを特定行政庁は勧告できる

● 勧告に従わない場合
→改修等の措置をとることを命令できる
← 既存建築物

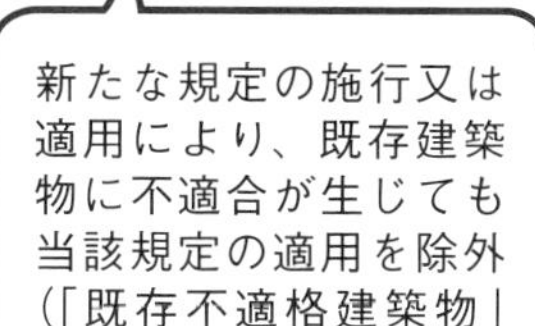

新たな規定の施行又は適用により、既存建築物に不適合が生じても当該規定の適用を除外（「既存不適格建築物」として存在可能）

新たな規定の施行又は都市計画変更等による新たな規定の適用

## 既存不適格建築物の増改築にかかる緩和措置（図表2）

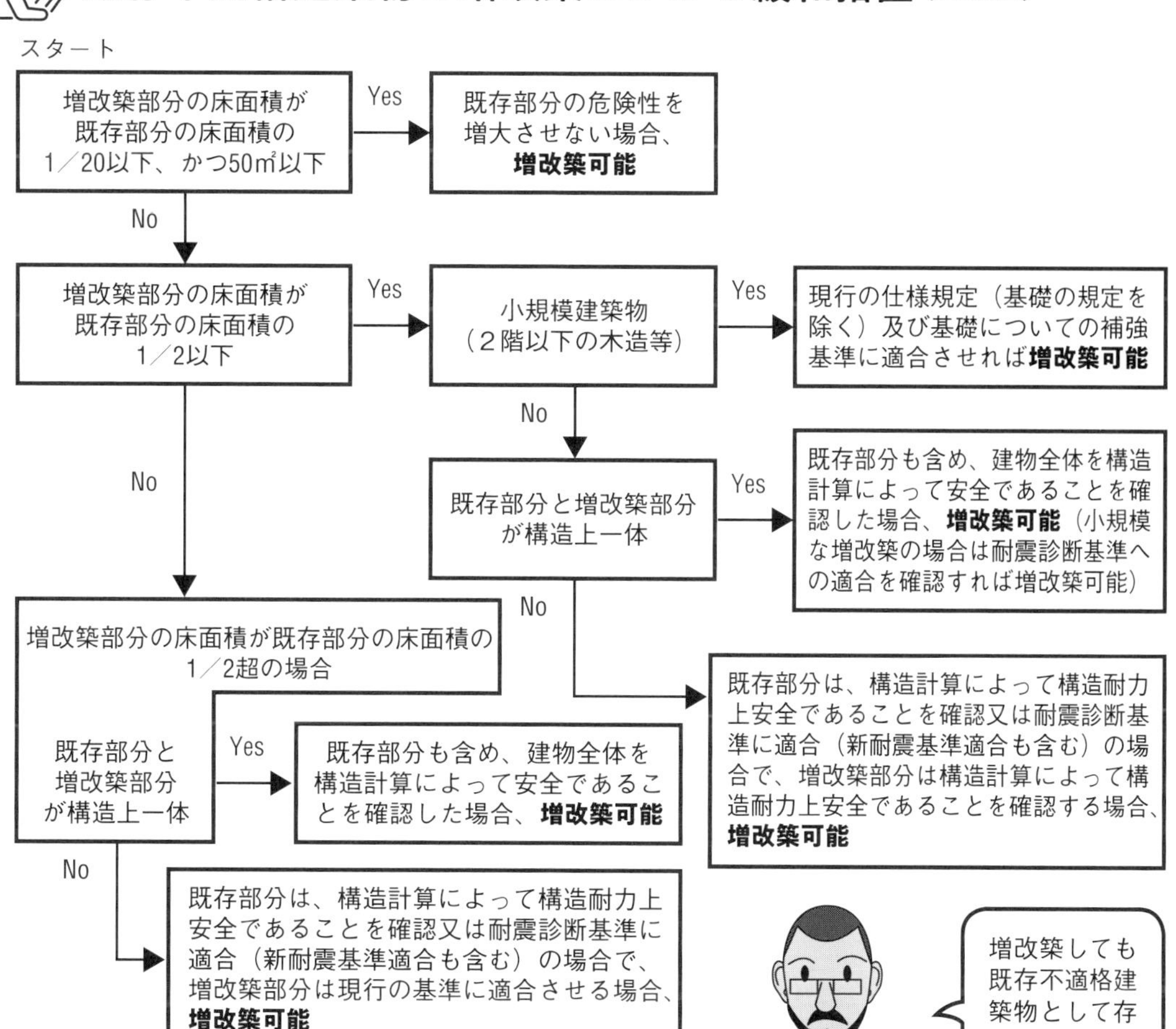

# 083 耐震性を検討する

**耐震診断とは、昭和56年に導入された基準と照らして、どの程度安全かを調べること**

耐震診断とは、昭和56年に導入された「新耐震設計基準」に照らし合わせて、それ以前の既存建物が地震などに対してどの程度安全なのかを調べることである（図表1）。阪神・淡路大震災では、新耐震基準を満たさない昭和56年以前に建築された建物に大きな被害が出たことから、国は耐震化の促進を進めてきた。

耐震診断の方法には一般に、1次診断、2次診断、3次診断があるが、通常、耐震診断というと2次診断を指している場合が多い。2次診断では、Is値とCtu・Sd値を算定し、基準値と比較することで耐震補強工事が必要かどうかを判定する。判定基準は地域や地盤の状況により異なるが、一般にIs値0.6以上、かつCtu・Sd値0.3以上の場合には倒壊、または崩壊する危険性が低いと判断される。耐震診断の結果、耐震性が不足していると判断されたときには、耐震改修工事を検討することが望ましい。

**耐震診断や耐震改修を行う際は、費用の助成や減税・融資の制度などを確認するとよい**

多くの自治体では、昭和56年以前に建築された建物については、耐震診断や耐震改修にかかる費用の一部について助成を行っている。補助制度の有無や詳細は地方公共団体によって異なるため、所管の自治体の窓口に問い合わせるとよい。たとえば東京都の場合、木造住宅やマンション、医療施設、私立学校、社会福祉施設等について、耐震診断、補強設計、耐震改修の助成が存在する。なお、助成を希望する場合には、必ず契約前に所管の自治体の窓口に問い合わせたうえで契約の手続きを進める必要がある。

また、耐震改修を行った場合で一定の条件を満たすときには、所得税や固定資産税等の減税を受けることができる。住宅ローンを利用した場合には、住宅ローン減税も受けられる。

さらに、耐震改修に要する費用については、住宅金融支援機構による融資制度が利用できる。マンション管理組合の場合には、補助金分を差し引いた共用部分の工事費を限度（毎月返済額が毎月徴収する修繕積立金額の80％以内）に借入できる。賃貸住宅の場合には、融資対象となる工事費の80％を限度に低金利で借りることができる（図表2）。

## 耐震診断の方法と特徴（図表1）

| 診断名 | 1次診断 | 2次診断※ | 3次診断 |
|---|---|---|---|
| 方法 | ●各階の柱と壁の断面積とその階が支えている建物重量から耐震指標を計算する方法 | ●各階の柱と壁のコンクリートと鉄筋の寸法から終局耐力（破壊に達するときの荷重）を計算して、その階が支えている建物重量と比較計算する方法 | ●2次診断の柱・壁に加えて、梁の影響も考慮して計算する方法 |
| 計算の難易度 | ●簡易に計算できる | ●計算は難しい | ●計算は非常に難しい |
| 特徴 | ●壁式RC造など、壁の多い建物には適しているが、壁の少ない建物では耐力が過小評価される<br>●図面があれば詳細な現地調査を行わなくても短時間で計算できる<br>●診断を行っても構造的に弱い箇所は不明瞭であり、必要な補強やそれに要する費用は正確にはわからない | ●コンクリートの圧縮強度・中性化等の試験、建物の劣化状態などの調査が必要<br>●1次診断より結果の信頼性が高く、公共建築物では最も多用されている方法 | ●既存設計図面が必要<br>●高層建物や梁の影響が大きい建物の場合に行うことが多い |

※2次診断では、$I_S$値と$C_{TU}$・$S_D$値を算定し、判定値と比較することで、耐震補強が必要かどうかが判定される

※$I_S$値・$C_{TU}$・$S_D$値とは、実際の建物から算定した$I_S$や$C_{TU}$・$S_D$と、基準値であるIsoや$C_{TU}$・$S_D$を比較して、建物が倒壊しないかどうかを判定するための数値
Iso（構造耐震判定指標）＝Es（耐震判定基本指標）・Z（地域指標）・G（地盤指標）・U（用途指標）
$C_{TU}$（終局時累積強度指標）・$S_D$（形状指標）

**◆診断による判定基準**
$I_S \geqq 0.6$　かつ　$C_{TU} \cdot S_D \geqq 0.30$

※地域、地盤の状況等により数値が異なる場合がある

## 耐震診断および耐震改修のための助成・融資（図表2）

| | |
|---|---|
| 税制優遇措置 | ● 所得税額の特別控除：耐震改修に要した費用の10％相当額（限度額25万円）<br>● 固定資産税額の減額措置：一定期間、家屋（120㎡までの部分）の固定資産税が1／2に軽減される。<br>● 住宅ローン控除：10年間、ローン残高（限度額有り）×0.7％を所得税額から控除できる。 |
| マンション共用部分リフォーム融資（住宅金融支援機構） | ● 融資額：対象となる工事費（補助金分は差し引く）以内（管理組合申込の場合）<br>毎月の返済額が毎月徴収する修繕積立金額の80％以内になること |
| 賃貸住宅リフォーム融資（住宅金融支援機構） | ● 申込者：個人または法人<br>● 融資額：融資の対象となる工事費の80％が限度 |

# 084 省エネ基準を知る

## ２０２５年４月からすべての建築物について省エネ基準適合義務化

「建築物のエネルギー消費性能の向上に関する法律（建築物省エネ法）」改正により、２０５０年カーボンニュートラル、２０１３年度比で２０３０年度温室効果ガス46%排出削減の実現に向けて、建築物のエネルギー消費性能の向上を図るため、２０２５年４月から住宅を含む全ての建築物について省エネ基準への適合が義務化される。具体的には、建築確認手続きの中で省エネ基準への適合性審査が行われることになる（**図表1**）。

さらに、２０３０年までには、新築についてはさらに省エネレベルの高いＺＥＨ・ＺＥＢ基準の水準を最低ラインとすること、２０５０年にはストック平均でＺＥＨ・ＺＥＢ水準の省エネ性能を確保することを目指している。

## 省エネ性能の基準には、①外皮基準と②一次エネルギー消費量基準がある

省エネ性能に関する基準には、①屋根・外壁・窓などの断熱性能に関する基準（外皮基準）と、②暖冷房、換気、給湯、照明、昇降機などのエネルギー消費量に関する基準（一次エネルギー消費量基準）の２つがある（**図表2**）。

外皮基準は住宅のみに適用され、室内と外気の熱の出入りのしやすさの指標となる「外皮平均熱還流率」と、太陽日射の室内への入りやすさの指標となる「冷房期の平均日射熱取得率」で評価される。なお、非住宅の外皮性能については、ペリメータゾーンの年間熱負荷係数（ＰＡＬ＊）によって評価される。

一次エネルギー消費量については、空調・冷暖房設備、換気設備、給湯設備、昇降機（非住宅のみ）、事務機器等や家電等の設計一次エネルギー消費量の合計が基準一次エネルギー消費量以下となることが求められている。

基準を満たすためには、例えば、外壁の断熱材を厚くしたり、窓を複層ガラスにする、高効率のエアコンや給湯器、ＬＥＤ照明にする等に加え、太陽光発電等によりエネルギーを創出すること等の取り組みを行うことが必要となる。

なお、年間一定戸数以上住宅を供給する事業者に対しては、トップランナー基準が定められており、新たに供給する住宅について平均的に基準を満たすよう努力義務を課している。

## 建築物省エネ法改正の概要（図表1）

**基準適合に係る規制の概要**

| | 改正（2025年4月） | |
|---|---|---|
| | 非住宅 | 住宅 |
| **●大規模**（2,000㎡以上） | 適合義務 2017.4～ | 適合義務 |
| **●中規模**（300㎡以上） | 適合義務 2021.4～ | 適合義務 |
| **●小規模**（300㎡未満） | 適合義務 | 適合義務 |

**適合義務対象建築物における手続き・審査の要否**

| | 非住宅 | 住宅 | |
|---|---|---|---|
| | | | 審査が容易な場合※3 |
| **● 300㎡以上** | 適合性判定／建築確認・検査 | 【省エネ適判必要】適合性判定／建築確認・検査 | 【省エネ適判不要】建築確認・検査 |
| **● 300㎡未満** | 適合性判定／建築確認・検査 | | |
| **●平屋かつ200㎡以下** | 省エネ基準への適合性審査・検査省略（構造・防火並び）※2<br>建築確認・検査不要※1 | | |

※1　都市計画区域・準都市計画区域の外の建築物(平屋かつ200㎡以下)
※2　都市計画区域・準都市計画区域の内の建築物(平屋かつ200㎡以下)で、建築士が設計・工事監理を行った建築物
※3　仕様基準による場合(省エネ計算なし)等

## 住宅の省エネ性能の評価基準（図表2）

**◆外皮性能**
地域区分別に制定されている基準値以下

◆外皮平均熱貫流率と冷房期の平均日射熱取得率で評価
●外皮平均熱貫流率（※1）

$$U_A値=\frac{単位温度差当たりの総熱損失量}{外皮総面積}$$

※1　値が小さいほど省エネ性能が高い

●冷房期の平均日射熱取得率（※2）

$$\eta_{AC}値=\frac{単位日射強度当たりの総日射熱取得量}{外皮総面積}\times100$$

※2　値が小さいほど冷房効率が高い

**◆一次エネルギー消費量**
BEI ≦ 1.0

●一次エネルギー消費量
＝暖冷房エネルギー消費量
　＋換気エネルギー消費量
　＋照明エネルギー消費量
　＋給湯エネルギー消費量
　＋その他（家電等）エネルギー消費量
　－エネルギー利用効率化設備によるエネルギー削減量

$$●一次エネルギー消費性能(BEI)=\frac{設計一次エネルギー消費量※}{基準一次エネルギー消費量※}$$

※その他（家電等）エネルギー消費量は除く

| | 一次エネルギー消費性能 | | 外皮性能 |
|---|---|---|---|
| | BEI | 一次エネルギー消費量等級 | 断熱等性能等級 |
| 省エネ基準※1 | BEI ≦ 1.0 | 等級4 | 等級4 |
| 誘導基準※2 | BEI ≦ 0.8<br>※太陽光発電設備によるエネルギー消費量の削減は見込まない | 等級6 | 等級5 |
| トップランナー基準 | 賃貸アパート≦0.9（目標2024年度） | | 省エネ基準適合 |
| | 注文戸建住宅≦0.75（目標2024年度）<br>当面は0.8 | | |
| | 建売戸建住宅≦0.85（目標2020年度） | | |
| | 分譲マンション≦0.8（目標2026年度） | | 強化外皮基準に適合 |

※1　省エネ基準は下記に対応
・住宅ローン減税の省エネ基準適合住宅の基準　・住宅性能表示の断熱等性能等級4、一次エネルギー消費量等級4
※2　誘導基準は下記に対応
・住宅ローン減税のＺＥＨ水準住宅の基準　・住宅性能表示の断熱等性能等級5、一次エネルギー消費量等級6
・長期優良住宅の省エネルギー性能に関する基準　・エコまち法の省エネルギー性能に関する基準

**●大規模非住宅建築物に係る省エネ基準の引上げ**

| | 用途・規模 | | 一次エネ（BEI）の水準※1 |
|---|---|---|---|
| 省エネ基準 | 大規模（2,000㎡以上）※2 | 工場等 | 0.75※3 |
| | | 事務所等、学校等、ホテル等、百貨店等 | 0.8※3 |
| | | 病院等、飲食店等、集会所等 | 0.85※3 |
| | 中・小規模（2,000㎡未満） | | 1.0※3 |
| 誘導基準※5 | 事務所等、学校等、工場等 | | 0.6※4 |
| | ホテル等、病院等、百貨店等、飲食店等、集会所等 | | 0.7※4 |

※3　太陽光発電設備及びコージェネレーション設備の発電量のうち自家消費分を含む。
※4　コージェネレーション設備の発電量のうち自家消費分を含む。

**●大規模非住宅の基準引上げに伴う経過措置（既存建築物の増築・改築を行う際の適用基準　※誘導基準）**

| | 当初建築時期 | 一次エネ基準※2※3 | 外皮基準 |
|---|---|---|---|
| 誘導基準 | ～2022.10 | （建築物全体）BEI=1.0未満※5<br>（増改築等を行う部分）BEI＝0.6/0.7以下※5 | — |
| | 2022.10～ | （建築物全体）BEI＝0.6/0.7以下※5 | （建築物全体）BPI＝1.0以下（PAL＊） |

※5　再エネを除いた省エネ性能

# 085 建物のボリューム・スタディ

**ボリューム・スタディには、企画初期、用途選定時、事業収支計画時のスタディがある**

企画におけるボリューム・スタディとは、プロジェクトの各段階で行われる敷地上での建物規模の検討をいう。

ボリューム・スタディは、プロジェクトの進行に応じて繰り返し行うことが必要となる。

まず、企画の初期段階では、敷地面積や用途地域、容積率などの最小限の情報をもとに、きわめてラフにスタディを行う。この段階で、建物規模の面から事業成立の見込みが立たない場合には、企画依頼の受託そのものを取りやめる場合もある。また、依頼者の期待しているような事業が実際に実現可能かどうか、建物ボリュームの面からもチェックすることが大切となる。

次に建物の用途選定段階でもスタディが必要となる。一般に、設計業務で行うボリューム・スタディの場合には、建物用途は既に決定されているケースが多いが、企画の場合には、ボリューム・スタディを行いながら建物用途を定めていくことになる。つまり、用途によって、その業種の特性やマーケット規模に応じた適正規模があるため、ボリューム・スタディによって、適正規模の実現が可能かどうかをチェックするわけである。

また、事業収支計画の検討においても、ボリューム・スタディは欠かせない。ボリューム・スタディと、それに基づくラフな事業収支計画の検討を何度も繰り返し行うことによって、事業計画と建築計画のバランスのとれた企画案を作成する必要がある。

**必ずしも法規制上の最大ボリュームを確保することが望ましいとは限らない**

建物のボリュームを決定する最大の要素は、**図表1**に示すような形態制限である。容積率、建蔽率、外壁の後退距離、高さ制限、斜線制限、日影規制など、対象地にかかるすべての制限を満たす必要がある。

ところで、企画においては、法規制上の最大ボリュームを確保することが必ずしも望ましいとは限らないことに注意する必要がある。最大ボリュームをとることにより、建築コストの増大や有効率の悪化が起こったり、管理面の負担が大きくなるのであれば、最大ボリュームをとるのではなく、より効率のよい適正規模に抑えるという選択も大切になる。

## 建築基準法上の一般的な形態制限（図表1）

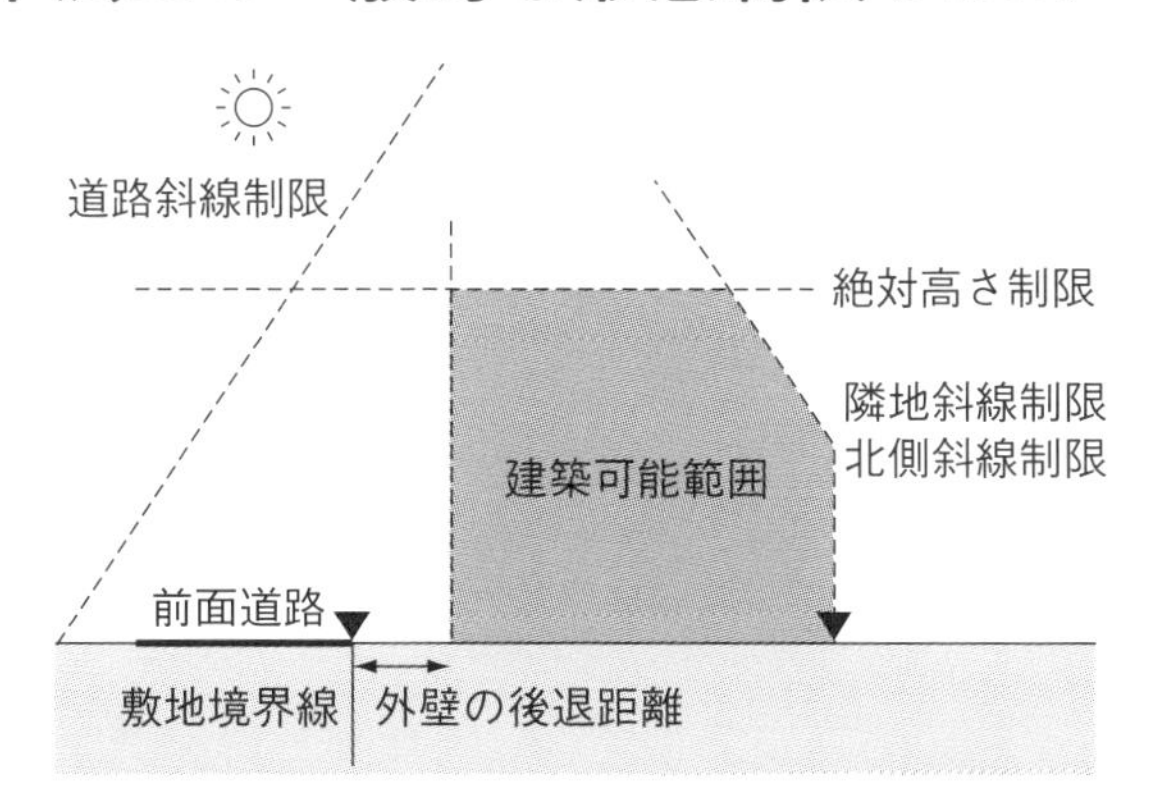

| 規制の種類 | | 規制内容 |
|---|---|---|
| 容積率の最高限度（075 参照） | | ● 建物の延べ面積の敷地面積に対する割合の最高限度 |
| 建蔽率の最高限度（074） | | ● 建物の建築面積の敷地面積に対する割合の最高限度 |
| 外壁の後退距離 | | ● 建築物の外壁（またはこれに代わる柱の面）の敷地境界線からの一定距離以上の後退 |
| 高さの最高限度 | 絶対高さ制限（078） | ● 建物の絶対高さの最高限度 |
| | 道路斜線制限（077） | ● 高さを前面道路の反対側の境界線までの水平距離に一定割合を乗じたもの以下にする |
| | 隣地斜線制限（077） | ● 高さを隣地境界線までの水平距離に応じて規制する |
| | 北側斜線制限（077） | ● 高さを北側前面道路の反対側の境界線または北側隣地の境界線までの真北方向に計った水平距離に応じて規制する |
| 日影規制（079） | | ● 敷地境界線から一定の距離内に一定以上の日影を生じさせることへの規制 |

## 建物のボリューム・スタディの手順（図表2）

①

**図表 1 の建築可能範囲で、かつ、容積率の最高限度、建蔽率の最高限度を満たす建物を想定する。**

②

**隣地などとの共同化の可能性、総合設計制度などの諸制度の利用を検討する。**

③

**単に最大ボリュームを確保するのではなく、用途や事業目的に応じた適正規模を検討する。**

- 建築企画では、建築可能な最大ボリュームが適正規模とは限らない。
- もちろん、分譲マンション事業などでは床面積の確保が事業の採算性を左右するので多くの場合、最大ボリュームの確保が重要となる。
- 一方、賃貸事業では投資に対する収益性やリスク回避が重要なので、必ずしも最大ボリュームをとることがベストとは限らない。
- また、商業施設の場合も駐車場の確保のほうが優先される場合がある。
- 建築・不動産企画でのボリュームスタディは、より幅広い視野での検討が求められることになる。

# 086 建築確認申請とは

## 建築物を新築、増改築する場合には、着工前に建築確認を受けなければならない

建物の新築、増改築などを行う場合には、建築主は必要な図面などを添えて都道府県や市区町村の建築主事または指定確認検査機関に確認申請書を提出し、建築関連法規の基準に適合しているかどうかについて確認を受けなければならない。これを「建築確認申請」と呼ぶ。

建築確認申請は、**図表1**に示す建築物の新築、増改築、大規模修繕、大規模の模様替え等を行う場合に必要となる。具体的には、200㎡超の特殊建築物、3階建て以上の木造建築物、2階建て以上の木造以外の建築物の建築等については、すべて確認申請が必要となる。一方、都市計画区域外や準都市計画区域外で、都道府県知事の指定を受けていない地域に建てる4号建築物については、建築確認は必要ない※。また、防火地域、準防火地域外で10㎡以内の増築、改築、移転についても建築確認は不要となる。

審査期間については、指定確認検査機関の場合には契約による。建築主事の場合には、建築物の用途、規模により、7日以内または35日以内のいずれかとなる。

なお、規模や内容により、構造計算適合性判定を要する場合には、建築主が確認申請とは別に、指定構造計算適合性判定機関等に判定申請等を行わなければならず、適合判定通知書等の提出後、確認済証が交付される。また、建物が防火地域や準防火地域内にある場合や戸建住宅以外の場合には、消防同意も必要となる。

## 工事に着手できるのは確認済証交付後で、着工後は中間検査、完了検査がある

建築確認の審査が終了して、確認済証が交付されると、ようやく工事に着手できる。

しかし、建築物の構造や用途によっては、工事の途中で中間検査を受けなければならない。中間検査では、構造や施工の状況が建築基準法などの法律に適合しているかどうかがチェックされる。

さらに建築物の工事が完了したら、工事完了後4日以内に完了届を出さなければならない。そして、完成した建物が建築基準法などの法律に適合しているかどうかを確認する完了検査を受け、完了検査に合格し、検査済証の交付を受けると、ようやく建物を使用できることになる。

※ 2025年4月から、木造2階建て及び延べ面積200㎡超木造平家建てもすべての地域で確認申請が必要となる予定

## 建築確認申請の必要な建築物（図表1）

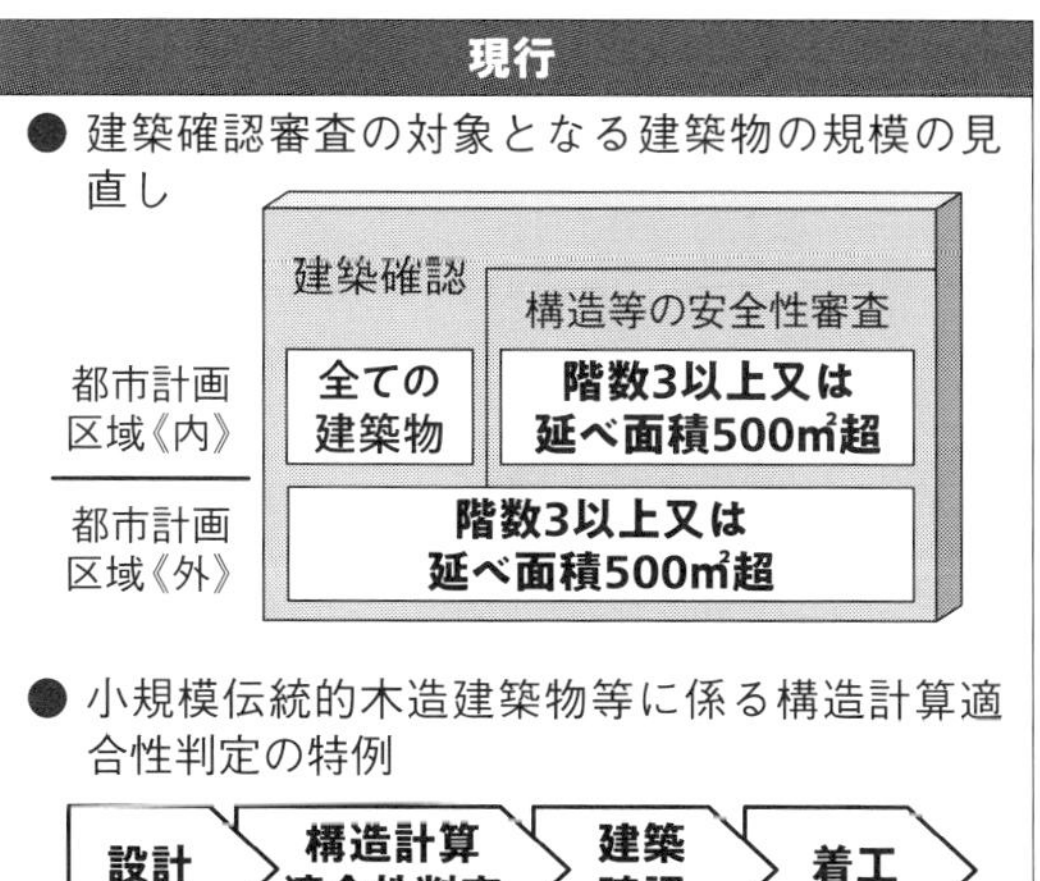


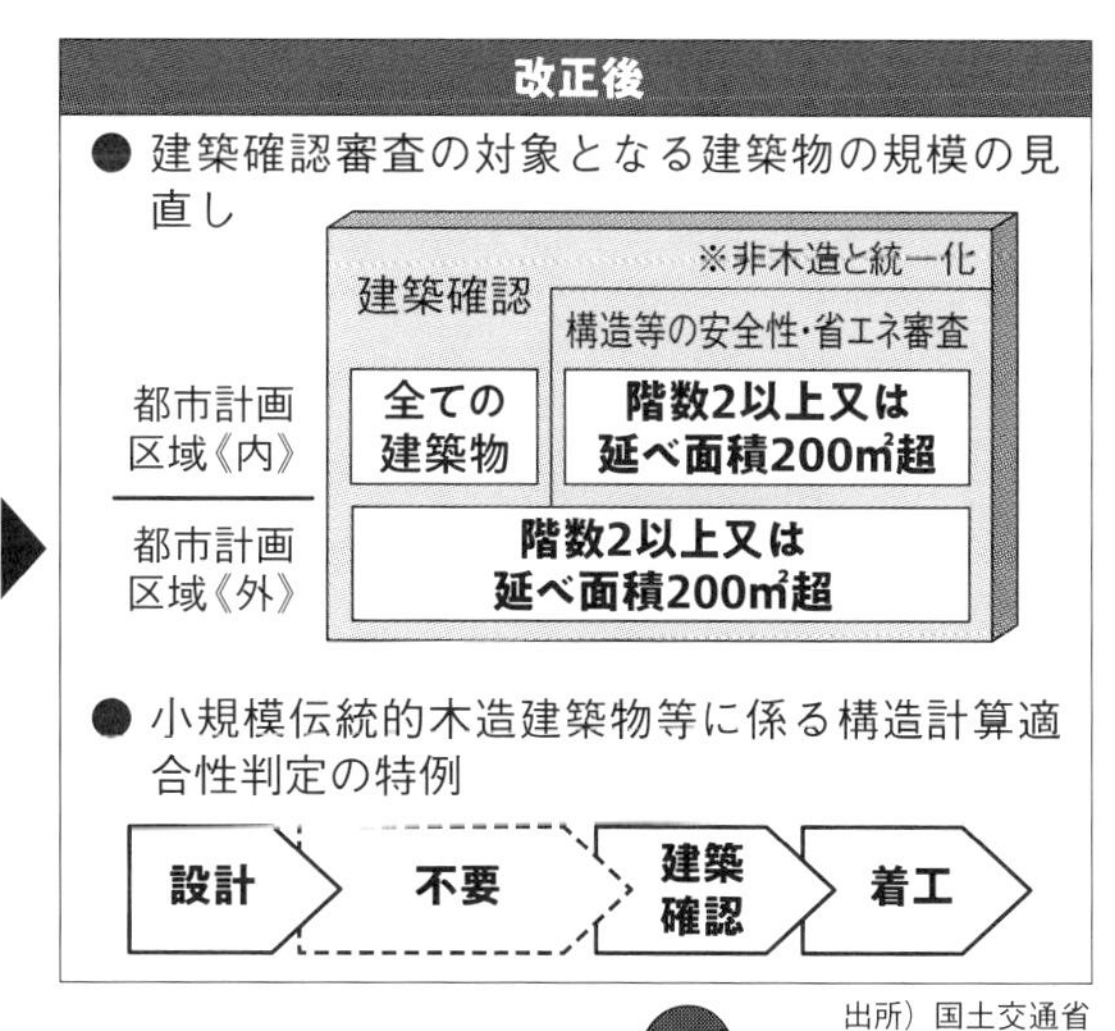


出所）国土交通省

防火地域・準防火地域外で10㎡以内の増築・改築・移転は確認申請が不要

## 建物を建築するために必要な法的手続き（図表2）

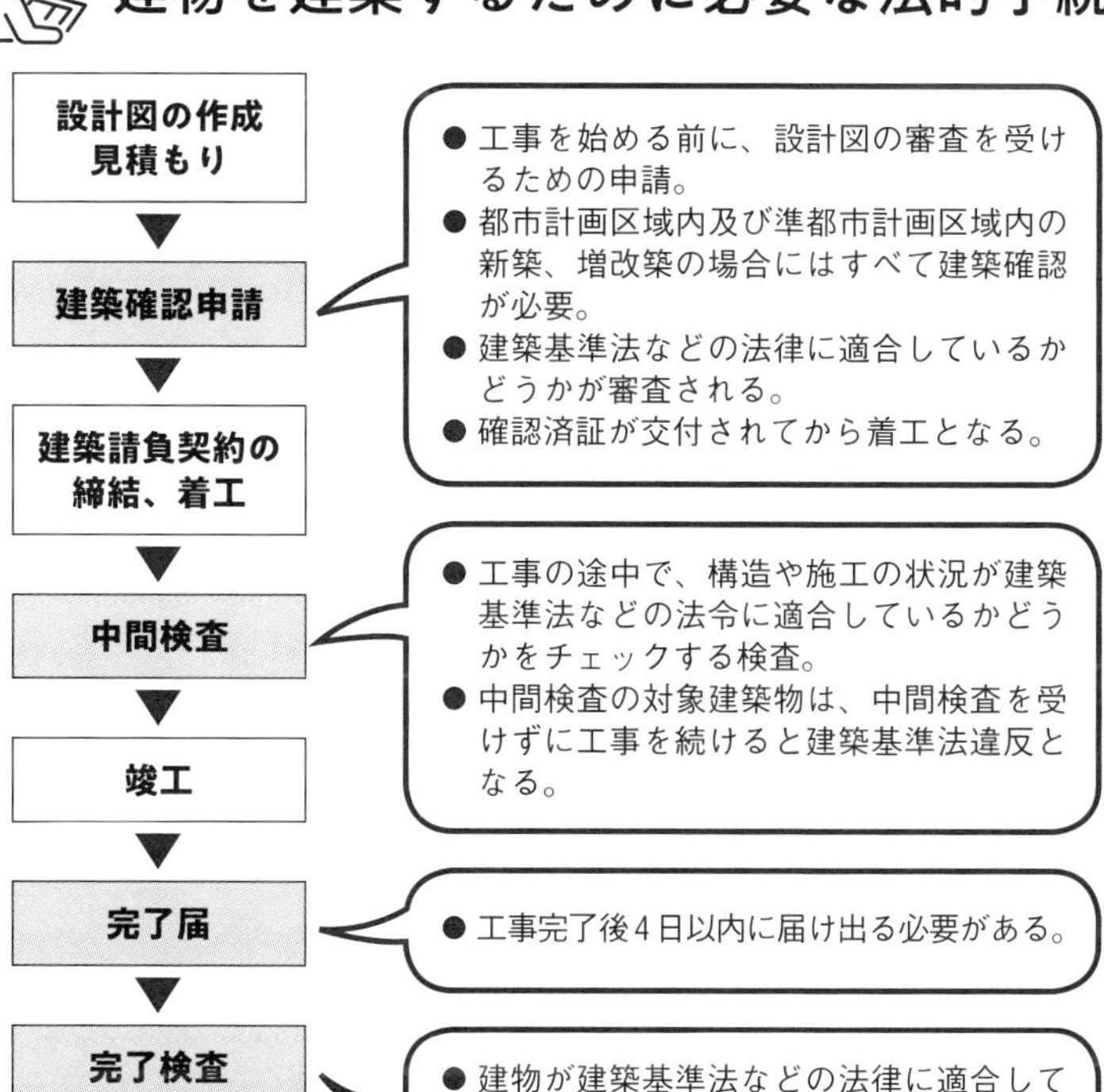

第十五号様式（建築物）

建築基準法第6条の2第1項の規定による

**確 認 済 証**

第 4 5 0 5 2 8 5 4 号
平成 18 年 1 月 12 日

建築主、設置者又は築造主

財団法人さいたま住宅検査センター

下記による計画は、建築基準法第6条第1項（建築基準法第6条の3第1項の規定により読み替えて適用される同法第6条第1項）の建築基準関係規定に適合していることを証明する。

記

1．建築場所、設置場所又は築造場所
さいたま市岩槻区大字尾ヶ崎字峯谷978-2

2．建築物、建築設備若しくは工作物又はその部分の概要
（1）建築物の名称
（2）主要用途　一戸建ての住宅
（3）工事種別　新築
（4）延べ面積　a．申請部分　121.72㎡
b．申請以外の部分　0.00㎡
c．合計　121.72㎡
（5）申請棟数　1棟
（6）主たる建築物の構造　木造
（7）主たる建築物の階数　地階を除く階数（地上階数）　2階
地階の階数　0階

3．確認を行った確認検査員氏名

（注意）　この証は、大切に保存しておいてください。

15052855

登記使用済

COLUMN 5

# 建物状況調査（インスペクション）

既存建物は新築とは違って、維持管理や経年劣化の状況により、建物ごとに品質等に差がありますが、その実態を購入希望者が見極めることは非常に困難です。また、所有する建物の不具合や劣化状況を所有者自身が把握することも極めて難しいといえるでしょう。そこで、既存建物の現況を把握するために行われる検査を「建物状況調査（インスペクション）」といいます（図表）。

建物状況調査は、国土交通省の定める講習を修了した建築士が、建物の基礎、外壁など建物の構造耐力上主要な部分及び雨水の浸入を防止する部分に生じているひび割れ、雨漏り等の劣化・不具合の状況を把握することにより行われます。既存建物の売買時に、売主が建物状況調査により売却する建物の調査時点における状況を確認することで、引渡し後のクレーム等のトラブル回避につながります。

また、購入希望者に安心感を与え、他の売買物件との差別化を図ることも可能となります。

ただし、この調査は、構造の安全性や日常の生活に支障があると考えられる劣化事象等の有無を、目視を中心とした非破壊による調査によって把握し、その結果を依頼者に報告するものであるため、建物の瑕疵※の有無を判定したり、瑕疵※がないことを保証するものではありません。また、現行法規の規定への違反の有無を判定するものでもありません。

なお、宅建業者は、媒介契約締結時に依頼者に対してインスペクション業者の斡旋の可否を示し、依頼者の意向に応じて斡旋を行います。そして、重要事項説明時には、宅建業者が建物状況調査の結果を買主に対して説明しなければなりません。さらに、売買契約締結時には、建物の基礎や外壁等、構造耐力上主要な部分等の状況について、売主・買主双方が確認し、その内容を宅建業者から売主・買主に書面で交付することになります。

**図表　建物状況調査の概要**

## 【木造戸建て住宅の場合】

2階建ての場合の骨組（小屋組、軸組、床組）等の構成

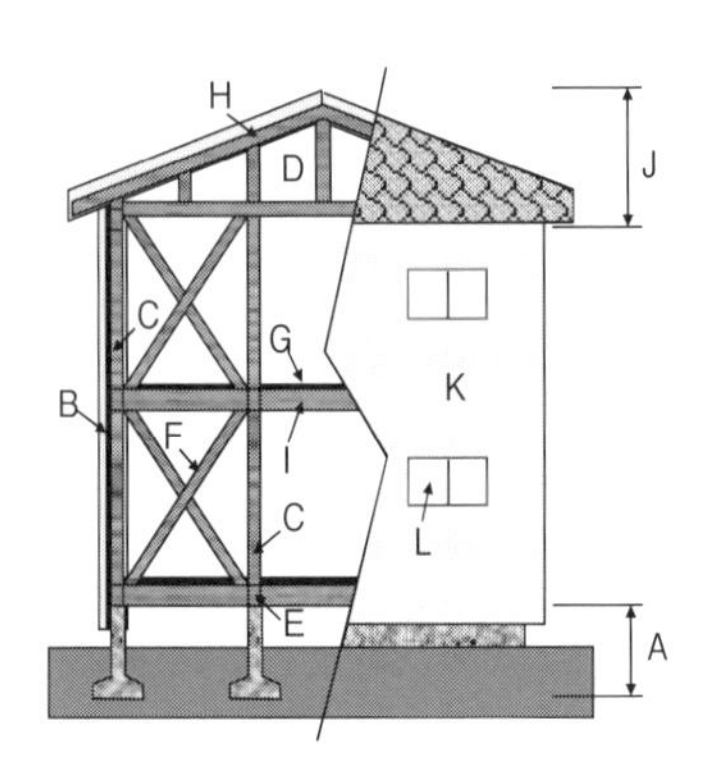


【構造耐力上主要な部分】

| 基礎 | A |
|---|---|
| 壁 | B |
| 柱 | C |
| 小屋組 | D |
| 土台 | E |
| 斜材 | F |
| 床版 | G |
| 屋根版 | H |
| 横架材 | I |

【雨水の浸入を防止する部分】

| 屋根 | J |
|---|---|
| 外壁 | K |
| 開口部 | L |

## 【鉄筋コンクリート造共同住宅の場合】

2階建ての場合の骨組（壁、床版）等の構成

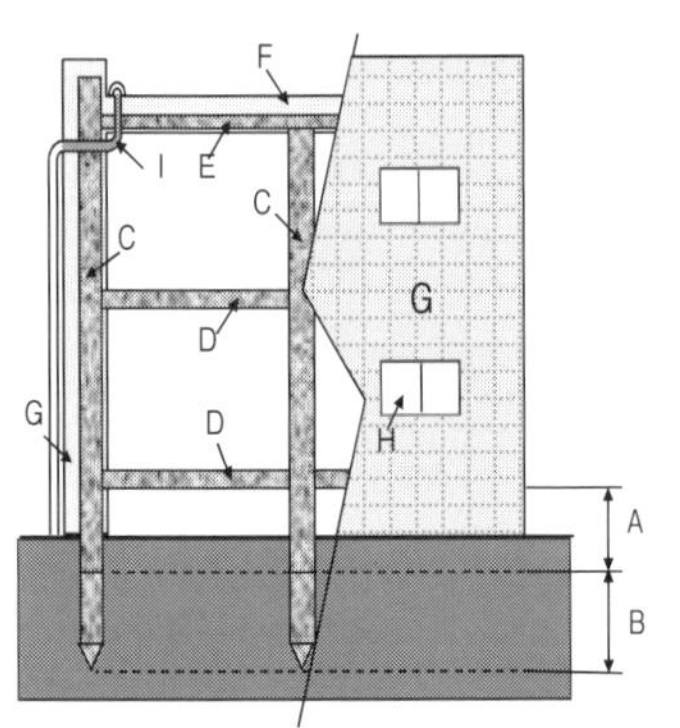


【構造耐力上主要な部分】

| 基礎 | A |
|---|---|
| 基礎ぐい | B |
| 壁 | C |
| 床版 | D |
| 屋根版 | E |

【雨水の浸入を防止する部分】

| 屋根 | F |
|---|---|
| 外壁 | G |
| 開口部 | H |
| 排水管 | I |

上記部位について、国土交通省が定める基準に従い原則、目視・非破壊検査を行う。

※「瑕疵」とは、種類または品質に関して契約の内容に適合しない状態をいう

# chapter 6
# 賃貸企画のためのお金と税金のキホン

# 087 賃貸事業の収支計画

## 事業収支計画は、事業成立性を明らかにし、事業を成功に導くシナリオ

事業収支計画とは、その事業が経営的に成り立つかどうか、その事業に投資すべきかどうかを判断するために、事業の前提条件（インプット）を設定し、中長期にわたる事業収支計算（アウトプット）を行い、事業を成功に導くためのシナリオを描くことである。

したがって、事業収支計画は、単にインプット部分に数字を入力し、計算結果を得るという数字の羅列ではなく、あくまでも事業実施を前提とした、現実を踏まえた計画としなければならない。具体的には、インプットする数値によって変化する事業のリスクや問題の所在を明らかにしながら、事業が成立するための条件や目標値を明確にすることで、企画した事業の実施の是非についての判断を導き出すことが求められている。

つまり、事業収支計算ソフトを使えば、誰でも簡単に事業収支計算を行えるが、それが顧客の期待に応える内容となっているか、あるいは応えるための課題は何か、今後のリスクは何か等を、そこから見極めることが必要であり、それこそが事業収支計画を立てるということになる。

したがって、事業収支計算を行えることと、事業収支計画を立案できることは、まったく別次元のことなのである。

## 事業収支計画は、インプット部分とアウトプット部分に分かれる

賃貸事業では20年から30年といった長期にわたる事業収支計画を立てる必要があるが、その基本的なフローは図表のようになる。

インプット部分では、初期投資（総事業費）・資金調達・収入項目・支出項目の設定を行う。アウトプット部分では、インプット部分の設定に応じて各年度の損益計算と資金計算を行う。そして、この結果を総合的に勘案して、事業の採算性を判断することになる。

たとえば、資金ショートの発生、目標とする利回りが確保できない等、採算性に問題が生じている場合には、その原因となっている部分を見極めながら、改めて事業実現のためにインプット部分を見直すことになる。このように、インプット部分を見直しながらシミュレーションを何回も行い、各設定項目や試算結果のバランスを見ながら、実現可能な事業フレームを組み立てることになる。

# 事業収支計画のフロー（図表）

**【前提条件】**

- □ 事業の目的
- □ 事業主
- □ 企画提案先
- □ 社会動向
- □ 地域特性
- □ 計画地の特徴
- □ 敷地の現況
- □ 土地価格
- □ 用途業種選定
- □ 事業コンセプト
- □ 敷地調査
- □ 建築基本計画
- □ 建物ボリュームスタディ

▼

**【事業収支計画】**

## ■ 設定条件部分（インプット部分）

**◆ 初期投資の設定**
- □ 土地関連費
- □ 建物関連費
- □ 開発関連費
- □ 開業費
- □ 金利
- □ 予備費

**◆ 資金調達の設定**
- □ 自己資金
- □ 敷金
- □ 保証金
- □ 借入金

**◆ 収入項目の設定**
- □ 賃料収入
- □ 共益費収入
- □ 駐車場等収入
- □ 資金運用益

**◆ 支出項目の設定**
- □ 管理費
- □ 修繕維持費
- □ 損害保険料
- □ 公租公課
- □ 減価償却費
- □ 支払利子
- □ 返済元金
- □ その他経費

▼

## ■ 長期事業収支計算（アウトプット部分）

**◆ 損益計算**

収益（上記収入項目）
－費用（上記支出項目－返済元金）
――――
税引前利益
－税金
――――
**税引後利益**

**◆ 資金計算**

税引後利益
＋減価償却費
＋前年度剰余金累計
――――
当期資金源泉
－返済元金
――――
**当期剰余金累計**

キャッシュフローベースでは実際に支出していない減価償却費を加算する。

最終的に手元に残った現金の累計。

▼

**事業採算性の判断**

《フィードバック作業＝何回でも繰り返す !!》 NO（→【前提条件】へ戻る）

**事業採算性の判断指標**
- ● 税引前黒字転換年
- ● 累積赤字解消年
- ● 借入金完済可能年
- ● 投下資本回収年
- ● 剰余金発生年
- ● 剰余金平均額
- ● 資金ショートの有無

などをもとに総合的に判断（**096 参照**）

▼ YES

**OK!**

ここで大切なのは、事業収支計算書から何を読み取り、それをどのように企画に反映し、企画の実現性を高めていくのか。あるいは事業上の問題点や可能性をどう評価していくのかです。

# 088 初期投資

初期投資とは、事業開始に必要な資金の総額、すなわち総事業費のことを指す。その内訳と各項目の設定方法等を図表に示す。

## 賃貸事業の総事業費は、建築費の1・15倍から1・18倍程度

一般の賃貸事業の場合、新たに土地を取得して資金を回収することは難しいので、通常は既に持っている土地で計画する場合が多い。その場合、総事業費のほとんどは建築工事費となることから、現実に近い建築工事費を設定できれば、より正確な初期投資額が試算できる。また、総事業費の大半を建築工事費が占めることから、ある程度、建築工事費から総事業費を予測することも可能となる。

通常の賃貸住宅事業の場合、総事業費は、消費税額を含む建築工事費の1・15倍程度、オフィスなどの住宅以外の賃貸事業の場合には1・18倍程度が目安となる。

## 借家の立退料など特殊な条件がある場合には、細目ごとに設定

特殊な条件を持った案件や、金融機関に事業計画を提出する場合など、ある程度企画が進展した段階では、図表に示す建築工事費以外の項目についても、できる限り落ちのないよう、細目ごとに設定を行う必要がある。この場合、特に、借地・借家調整の立退料、傾斜地や軟弱地盤等での敷地造成費、地下部分や杭撤去・アスベスト除去等のある場合の既存建物解体費、都市基盤の未整備な地域での基盤整備費、開発指導要綱等の厳しい市町村における開発負担金、長期プロジェクトにおける金利や予備費等に注意する。

## 不動産取得税や登録免許税などの税金は時価ではなく評価額で計算する

不動産取得税や登録免許税などの税額の基礎となるのは、時価ではなく評価額（固定資産課税台帳に記載されている登録価格）である。ただし、新築の場合は未登録のため、法務局ごとに決められた用途・構造区分ごとの設定価格によって課税される。ちなみに、東京法務局内の鉄筋コンクリート造の賃貸マンションの場合、評価単価は16万6千円／㎡程度である。

なお、住宅用地の場合、毎年の固定資産税や都市計画税については軽減が受けられるが、工事期間中については、たとえ住宅を建設中でも、一般に住宅用地としての税額軽減措置は受けられない。

# 初期投資項目の設定ポイント（図表）

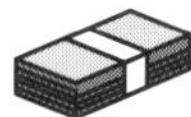

初期投資とは、事業開始に必要な資金の総額、総事業費のことを指す。

| 項目 | | | 設定方法 | 備考 |
|---|---|---|---|---|
| 土地関連費 | ①土地代 | | 坪単価×土地面積 | ● 事業のため新たに土地を取得する場合の土地代を計上する。賃貸事業では、通常、すでに取得済みの土地で計画するため、計上されないことが多い。 |
| 土地関連費 | ②土地取得経費★ | | 土地代×3～5% | ● 土地取得に伴う仲介手数料などの経費。賃貸事業では、通常土地は取得済みのため計上されないことが多い。ただし、借家調整のための立退料や、借地上での計画の場合の地主承諾料が必要な場合は、別途計上する。 |
| 土地関連費 | ③公租公課 | 不動産取得税 | 評価額×税率3% | ● 賃貸事業では、通常、土地は取得済みのため計上されないことが多い。 |
| 土地関連費 | ③公租公課 | 登録免許税 | （取得した土地の登記の場合）評価額×税率<br>（抵当権を設定した場合）債権金額×税率0.4% | ● 賃貸事業では、通常、土地は取得済みのため計上されないことが多い。 |
| 土地関連費 | ③公租公課 | 固定資産税<br>都市計画税 | 課税標準額×税率1.4%<br>課税標準額×税率0.3% | ● 主として、開業までの工事期間中の固定資産税と都市計画税を計上する。<br>※課税標準額＝公示価格×70%程度 |
| 土地関連費 | ④敷地造成費★ | | 造成坪単価×造成面積 | ● 実際に建物が建てられるように敷地を造成する費用で、開発行為に関する指導を受けるか否かで大きく異なる。また擁壁を必要とする傾斜地の造成や、地盤改良を必要とする軟弱地盤などでは、金額も多額になるので、専門家の意見を求められたい。 |
| 建築関連費 | ⑤建築工事費★ | | 工事坪単価×建物延床面積 | ● 計画建物の概算により設定するが、事業計画全体のバランスの中で、事業目標達成のために必要とされる目標コストとしての建築工事費を設定することもある。 |
| 建築関連費 | ⑥既存建物解体費★ | | 解体坪単価×既存建物延床面積 | ● 解体する既存建物の構造、地下部分の有無、杭撤去の有無、作業時間や車両制限の有無によって金額は大きく変わる。 |
| 建築関連費 | ⑦設計・企画料★ | | 建築工事費×料率 | ● 設計・監理料のほか、調査や企画に要する費用としての企画料を計上する。 |
| 建築関連費 | ⑧公租公課 | 不動産取得税 | 評価額×税率4%（住宅は3%） | ● 新築の特例適用住宅では、1戸あたり1,200万円の控除があり、通常の賃貸マンションなどはゼロになる。 |
| 建築関連費 | ⑧公租公課 | 登録免許税 | （新築建物の保存登記の場合）評価額×税率0.4%<br>（抵当権を設定した場合）債権金額×税率0.4% | ● 登記の際に課せられる税金であり、このほか、司法書士などへの登記事務手数料として、登録免許税の20%程度が必要。 |
| 開発関連費 | ⑨基盤整備費・開発関連施設費★ | | ケースによる | ● 取付道路や上下水道・電気・ガスなどの引き込み費用としての基盤整備費と、開発指導要綱などにより、設置が義務付けられる開発関連施設の整備費用である。通常の市街地の賃貸事業では計上の必要はないが、都市基盤の未整備な地域では綿密な調査が必要である。 |
| 開発関連費 | ⑩開発負担金★ | | ケースによる | ● マンションなどの場合、開発指導要綱などにより、教育施設などの公共施設の整備費を負担金として徴収されるケースがある。1戸当たり30～100万円程度になることもある。 |
| 開発関連費 | ⑪近隣対策費★ | | 建築費×1～2% | ● 建物建設に対する近隣の同意を得るための費用で、電波障害や風害などの補償金も含む。一般に商業地より住宅地のほうが高い。 |
| 開業費★ | | | 初年度賃料年額の1～2か月分 | ● テナントや入居者の募集費用、仲介手数料のほか、開業準備のために支出する人件費などの費用を計上する。 |
| 金利 | | | 〔（建築費×工期×1/2）＋（計画関連費＋近隣対策費）×工期〕×金利 | ● 事業主が支出するすべての項目について、開業までの金利を予測計上する。賃貸事業の場合は、通常、土地は取得済みであるので、建築関連費についての金利がもっとも大きな要素になる。 |
| 予備費 | | | 総事業費×1～5% | ● 予期せぬアクシデントや、施主の希望増大による計画変更のための準備金。なお、長期プロジェクトや物価変動期のプロジェクトについては、別途インフレ対策のための予備費を見込んでおくことが望ましい。 |
| 消費税 | | | 課税対象額×税率<br>★課税対象項目 | ● 賃貸住宅事業は非課税扱いのため、消費税還付は受けられない。 |

# 089 資金計画と資金調達

賃貸事業の資金調達は、一般的には、自己資金、敷金、保証金、借入金の4種類に分けて考えることができる（図表）。

事業実現のためには、これらの特徴を十分に理解したうえで、事業ごとに、その事業の特性に応じたバランスのとれた資金計画を立案し、実行することが大切となる。

## 自己資金は総事業費の20～30％程度用意することが望ましい

自己資金は、金利のかからない、かつ返済の必要のない資金なので、自己資金の占める比率が高いほど、余裕のある事業経営を行うことができる。ただし、賃貸事業では、土地・建物を担保とした資金の借り入れが比較的行いやすいこと、借入金の利子が税務上経費扱いにでき節税効果があることなどから、自己資金の比率は通常30％以下に設定されることが多い。

なお、実際のプロジェクトにおいては、当初から自由になる自己資金があるということはめったになく、他の土地を売却する等によって自己資金をつくりだすことが多い。こうした場合には、売却時の譲渡所得課税をいかに低く抑えるかも重要だが、売却価格を高めることと売却のタイミングが、事業成立のための重要なポイントとなる。

## 無理のない範囲内の借り入れは、節税効果や自己資金の効率的な運用が図れる

自己資金の占める比率が高いほど、事業の資金繰りは楽になるが、逆に、借入金の割合を高くするほど、自己資金の期待収益率を高めることができる。ただし、借入金比率が高いほど、ハイリスクハイリターンとなる。なお、一般に賃貸事業における自己資金の期待収益率は、10％近くは期待できることが多い。

## 敷金や保証金に過度に依存した資金計画は、慎むべき

賃貸事業では、入居者から差し入れられる敷金や保証金、礼金などの一時金があり、これらは初期投資あるいは運転時に自己資金を補完する貴重な資金となる。ただし、最近では敷金ゼロの物件もある等、敷金や保証金の水準は大幅に低下していることから、これらの資金に過度に依存した資金計画は慎むべきである。また、礼金については、とらないケースも増えていることから、事業収支計画上は見込まないほうがよい。

## 資金調達の設定ポイント（図表）

| 項目 | 設定の目安 | 備考 |
|---|---|---|
| **自己資金** | 通常、初期投資の30%以下（ただし、事業リスク軽減の観点から、より高めの設定にすることが望ましい） | ● 事業に投下される事業主自身の手持ち資金。<br>● 金利のかからない返済不要の資金のため、自己資金比率が高いほど事業の資金繰りは楽である。<br>● 自己資金を投下する場合にも、各年度の自己資金利益率等の尺度で、自己資金の効率性をあらかじめ予測しておくことが大切である。 |
| **敷金** | 市場調査により設定すべきであるが、一応の目安としては、<br>◆ 賃貸マンション・アパート<br>支払賃料の1～3ヶ月<br>◆ 貸店舗<br>支払賃料の6～15ヶ月<br>◆ 貸ビル<br>支払賃料の3～12ヶ月 | ● 建物の賃貸借契約時に、借主から貸主に差し入れられる一時金の一種で、借主の賃料不払いなどの債務不履行や、賃貸物件の損傷などを担保する。<br>● 本来は解約時に無利息で一括返済されるものであるが、契約上、一部を償却する例も多い。<br>● 長期的に金利のかからない預り金として、事業収支上、重要な資金調達源である。<br>● 東京・大阪等の大都市でのオフィスビルの一時金は、ほとんどが敷金の形態をとっている。<br>● 最近は、敷金の水準は大幅に低下しており、敷金に過度に依存した資金計画は慎むべきである。 |
| **保証金** | 市場調査により設定すべきであるが、一応の目安としては、<br>◆ 貸店舗<br>支払賃料の6～36ヶ月 | ● 建物の賃貸借契約時に、借主から貸主に差し入れられる一時金の一種だが、敷金と異なり、賃貸借契約とは別個の、一種の金銭消費貸借契約（金銭の貸し借りについて、一定の方法で同額を返済する契約）によるものとする最高裁の判例がある。<br>● 通常、一定の据置期間の後、低利の利子を付けて均等返済される。<br>● 事業収支上は、減価償却費が減少し、手元資金に余裕のなくなる時期に保証金の返済が始まるため、資金計画上の対策が必要である。 |
| **借入金** | 初期投資に必要な資金のうち、自己資金、敷金、保証金等により調達できない部分は、借入金によって調達する。 | ● 事業のための借入金利子は、損金計上でき、相続対策上も債務控除の対象となるなど、不動産事業での借入金は、積極的に評価できる。<br>● 公的機関からの借り入れと民間金融機関からの借り入れとがあり、事業目的や事業主の性格から慎重に選択する必要がある。<br>● 借入金の返済条件は、金利、借入期間、返済方式等により多様なバリエーションがあり、どのような返済条件の融資を選ぶかを慎重に検討する必要がある。 |

自己資金比率は、以前は実務上0%で計算することが多かったのですが、賃料水準の停滞や下降傾向が顕著になるなど事業の収益性が低下し、リスクが増大しているときは、20～30%程度の自己資金を用意して事業を行うという姿勢が健全と考えられます。

# 090 ローンの仕組み①
# 固定金利と変動金利

事業費のうち自己資金、敷金、保証金などで調達できない分は、借入金でまかなうことになる。しかし、借入金といっても、借入先、借入金額、借入期間、返済方法などの違いで資金繰りも大きく変わってくるので、それぞれの特徴を理解したうえで、現実的で採算がとれるローンを設定することがポイントとなる。

## 変動金利は固定金利よりも利率が低く、金利下降局面で有利

金利には、大きく分けて固定金利と変動金利の2種類がある。

固定金利は金利水準が一定期間固定されているものをいい、固定期間は2年から全期間までさまざまである。固定金利は利率が変わらないため、事業収支の目安が立てやすい。固定金利の代表的なローンには、住宅金融支援機構の「フラット35」がある。

一方、変動金利は短期プライムレートや長期プライムレートなどの銀行間の取引の基準となる金利水準に連動して随時金利水準を定めるものをいう。一般に、変動金利は固定金利よりも借入時点では金利が低いが、金利が上昇すると利払いが大きくなってしまうため、事業収支的に苦しくなる可能性がある。

通常、金利が上昇しているときや低金利のときには固定金利のほうが有利といわれているが、金利が下がっているときには変動金利のほうが有利といわれている。

なお、金融機関によっては、一定期間は固定金利で、期間終了後には再度固定金利か変動金利かを選択できる固定金利期間選択型のローンなどもある（図表1）。

## 借入期間を長くすると、資金繰りは楽になるが返済総額は大きくなる

借入期間によっても資金繰りは大きく変わる。一般に、借入期間が短いほど金利は低く設定されているが、仮に、金利条件、借入額などが同じ場合には、借入期間が長いほど、毎月の返済額は少なくなるため資金繰りは楽になる。ただし、返済総額は多くなるので、事業ごとに適切な期間を設定する必要がある。また、借入期間が長すぎる事業計画の場合、金融機関の了承を得られない可能性もあるので注意が必要となる。

なお、個人の相続対策など、節税が目的の賃貸事業の場合には、金融機関の了承が得られる範囲内で、借入期間をできるだけ長くすると効果的である（図表2）。

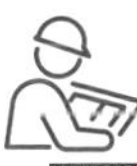

## 金利タイプによる比較（図表1）

| | 固定金利 | 変動金利 | 固定金利期間選択型 |
|---|---|---|---|
| 特徴 | ●借入期間中、原則として利率が変わらない。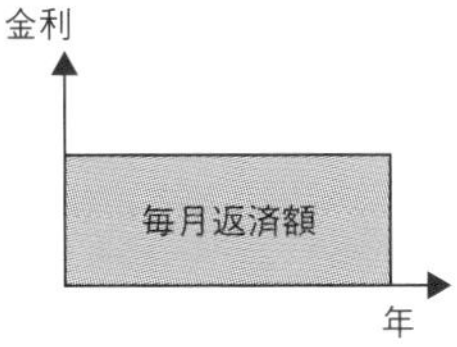 | ●随時金利が変動する。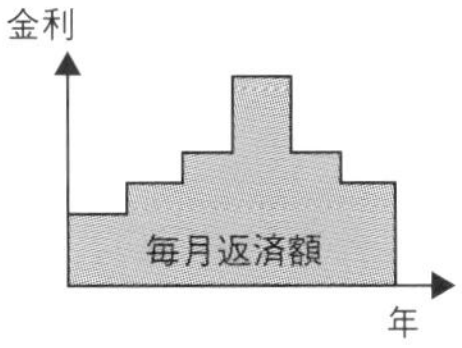 | ●一定期間だけ金利が固定され、固定期間終了後、変動金利か固定金利かが選択できる。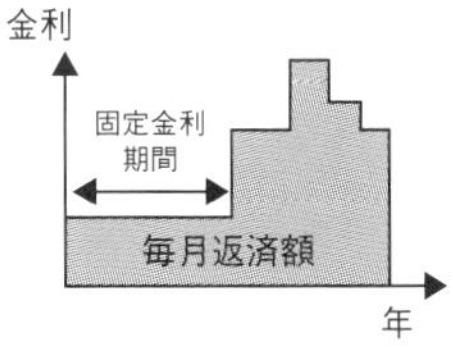 |
| メリット | ●利率が変わらないため、事業収支上の目安を立てやすい。<br>●金利上昇局面では有利。 | ●借入時点では固定金利より一般に利率が低い。<br>●金利の下降局面では有利。 | ●固定期間終了後、金利状況に応じて、固定金利か変動金利かを選べる自由度がある。 |
| デメリット | ●借入時点では変動金利より一般に利率が高い。 | ●金利が上昇すると、利払いが大きくなり、事業収支的にも苦しくなる。 | ●金利上昇が続くと、初めから長期の固定金利にしておいた方が有利な結果になる。<br>●金利下降が続くと、初めから変動金利にしておいた方が有利な結果になる。 |

## 借入期間の比較（図表2）

| | 借入期間が短い場合 | 借入期間が長い場合 |
|---|---|---|
| メリット | ●一般に利率が低く、借りやすい。<br>●利払い総額が少ない。 | ●毎月の返済額は少なくて済み、資金繰りが楽である。<br>●相続税対策などでは節税効果が高い。 |
| デメリット | ●資金ショートを起こしやすい。 | ●返済総額が多くなる。<br>●金融機関の了承を得にくい。 |

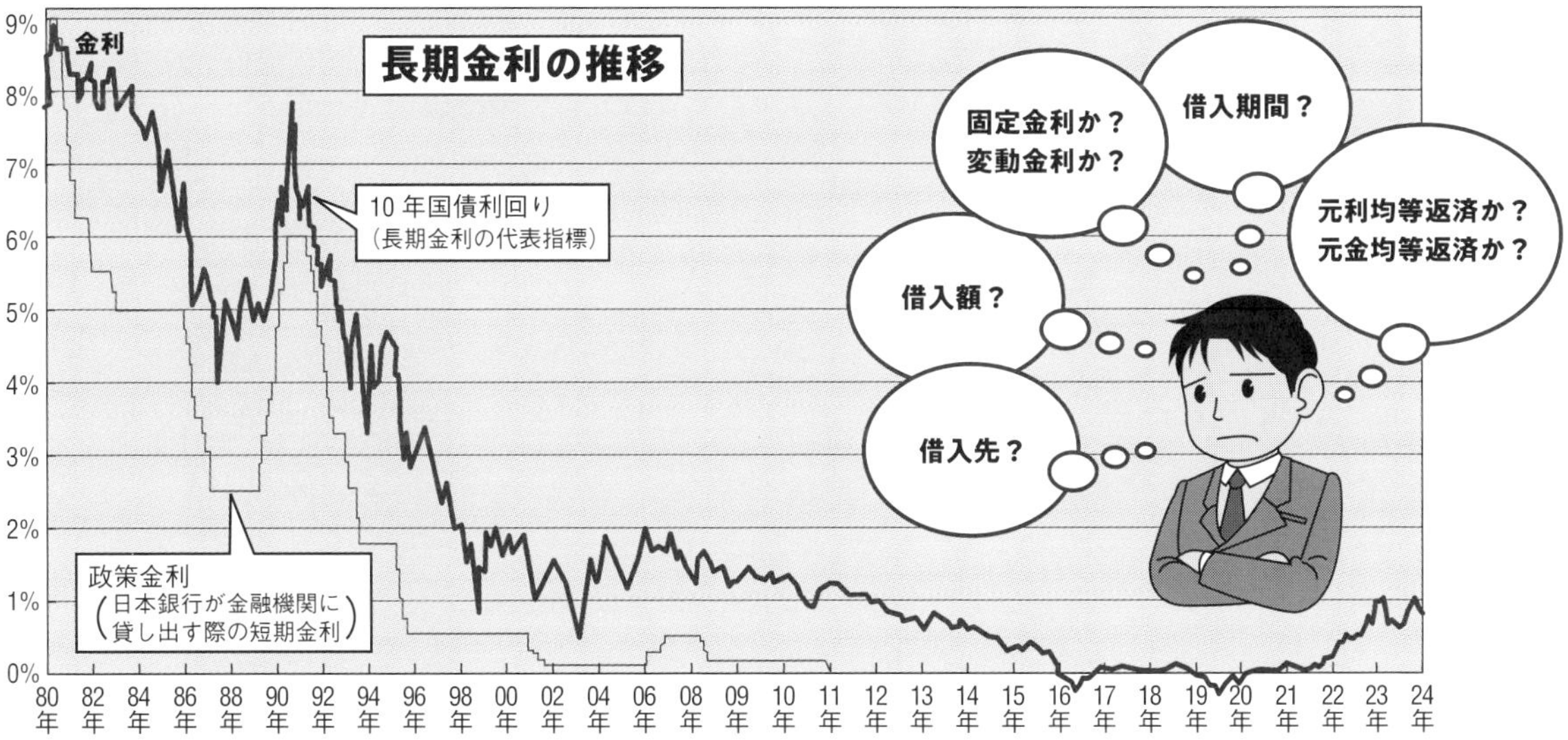

# 091 ローンの仕組み②
# 元利均等と元金均等

代表的なローンの返済方法として、元利均等返済と元金均等返済がある（図表）。また、このほか、一定期間の返済据置期間を設ける方法や剰余資金を全額返済に回す剰余金返済方式、借入期間中は利払いだけで、期間満了時に元本を一括返済する元本一括返済などもあるので、金融機関と調整して、事業目的に応じて有利な方法を選択することが大切となる。

たとえば、相続対策を目的とした賃貸事業では、相続税評価上の債務控除の対象となる債務残高をできるだけ減少させないような返済方式を選ぶことが効果的となるため、据置期間を設ける方法や、元本を据え置き期間満了時に一括返済する方法、元利均等返済方式などを選択するとよい。ただし、どの方法で借りられるかについては、金融機関との交渉によって決まるため、借入時の金融情勢、事業の収益性、事業主の信頼度、金融機関との取引実績、担保物件の内容などにより大きく変わる。

## 元利均等返済は毎月の返済額が一定なので返済計画が立てやすい

元利均等返済は、毎月返済する元金と金利の合計額が一定になるような返済方法である。月々の返済額が一定だと返済計画が立てやすいため、一般に住宅ローンではこの方法が採用されている。しかし、元利均等返済の場合、当初は返済額のほとんどが利子部分なので、元金はなかなか減らず、その結果、返済総額は元金均等返済の場合よりも多くなる。

その一方で、債務額の減りが遅い分、相続対策には有利と言われている。また、借入金の利子分は、不動産所得から控除できるので、利子が多い分、毎年の節税効果が高くなることもメリットといえる。

## 元金均等返済は毎月の元金返済額が一定なので当初の返済額が多く返済総額は少ない

元金均等返済は、元金を毎月均等額ずつ返済する方法である。金利については、その都度「借入残高×利率」で計算する。この方法だと元金が確実に減るため、返済総額は元利均等返済の場合よりも少なくて済む。また、減価償却費が減少して資金繰りが苦しくなるころに返済額も減るため、長期的な安定収入を目的とする場合には、この方法が適している。

ただし、当初の返済額は元利均等返済の場合よりも多くなるので、事業初期の資金繰りに注意する必要がある。

## 元利均等返済と元金均等返済の比較（図表）

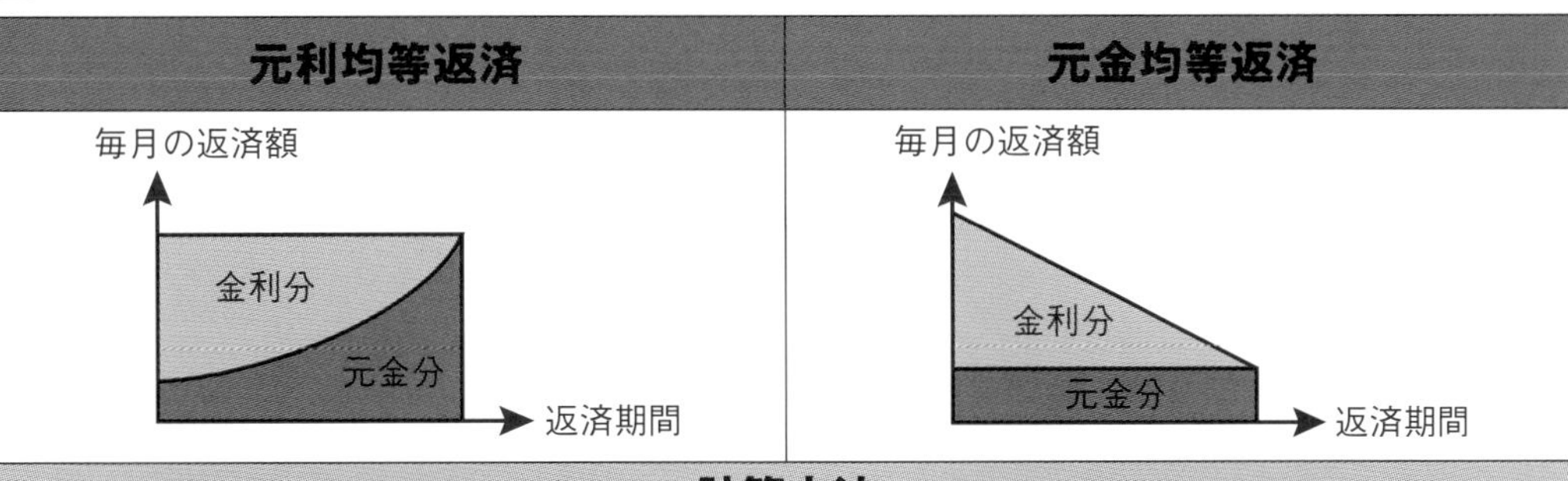


| | 元利均等返済 | 元金均等返済 |
|---|---|---|
| 計算方法 | ● 毎回の返済額＝<br>$借入金額 \times \dfrac{金利 \times (1+金利)^{返済回数}}{(1+金利)^{返済回数}-1}$ | ● 毎回の返済額＝<br>$\dfrac{借入金額}{返済回数} + 借入残高 \times 金利$ |
| 特徴 | ● 毎月の返済額が一定。<br>● 当初は金利分の返済が多く、元金分の返済が少ない。 | ● 毎月の元金の返済額が一定。<br>● 返済額が最初のうちは多く、徐々に減少する。 |
| メリット | ● 毎月の返済額が一定なので、返済計画が立てやすい。<br>● 元金均等返済に比べ、所得税・法人税などの節税効果が高い。<br>● 債務の減少が遅くなるので、元金均等返済よりも相続税対策上効果的。 | ● 利子返済総額は、元利均等返済よりも少なくて済む。<br>● 後半ほど返済額が減るので、長期的な安定収入の確保に向く。<br>● 節税メリットのある返済据置期間を置く方法との組合せが効果的。 |
| デメリット | ● 元金均等返済よりも利子返済総額が多くなる。 | ● 当初の金利支払い額が大きいので、資金計画上の工夫が必要。 |

**（借入金額 1 億円、金利年 5%、返済期間 20 年の場合）**

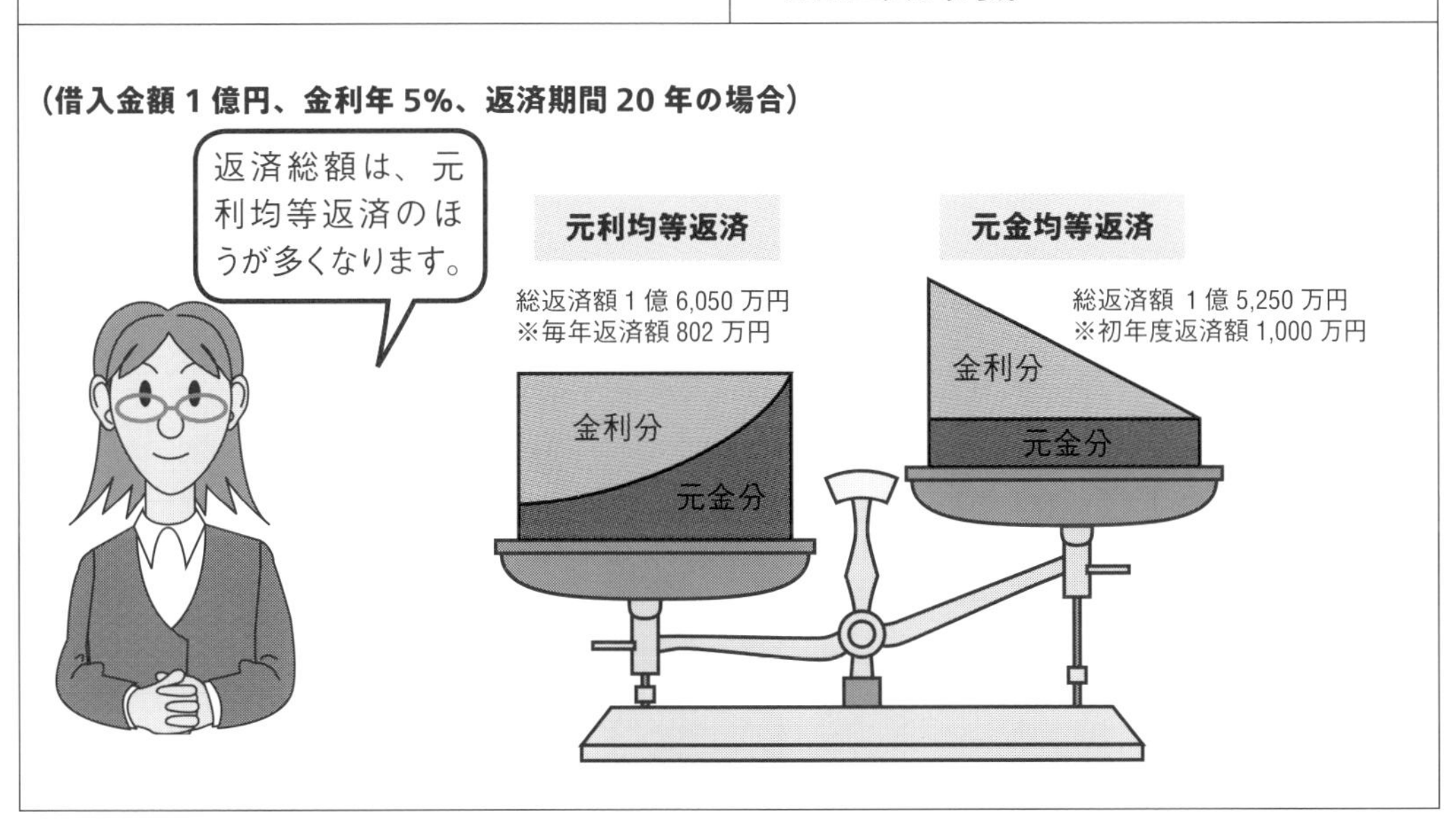

# 092 賃貸事業の収入

**賃料は支払賃料ではなく実質賃料で比較、入居率は90％程度の設定が標準的**

賃料収入は、収入項目の中でも、不動産賃貸事業の主たる収入であり、その設定は事業計画全体を左右するほど重要なものとなる。したがって、的確な調査を踏まえて、慎重に設定する必要がある。

賃料の設定方法には、不動産の価格に期待利回りを乗じて求める方法もあるが、現実の賃料は市場の需給バランスの中で決まるものなので、賃料は、一般に周辺地域の同じような建物の単位面積当たりの賃料相場との比較によって決められる（図表1）。なお、比較にあたっては、賃料は敷金等の一時金とも関連するので、月額支払賃料だけでなく、一時金の運用益を月額支払賃料に加算した実質賃料で比較する必要がある（図表2）。

また、共益費収入は、賃料に共益費が含まれているケースも多いが、見かけの賃料を低くして共益費で補填しているケースもあるので、必要に応じて賃料を補正して比較しなければならない。なお、実費精算として事業収支計画上は収入・支出の双方に含めないこともある。

さらに、住宅については一般に2LDK、3LDKといったタイプごとに地域の相場が形成されているので、坪当たりの賃料だけでなく、1戸あたりの賃料についても相場と比較する必要がある。

賃料設定に当たっては、賃料の改定率、改定期間、入居率も設定する。一般的に、賃料改定率は、特別な一等地を除きゼロに設定するのが妥当であろう。

また、入居率についても、オフィスや店舗については、当初2～3年は80～90％、その後85～95％、賃貸住宅では、当初2～3年は80～90％、その後90～95％程度の設定が標準的と考えられる。ただし、市場の実態や設定賃料の水準も考慮しながら、これよりも慎重な設定を行う必要がある場合も多い。

**資金運用益は国債等の利回りを勘案して、安全サイドの設定に**

資金運用益とは、不動産賃貸事業の毎期の余剰資金を運用して得た運用益のことであり、具体的な額は、毎期の損益計算、資金計算の結果として、次期繰越金を計算し、これに税引前運用利回りを乗じて求める。具体的な設定は、国債等の利回りを勘案して行うが、長期的な設定数値のため、多少安全サイドに設定すべきであろう。

## 収入項目の設定ポイント（図表1）

| 項目 | | 設定の方法 |
|---|---|---|
| 賃料収入 | | 戸当たり月額賃料×戸数× 12 ヶ月×入居率×賃料改定率（改定期間ごとに） |
| | 戸当たり賃料（初年度） ¥ | ● 周辺の同じような建物の新規賃料相場との比較によって設定。<br>**【留意点】**<br>・建物の賃貸条件は、契約時の一時金（敷金・保証金など）とも関連するので、月額支払賃料だけで比較するのではなく、一時金の運用益を加えた実質賃料で比較する。<br>・共用部分の水道光熱費などの共益費は、現実の賃貸事例には、賃料に共益費が含まれている場合もあるので、必要に応じて賃料を修正して比較する必要がある。<br>・マンションなどでは、坪当たりの家賃だけでなく、1戸当たりの家賃として、相場と比較することが必要で、3LDK などのタイプごとに地域の賃料相場が形成されていることに留意する。 |
| | 賃料改定率と改定期間 % | ● 建物用途や地域による差が見られるが、20 ～ 30 年の長期にわたる設定なので、多少控えめの改定率にしておく必要がある。現在の経済状況の下では各用途とも値上がり率 0%とみることが妥当。 |
| | 入居率 % | ● 建物の用途や地域による差がかなり見られるが、おおむねの目安としては、<br>・賃貸アパート・マンション：当初 2 ～ 3 年 80 ～ 90%、その後 90 ～ 95%<br>・貸ビル・店舗：当初 2 ～ 3 年 80 ～ 90%、その後 85 ～ 95% |
| 共益費収入 ¥ | | ● 賃料に含まれるケースも多い。実費精算として、事業収支計画上は収入・支出の双方に含めないこともある。 |
| 駐車場等収入 ¥ | | ● 駐車場収入や広告塔収入などを設定する。駐車場については、1 台当たりの月額賃料を周辺賃貸事例などを参考にして設定する。改定率、改定期間、入居率などは、本体建物の賃料と同じにすることが多い。 |
| 資金運用益 ¥ | | ● 毎年の損益計算、資金計算の結果生じた剰余金の運用益。具体的な額は損益計算、資金計算の結果によるので、ここでは、剰余金の運用利回り（税引前）を設定する。 |

## 支払賃料と実質賃料（図表2）

**実質賃料＝支払賃料＋敷金等の一時金の運用益**

例題

月額支払賃料 30 万円、敷金 6 ヶ月（運用利回り年 2%）の場合
実質賃料＝ 30 万円＋ 30 万円× 6 ヶ月× 0.02 ÷ 12 ヶ月
＝ 30 万 3 千円

## 募集賃料と成約賃料（図表3）

**募集賃料 VS 成約賃料**

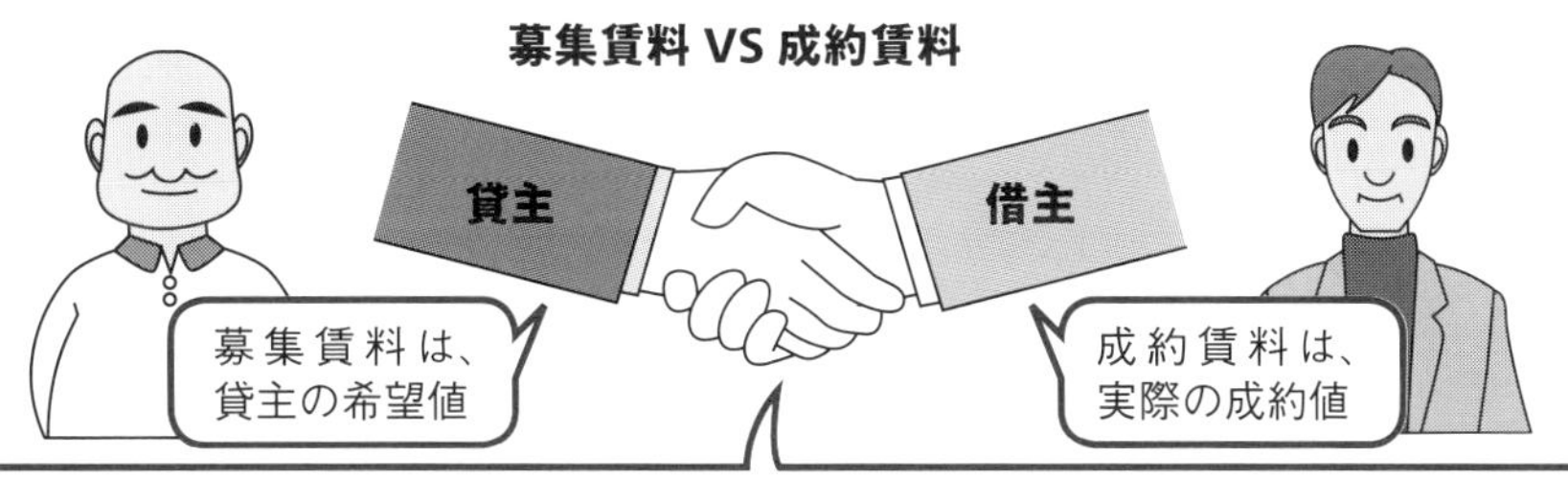


賃貸市場の需給バランスがとれている時期には、両者の差は、ほとんどないが、供給過剰に陥っているような場合には、成約賃料は募集賃料を下回ることが多い。

# 093 賃貸事業の支出

**管理費、修繕維持費、損害保険料、税金、減価償却費、その他経費等を設定する**

支出項目としては、管理費、修繕維持費、損害保険料、土地・建物公租公課、減価償却費、支払利子、返済元金、その他経費に分けられる。

このうち、会計上の経費となる減価償却費は支出項目でもっとも注意すべき項目であるが、これについては０９４で説明する。

**消費税は賃料に上乗せするものとして除いても、企画段階では差し支えない**

管理費には、水道光熱費、清掃費、設備保守管理費等があるが、入居者の募集や対応等を含めて専門業者に管理を委託する場合には、毎月の賃料収入の5％程度に実費を加えた金額が目安となり、入居率や賃料の増減率に連動する。なお、サブリース方式（１２９参照）の場合には、事業収支計画上の賃料収入は実際の市場賃料から管理費が既に差し引かれていることが多く、そのような場合の管理費はゼロとなる。

修繕維持費については、賃貸住宅などで礼金や更新料を収入項目として計上する場合には、入居者入れ替え時の内装リニューアル費用を別途加算することが望ましい。

損害保険料については、火災保険料が中心である。建築工事費に所定の料率を掛けるが、建物の用途・構造・地域区分等によって料率は異なる。なお、一時払いの火災保険の場合、実際の保険料は建設時に支払うが、会計上は、一時払いの総額を加入期間で割った均等額を毎期計上することになる。

土地・建物の公租公課については、一定の住宅用地や新築住宅の場合、軽減措置がある（１０５参照）。なお、土地の公租公課の上昇率は、一般に0～10％で設定するが、建物の公租公課については、経年による評価減との相殺で据え置きと考える。

その他経費については、賃貸事業に関連して、経常的に支出する費用を計上する。通常、予備費的に、総収入の3～5％程度を計上する場合が多い。

なお、共益費については、実費精算として共益費収入を収入項目に計上しない場合には、支出項目にも共益費の実費は計上しない。また、消費税については、消費税分を賃料に上乗せするものとして収支計算から除いて考えても、初期段階の事業収支計画としては問題ないと考えられる。

## 支出項目の設定ポイント（図表）

| 項目 | 算出法 | 備考 |
|---|---|---|
| **管理費** ¥ | 賃料収入×料率＋実費 | ● 清掃費、水道光熱費、設備保守管理費等の費用。<br>● 専門業者に委託する場合には、賃料収入の 5%程度＋水道光熱費等の実費が目安。 |
| **修繕維持費** | 建築工事費×料率 | ● 建物の修繕維持に要する費用。料率は 0.5%程度が目安。<br>● 上昇率は賃料改定率と同じかやや高め。 |
| **損害保険料** | 建築工事費×保険料率 | ● 建物の構造･用途、地域によって保険料率は異なるが、大体の目安は以下の通り。<br>・アパート：　0.2%<br>・マンション：　0.05%<br>・事務所・一般店舗：　0.07%<br>・一般飲食店：　0.12%<br>・量販店：　0.22%<br>● 用途が混在する場合は、建物全体を高い方の料率で算定する。 |
| **公租公課** TAX　**土地** | 【固定資産税】<br>課税標準額× 1.4%<br>住宅用地の場合、軽減あり<br>【都市計画税】<br>課税標準額× 0.3%<br>住宅用地の場合、軽減あり | ● 固定資産税は、固定資産課税台帳に記載されている基準年度の評価額に、負担調整率を乗じた課税評価額をもとに課税されるが、住宅用地については以下のような軽減措置がある。<br>・小規模住宅用地（1 戸当たり 200m² 以下の部分）では、課税標準額＝評価額× 1/6<br>・一般住宅用地（1 戸当たり 200m²を超える部分）では、課税標準額＝評価額× 1/3<br>都市計画税も課税標準額をもとに課税されるが、住宅用地については以下のような軽減措置がある。<br>・小規模住宅用地では、課税標準額＝評価額× 1/3<br>・一般住宅用地では、課税標準額＝評価額× 2/3<br>上昇率は、3 年毎に 0 ～ 10%で設定。 |
| **公租公課**　**建物** | 【固定資産税】<br>課税標準額× 1.4%<br>一定の新築住宅の場合、軽減あり<br>【都市計画税】<br>課税標準額× 0.3% | ● 一定の新築住宅については 1 戸当たり 120m²までの部分を、3 ～ 7 年間、固定資産税を 1/2 に減額する制度がある。<br>● 建物の固定資産税、都市計画税については据置きと考える。 |
| **減価償却費** | 【定額法】<br>取得費×償却率<br>※償却率は構造、用途などによる<br>※建物本体と設備に分けて計算 | 詳細は **094 参照** |
| **支払利子** BANK | ローン残高×利率 | ● 保証金や借入金の各年度の支払利子で、費用として収益から控除できる。 |
| **返済元金** BANK | 各種返済方法による | ● 保証金や借入金の各年度の返済元金である。<br>※会計（税務）上の費用とはならない。 |
| **その他経費** ¥ | 予備費的意味合いとして、他の支出経費× 10%<br>または総収入× 3 ～ 5% | ● 上記支出項目以外の費用。たとえば、事業主が、賃貸事業のために直接雇用する人件費などで、共益費の対象とならないものなどを計上する。予備費的意味合いを持っている。 |

# 094 減価償却とは

**減価償却費は、実際に外部に支払われるお金ではないが、会計上の経費となる**

減価償却とは、事業の用に供している建物とその附属設備などの固定資産について、取得費から残存価額を差し引いた額を、その耐用年数にわたって一定の方法により規則的に、各期に費用として配分していく会計手続きをいい、各会計期に経費計上される配分額を減価償却費という。

減価償却費は、実際に外部に支払われる費用ではないが、会計上の費用として収益から差し引くことができるため、減価償却費相当額が事業者側に留保されることになり、賃貸事業においては投下資金回収のための大きな戦力となる。

減価償却の計算方法には、一般に定額法と定率法の2種類がある（**図表1**）。建物本体については、定額法によらなければならない。附属設備についても、以前は定率法が認められていたが、平成28年4月1日以降に取得する場合には、定額法によらなければならないことになった。

また、償却率とは、固定資産の種類によって決められた耐用年数に応じて定められている率のことである。建物本体の耐用年数は、その種類ごとに細かく定められているが、企画段階では**図表2**に示す程度の概略的な分類に従っておけば十分であろう。一方、附属設備については、一般的な建物附属設備のほか、エレベーター、消火設備等、設備ごとに償却率が定められているが、設備全体の耐用年数を15年と考えても事業収支計画上は十分である。なお、建物本体と附属設備は耐用年数が異なるため、通常は、減価償却費の対象となる費用の総額をおおむね7：3程度に建物本体と附属設備に按分して、それぞれの減価償却費に計上する。

**建築工事費以外の費用には、減価償却費の対象か、損金計上か、有利な方を選べるものもある**

また、減価償却費の対象となる取得費には、建築工事費のほかに、工事期間中の金利や設計監理料などの建築工事に関連する費用や建物の不動産取得税、登録免許税、外構工事費、什器備品費なども含むことができる。

そのうち、不動産取得税や登録免許税は、建設年度の経費として会計処理することも可能なので、どちらか有利な方法を選ぶとよい。

なお、開業費は任意償却資産、融資保証料は返済期間に応じた前払費用または繰延資産となる。

## 定額法と定率法（図表1）

| | 定額法 | 定率法 |
|---|---|---|
| 概念図 | 償却額は毎年同額<br>償却額<br>年度 | 償却額は年々減少<br>償却額<br>年度 |
| 算定式 | **取得費×定額法による償却率**<br>（備忘価額として１円を残し、全額償却可能） | **期首の帳簿価額×定率法による償却率**<br>（備忘価額として１円を残し、全額償却可能）<br>※償却額が取得価額×保証率より小さくなる年度以降は、その年度の期首帳簿価額×改定償却率を償却額として、備忘価額１円まで毎年同額を償却する。 |

## 法定耐用年数と償却率（図表2）

| 構造 | 木造 | | 鉄骨造 | | RC 造・SRC 造 | |
|---|---|---|---|---|---|---|
| 建物用途 | 耐用年数 | 償却率（定額法） | 耐用年数 | 償却率（定額法） | 耐用年数 | 償却率（定額法） |
| 事務所 | 24 年 | 0.042 | 38 年 | 0.027 | 50 年 | 0.020 |
| 住宅・寮 | 22 年 | 0.046 | 34 年 | 0.030 | 47 年 | 0.022 |
| 店舗 | 22 年 | 0.046 | 34 年 | 0.030 | 39 年 | 0.026 |

| 設備等 | 耐用年数 | 償却率（定額法） | 償却率（定率法） | 改定償却率 | 保証率 |
|---|---|---|---|---|---|
| 一般的な附属設備（給排水・電気・ガス等） | 15 年 | 0.067 | 0.133 | 0.143 | 0.04565 |
| エレベーター | 17 年 | 0.059 | 0.118 | 0.125 | 0.04038 |
| 消火設備等 | 8 年 | 0.125 | 0.250 | 0.334 | 0.07909 |

## 減価償却費の計算例（当初3年度分）（図表3）

| | 年度 | ①期首帳簿価額 | ②償却率 | ③償却額 | ④期末残存価額（①-③） |
|---|---|---|---|---|---|
| 建物（取得費１億円）耐用年数 47 年の場合 定額法 | 1 年度 | 100,000,000 | 0.022 | 2,200,000 | 97,800,000 |
| | 2 年度 | 97,800,000 | 0.022 | 2,200,000 | 95,600,000 |
| | 3 年度 | 95,600,000 | 0.022 | 2,200,000 | 93,400,000 |
| 設備（取得費 500 万円）耐用年数 15 年の場合 定額法 | 1 年度 | 5,000,000 | 0.067 | 335,000 | 4,665,000 |
| | 2 年度 | 4,665,000 | 0.067 | 335,000 | 4,330,000 |
| | 3 年度 | 4,330,000 | 0.067 | 335,000 | 3,995,000 |

# 095 長期事業収支計算書

## 事業収支計算書には「損益計算書」と「資金計算書」の2つがある

設定条件に基づいて、事業収支計算を行った結果を示したものが事業収支計算書である。事業収支計算書は、各事業年度の利益を計算する「損益計算書」と、各事業年度の資金繰りを示す「資金計算書」に分かれている（図表）。

## 損益計算書では税引後の利益を、資金計算書では手取り額を見る

損益計算書では、各年度の収益から費用を差し引いて、税引前利益を計算し、これに対する所得税、住民税（法人の場合には法人税、法人住民税）を計算し、税引後利益を算出する。

一方、資金計算書では、各年度の所要資金の源泉となる資金源泉から、資金の使い途を表す資金使途を差し引き、当期の剰余金である手取り額を計算する。

当期剰余金の累計は、次期繰越金として翌期の資金源泉に繰り越されるとともに、その運用益は、翌期の損益計算書上の収益項目である資金運用益として計上される。

資金源泉としては、事業開始当初は、自己資金や保証金・敷金、長期借入金などの資金調達項目が計上されるが、事業が安定してからは、前期繰越金と税引後利益、および減価償却費を計上する。減価償却費は外部に支出されない会計上の費用で、損益計算上、一度費用として差し引かれた後、資金計算で再び資金源泉に加えられる。

資金使途としては保証金や長期借入金の元本返済額を計上する。なお、資金使途のほうが資金源泉よりも多い状態は、資金がショートしていることになり、これを防ぐために、短期借入をして資金源泉に加え資金繰りを図ることになる。この短期借入金は事業開始当初には発生する場合もあるが、その後も続くようであれば、事業計画全体の見直しを図る必要がある。

損益計算書と資金計算書は一対のものであり、この両者を通して、事業の採算性をチェックする必要がある。なお、採算性のチェックにあたっては、毎年の利益を示す損益計算書に目を奪われがちだが、実際には、賃貸事業が黒字であることよりも毎年の手取り額がいくらかということのほうが、特に個人にとっては重要な場合が多い。したがって、現実的には、キャッシュフローを示す資金計算書で判断するほうが、試算結果をよりわかりやすく評価できる。

# 長期事業収支計算書の見方（図表）

事業の採算性チェックにあたっては損益計算書の税引き後利益に目を奪われがちですが、実際には、毎年の手取り額を示す当期剰余金のほうが、特に個人には重要な場合が多いといえます。

**【計画概要】**

- 敷地面積　1300㎡（土地固定資産税評価額　4 億円）
- 延べ床面積　2800㎡
- 賃貸条件　住戸
  住戸 40 戸、12 万円 / 月戸、敷金 2 ヶ月
  入居率：初年度 85%、2 年度以降 90%
  駐車場 16 台、1.5 万円 / 月台　契約率：95%

**（初期投資）**
- 建築工事費　65 万円 / 坪× 2800㎡＝ 5 億 5,048 万円
- 設計・監理費　建築工事費× 5%
- 予備費　建築工事費× 3%

**（資金調達）**
- 自己資金　1 億 5,880 万円
- 銀行借入金　4 億 8,120 万円（35 年、元利均等、年利 3%）

（単位：千円）

| 区分 | 項目 | 建設年度 | 1 年度 | 2 年度 | 3 年度 | 4 年度 | 5 年度 | 6 年度 | 7 年度 | 8 年度 | 10 年度 | 16 年度 | 19 年度 |
|---|---|---|---|---|---|---|---|---|---|---|---|---|---|
| 損益計算書・営業損益・営業収入 | 賃料収入 | | 48,960 | 51,840 | 51,840 | 51,840 | 51,840 | 51,840 | 51,840 | 51,840 | 51,840 | 51,840 | 51,840 |
| | 駐車場等収入 | | 2,326 | 2,462 | 2,462 | 2,462 | 2,462 | 2,462 | 2,462 | 2,462 | 2,462 | 2,462 | 2,462 |
| | 営業収入計 | 0 | 51,286 | 54,302 | 54,302 | 54,302 | 54,302 | 54,302 | 54,302 | 54,302 | 54,302 | 54,302 | 54,302 |
| 営業支出 | 管理費 | 0 | 2,564 | 2,715 | 2,715 | 2,715 | 2,715 | 2,715 | 2,715 | 2,715 | 2,715 | 2,715 | 2,715 |
| | 修繕維持費・保険料 | 0 | 3,028 | 3,028 | 3,028 | 3,028 | 3,028 | 3,028 | 3,028 | 3,028 | 3,028 | 3,028 | 3,028 |
| | 土地固定資産税等 | 2,856 | 1,333 | 1,333 | 1,333 | 1,333 | 1,333 | 1,333 | 1,333 | 1,333 | 1,333 | 1,333 | 1,333 |
| | 建物固定資産税等 | 0 | 3,303 | 3,303 | 3,303 | 3,303 | 3,303 | 5,615 | 5,615 | 5,615 | 5,615 | 5,615 | 5,615 |
| | その他 | 0 | 0 | 0 | 0 | 0 | 0 | 0 | 0 | 0 | 0 | 0 | 0 |
| | 減価償却費 | 0 | 22,554 | 22,554 | 22,554 | 22,554 | 22,554 | 22,554 | 22,554 | 22,554 | 22,554 | 9,945 | 9,945 |
| | 営業支出計 | 2,856 | 32,782 | 32,933 | 32,933 | 32,933 | 32,933 | 35,245 | 35,245 | 35,245 | 35,245 | 22,636 | 22,636 |
| | 営業損益 | -2,856 | 18,504 | 21,369 | 21,369 | 21,369 | 21,369 | 19,057 | 19,057 | 19,057 | 19,057 | 31,666 | 31,666 |
| 営業外損益 | 資金運用益等 | 0 | 0 | 0 | 0 | 0 | 0 | 0 | 0 | 0 | 0 | 0 | 0 |
| | 支払利息等 | 0 | 14,328 | 14,088 | 13,840 | 13,586 | 13,323 | 13,052 | 12,773 | 12,486 | 11,884 | 9,848 | 8,684 |
| | 税引き前利益 | -2,856 | 4,176 | 7,281 | 7,529 | 7,783 | 8,046 | 6,005 | 6,284 | 6,571 | 7,173 | 21,818 | 22,982 |
| | 所得税・住民税 | 0 | 229 | 2,734 | 3,431 | 3,560 | 3,693 | 2,885 | 2,795 | 2,940 | 3,244 | 9,517 | 11,272 |
| | 税引き後利益 | -2,856 | 3,947 | 4,547 | 4,098 | 4,223 | 4,353 | 3,120 | 3,489 | 3,631 | 3,929 | 12,301 | 11,710 |
| | 税引前キャッシュフロー | 0 | 26,995 | 22,180 | 21,701 | 21,700 | 21,700 | 19,388 | 19,388 | 19,388 | 19,389 | 19,388 | 19,389 |
| 資金計算書・資金源泉 | 前期繰越金 | | 0 | 26,766 | 46,212 | 64,482 | 82,622 | 100,629 | 117,132 | 133,725 | 166,477 | 260,479 | 287,185 |
| | 自己資金・補助金等 | 158,800 | 0 | 0 | 0 | 0 | 0 | 0 | 0 | 0 | 0 | 0 | 0 |
| | 保証金・敷金 | 0 | 8,160 | 480 | 0 | 0 | 0 | 0 | 0 | 0 | 0 | 0 | 0 |
| | 借入金（長期） | 481,200 | 0 | 0 | 0 | 0 | 0 | 0 | 0 | 0 | 0 | 0 | 0 |
| | 借入金（短期） | 0 | 0 | 0 | 0 | 0 | 0 | 0 | 0 | 0 | 0 | 0 | 0 |
| | 減価償却費 | 0 | 22,554 | 22,554 | 22,554 | 22,554 | 22,554 | 22,554 | 22,554 | 22,554 | 22,554 | 9,945 | 9,945 |
| | 税引き後利益 | -2,856 | 3,947 | 4,547 | 4,098 | 4,223 | 4,353 | 3,120 | 3,489 | 3,631 | 3,929 | 12,301 | 11,710 |
| | 資金源泉計 | 637,144 | 34,661 | 54,347 | 72,864 | 91,259 | 109,529 | 126,303 | 143,175 | 159,910 | 192,960 | 282,725 | 308,840 |
| 資金使途 | 土地・建物取得費等 | 637,144 | 0 | 0 | 0 | 0 | 0 | 0 | 0 | 0 | 0 | 0 | 0 |
| | 保証金元金返済 | 0 | 0 | 0 | 0 | 0 | 0 | 0 | 0 | 0 | 0 | 0 | 0 |
| | 借入金（長期）元金返済 | 0 | 7,895 | 8,135 | 8,382 | 8,637 | 8,900 | 9,171 | 9,450 | 9,737 | 10,338 | 12,375 | 13,538 |
| | 借入金（短期）元金返済 | 0 | 0 | 0 | 0 | 0 | 0 | 0 | 0 | 0 | 0 | 0 | 0 |
| | 資金使途計 | 637,144 | 7,895 | 8,135 | 8,382 | 8,637 | 8,900 | 9,171 | 9,450 | 9,737 | 10,338 | 12,375 | 13,538 |
| | 当期剰余金 | 0 | 26,766 | 19,446 | 18,270 | 18,140 | 18,007 | 16,503 | 16,593 | 16,448 | 16,146 | 9,071 | 8,117 |
| | 次期繰越金 | 0 | 26,766 | 46,212 | 64,482 | 82,622 | 100,629 | 117,132 | 133,725 | 150,173 | 182,622 | 270,351 | 295,302 |
| 負債残高 | 保証金・敷金残高 | 0 | 8,160 | 8,640 | 8,640 | 8,640 | 8,640 | 8,640 | 8,640 | 8,640 | 8,640 | 8,640 | 8,640 |
| | 借入金（長期）残高 | 481,200 | 473,305 | 465,170 | 456,788 | 448,151 | 439,251 | 430,080 | 420,630 | 410,893 | 390,522 | 321,543 | 282,115 |
| | 借入金（短期）残高 | 0 | 0 | 0 | 0 | 0 | 0 | 0 | 0 | 0 | 0 | 0 | 0 |
| | 負債残高計 | 481,200 | 481,465 | 473,810 | 465,428 | 456,791 | 447,891 | 438,720 | 429,270 | 419,533 | 399,162 | 330,183 | 290,755 |

- 入居率初年度 85%
- 入居率 2 年度以降 90%
- 建物固定資産税の軽減措置が 5 年で終わる
- 手元の現金
- 次期繰越金は次年度の前期繰越金となる
- 税引前利益黒転年
- 次期繰越金が借入金残高を上回る。借入金完済可能年
- 元利均等返済のため、元金返済＋支払利息は一定
- 入居率上昇による敷金入金
- 当初 10 年間の平均剰余金金額は約 1,800 万円 / 年となる
- 設備の償却は 15 年で終了し設備償却費が減少、その分税金が増え、手取り額が減少
- 実際に出ていないお金だが、支出に計上できる
- 初年度から剰余金発生

# 096 事業採算性の考え方

## 設定条件について、客観的に見て妥当かどうかを再チェックする

まず、事業収支の設定条件について、客観的に見て妥当かどうかを再チェックする必要がある。

初期投資については、建築工事費の設定が最も重要となる。設計内容がある程度固まっているのであれば、設計図面をもとに概算を行うべきだが、現実には設計内容が不確定な段階で事業収支計算を行うことも多い。こうした場合には、市場動向などを踏まえながら、標準的な仕様で建築工事費を設定することになるが、一方で、事業を成立させるための目標建築工事費を計算し、この目標額の範囲内で、設計内容を詰めていくというアプローチも考えられる。

資金計画については、借入金の金利設定、借入限度額のチェックを行う。また、土地を売却して自己資金とする場合には、売却の見通しや売却時の諸費用、税金なども適切に見積もる必要がある。

収入・支出項目については、賃料や入居率について、楽観的シナリオ、中間的シナリオ、悲観的シナリオの3ケース程度でシミュレーションを行い、悲観的シナリオの場合の対応策も検討しておくことが大切である。

## 個人は手取り額、法人は投下資本回収年や自己資本利益率等で採算性をチェック

事業採算性の判断は、事業主の経営理念に基づいてなされるものであるため、必ずしも一律の基準によって判断されるものではないが、主な判断指標としては図表のような指標がある。実際には、これらの指標に、事業主の経営理念や事業目的等が加味されて、最終的な判断がなされることになる。

一般に、個人の場合には、剰余金平均額、資金ショートの有無、借入金完済可能年、投下資本回収年などが重要な採算指標となる。特に、税引後借入金返済後の手取り額である剰余金が、毎年一定額以上あることが事業実施の決め手になることが多い。

一方、法人の場合には、税引前利益黒字転換年、累積赤字解消年、借入金完済可能年、投下資本回収年、剰余金平均額、自己資本利益率、内部収益率などで判断するが、上場企業、外資系企業など、法人の性格により重視する採算指標は異なる。また、法人といっても、小規模な同族会社などでは、むしろ個人に近い場合が多いようである。

## 長期事業収支計算に基づく事業収益性（採算性）の判断指標（図表）

◎重要度が高い　○重要度がある　△重要度があまりない

| 判断指標 | 内容 | 判断基準 | 指標としての重要度 | |
|---|---|---|---|---|
| | | | 法人 | 個人 |
| **税引前利益黒字転換年** | 税引前利益が黒字転換する年度がいつかで、事業の収益性を判断する考え方。 | ● 初年度～3年度　**優**<br>● 4年度～7年度　**良**<br>● 8年度～10年度　**可**<br>● 11年度以降　**問題あり** | ◎ | △ |
| **累積赤字解消年** | 賃貸事業では、通常、当初の税引前利益は赤字でスタートするため、税引前利益の累計の赤字が解消する年度で、事業の収益性を判断しようとする考え方。 | ● 初年度～7年度　**優**<br>● 8年度～15年度　**良**<br>● 16年度～20年度　**可**<br>● 21年度以降　**問題あり** | ◎ | △ |
| **借入金完済可能年** | 剰余金累計が借入金残高を上回る年。この年に借入金の完済が事実上可能となるので、この年度で事業の収益性を判断しようとする考え方。 | ● 12年度以下　**優**<br>● 13年度～17年度　**良**<br>● 18年度～25年度　**可**<br>● 26年度以降　**問題あり** | ○ | ○ |
| **投下資本回収年** | 剰余金累計が自己資金の累計と預り金・借入金残高合計を上回る年。もし、この年に事業を中止したとしても、預り金・借入金を返済し、自己資金を回収できることになる。 | ● 15年度以下　**優**<br>● 16年度～20年度　**良**<br>● 21年度～25年度　**可**<br>● 26年度以降　**問題あり** | ◎ | ◎ |
| **剰余金発生年** | 借入金返済後の手取額としての単年度の剰余金が発生する年で、事業の収益性を判断しようとする考え方。 | ● 初年度　**優**<br>● 2年度～3年度　**良**<br>● 4年度～7年度　**可**<br>● 8年度以降　**問題あり** | △ | ○ |
| **剰余金平均額** | 各年度の剰余金の何年間かにわたる平均額を指標とする考え方。通常、初年度～10年度の平均額、11～20年度の平均額で見る。 | ● 目標とする剰余金額（たとえば個人の場合の生活資金としての必要額）との比較で、個々に判断する。 | ◎ | ◎ |
| **資金ショートの有無** | 長期事業収支計算において、長期借入金などの返済のための資金がなくなることを資金ショートという。資金ショートが生じた場合は通常、短期借り入れを起こして不足額を補う。この資金ショートの連続度で事業の採算性（特に健全性）を判断する考え方。 | ● 短期借入金の発生がなし　**優**<br>● 1～3年間連続　**良**<br>● 4～7年間連続　**可**<br>● 8年間以上連続　**問題あり** | ○ | ◎ |

このほか、法人の場合には、投下資本利回り（＝初年度賃料／初期投資額）や内部収益率（**098参照**）などの利回り指標を重視するケースが多い。

一方、個人の場合には、所得税の節税可能額や相続税の節税可能額などが重視されることも多い。

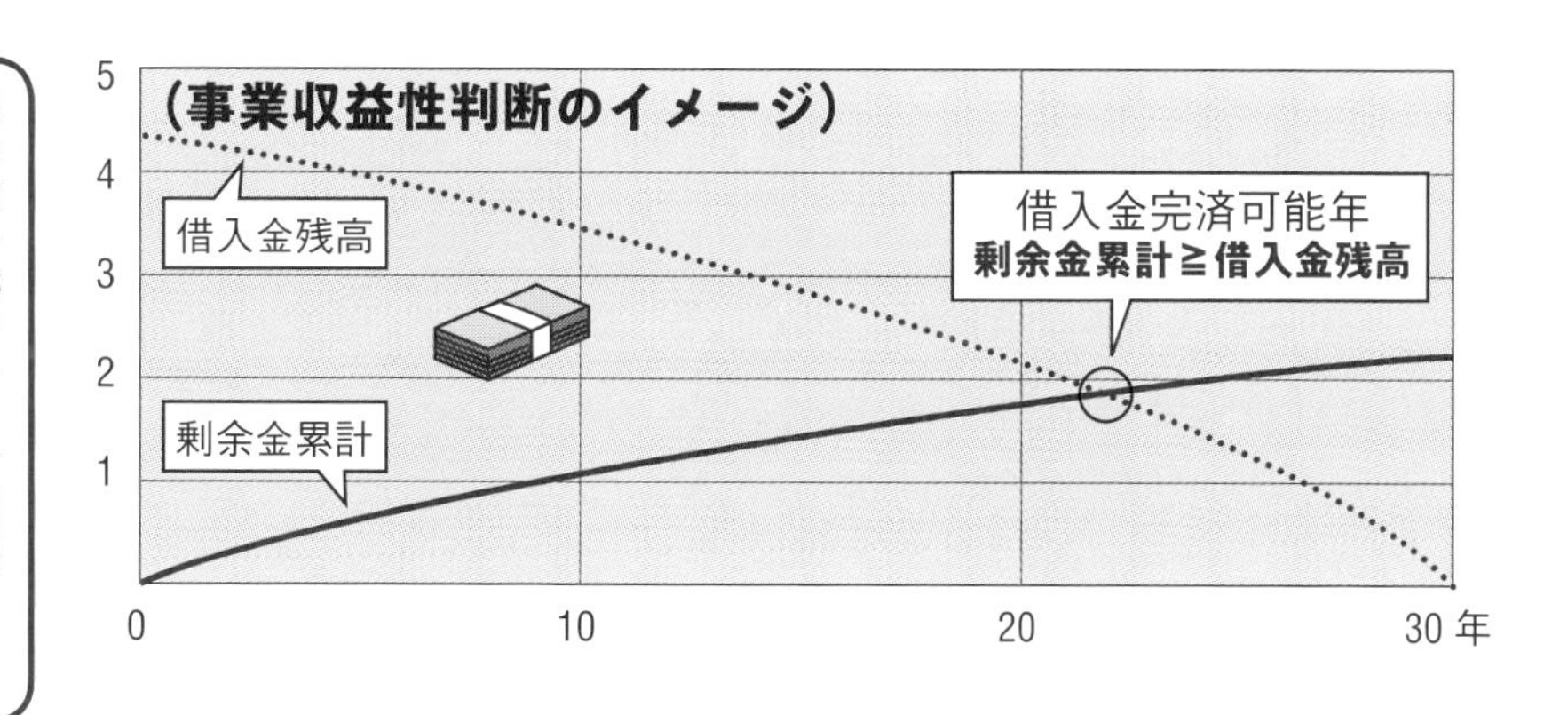


Chapter 6 事業採算性の考え方

# 097 利回りとは

## 実際の手取り額の利回りは、表面利回りではなく実質利回りで考える

不動産賃貸事業でも、よく「利回り」という言葉が使われるが、「利回り」には、「表面利回り」と「実質利回り」がある。一般に、投資物件などで紹介されている利回りは「表面利回り」で、これは年間賃料収入を投資額で割った数値である。表面利回りは、諸経費を差し引いたものではないため、実際の手取り額の利回りとは随分異なるものとなる。

そこで、実際の手取り額の利回りが知りたい場合には、表面利回りではなく、「実質利回り」を求める必要がある。実質利回りは、年間収入から火災保険料や管理費、修繕費用などの諸費用である年間支出を差し引いた額を、取得費用を含めた総投資額で割ることによって求めることができる。

実質利回りは、管理コストや取得費用を考慮しているため、表面利回りと比べて、より正確な収益力を求めることができる（**図表1**）。

ただし、不動産の価値を判断するにあたっては、単に実質利回りだけを比較して判断することは危険である。なぜなら、それぞれの不動産にはその不動産特有のリスクが内在しているからである。具体的には、不動産の存在する地域の特性、不動産自体の建物のグレードや老朽化の度合い、築年数などによるリスクである。一般に、投資家が不動産を評価する場合には、利回りのほかに、こうした不動産の特性も考慮している。

## 期待する利回りから希望賃料を求める方法もある

一方、賃貸事業を行う場合には、その賃貸事業で期待する利回りから、希望賃料を求めることもできる。

たとえば、**図表2**に示すように、1億円の投資額で、実質利回り10%以上の不動産賃貸事業を希望する場合に必要な賃料を求めてみよう。

戸数10戸、年間支出３００万円、入居率90%とすると、**図表2**の計算式より希望賃料は約12万円と計算できる。

すなわち、実質利回り10%を確保するためには、賃料12万円／月以上の設定が可能な不動産賃貸事業計画としなければならない、というわけである。この場合、対象地の周辺賃料と比較して、計画している賃貸事業で賃料12万円の設定が可能かどうかを検討し、計画の内容や事業実施の是非を決断することになる。

## 利回りの種類と計算方法（図表1）

$$\text{表面利回り（\%）（単純利回り）} = \frac{\text{年間賃料収入}}{\text{投資額（または購入価格）}} \times 100$$

※諸経費は計算に入れず、単純に年間の家賃収入を投資額で割ったもの

$$\text{実質利回り（\%）（ネット利回り）} = \frac{\text{（年間収入－年間支出）}}{\text{投資額（または購入価格）}} \times 100$$

※年間の家賃収入から税金、火災保険料、管理費などの諸経費を引いた額と取得費用を含めた投資額で割ったもの

一般に、投資物件などで紹介されている利回りは表面利回りであることが多いですが、不動産の収益力を反映する利回りとしては、実質利回りで考える必要があります。

**計算例**

投資額1億円、賃料10万円／戸月、戸数10戸、年間支出額300万円の場合

**●入居率100%の場合**

年間賃料収入 1200万円（年間支出 300万円）
実質利回り 9%
表面利回り 12%

**●入居率80%の場合**

年間賃料収入 960万円（年間支出 300万円）
実質利回り 6.6%
表面利回り 9.6%

## 期待利回りから希望賃料を求める方法（図表2）

$$\text{希望賃料（戸・月）} = \frac{\text{（投資額×期待利回り＋年間支出）}}{\text{入居率}} \div \text{戸数} \div \text{12ヶ月}$$

**計算例**

投資額1億円、期待利回り10%、戸数10戸、年間支出300万円の場合、入居率を90%とすると、

希望賃料＝（1億円×10%＋300万円）÷90%÷10戸÷12ヶ月
＝ 約12万円

つまり、実質利回りを10%確保するためには、賃料を12万円に設定しなければならないことになります。

# 098 IRRとは

**IRRとは、収益の現在価値の合計と費用の現在価値の合計が等しくなる割引率**

内部収益率（IRR）とは、一定の投資期間においてプロジェクトのキャッシュフローベースでの収益（キャッシュフロー流入）の現在価値の合計と、投資費用（キャッシュ流出）の現在価値の合計が等しくなるような収益率（割引率）をいう。IRRには、主に、不動産全体を評価するプロジェクトIRRと、自己資本に対する収益率を示すエクイティIRRがある（**図表1**）。エクイティIRRの具体的な計算イメージは、**図表2**に示す通りである。

**プロジェクトのIRRと最低必要収益率を比較して、投資意思決定を行う**

内部収益率は、株式投資等、広く投資の世界で用いられている投資判断指標であることから、たとえば長期国債の利回りなど、不動産以外の投資とも比較できるという特徴がある。

一般的には、内部収益率によってプロジェクトの投資判断を行う場合には、プロジェクトIRRの場合には、最低限IRRが借入金利を上回っている必要がある。また、通常、投資家がプロジェクトの投資判断をする際には、求められたIRRと投資家にとって最低限必要な収益率とを比較してIRRの方が大きければ、投資を実行することになる。

すなわち、プロジェクトの内部収益率が投資家にとっての最低必要収益率よりも大きければ、そのプロジェクトに投資する価値があり、また、内部収益率が大きいほど有利な投資と考えられるわけである。

しかし、比較的短い期間の不動産投資の場合には、IRRの計算において、投資期間満了時の売却価格（復帰価格）によって、IRRの数値が大きく左右される。そのため、求められたIRRは適切な指標とならない恐れがあることから、投資期間の設定には十分留意しなければならない。

また、内部収益率による方法は、投資規模の違いを考慮していないため、何案もの投資案の中から一つの投資案を選択する場合に、正味現在価値法（各年度の税引き後借入金元利返済後の剰余金の現在価値の合計から初期投資額を引いた額により、プロジェクトの投資価値をはかる方法）の結果と異なる結果になる場合があるため、そのような場合には、正味現在価値法で判断するとよい。

## IRR（内部収益率）とは（図表1）

$$\sum_{t=1}^{n}\frac{C_t}{(1+i)^t}+\frac{C_n}{(1+i)^t}-V=0$$ を満たす i を内部収益率（IRR）という

**● プロジェクト IRR（不動産全体の IRR）の場合**

**Ct**：t 期のキャッシュフロー（借入金返済前キャッシュフロー）

総利益（年間賃料）
－総費用（運営管理費等）
純収益（減価償却前）＝ NOI
－大規模修繕費（資本的支出）
借入金返済前キャッシュフロー

**V**：総投資額＝自己資本＋借入金
**Cn**：総資本に帰属する復帰価値

**● エクイティ IRR（自己資本 IRR）の場合**

**Ct**：t 期のキャッシュフロー（借入金返済後キャッシュフロー）

総利益（年間賃料）
－総費用（運営管理費等）
純収益（減価償却前）＝ NOI
－大規模修繕費（資本的支出）
借入金返済前キャッシュフロー
－年間借入金返済額
借入金返済後キャッシュフロー

**V**：初期投資額＝自己資本投資額
**Cn**：自己資本に帰属する復帰価値

| | |
|---|---|
| **特徴** | ● 収益額が投資額と等しくなる場合に、IRR はゼロとなる。<br>● 株式投資等、広く投資の世界で用いられている投資判断指標なので、不動産以外の投資（たとえば、長期国債の利回り等）とも比較できる点が特徴。<br>● プロジェクト IRR の場合、最低限　IRR ＞借入金利　を満たす必要がある。<br>● 通常、IRR ＞必要収益率　となる場合に投資を実行する。 |
| **留意点** | ● 短期の不動産投資の場合には、正味売却価格（復帰価値）の予測値の影響が非常に大きくなってしまうため、求められた IRR は適切な指標とはならない恐れがある。 |

## IRRの計算例（図表2）

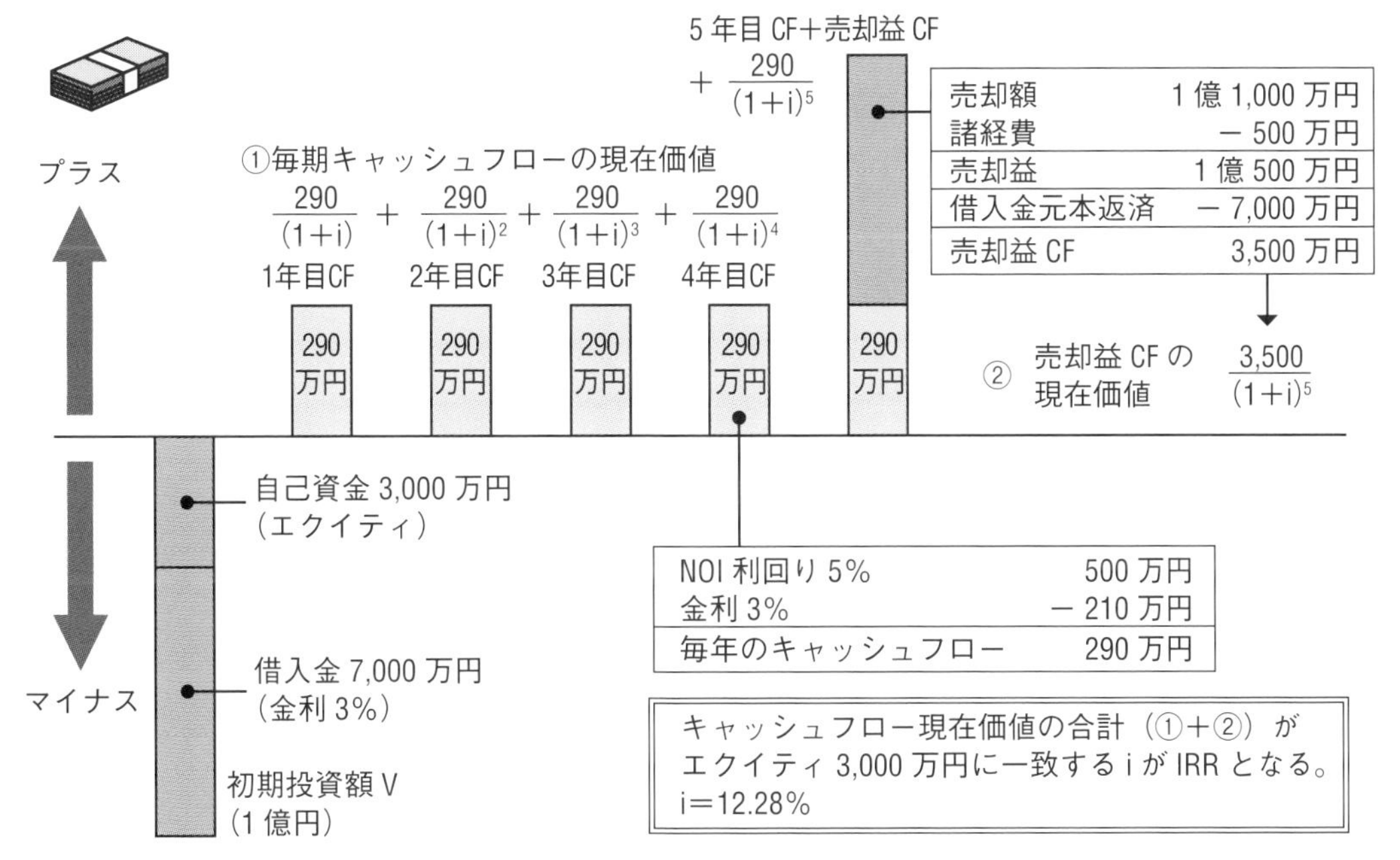

# 099 不動産の収益性の判断指標NOIとは

**NOIとは、年間賃料収入から経費を差し引いた利益額のこと**

NOI（償却前営業利益）とは、年間賃料収入から、固定資産税や都市計画税などの公租公課、管理費、修繕維持費、火災保険料などの経費の合計である不動産の管理コストを差し引いた利益額のことで、不動産のキャッシュフローを表す指標である。この指標は、不動産の持つ収益力を最も客観的に表すことができる利益指標といえる（**図表1**）。

ここで、NOIを求める際に、差し引く諸費用に、減価償却費や金利は含めない。その理由は、まず、減価償却費については、定額法、定率法などのいくつかの償却方法があり、それらを恣意的に選択できるため、不動産の収益性を客観的に評価するには、減価償却費を費用に含めないほうがふさわしいからである。また、金利については、資金調達方法に関係なく、不動産の収益性を客観的に表すためである。つまり、自己資金であるか借入金であるかということは、不動産の収益性自体には関係ないため、金利を経費に含めることは望ましくないからである。

**NOIを時価評価額で割った償却前営業利益率で不動産の収益性を評価する**

それぞれの不動産がどの程度の収益性を持っているのかを把握するためには、NOIを時価評価額で割った償却前営業利益率を用いるとよい。すなわち、ある不動産の利益額をその不動産の時価で割ることによって、その不動産の収益性の実力を把握するわけである。特に、個人の土地所有者の場合には、確定申告時の不動産所得の計算では、所有する個々の不動産がそれぞれどの程度の収益性を持っているかは把握しないため、償却前営業利益率によって、所有不動産それぞれの収益性を知ることは非常に効果的である。

具体的には、償却前営業利益率によって、不動産を①自宅など、収益性は乏しいが、生活基盤として保持すべき不動産、②収益性が高く、収益源として保持すべき不動産、③収益性が低く、有効利用や他の収益用不動産への組み換えを検討すべき不動産、④納税などのため、当面保有すべき不動産、の4つに分類することで、今後の不動産の活用方針を明確に把握することが可能となる（**図表2**）。

企画にあたっては、NOIを用いた指標を効果的に使うとよい。

## NOI（償却前営業利益）とは？（図表1）

**NOI（Net Operating Income）とは…**

● 年間賃料収入から、不動産の管理コストを差し引いた利益額のこと

**NOI ＝ 年間賃料収入 － 不動産の管理コスト※**

※固定資産税・都市計画税などの公租公課、管理費、修繕維持費、火災保険料などの経費

## 償却前営業利益率とは？（図表2）

**償却前営業利益率 ＝ NOI ÷ 時価評価額**

● たとえば、複数の不動産を所有する土地所有者に対する企画を行う場合

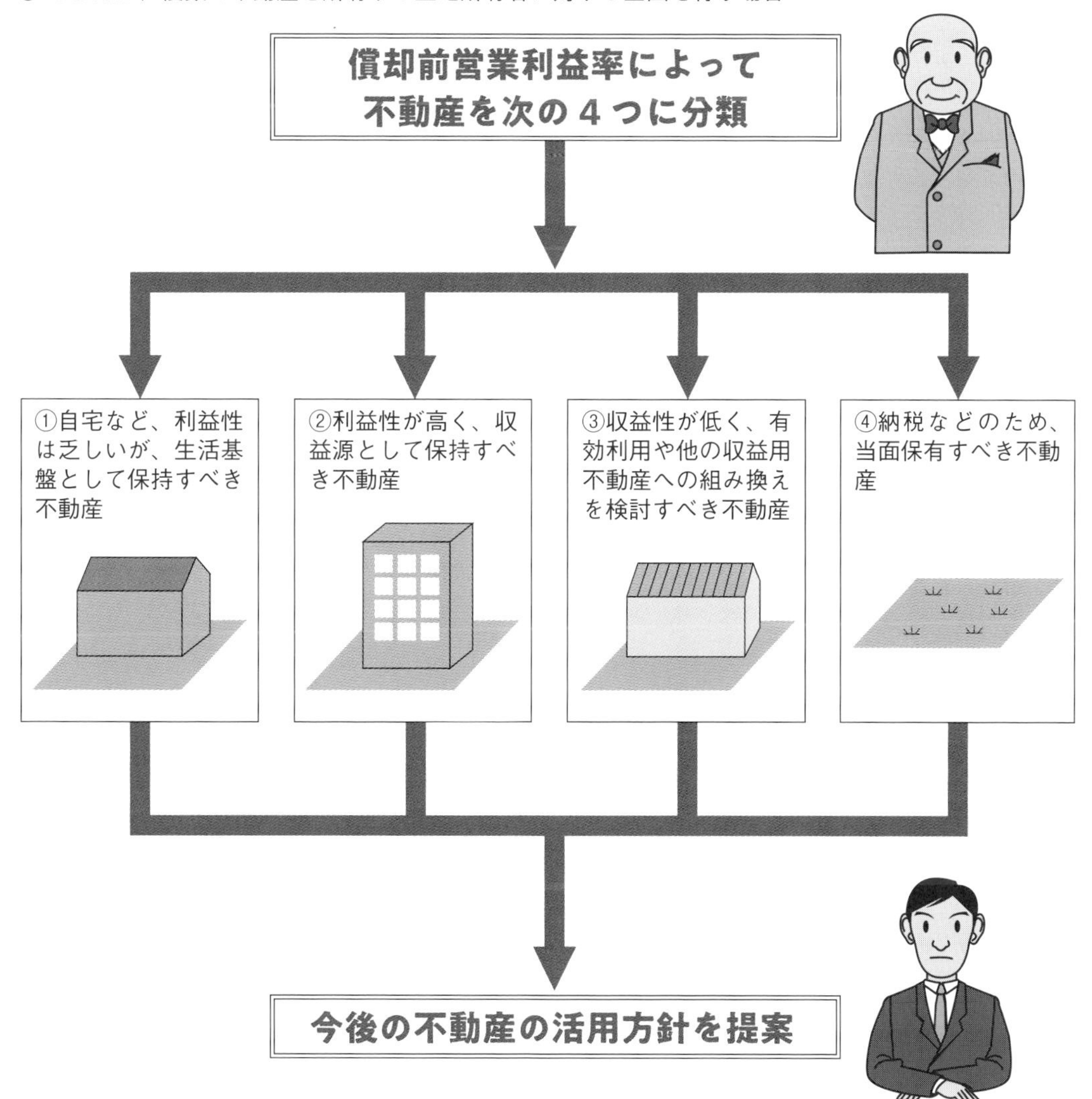

# 100 DSCRとは

**DSCRとは、借入金の返済の安全性を見るための指標で、NOI÷借入金返済額**

DSCRとは、借入金の返済の安全性を見るための指標で、DSCR＝NOI（償却前営業利益）÷借入金返済額で表される（**図表1**）。つまり、DSCRというのは、NOIが借入金の返済額の何倍にあたるかを計算するもので、DSCRが1を超えると、借入金の返済を償却前の営業利益からまかなうことができるわけである。しかし、DSCRが1よりも小さい場合には、借入金の返済に支障が出ることになるので、DSCRは少なくとも1・0以上でなければならない。

この指標は、借り手だけではなく、貸し手にとっても重要な指標となるため、銀行などでは収益用不動産の融資を実行する場合の担保価値の判断指標として採用している。

**DSCRが1・5以上の範囲で借入金の限度額を考えることが望ましい**

DSCRは、最低でも1を超えることが条件で、通常は、1・05から1・2程度で融資を実行している。ただし、NOIも借入金返済額も、様々な条件で変動する可能性があるので、実務的には、DSCRは1・5以上の範囲で借入金の限度額を考えることが望ましいといえる。

たとえば、月額賃料7万円の10室のアパートに投資する際の借入金の限度額を計算してみよう。

稼働率を90%、経費を賃料収入の20%、金利3%、借入期間25年の元利均等返済とすると、NOIは、7万円×10室×12ヶ月×90%×（1－0・2）より、604万8千円となる。

ここで、DSCRを1・5以上とするためには、借入金返済額がNOI÷DSCR1・5よりも小さくなければならない。よって、借入金の年間返済額は604万8千円÷1・5＝403万2千円以下にしなければならないことがわかる。金利3%、借入期間25年、元利均等返済の場合の100万円あたりの毎月返済額は、ローン返済額早見表（**コラム6参照**）より、4742円なので、このケースの借入限度額は403万2千円÷12ヶ月÷4742円×100万円より、7085万円となる。

したがって、このアパートの購入に8500万円かかる場合には、1415万円は自己資金で用意しなければならない（**図表2**）。

## DSCRとは？（図表1）

**DSCR（Debt Service Coverage Ratio）とは…**

● 借入金返済の安全性を見るための指標

$$\text{DSCR} = \frac{\text{NOI（償却前営業利益）}}{\text{借入金返済額}}$$

## DSCRの計算例（図表2）

**月額賃料7万円、10室のアパートに投資する際の借入金の限度額は？**

稼働率90%、経費は賃料収入の20%、金利3%、借入期間25年、元利均等返済とする。

NOI（償却前営業利益）＝7万円×10室×12ヶ月×90%×（1－0.2）
＝604.8万円

DSCR≧1.5とするためには、
借入金返済額≦604.8万円÷1.5＝403.2万円とならなければならない。

403.2万円÷12ヶ月÷4,742円※×100万円＝7,085万円
↓
借入金の限度額は7,085万円
※金利3%、借入期間25年、元利均等返済の場合の
100万円あたりの毎月返済額

このアパートが8,000万円で売りに出ていて、購入時の経費が500万円かかる場合、8,500万円－7,085万円＝1,415万円は自己資金で調達する必要があることになります。

Chapter 6 DSCRとは

# 101 賃貸住宅事業とリスク

## 賃貸住宅事業には、特有の経営的観点からみた特徴と事業リスクがある

土地活用の中でも、賃貸住宅事業は、立地や敷地の個別性による依存度が高く、借入金比率が高い等、特有の経営的観点からみた特徴がある（図表1）。バブル経済崩壊までは、自己資金がなくても土地さえあれば比較的簡単に始められる安定的な事業と考えられていた。しかし、現在では、地域によっては空室率の上昇や賃料の下落が発生し、借入金の返済が困難になるなど、事業リスクが顕在化しつつある。

賃貸住宅事業の事業リスクは、初期投資上のリスク、資金返済上のリスク、マーケットリスク、法的リスク、制度的リスク、物理的・機能的リスク、流動性低下リスクに分けて考えられる（図表2）。

特に、賃貸住宅事業は、どういう立地でどの程度の投資規模の建物を建てるか、資金調達条件、建物の設計内容や機能などは初期投資段階で決まってしまうため、この段階でのリスク管理が、事業の成否を左右するといっても過言ではない。また、空室率の上昇や賃料下落などのマーケットリスクは、予想はできても管理することは不可能なリスクなので、初期投資段階でどの程度までマーケットリスクを織り込んだ事業の組み立てができるかも大きなポイントだ。

なお、相続を控えたケースなどでは、そもそも、その土地を賃貸住宅事業に活用することがよいかどうかということについても、単に収益性だけでなく、流動性、安全性の観点からも総合的に検討しておく必要がある。

## 賃貸住宅事業の最大のリスクは、借入金依存リスクである

賃貸住宅事業の事業リスクのうち最大のリスクは、初期投資時に過度に借入金に依存し、事業開始後の賃料収入が何らかの理由で当初の見通しよりも少なくなったときに、借入金の元利返済が滞ってしまう借入金依存リスクである。

実際、バブル時の相続対策等を目的とした事業の中には、このような事態になって借入金返済のために土地建物を手放さざるを得ない状況に陥った事例も多い。こうした賃貸住宅事業の破綻には、通常、多くの要因が複合的に絡み合っているが、いずれにしても借入金への過度の依存という要因がなければ土地建物を手放すようなことにはならないはずである。

## 賃貸住宅事業の経営的観点からみた特徴とリスク（図表1）

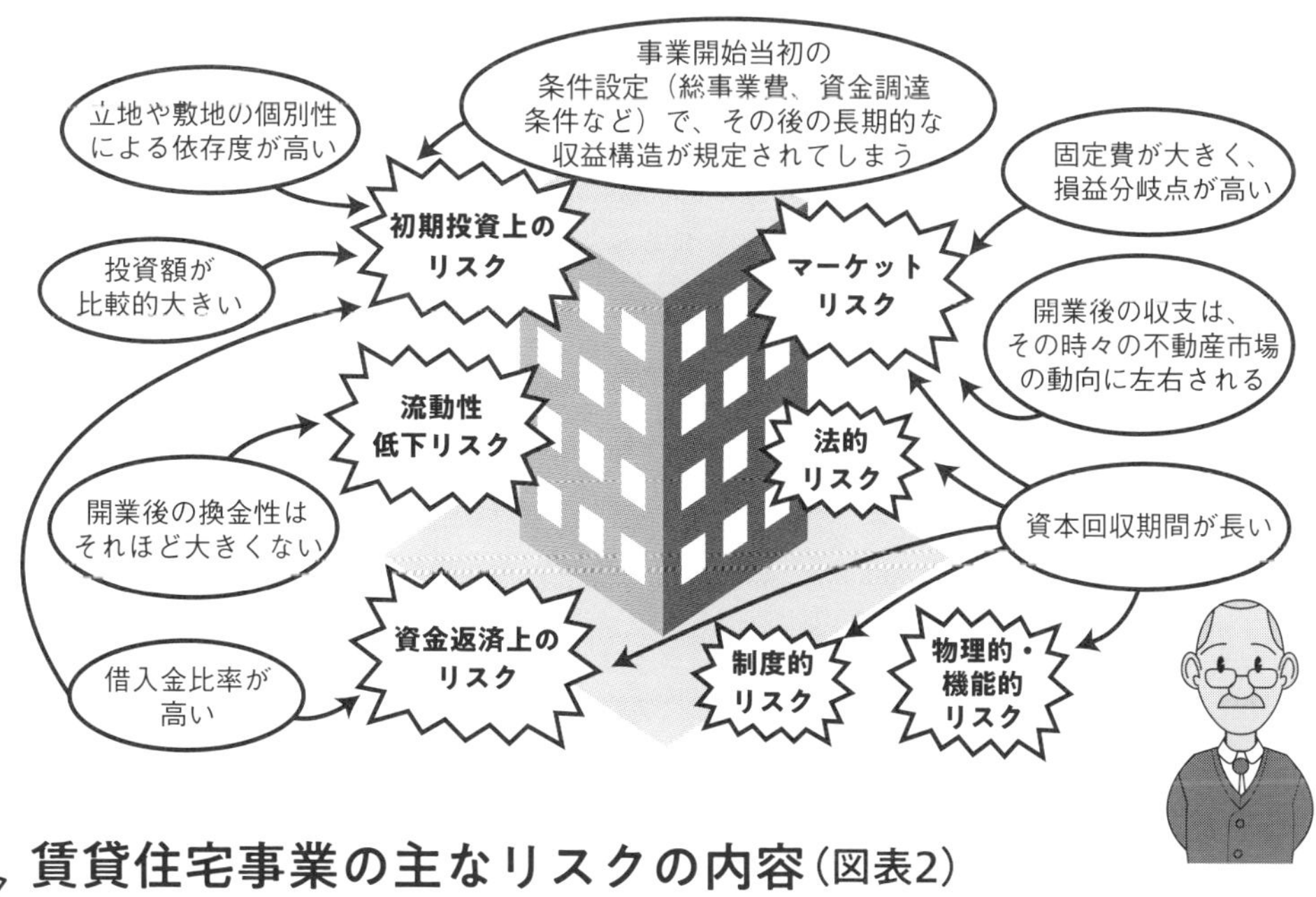


## 賃貸住宅事業の主なリスクの内容（図表2）

|  |  |
|---|---|
| 初期投資上のリスク | ● 立地判断、投資規模の誤り<br>● 建物等の高値での取得<br>● 過度に借入金に依存した資金調達、不利な資金調達条件での投資<br>● 事業開始までの時間的リスク（地権者合意、許認可、近隣同意等）<br>● 事業開始までの法的リスク（借地問題、借家問題、抵当権・不良債権処理等）<br>● 建物の設計・機能上の設定条件の誤り、施工不良等 |
| 資金返済上のリスク | ● 入居者の退出等による予期せぬ返済<br>● 借入金元利の返済不能 |
| マーケットリスク | ● 空室率の上昇、入居者の退出<br>● 賃料の値下がり、地域の活力低下<br>● 賃貸需要そのものの縮小<br>● 市場慣行の変化<br>● 担保価値の低下 |
| 法的リスク | ● 賃料の不払い<br>● 敷金等の返還請求権の質入れ、債権譲渡等<br>● 入居者の破産、倒産等<br>● 無断転貸、無断増改築等<br>● 借地借家法による入居者立ち退きコスト |
| 制度的リスク | ● 借地借家法等の法制度の改変<br>● 税制、会計制度等の改変<br>● 耐震基準の変更等による陳腐化等 |
| 物理的・機能的リスク | ● 建物自体の耐震性、耐久性の問題<br>● 老朽化に伴う維持管理費用の増加<br>● 建物の機能的低下、陳腐化に伴うリニューアル費用の増加<br>● 使用資材にかかわる環境問題<br>● 解体費用の負担 |
| 流動性低下リスク | ● 売却不能、用途転換不能、物納不能等 |

# 102 賃貸住宅事業とリスク管理

## 冷静に事業家の目で、立地や事業性を客観的に判断することが大切

賃貸住宅事業の場合、その立地によって事業の成否の相当な部分が決定されるため、事業性の検討の結果、事業を行わないほうがよい、投資規模を小さくしたほうがよいとの結論になる場合もある。土地所有者は自分の土地を身びいきで高く評価する傾向があるが、この場合には、冷静な事業家の目で、立地や事業性を客観的に判断することが大切である。

図表の採算尺度を用いると、年間賃料収入、総事業費、借入金実効金利の3つの数字で、賃貸住宅事業の採算性を判断できる。なお、この採算尺度を用いるに当たっては、入居率は安全性を見てやや堅めに設定することが必要である。

## 景気が悪い時期に投資し、景気が良い時期には投資しない

株の場合と同様、賃貸住宅事業も投資のタイミングが大切となる。

賃貸住宅事業の場合、景気が悪い時期に投資し、景気が良い時期には投資しないことが、事業を成功させるためのコツである。なぜなら、賃貸住宅事業は事業開始時の設定条件により、その後の収益構造が規定されてしまうとともに、投資資金回収には20年以上の長い期間を要するからである。通常、景気が良いときには建設費も金利も高くなるため、こうした時期に投資すると事業採算性が悪化する。逆に、資金回収については、長期間となるため、投資時期の景気で収益の差はほとんど生じない。

## 目標建設コストを設定し、コストを踏まえた設計をする

図表の目標建設コストの算定式を用いると、事業化検討の初期段階から目標建設コストを把握でき、事業採算性を踏まえた良質な建物を建てることが可能となる。なぜなら、通常は、設計完成後に初めて見積もりが行われ、その金額をもとに事業収支計算が行われるため、コストが合わない場合には、外装仕上げ材料や設備のグレードを落とすといった対応しか出来ず、結果的に建物の競争力が低下してしまう恐れがある。それに対して、当初から目標値としての建設コストが明確な場合には、そのコストを踏まえた設計が総合的に行われるため、結果的に良質な建物建設が可能となるからである。

# 事業リスクの軽減方法（図表）

## ①立地判断・投資規模等の誤りの回避方法

● 土地所有者の目ではなく、事業家の目で、立地や事業性を客観的に判断しましょう。検討の結果、賃貸事業を行わない方がいいという結論や、投資規模を小さくした方がいいという結論になることも理解する必要があります。

**★事業の可能性を判断するための簡単な方法（自己所有地の場合）**

$$採算尺度 = \frac{年間賃料収入}{総事業費} - (借入金実効金利 + 3\%)$$

※年間賃料収入　＝ 満室時月額賃料×入居率× 12 ヶ月
　総事業費　　　＝ 建設費（消費税込み）× 115%
　借入金実効金利 ＝ 借入金比率×借入金金利＋自己資本比率× 0%
　　　　　　　　＝ 借入金比率×借入金金利

**判断基準**

|  |  |
|---|---|
| 採算尺度 ≧ 7%のとき | ◎ **優**（採算性に優れた事業） |
| 7%＞採算尺度 ≧ 3%のとき | ○ **良**（採算的にメリットがある事業） |
| 3%＞採算尺度 ≧ 0%のとき | △ **可**（節税対策などの目的があれば可） |
| 採算尺度 ＜ 0%のとき | × **不可**（単独では資金繰りが困難な事業） |

## ②投資時期の誤りの回避方法

景気が悪い時期に投資し、景気が良い時期には投資しないという判断も大切です。

**理由**

● 景気が良い時期には、建設費も金利も高くなる傾向があるため、この時期に投資すると長期的な事業採算性が悪化する。
● また、20 ～ 30 年の長いスパンでみれば、景気の悪い時期に投資をしても、事業が生み出す収益の差はほとんど生じない。

## ③建設コストの判断の誤りの回避方法

**目標建設コスト** を設定して、そのコストを踏まえた設計を当初から行い、バランスのとれた良質な建物を建設する。

設計完成後に建設費の見積もりを行うと、コストが合わず、建設コストの引き下げのため仕上げや設備のグレードを落とす必要が生じ、結果的に建物の競争力が低下することになってしまう。

**★目標建設コストの算定方法**

$$目標建設コスト = \frac{年間賃料収入}{(借入金実効金利 + 3\% + 目標採算尺度) \times 1.15}$$

# 103 賃貸事業と修繕計画

## 日常のメンテナンスと大規模修繕で、建物の魅力を保つことが大切

建物の日常のメンテナンスと一定期間ごとの大規模修繕は、建物を長持ちさせ、建物の魅力を維持する上で必要不可欠なことである。特に、賃貸事業の場合には、こうした修繕の良否が入居者の満足度につながり、賃料や入居率にも影響する。

そこで、屋根やバルコニーの防水、外壁の塗装、共用部分の補修、設備の交換・補修等について、当初から長期修繕計画を立てることが大切となる。賃貸住宅の長期修繕計画の例を**図表1**に示す。

なお、賃貸事業は、借り手が満足する建物でなければならないため、計画的な修繕に加えて、ときには大規模な設備の更新が必要となる場合もある。たとえば賃貸住宅の場合には、キッチンや浴室、エアコン等の設備を最新の設備に交換することが入居率や賃料アップにつながることも多い。

## 企画段階の大規模修繕費は、便宜上、毎年修繕費として計上する

長期修繕計画において想定した費用は、事業収支計画にも反映させる必要がある。

大規模修繕については、実際には、大規模修繕工事を行うときに、まとまった支出となるが、大規模修繕費を長期事業収支計算に計上する方法としては、①計算期間内に予想される大規模修繕費を平準化して毎期計上する方法と、②長期修繕計画に基づいて発生が予想される期に計上する方法の2つがある(**図表2**)。

また、大規模修繕によって、建物・設備の使用可能期間の延長や、価値の増加が認められる場合には、基本的には資本的支出として、支出額がその資産の取得価額に加算されることになる。なお、この場合、加算された価額は減価償却費として毎年差し引くことになる。

ただし、企画段階において事業収支計算を行う場合には、大規模修繕費の発生時期と金額を予測することは困難な場合も多いため、日常の維持管理に要する費用以外に、一定期間ごとに計画的な大規模修繕工事を行う費用についても、支出項目の修繕維持費に含めて計算することが多い。

なお、キッチンや浴室等の設備の更新費用を事業収支計画に組み込む場合には、設備の減価償却期間である15年を一つの目安にするとよい。

## 賃貸住宅事業の長期修繕計画の例（図表1）

建物・設備の修繕の対象部分・箇所を検討し、工事項目を定める。

工事実施時期は一応の目安。劣化の状況に応じて定期的（3～5年ごと）に見直しが必要。

計画期間は一般に20～25年、場合によっては30年程度設定する。

| 工事項目 | | （周期） | 5年度 | 10年度 | 15年度 | 20年度 | 25年度 | 30年度 | 35年度 |
|---|---|---|---|---|---|---|---|---|---|
| 防水 | 屋根 | | 保護塗装 | | 防水 | | 防水 | | |
| | バルコニー | | | | 防水 | | 防水 | | |
| 外壁等 | 塗装等 | | | | 塗装等 | | 塗装等 | | |
| 共用内部 | 廊下・階段等 | | | | 補修 | | 補修 | | |
| 給水設備 | 給水管 | | | | ポンプ交換 | | | 更新 | |
| 排水設備 | 排水管 | 10 | | ポンプ交換 | | ポンプ交換 | | 更新 | |
| 昇降機設備 | エレベーター | | | | 補修 | | リニューアル | | |
| 駐車場設備 | 立体駐車場 | 10 | | 補修 | | 補修 | | リニューアル | |

各工事項目について何年ごとに修繕を行うかを定める。概ね同時期に実施する項目はまとめて行うように計画する。

劣化の状況に応じた修繕方法を選択する。

## 事業収支計画における大規模修繕費の取扱い（図表2）

**長期事業収支計算に大規模修繕費を計上する場合には、以下の2つの方法がある。**

**①計算期間内に予想される大規模修繕費を平準化して、毎期計上する方法**

| 年度 | 3年度 | 4年度 | 5年度 | 6年度 | 7年度 | 8年度 | 9年度 | 10年度 | 11年度 | 12年度 |
|---|---|---|---|---|---|---|---|---|---|---|
| 費用 | *** | *** | *** | *** | *** | *** | *** | *** | *** | *** |

**②長期修繕計画に基づいて発生が予想される期に計上する方法**

| 年度 | 3年度 | 4年度 | 5年度 | 6年度 | 7年度 | 8年度 | 9年度 | 10年度 | 11年度 | 12年度 |
|---|---|---|---|---|---|---|---|---|---|---|
| 費用 | 0 | 0 | **** | 0 | 0 | 0 | 0 | **** | 0 | 0 |

- 大規模修繕費などの資産の使用可能期間の延長や資産の価額を増加させるための支出は、基本的には資本的支出としてその本体の資産の取得価額に加算することになる。この場合、減価償却費として毎年差し引くことになる。
- ただし、大規模修繕費の発生時期と金額を予測することは困難な場合も多いため、事業収支計画を立てる際には、便宜的に、毎年修繕費として経費計上する場合が多い。

建物の修繕費用は「資本的支出」と「修繕費」に分けて経理する必要があります。前者は固定資産の価値を高めたり、耐久性を増す性格の支出であり、減価償却の対象となります。
一方、後者の修繕費は、固定資産の通常の維持補修、機能復旧にかかる支出が該当し、支出した年度の費用として損金計上されます。

# 104 賃貸事業にかかる税金

## 新築時には印紙税、登録免許税、不動産取得税、消費税がかかる

所有している土地に賃貸住宅を新築すると、建物の不動産取得税、登録免許税、印紙税、消費税がかかる。

賃貸住宅は自己居住用ではないため、登録免許税については住宅用建物としての軽減措置は受けられない。不動産取得税については、賃貸住宅でも自己居住用と同様の軽減措置が受けられる。軽減される額が大きいため、多くの場合、不動産取得税はゼロとなる。

印紙税については、建築工事請負契約と金融機関との金銭消費貸借契約など、契約書を作成したときに課される。印紙税額は、契約書の内容や契約金額、受取金額などによって定められている。なお、印紙税には、住宅の場合の軽減措置はない。

消費税は、建築工事費や設計・企画料等に対して課税される（088図表★部分）。

## 運営時には、毎年、土地・建物の固定資産税・都市計画税がかかる

土地や建物を保有していると、毎年、固定資産税と都市計画税が課税されるが、住宅用途の賃貸建物であれば、これらの税金の軽減が受けられる。また、住宅用途であれば、必ずしも賃貸住宅を建築しなくても、たとえば定期借地権付きの戸建住宅用地としても、土地の固定資産税等は軽減される。

ただし、建設期間中については、たとえ住宅を建設している場合でも原則として住宅用途の軽減措置は受けられない。

## 賃料収入に対して、所得税・住民税（法人の場合は法人税・法人住民税）、事業税がかかる

個人が土地や建物などの不動産を賃貸する場合、その不動産所得に対しては所得税と住民税がかかる。また、一定規模以上の不動産を賃貸して、所得が一定以上になると事業税もかかる。法人の場合には、他の収益を含めた事業年度毎の所得金額に対して法人税、事業税、法人住民税が課税される。

なお、賃貸住宅の場合、賃料には消費税が課されない。ただし、住宅以外の建物からの賃料収入や権利金・礼金など将来返還しないもの、管理費、共益費に対しては消費税が課される。また、土地の貸付に対しては原則、消費税は非課税だが、駐車場の貸付には課税される。

# 賃貸事業にかかる税金一覧（図表）

## 土地取得・建物新築時にかかる税金

| | 概要 | 税額 | |
|---|---|---|---|
| 印紙税<br>（→契約書・受取書など経済取引などに関連して作成される文書に課税される税金で、契約書の内容・契約金額・受取金額などによって税額が異なる） | 土地の売買契約書にかかる印紙代<br>建築工事請負契約書にかかる印紙代<br>金銭消費貸借契約書にかかる印紙代 | 契約書記載金額による | |
| | | 【売買・請負に関する契約書】<br>（1千万円超5千万円以下　10,000円（～2027.3.31）（本則2万円）<br>5千万円超1億円以下　30,000円（～2027.3.31）（本則6万円）<br>1億円超5億円以下　60,000円（～2027.3.31）（本則10万円）<br>5億円超10億円以下　160,000円（～2027.3.31）（本則20万円））<br>【金銭消費貸借契約書】<br>（1千万円超5千万円以下　2万円<br>5千万円超1億円以下　6万円<br>1億円超5億円以下　10万円<br>5億円超10億円以下　20万円） | |
| 登録免許税 | 土地の所有権移転登記 | 固定資産税評価額（または購入価格×0.7※）×税率1.5%（～2026.3.31） | |
| | 建物の所有権保存登記 | 固定資産税評価額×税率0.4% | ※事業収支計算上、概算で求める場合には、購入価格×0.7を用いることもある |
| | 抵当権設定登記 | 債権金額×税率0.4% | |
| 不動産取得税 | 土地の取得に対してかかる税金 | 固定資産税評価額×1/2×税率3%－控除額（～2027.3.31）<br>（※控除額は次のA・Bのいずれか多い額<br>A：45,000円<br>B：土地1㎡の評価額×1/2（～2027.3.31）×住宅の床面積の2倍（200㎡が限度）×3%） | |
| | 建物の取得に対してかかる税金 | 【賃貸住宅部分】（固定資産税評価額－控除額）×3%（～2027.3.31）<br>（※控除額（共同住宅の場合、独立した区画ごとに判定・控除）<br>40㎡以上240㎡以下の新築住宅の場合1,200万円<br>（認定長期優良住宅の場合1,300万円～2026.3.31））<br>【住宅以外の部分】<br>固定資産税評価額×4% | |
| 消費税 | 建設費等に対してかかる税金 | 建設費等×税率 | |
| 固定資産税 | 建設期間中の土地の保有税<br>毎年1月1日現在の所有者に対してかかる税金 | 課税標準額×税率1.4%×建設期間※ | ※1月1日現在の所有者に対してかかる税金だが、事業収支計算上は建設期間で計上している |
| 都市計画税 | | 課税標準額×税率0.3%×建設期間※ | |

## 運営時にかかる税金（105参照）

| | 概要 | 税額 |
|---|---|---|
| 土地固定資産税 | 土地・建物を保有していると毎年かかる税金 | 課税標準額×税率1.4%<br>（小規模住宅用地（住戸1戸当たり200㎡までの部分）は<br>課税標準額＝固定資産税評価額×1/6<br>一般住宅用地（住宅用地で200㎡を超える部分）は<br>課税標準額＝固定資産税評価額×1/3） |
| 建物固定資産税 | | 課税標準額（固定資産税評価額）×税率1.4%<br>（40㎡以上280㎡以下の新築住宅（住宅部分の床面積が全体の1/2以上）の場合、1戸当たり120㎡までの部分の固定資産税を一定期間※1/2に減額<br>※3階以上の耐火・準耐火建築物・認定長期優良住宅は5年間、認定長期優良住宅の3階以上の耐火・準耐火建築物は7年間、その他は3年間） |
| 土地都市計画税 | | 課税標準額×税率0.3%<br>（小規模住宅用地（住戸1戸当たり200㎡までの部分）は<br>課税標準額＝固定資産税評価額×1/3<br>一般住宅用地（住宅用地で住戸1戸当たり200㎡を超える部分）は<br>課税標準額＝固定資産税評価額×2/3） |
| 建物都市計画税 | | 課税標準額（固定資産税評価額）×税率0.3% |

## 賃料収入に対してかかる税金

| | 概要 | 税額 |
|---|---|---|
| 所得税・住民税（106参照） | 個人が土地や建物などの不動産を賃貸する場合に、不動産所得に対してかかる税金 | 不動産所得＝総収入金額－必要経費－青色申告特別控除（**107参照**）<br>給与所得などのそのほかの所得と合計して、総所得金額に対して税金がかかる |
| 事業税（107参照） | 一定規模以上の不動産を賃貸して、所得が一定以上になるとかかる税金 | （総収入金額－必要経費－繰越控除－事業主控除290万円）×税率5% |
| 法人税等 | 法人に対してかかる税金<br>法人税、事業税、住民税がある | 法人のほかの収益も含めた事業年度ごとの所得金額に対して税金がかかる |
| 消費税 | 住宅以外の建物からの賃料収入、権利金・礼金など将来返還しないもの、管理費・共益費に対してかかる税金 | 課税対象×消費税率 |

# 105 固定資産税と都市計画税

## 住宅用地・住宅には、固定資産税と都市計画税の軽減措置がある

固定資産税・都市計画税は、毎年1月1日現在の所有者に対してかかる市町村税（東京都23区内は特例で都が課税）で、税額は、課税標準額×税率（固定資産税の標準税率は1・4％、都市計画税の制限税率は0・3％）となっている。課税標準額は、その土地の利用状況等によって、固定資産税評価額に所定の調整を加えて決められる。上限は、原則固定資産税評価額の70％となっている。

なお、固定資産税評価額は、購入代金や建築工事費そのものではなく、総務大臣が定めた固定資産評価基準に基づいて評価された額で、3年に1度、評価替えを行う。

固定資産税・都市計画税は、賃貸用であっても、住宅用地であれば軽減措置が受けられる。具体的には、住宅1戸当たり200㎡以下の小規模住宅用地とすれば、土地の固定資産税の課税標準額が1／6に、都市計画税の課税標準額が1／3になる。なお、この軽減措置は、1月1日現在、その土地に建物があるかないかで判定されるので、1月1日に建築中の場合には一定の場合を除いて軽減が受けられない。

また、建物についても、賃貸住宅でも、住宅としての軽減措置が受けられる。1戸当たり120㎡までの部分については、新たに課税される年度から3年間（3階以上の耐火・準耐火建築物、認定長期優良住宅については5年間、認定長期優良住宅で3階以上の耐火・準耐火建築物については7年間）、固定資産税が1／2に軽減される。

## 更地に賃貸住宅を建てると固定資産税・都市計画税が安くなる

更地の場合には、軽減措置が受けられないため、通常は、同じ土地を所有するのであれば、更地にしておくよりも賃貸住宅を建てたほうが土地の固定資産税・都市計画税といった土地保有にかかる税金は、ずっと安くなる。たとえば**図表1**の例では、賃貸住宅を建設することにより、建物の固定資産税・都市計画税が増えたとしても、更地にしておくよりも、毎年、約42万円の差が生じる。

なお、賃貸オフィスと賃貸住宅の併用など、併用住宅とする場合には、住宅用地とみなされる土地の割合が、居住部分の割合により異なる（**図表2**）。

## 更地の場合と賃貸住宅建設の場合の保有税の比較（図表1）

**土地の固定資産税評価額 1 億 2,000 万円、**
**建物の固定資産税評価額 6,000 万円の場合**

**●更地の場合**　　　　**◎賃貸住宅建設（小規模住宅用地）の場合**

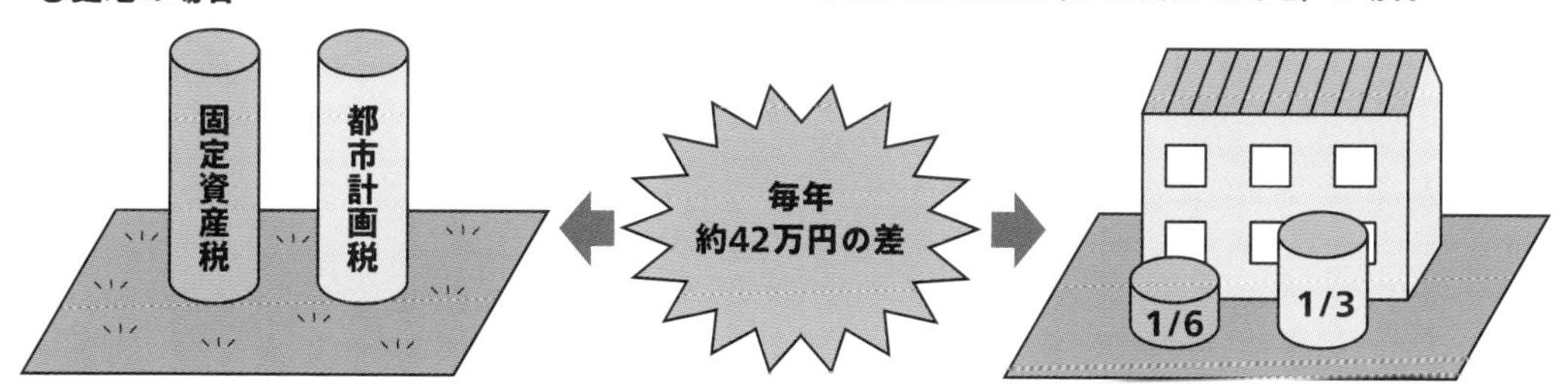


**更地の場合**

● 毎年の土地の**固定資産税額**：
1 億 2,000 万円 ×70%※ ×1.4% ＝117 万円

● 毎年の土地の**都市計画税額**：
1 億 2,000 万円 ×70%※ ×0.3% ＝ 25 万円

※負担調整措置による　**合計 142 万円**

**賃貸住宅建設（小規模住宅用地）の場合**

● 毎年の土地の**固定資産税額**：
1 億 2,000 万円 ×1/6×1.4% ＝ 28 万円

● 毎年の土地の**都市計画税額**：
1 億 2,000 万円 ×1/3×0.3% ＝ 12 万円

計 40 万円

＋

● 建築後 3 ～ 7 年間の毎年の建物の**固定資産税額**：
6,000 万円 ×1/2×1.4%＝42 万円

● 毎年の建物の**都市計画税額**：
6,000 万円 ×0.3%＝18 万円

計 60 万円

**合計 100 万円**

## 併用住宅で住宅用地とみなされる土地の割合（図表2）

| 併用住宅の種類 | 居住部分の割合 | 住宅用地となる割合 |
|---|---|---|
| 地上階数 5 以上の耐火建築物 | 1/4 以上 1/2 未満 | 0.5 |
| | 1/2 以上 3/4 未満 | 0.75 |
| | 3/4 以上 | 1 |
| 上記以外の併用住宅 | 1/4 以上 1/2 未満 | 0.5 |
| | 1/2 以上 | 1 |

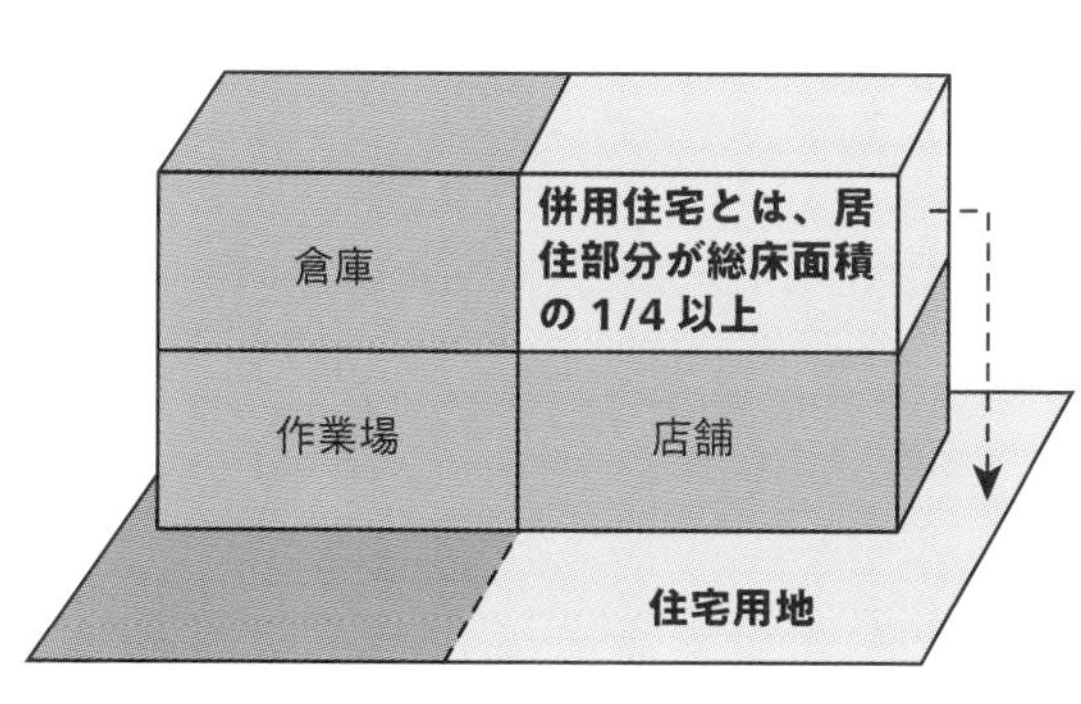


たとえば、1/4≦居住部分＜1/2 の場合なら、住宅用地の割合は 0.5 となり、固定資産税・都市計画税の軽減措置が受けられる。

**併用住宅とは**

- 居住部分と業務部分とが併存しており、その境が完全には区画されていない住宅。
- 業務部分としては店舗や事務所、作業所、倉庫、診療所など。
- 具体的には、1 階が店舗や作業場で、2 階に居住部分があり、階段で昇降するようなもの。あるいは、1 階の道路に面した側が店舗で、奥に居住部分があるような形態。

# 106 所得税と損益通算

## 賃貸事業の課税所得は、賃料収入額ではなく必要経費等を差し引いた額になる

　不動産賃貸事業では、賃料などの収入と、それに伴う支出が発生する。ここで、事業者が個人の場合には、課税対象となる不動産所得の金額は、「総収入金額－必要経費－青色申告特別控除」（１０７参照）となる（図表１）。つまり、総収入金額がそのまま課税所得となるわけではなく、管理費、修繕維持費、損害保険料、固定資産税・都市計画税、借入金利子などの必要経費を総収入金額から差し引くことができるため、経費を多く計上すればするほど、課税所得を少なくすることができる。

　加えて、減価償却費は、実際には支出される費用ではないが、会計上支出として計上できるため、その分、手元資金を留保することが可能となる。特に、事業開始当初は、登録免許税、不動産取得税等の税金もかかり、借入金返済の利子も多く、減価償却費も高めとなるため、不動産所得は赤字になりがちだが、減価償却費分は実際に支出している資金ではないため、あくまでも帳簿上の赤字となる。

　なお、総収入金額には、通常の家賃や地代に加えて、礼金、更新料、名義書替料、管理費、共益費も含めなければならない。ただし、敷金や保証金で全額返還する部分については計上しなくてよい。

## 不動産所得が赤字になると、他の所得の黒字と損益通算できる

　不動産所得が赤字となった場合には、不動産所得の赤字分を、給与所得などのそのほかの所得から差し引くことができる。たとえば、不動産所得が２００万円の赤字、給与所得・事業所得が８００万円の個人の場合、総所得金額は６００万円となるため、６００万円が所得税の計算の基礎となる（図表２）。

　このように、不動産賃貸事業で、たとえ赤字となっても、他の所得と通算することにより、所得税の節税が可能となる。特に、不動産所得では、実際には支出していない減価償却費を計上しているため、毎年の手取り額が黒字であれば、不動産所得が赤字であっても心配する必要はなく、むしろ所得税の節税効果が期待できる。

　ただし、不動産所得の赤字分のうち、土地を取得するために要した借入金利子に相当する部分等の金額については、損益通算の対象とならないので注意が必要である。

## 所得の考え方（個人の場合）（図表1）

**不動産所得の金額 ＝ 総収入金額 － 必要経費 － 青色申告特別控除**

| 総収入金額 | 必要経費 | 青色申告特別控除 |
|---|---|---|
| 賃料収入<br>共益費収入<br>駐車場等収入 | 管理費<br>修繕維持費<br>損害保険料<br>固定資産税<br>都市計画税<br>減価償却費<br>借入金利子<br>その他諸経費 | 107 参照 |

**※収入の計上時期**
**権利金**：入居させた年の収入に計上。
**敷　金**：退去時に返還するため、収入には計上しない。退去時に補修費用を差し引いて返還する場合には、退去の年の収入とする。（この場合、補修費用は必要経費に計上する）

**※不動産所得の収入の対象**
地代、家賃、権利金、礼金、返還不要の敷金・保証金、更新料、名義書替料などが対象。

## 損益通算の例（図表2）

サラリーマン大家さんＡ氏

| 給与所得<br>事業所得<br>800 万円 | ←通算→<br>総所得金額<br>600 万円 | 不動産所得<br>▲ 200 万円 |
|---|---|---|

不動産所得が赤字の場合には、不動産所得の赤字分を、給与所得などのそのほかの所得から差し引くことができる。
※赤字分のうち、土地を取得するために要した借入金利子に相当する部分等の金額については、損益通算の対象とならない。

### 所得税の損益通算の順序

第３次通算（全体）
第２次通算（第１次通算①＋第１次通算②）

| 第１次通算① | 第１次通算② | | |
|---|---|---|---|
| 雑所得 | | | |
| 給与所得 | | | |
| 事業所得 | 一時所得 | | |
| 不動産所得 | 譲渡所得（総合、特定損失） | | |
| 配当所得 | | | |
| 利子所得 | | 山林所得 | 退職所得 |

第１次通算から順次計算を行い、その年の所得金額を出す。

・居住用財産の買替え等の場合の譲渡損失
・特定居住用財産の譲渡損失

# 107 おトクな青色申告

## 青色申告をすると、①特別控除、②専従者給与、③赤字繰越の特典がある

不動産賃貸事業を行う場合、毎年、確定申告が必要となるが、その際には、青色申告をするとよい（図表1）。

青色申告とは、一定水準の記帳を行い、その記帳に基づいて正しい申告をする人については、所得金額の計算などについて、主に次のような有利な扱いが受けられる制度である。

①青色申告特別控除：その賃貸事業が事業的規模で正規の簿記の原則により記帳している場合には、最高で65万円※、それ以外の場合には10万円を不動産所得から差し引くことができる。

②青色事業専従者給与：その賃貸事業が事業的規模の場合には、青色申告者と生計を一にする配偶者やその他の親族のうち満15歳以上で、その青色申告者の事業に専ら従事している人に対して支払った給与を、必要経費として所得から差し引くことができる。

③赤字の繰越：事業所得などが赤字となり損益通算によっても引ききれなかった場合には、その引ききれなかった赤字分を、翌年以後3年間にわたって繰り越すことができる。たとえば、初年度に500万円の赤字となった場合、2年目に200万円の黒字でも2年目の所得税はゼロとなる。さらに、残り300万円分については翌年、翌々年の黒字分と相殺できる。

なお、青色申告をしない場合には、白色申告となる。白色申告の場合であっても、現在は、青色申告のように一定の要件を備えた記帳をしなければならないが、白色申告の場合には、①〜③のような税金面での特典は受けられないことになる（図表2）。

## 一定規模以上の不動産貸付業を行う場合には、事業税が課税される

事業税は、都道府県に事務所又は事業所を設けて事業を行う法人又は個人に課税されるものであるが、ここでは個人事業税について説明する。個人事業税は、10室以上を賃貸するなど、一定規模以上の不動産貸付業を行う場合に、課税される（図表3）。税額は、（総収入金額－必要経費－事業主控除290万円）×税率であり、標準税率は5％となっている。

このように、不動産賃貸事業を行うと、所得税、住民税以外にも、事業税が課税される場合があるので、注意が必要である。

## 青色申告の概要とメリット（図表1）

| | |
|---|---|
| **概要** | 一定水準の記帳をし、その記帳に基づいて正しい申告をする人については、所得金額の計算などについて有利な取扱いが受けられる制度。 |
| **メリット** | **①青色申告特別控除**<br>正規の簿記の原則により記帳している場合（事業所得者や事業的規模の不動産所得者）：最高 65 万円控除<br>それ以外の場合　：最高 10 万円控除<br>**②青色事業専従者給与**<br>青色申告者と生計を一にしている配偶者やその他の親族のうち満 15 歳以上で、青色申告者の事業に専ら従事している人に対して支払った給与を必要経費として、所得から差し引くことができる（事業的規模の場合で、届出が必要）<br>**③赤字の繰越**<br>事業所得などが赤字になった場合には、その損失額を、翌年以降 3 年間にわたって繰り越すことができる。 |

## 青色申告と白色申告の違い（図表２）

| | 青色申告 | 白色申告 |
|---|---|---|
| **記帳** | ● 原則として正規の簿記による帳簿の記帳。<br>●「仕訳帳」「総勘定元帳」「固定資産台帳」「現金出納帳」など。 | ● 記帳義務あり。<br>● 簡易な方法による記帳が認められている。 |
| **決算書** | ●「損益計算書」「貸借対照表」 | ●「収支内訳書」 |
| **特別控除** | ● 最高 65 万円※の特別控除 | ● なし |
| **専従者給与等（事業的規模の場合）** | ● 家族への給与が適正な範囲で届出た額まで必要経費になる。 | ● 配偶者　最高 86 万円<br>● その他家族　最高 50 万円 |
| **赤字の繰越** | ● 赤字損失額を 3 年間繰越できる。 | ● 原則、赤字を繰越できない。 |
| **申請書類** | **●「青色申告承認申請書」**<br>**●「青色事業専従者給与に関する届出書」**<br>（家族に給与を支払う場合） | ● 特になし |

※電子申告か電磁的記録による帳簿保有、備え付けでない場合は 55 万円

　不動産所得は、その不動産貸付けが事業として行われている（事業的規模）かどうかで所得金額の計算上その取扱いが異なる場合があります。次のいずれかの基準に当てはまれば、原則として事業として行われているものとされます。
①貸間、アパート等は、独立した室数がおおむね 10 室以上。
②独立家屋は、おおむね 5 棟以上。
　青色申告の事業専従者給与または白色申告の事業専従者控除は、事業的規模の場合は適用がありますが、それ以外の場合には適用がありません。

　青色申告特別控除は、事業的規模の場合は一定の要件の下最高 65 万円が控除できるが、それ以外の場合には最高 10 万円の控除となります。

## 個人事業税（図表3）

**税額＝（総収入金額ー必要経費ー事業主控除 290 万円）×標準税率 5%**

**事業税の課税対象となる不動産貸付業・駐車場業の認定基準（東京都の場合）**

| **不動産貸付業** | | | |
|---|---|---|---|
| 種類・用途など | | | 貸付件数など |
| 建物 | 住宅 | 戸建 | 10 棟以上 |
| | | 戸建以外 | 10 室以上 |
| | 住宅以外 | 独立家屋 | 5 棟以上 |
| | | 独立家屋以外 | 10 室以上 |
| 土地 | 住宅用 | | 契約件数 10 以上または貸付総面積 2000㎡以上 |
| | 住宅用以外 | | 契約件数 10 以上 |
| 上記のものを併せて貸し付けている場合 | | | 貸付の総合計件数 10 以上又は上記のいずれかの基準を満たす場合 |

| **駐車場業** |
|---|
| 建築物である駐車場または機械設備を設けた駐車場（駐車台数に関係なく課税）<br>上記以外で、駐車可能台数が 10 台以上のもの |

# 108　不動産を売却するとかかる税金

## 売却時にかかる譲渡所得税は、売却する不動産の所有期間によって税率が違う

土地や建物を売却して利益がでると、その利益である譲渡所得に対して個人の場合には、所得税や住民税等が課される。一方、法人の場合はほかの収益と合わせた事業年度ごとの所得金額に対して、法人税・住民税・事業税が課される。以下では、個人の場合について説明する。

譲渡所得は、土地・建物を譲渡した年の1月1日現在で、所有期間が5年を超えていれば長期譲渡所得、5年以下なら短期譲渡所得となり、それぞれ異なる税率となる。税率は前者が20・315％（所得税15・315％、住民税5％）、後者が39・63％（所得税30・63％・住民税9％）なので、所有期間が短いと、約2倍の税金がかかることになる。

たとえば5年前の10月に土地を取得し、今年の11月に売却する場合には、所有期間は5年を超えているが、今年の1月1日現在では5年を超えていない。そのため、11月に売却すると短期譲渡として取り扱われてしまうが、翌年1月以降に引渡しをずらすことができれば長期譲渡として計算できる。

## 売却金額から差し引ける取得費には、購入時の仲介手数料や交通費も含まれる

売却金額から差し引かれる取得費とは、原則、その土地・建物の取得に要した費用で、不動産の購入時の仲介手数料や交通費なども含めることができる。取得費として計上する費用が多いほど税額が少なくなるため、どれだけの費用を取得費に組み込めるかがポイントとなる。

建物の取得費は、取得価額から減価償却費相当額を差し引いて算出する。賃貸住宅等の事業用建物は、毎年所得の申告時に経費とした減価償却費の累計額を差し引くが、自宅などの非事業用建物の場合には、耐用年数を通常の法定耐用年数の1・5倍として旧定額法に準じて減価償却費を計算する。

個人の場合、相続した土地などで、取得費がわからない場合は、売却金額の5％相当額を取得費とすることができる。なお、古い建物などで実際の取得費が売却金額の5％に満たない場合でも、売却金額の5％を取得費とできる。

そのほか、売却のために直接要した費用である譲渡費用、特別控除についても、売却金額から差し引くことができる。

## 譲渡所得税の税額の計算方法（図表）

**譲渡所得税** ＝ **譲渡所得** × **税率**＊1

**譲渡所得 ＝ 土地・建物の売却金額 －（取得費＊2＋譲渡費用＊3）－ 特別控除＊4**

| | |
|---|---|
| **税率**（＊1） | ● **長期譲渡所得**（譲渡した年の1月1日において**所有期間が5年を超えるもの**）の場合<br>**20.315%（所得税 15.315%・住民税 5%）**<br>**（例）** 課税長期譲渡所得金額が1,000万円の場合<br>1,000万円×（所得税15.315%＋住民税5%）＝203万円<br><br>● **短期譲渡所得**（譲渡した年の1月1日において**所有期間が5年以下のもの**）の場合<br>**39.63%（所得税 30.63%・住民税 9%）**<br>**（例）** 課税短期譲渡所得金額が1,000万円の場合<br>1,000万円×（所得税30.63%＋住民税9%）＝396万円<br><br>※所得税には復興特別所得税を含む（基準所得税額の2.1%）（2037.12.31まで） |
| **取得費**（＊2） | ● **建物の取得費＝取得価額－減価償却費相当額**<br>・事業用建物の場合、毎年の所得申告時に経費とした**減価償却費の累計額**<br>・自宅などの非事業用建物の場合、耐用年数を通常の法定耐用年数×1.5として旧定額法に準じて減価償却費を計算<br>● **土地・建物の取得費がわからない場合**<br>**売却金額×5%相当額**を取得費とすることができる（概算取得費） |
| **譲渡費用**（＊3） | ● **売却のために直接要した費用**<br>仲介手数料、登記費用、測量費、売買契約の印紙代、建物を取り壊して土地を売る場合の取り壊し費用、借家人を立ち退かせるための立退料等 |
| **特別控除**（＊4） | 下表参照 |

**特別控除（＊4）**

| 要件 | 控除金額 |
|---|---|
| ①土地収用法などによって収用交換された場合 | 5,000万円 |
| ②居住用財産を譲渡した場合 | 3,000万円 |
| ③特定土地区画整理事業等のために土地等を譲渡した場合 | 2,000万円 |
| ④特定住宅地造成事業等のために土地等を譲渡した場合 | 1,500万円 |
| ⑤農地保有の合理化のために農地等を譲渡した場合 | 800万円 |

※①～⑤の特別控除は、1人につき1年間5,000万円を最高限度とする。

# 109／税金を減らすための各種特例

**居住用財産売却時には3千万円の特別控除や買換え特例などの特例がある**

居住用財産を売却する場合には、譲渡所得の計算で、取得費と譲渡費用に加えて3千万円を差し引ける特例（3千万円の特別控除の特例・図表1⑴）がある。この特例は、所有期間や居住期間に関係なく利用できる。さらに、所有期間が10年超の場合には、軽減税率の特例も併せて適用できる（図表1⑵）。

所有期間・居住期間が10年超の場合には、特定の居住用財産の買換え特例という選択肢もある。ただし、重複適用については制限がある（図表1⑶）。

一方、居住用財産の売却で譲渡所得が赤字となってしまっても、一定の要件を満たすと、給与所得などと損益通算できる特例がある（図表1⑷⑸）。そして、損益通算でも引ききれなかった赤字分は、翌年以降3年間の所得から差し引くことができる。

**事業用資産については、所有期間10年超の場合には事業用資産の買換え特例がある**

所有期間が10年超の事業用資産を売却して、新たに特定の事業用資産に買い換えた場合には、事業用資産の買換え特例が使える（図表1⑹）。特例を使うと、買い換えた金額のうち80％の金額分は譲渡がなかったものとみなされる。

ただし、土地については、買換え資産は特定施設の敷地として使用されるもので、面積が300㎡以上でなければならない。また、地方の資産を売却して大都市等の資産に買い換える場合には、80％ではなく、75％もしくは70％となる。なお、特定施設には賃貸住宅の敷地は含まれるが、福利厚生施設である社宅の敷地は含まれない。

たとえば、倉庫として利用している土地を1億円※で売却し、1億円の賃貸アパート1棟に買い換えた場合には、所得金額が1億円×20％＝2千万円とみなされるので、税額は2千万円×長期譲渡の場合の税率20・315％＝406万円になる。特例を使わないと、1億円×20・315％＝2千31万円の税額になるので軽減効果は大きい。ただし、敷地面積要件があるため、区分所有の賃貸マンションに買い換えることは難しい。

また、この特例は、課税の免除ではなく、課税が繰り延べられるだけなので、将来売却する際には課税されなかった部分の取得費が引き継がれるため要注意である。

※簡便的に、取得費はゼロとしている

## 譲渡時の各特例の概要（図表1）

| | (1) 3,000万円の特別控除の特例 | (2) 軽減税率の特例 | (3) 特定の居住用財産の買換え特例 | (4) 特定居住用財産の譲渡損失の損益通算及び繰越控除の特例 | (5) マイホームの買換え等の場合の譲渡損失の損益通算及び繰越控除の特例 | (6) 特定の事業用資産の買換え特例（図表2参照） |
|---|---|---|---|---|---|---|
| 適用期限 | － | － | 2025.12.31 | 2025.12.31 | 2025.12.31 | 2026.3.31 |
| 所有期間 | 制限なし | 売却した年の1月1日で10年超 | | 売却した年の1月1日で5年超 | | 買換えパターンによる |
| 居住期間 | 制限なし | | 10年以上 | 制限なし | | － |
| 譲渡する資産 | 自己居住用（住まなくなった日から3年目の年の12月31日までに譲渡する） | | 自己居住用（住まなくなった日から3年目の年の12月31日までに譲渡する）対価が1億円以下 | 自己居住用、契約を締結した日の前日において住宅ローンが残っていること | 自己居住用（住まなくなった日の3年目の年の12月31日までに譲渡する） | 事業用 |
| 特例の内容 | 譲渡所得から最高3,000万円まで控除 | 譲渡所得（=A）が、6千万円以下の場合：税額=A×14.21%、6千万円超の場合：税額=（A-6千万円）×20.315%+852.6万円 | 特定の居住用資産を売却して、代わりの住宅に買い換えた場合、譲渡益に対する課税を将来に繰延 | 右記に加え、①住宅ローンの残高から売却額を引いた額と②譲渡損失の少ない方を損益通算 | 居住用財産を譲渡して損失が発生した場合、譲渡した年の翌年から最長3年間、譲渡損失の金額が総所得金額などから繰越控除 | 特定の事業用資産を売却して、代わりの事業用資産に買い換えた場合、譲渡益のうち買換資産の80%について課税を将来に繰延 |
| 重複適用 各種特別控除 | × | ○ | × | － | － | × |
| 重複適用 各種軽減税率 | ○ | × | × | － | － | × |
| 重複適用 各種課税繰延 | × | × | × | － | － | × |
| 重複適用 住宅ローン控除 | × | × | × | ○ | ○ | － |
| 連年適用の制限 | 前年、前々年に(1)(3)(4)(5)の適用を受けていないこと | 前年、前々年に(2)の適用を受けていないこと | 前年、前々年に(1)(2)(4)(5)の適用を受けていないこと | 前年、前々年に(1)(2)(3)(5)の適用を受けていないこと | 前年、前々年に(1)(2)(3)(4)の適用を受けていないこと | － |
| 所得制限 | なし | | | 3,000万円を超える年は適用不可 | | なし |
| 譲渡先制限 | 配偶者などへの譲渡は不可 | | | | | |
| 取得資産の要件 | | | 居住部分の家屋床面積50㎡以上、土地面積500㎡以下、売却した年の前年から3年の間に取得、居住、耐火建築物の中古住宅の場合築25年以内 | － | 居住部分の家屋床面積50㎡以上、売却した翌年末までに取得、取得した年の翌年12月までに居住、繰越控除を受ける年末に買換資産に係るローンがあること | 事業用、土地（面積300㎡以上、特定施設の敷地、原則売却した土地の5倍以内）、建物・構築物を売却した年の前年・翌年中に取得し、取得後1年以内に事業に使うこと※ |

※都市機能誘導区域の外から内への買換えは対象外

## 特定の事業用資産の買換え特例の活用（図表2）

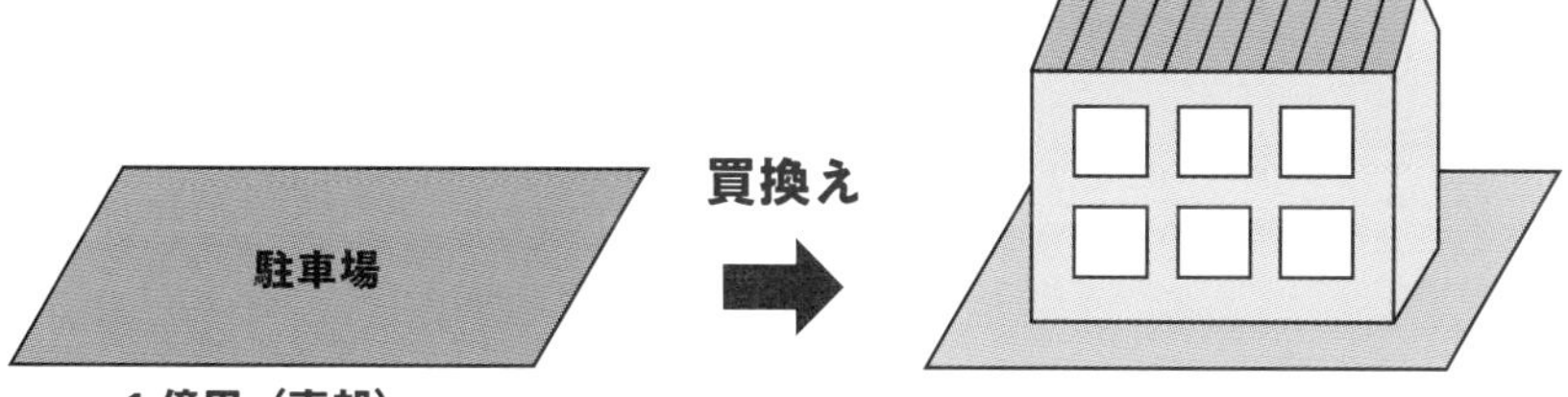


●特定の事業用資産の買換え特例を使った場合……………税額　406万円
●特定の事業用資産の買換え特例を使わなかった場合……税額 2,031万円

※簡便的に、取得費はゼロとして試算しているが、厳密には売却金額から取得費や譲渡費用が差し引かれる（108参照）

COLUMN 6

# ローン返済額早見表

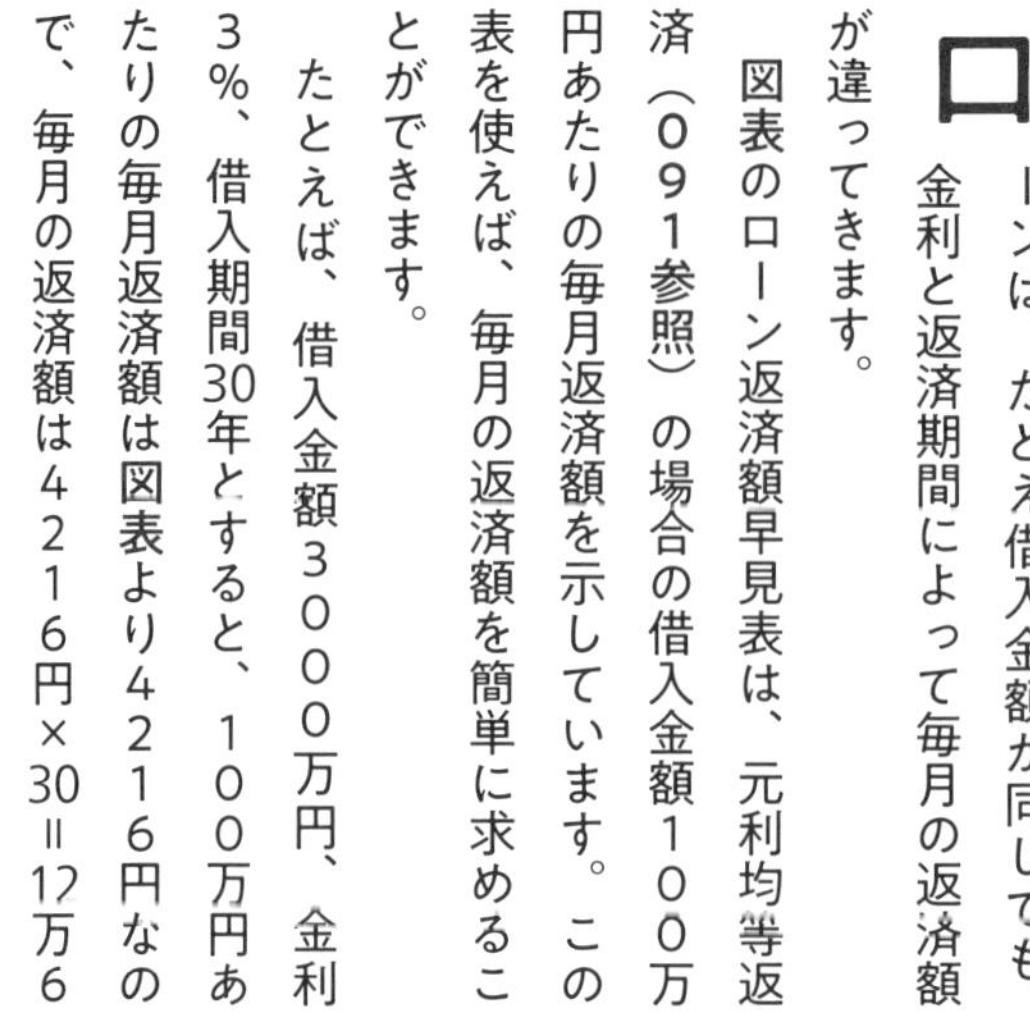

ローンは、たとえ借入金額が同じでも、金利と返済期間によって毎月の返済額が違ってきます。

図表のローン返済額早見表は、元利均等返済（０９１参照）の場合の借入金額１００万円あたりの毎月返済額を示しています。この表を使えば、毎月の返済額を簡単に求めることができます。

たとえば、借入金額３０００万円、金利３％、借入期間30年とすると、１００万円あたりの毎月返済額は図表より４２１６円なので、毎月の返済額は４２１６円×30＝12万６４８０円と求められます。

**図表　元利均等返済の場合の100万円あたりの毎月返済額**

| 金利（%） | 返済期間 | | | | | |
|---|---|---|---|---|---|---|
| | 10年 | 15年 | 20年 | 25年 | 30年 | 35年 |
| 1.0 | 8,760 | 5,984 | 4,598 | 3,768 | 3,216 | 2,822 |
| 1.1 | 8,803 | 6,029 | 4,643 | 3,814 | 3,262 | 2,869 |
| 1.2 | 8,847 | 6,073 | 4,688 | 3,859 | 3,309 | 2,917 |
| 1.3 | 8,891 | 6,117 | 4,734 | 3,906 | 3,356 | 2,964 |
| 1.4 | 8,935 | 6,162 | 4,779 | 3,952 | 3,403 | 3,013 |
| 1.5 | 8,979 | 6,207 | 4,825 | 3,999 | 3,451 | 3,061 |
| 1.6 | 9,023 | 6,252 | 4,871 | 4,046 | 3,499 | 3,111 |
| 1.7 | 9,067 | 6,297 | 4,917 | 4,094 | 3,547 | 3,160 |
| 1.8 | 9,112 | 6,343 | 4,964 | 4,141 | 3,596 | 3,210 |
| 1.9 | 9,156 | 6,389 | 5,011 | 4,190 | 3,646 | 3,261 |
| 2.0 | 9,201 | 6,435 | 5,058 | 4,238 | 3,696 | 3,312 |
| 2.1 | 9,246 | 6,481 | 5,106 | 4,287 | 3,746 | 3,364 |
| 2.2 | 9,291 | 6,527 | 5,154 | 4,336 | 3,797 | 3,416 |
| 2.3 | 9,336 | 6,574 | 5,202 | 4,386 | 3,848 | 3,468 |
| 2.4 | 9,381 | 6,620 | 5,250 | 4,435 | 3,899 | 3,521 |
| 2.5 | 9,426 | 6,667 | 5,299 | 4,486 | 3,951 | 3,574 |
| 2.6 | 9,472 | 6,715 | 5,347 | 4,536 | 4,003 | 3,628 |
| 2.7 | 9,518 | 6,762 | 5,397 | 4,587 | 4,055 | 3,683 |
| 2.8 | 9,564 | 6,810 | 5,446 | 4,638 | 4,108 | 3,737 |
| 2.9 | 9,609 | 6,857 | 5,496 | 4,690 | 4,162 | 3,792 |
| 3.0 | 9,656 | 6,905 | 5,545 | 4,742 | 4,216 | 3,848 |
| 3.1 | 9,702 | 6,953 | 5,595 | 4,794 | 4,269 | 3,904 |
| 3.2 | 9,748 | 7,002 | 5,646 | 4,846 | 4,324 | 3,960 |
| 3.3 | 9,795 | 7,051 | 5,697 | 4,899 | 4,379 | 4,017 |
| 3.4 | 9,841 | 7,099 | 5,748 | 4,952 | 4,434 | 4,074 |
| 3.5 | 9,888 | 7,148 | 5,799 | 5,005 | 4,490 | 4,132 |
| 3.6 | 9,935 | 7,198 | 5,851 | 5,060 | 4,546 | 4,191 |
| 3.7 | 9,982 | 7,247 | 5,902 | 5,113 | 4,602 | 4,249 |
| 3.8 | 10,029 | 7,296 | 5,954 | 5,168 | 4,659 | 4,308 |
| 3.9 | 10,077 | 7,346 | 6,007 | 5,223 | 4,716 | 4,367 |
| 4.0 | 10,124 | 7,396 | 6,059 | 5,278 | 4,773 | 4,427 |

※金利は概算のため、詳細は各金融機関に問い合わせること

# chapter 7 建築・不動産と相続対策のキホン

# 110 相続税が課税される相続財産とは

## 相続財産には、相続税が課される財産と課されない財産がある

相続税は、亡くなった人（被相続人）の財産を、相続や遺贈（遺言によるもの）によってもらった場合に、取得した個人に対して課される税金である（**図表1**）。原則として、相続開始から10ヶ月以内に申告・納税する必要がある。

相続財産には、相続税がかかる財産とかからない財産がある。相続税の計算上、遺産総額に含まれる財産には、現金、預貯金、有価証券、宝石、土地、家屋などのほか、貸付金、特許権、著作権など、金銭に見積もることができる経済的価値のあるもの全てに加えて、死亡保険金や死亡退職金、被相続人から死亡前7年以内※に贈与により取得した財産、相続時精算課税の適用を受けた財産がある。

一方、死亡保険金や死亡退職金のうち一定額、墓地や仏壇等、宗教・慈善・学術等の公益事業を行う者が取得した公益事業用財産、心身障害者共済制度に基づく給付金を受ける権利などは相続税がかからない非課税財産となる。また、債務や葬式費用などは遺産総額から差し引くことができる（**図表1**）。

## 貸宅地や貸家は、自用地や自己使用建物よりも相続税の評価額が下がる

相続税の課税価格を計算するには、遺産の価額を出す必要がある。このとき、不動産や株式など現金以外の財産は時価で評価するが、実務的には、それぞれ定められた評価方法で価額を算出する。

たとえば、土地は、路線価方式または倍率方式により評価額を出す（**022参照**）。ただし、貸宅地（賃貸している土地）については、路線価方式もしくは倍率方式により求めた自用地（自己所有で完全所有権の土地）の評価額に、地域ごとに決められた借地権割合（借地権価格の所有権価格に対する割合）を控除した底地割合、つまり「1▲借地権割合」を掛けて求める。このとき、相続した土地が、被相続人または生計を一にしていた親族の居住用や事業用だった場合には、一定面積までの部分は通常の評価額から一定割合を減額する特例がある（**113参照**）。

一方、建物については、固定資産税評価額の1・0倍で評価する。ただし、貸家については、その建物の固定資産税評価額に借家権割合と賃貸割合を乗じた価額を、その建物の固定資産税評価額から控除して評価する（**図表2**）。

※ 2026年12月末までに相続開始の場合は3年以内、2030年12月末までに相続開始の場合は2024年1月1日から相続開始までの間

## 法定相続人の範囲と順位、課税財産（図表1）

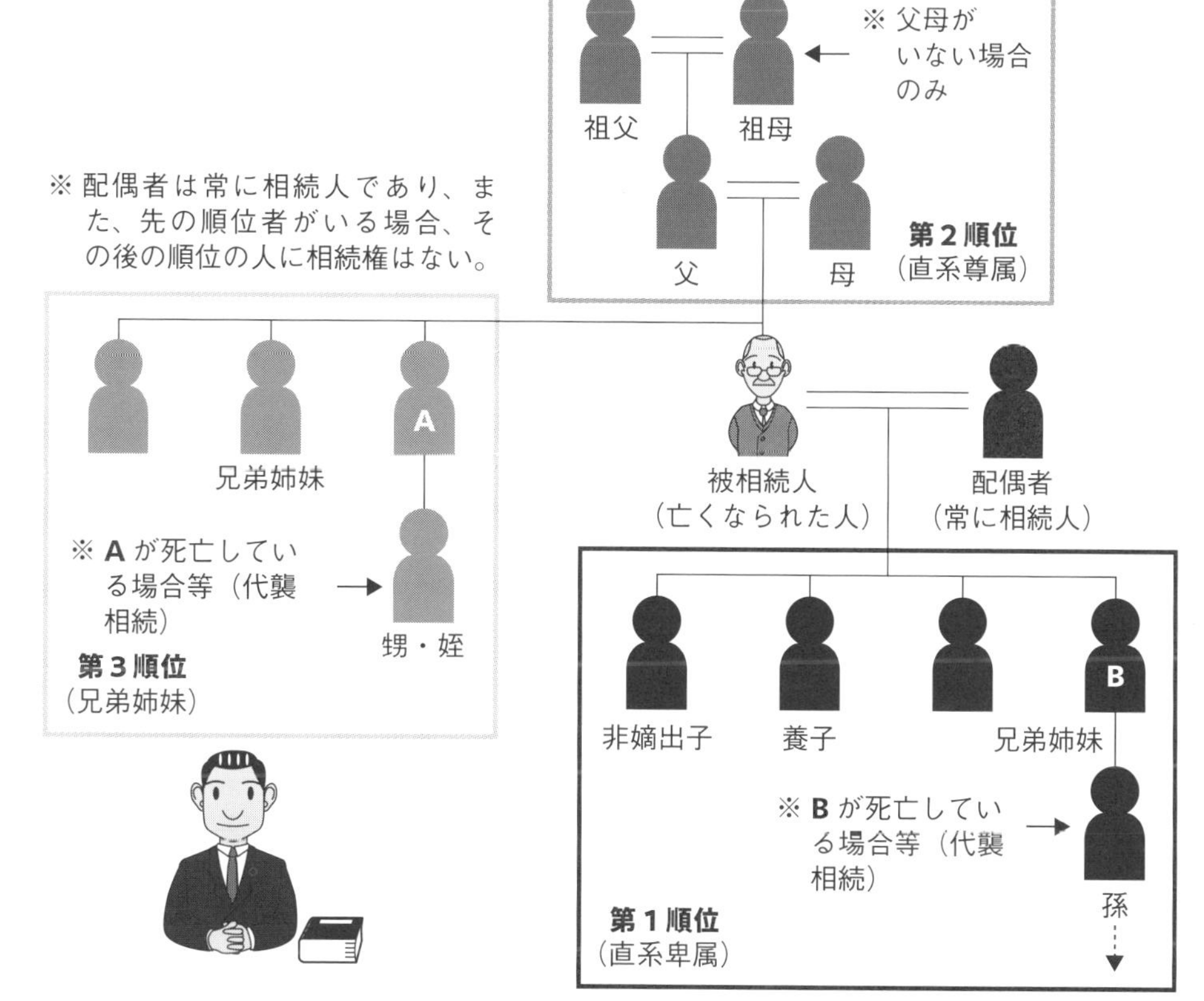


### ◆ 相続税が課される相続財産

| 相続税がかかる財産 | 相続税がかからない財産 |
|---|---|
| ● 現金、預貯金、有価証券、宝石、土地、家屋などのほか、貸付金、特許権、著作権など、金銭に見積もることができる経済的価値のあるものすべて<br>（みなし相続財産）<br>● 死亡退職金、被相続人が保険料を負担していた生命保険契約の死亡保険金など<br>● 被相続人から死亡前７年以内※に贈与により取得した財産（原則、その財産の贈与されたときの価額を相続財産の価額に加算、３年以内に贈与により取得した財産以外については合計額から 100 万円を控除した額）<br>● 相続時精算課税の適用を受けた贈与財産（贈与時の価額を相続財産の価額に加算、ただし年 110 万円までの贈与財産は加えない） | ● 墓地、墓石、仏壇、仏具、神を祭る道具など<br>● 宗教、慈善、学術、その他公益を目的とする事業を行う者が取得した公益事業用財産<br>● 心身障害者共済制度に基づく給付金を受ける権利<br>● 相続によってもらったとみなされる生命保険金のうち 500 万円に法定相続人の数を掛けた金額までの部分<br>● 相続や遺贈によってもらったとみなされる退職手当金等のうち 500 万円に法定相続人の数を掛けた金額までの部分<br>● 個人で経営している幼稚園の事業に使われていた財産で一定の要件を満たすもの<br>● 特定の法人へ寄附したもの、特定の公益信託の信託財産にするために支出したもの |

## 土地建物の相続税評価額（図表2）

| | | |
|---|---|---|
| **土地**<br>**※ 小規模宅地等の特例で評価額について減額される場合がある（113 参照）** | ● 自用地（自己所有で完全所有権の土地） | ● 路線価方式もしくは倍率方式により評価 |
| | ● 貸宅地（他人に賃貸している土地） | ● 自用地の評価額×（１－借地権割合） |
| | ● 借地（建物所有のために借りている土地） | ● 自用地の評価額×借地権割合 |
| | ● 貸家建付地（土地と建物を同一人が所有し、建物を他人に賃貸している場合の土地） | ● 自用地の評価額×（１－借地権割合×借家権割合×賃貸割合） |
| **建物** | ● 自己使用 | ● 固定資産税評価額× 1.0 |
| | ● 貸家 | ● 固定資産税評価額×（１－借家権割合×賃貸割合） |

# 111 相続税の求め方

## 相続税には「3千万円+600万円×法定相続人の数」の基礎控除がある

相続税の計算手順は、図表に示すとおりである。

まずは、課税価格を計算する。課税価格の計算では、相続人ごとに、相続や遺贈によって取得した財産の価額を出す（110参照）。次に、みなし相続財産の価額を加える。ここでいう、みなし相続財産とは、被相続人の死亡による生命保険金や死亡退職金等である。次に、非課税財産の価額を差し引く。生命保険金等については、500万円×法定相続人の人数分が非課税財産となる。そして、相続時精算課税の適用を受ける財産を加え、さらに、債務および葬式費用の額を差し引く。最後に、被相続人が亡くなる7年以内※1に被相続人から相続人に贈与された贈与財産を加えて、各人の課税価格を求める。

課税価格を求めたら、次に、相続財産全体にかかる相続税の総額を計算する。まず、各人の課税価格を合算し、その合計額から基礎控除額を差し引いて、課税遺産総額を求める。基礎控除額は、3千万円+600万円×法定相続人の数となる。実子がいない場合には、養子2人まで※2を法定相続人の数に含めることができる。

そして、この課税遺産総額を各相続人が法定相続分どおりに分けたと仮定して、各相続人の仮の税額を求め、これを合計したものが、相続税の総額となる。

## 各相続人の税額を計算する際には、控除や特例が使える場合がある

各人が実際に納める相続税額は、先に求めた相続税の総額を、各人が取得する相続財産の比例配分割合に応じて割り振る。この場合の比例配分割合は、課税価格の合計額に対する各人の課税価格の割合となる。

こうして求めた相続人ごとの税額から、各種の税額控除額を差し引いた残額が、各人の納付税額となる。相続時精算課税を選択して支払った贈与税相当額も、ここで相続税額から控除する。

なお、被相続人の養子でも孫（代襲相続人を除く）の場合は、税額控除額を差し引く前の相続税額に、その2割に相当する額を加算しなければならないので、孫養子を検討する際には注意が必要である。

相続税の計算で各相続人の税額から差し引ける各種の税額控除については112で説明する。

※1 2026年12月末までに相続開始の場合は3年以内、2030年12月末までに相続開始の場合は2024年1月1日から相続開始までの間｜※2 実子がいる場合は1人まで

# 相続税の計算方法（図表）

**相続税額＝課税価格×税率－速算控除額**

| 控除後の課税価格 | 税率 | 速算控除額 |
|---|---|---|
| 1,000 万円以下 | 10% | － |
| 3,000 万円以下 | 15% | 50 万円 |
| 5,000 万円以下 | 20% | 200 万円 |
| 1 億円以下 | 30% | 700 万円 |
| 2 億円以下 | 40% | 1,700 万円 |
| 3 億円以下 | 45% | 2,700 万円 |
| 6 億円以下 | 50% | 4,200 万円 |
| 6 億円超 | 55% | 7,200 万円 |

| 相続人 | 法定相続分 | |
|---|---|---|
| 配偶者と子の場合 | 配偶者 | 1/2 |
| | 子 | 1/2 |
| 配偶者と直系尊属の場合 | 配偶者 | 2/3 |
| | 直系尊属 | 1/3 |
| 配偶者と兄弟姉妹の場合 | 配偶者 | 3/4 |
| | 兄弟姉妹 | 1/4 |
| 子・直系尊属または兄弟姉妹が2人以上の場合 | 均等（半血子は例外あり） | |

**①課税価格を計算する**

**課税価格＝遺産の総額＋みなし相続財産－非課税財産－債務・葬式費用＋被相続人からの贈与財産**

**②相続税の総額を計算する**

1. 課税価格の合計額＝各相続人の課税価格の合計
2. 課税遺産総額＝課税価格の合計額－**基礎控除額（3,000 万円＋600 万円×法定相続人の数）**
3. 各相続人の法定相続分および相続税額を求め、その合計により相続税の総額を算出
   - 法定相続分の取得金額＝課税遺産総額×法定相続人の法定相続分割合
   - 各相続人の相続税額＝法定相続分の取得金額×相続税の税率－控除額
   - 相続税の総額＝各相続人の相続税額の合計

**③相続税の総額を実際の相続分に応じて各相続人に割り当てる**

各相続人が負担すべき相続税額
＝相続税の総額×（各相続人が実際に取得した課税遺産額÷課税遺産合計額）

**④税額控除を行い、各相続人の納税額を求める**

各相続人が納める相続税額
＝各相続人が負担すべき相続税額
＋相続税額の２割加算（孫養子の場合）
－税額控除額※

（※－贈与税額控除
－配偶者税額軽減
－未成年者控除・障害者控除
－相次相続控除
－在外財産に対する税額控除）

**● 相続税の計算スキーム**（相続人が配偶者（妻）および子供２人のケース）

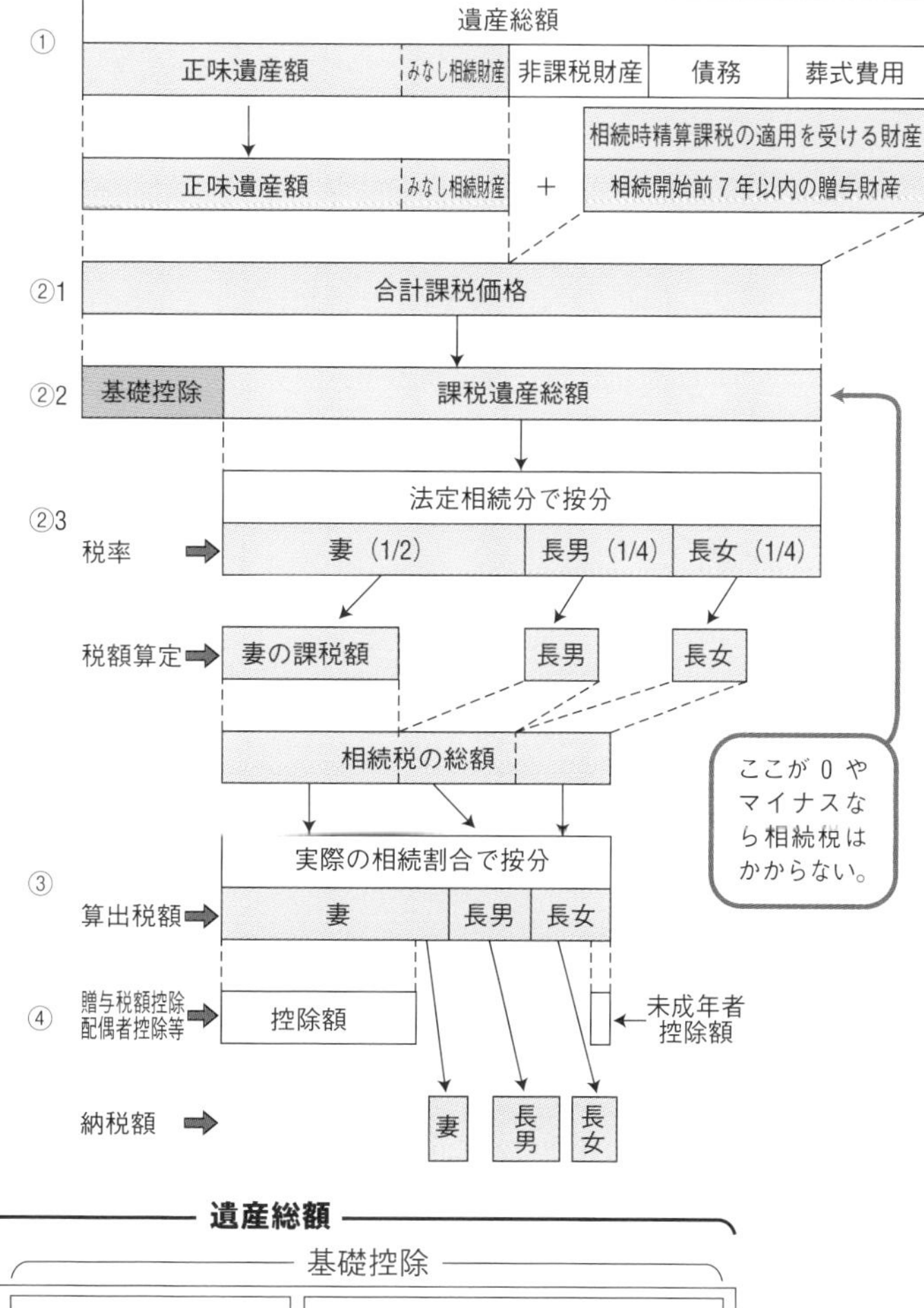

# 112 相続税の控除や特例を知る

## 配偶者の税額軽減で、1億6千万円までは配偶者に相続税がかからない

配偶者の税額軽減とは、被相続人の配偶者が相続した財産のうち、法定相続分以下の額、もしくは1億6千万円のうちどちらか多い金額までは配偶者に相続税がかからないという制度である（図表1）。これを利用するには、相続税の申告期限までに遺産分割が確定していること、申告書に税額軽減を利用する旨を記載することが必要。ただし、申告期限までに分割されなかった財産でも、原則として申告期限から3年以内に分割したときには、税額軽減の対象となる。

## 被相続人の死亡前7年以内にもらった財産は、相続財産に加算しなければならない

相続などで財産をもらった法定相続人が被相続人からその死亡前7年以内※1に贈与を受けた財産は、相続財産に加算しなければならない。その代わり、その財産の価額に応じてすでに支払った贈与税額分は、加算された人の相続税額から差し引くことができる。

加算する財産は、法定相続人が被相続人から生前にもらった財産のうち死亡前7年以内※1に贈与を受けたもので、このときに贈与税がかかっていたか、いないかは関係ない。したがって、贈与税の基礎控除額110万円以下の贈与財産も加算することになる※2。ただし、2千万円の配偶者控除を受けている贈与財産については加算する必要はない。

一方、控除できる贈与税額は、相続財産に加算された贈与財産の価額に課税された額である。ただし、加算税や延滞税の額は含まれない。

また、相続時精算課税を選択していた場合も、被相続人からの贈与は、相続時精算課税の選択後に贈与を受けた財産の価額を相続財産の価額に加算しなければならない※3が、その際、すでに納めた相続時精算課税にかかる贈与税相当額は、相続税額から差し引くことができる。

## 未成年者控除、障害者控除、相次相続控除、外国税額控除がある

その他、未成年者については相続人が18歳、障害者については85歳に達するまでの年数に応じて税額が控除される。また、10年以内に相次いで相続が発生した場合の相次相続控除、在外財産に対する税額控除もある（図表2）。

※1 2026年12月末までに相続開始の場合は3年以内、2030年12月末までに相続開始の場合は2024年1月1日から相続開始までの間｜※2 死亡前4～7年間に受けた贈与については総額100万円までは相続財産に加算しない

## 配偶者の税額軽減の概要（図表1）

次の①～④の要件を満たす場合、次の額が相続税額から控除される

$$\text{配偶者の税額軽減額} = \text{相続税の総額} \times \frac{\text{AまたはBのいずれか少ない額}}{\text{課税価格の合計額}}$$

A：課税価格の合計額×配偶者の法定相続分割合、または1億6,000万円のいずれか多い額
B：配偶者の課税価格（実際に取得した財産）

※要件
①対象となる財産を配偶者が実際に取得すること。
②少なくとも配偶者について遺産分割が申告期限までに済んでいること（ただし、一定の要件に該当すれば認められる場合もある）。
③婚姻届を出して正式に戸籍に入っている配偶者であること。
④戸籍謄本と遺言書の写しや遺産分割協議書など、配偶者のもらった財産が分かる書類を申告書に添付すること。

## 相続税の税額控除の種類（図表2）

| | | |
|---|---|---|
| **配偶者の税額軽減（配偶者特別控除）** | ※図表1参照 | |
| **贈与税額控除**  | 相続時精算課税を選択していない場合 | ● 相続開始前7年以内※1に被相続人から贈与された財産は、相続財産に加算されるが、贈与の際にかかった贈与税額は相続税額から控除される。ただし、控除しきれなかった贈与税額については還付されない。 |
| | 相続時精算課税を選択した場合 | ● 上記に加えて、相続時にそれまでの贈与財産を相続財産に合算。すでに支払った相続時精算課税にかかる贈与税相当額は相続税額から控除される。なお、控除しきれなかった贈与税額は還付される。 |
| **未成年者の税額控除** | ● 相続人が18歳に達するまでの年数1年（1年未満の期間があるときは切り上げ）につき10万円が控除される。 | |
| **障害者の税額控除** | ● 相続人が85歳に達するまでの年数1年（1年未満の期間があるときは切り上げ）につき10万円（特別障害者は20万円）が控除される。 | |
| **相次相続控除** | ● 被相続人が死亡前10年以内に前の被相続人から相続した財産について相続税が課せられる場合には、前回納めた相続税額のうち一定金額が控除される。 | |
| **在外財産に対する税額控除** | ● 外国にある財産を取得した場合、その取得財産に外国で相続税に相当する税が課せられたときには、課せられた税額に相当する金額が納付税額から計算上控除される。 | |

※3毎年110万円までは加算されない

# 113／知らないと怖い小規模宅地等の特例

## 小規模宅地等の評価減の特例を使えば、不動産の相続税評価額を減額できる

遺産の中に一定の要件を満たす自宅敷地や事業に使われていた宅地などがある場合には、その宅地の評価額の一定割合を減額する特例がある。これを小規模宅地等の評価減の特例という。減額される評価額の割合は、利用状況などにより異なり、特定事業用宅地等のうち400㎡までの部分および特定居住用宅地等のうち330㎡までの部分は80％、貸付事業用宅地等のうち200㎡までの部分は50％となっている（図表1）。

ここで、特定事業用宅地等とは、相続開始直前に被相続人等の事業の用に供されていた宅地などで、一定の要件に該当する親族が相続するものをいう。ただし、不動産貸付業、駐車場業、自転車駐車場業および準事業は含まれない。

## 自宅については同居親族か家なき子が相続した場合のみ特例が使える

小規模宅地等の評価減の特例は、被相続人の自宅については、配偶者か同居している親族が相続した場合には適用される。

しかし、配偶者や同居親族がいない場合には、3年以内に持ち家を所有したことのない親族等、通称「家なき子」が相続した場合でなければ、特例は適用されない。つまり、既に持ち家を所有している子供が親の自宅を相続しても、小規模宅地等の評価減が受けられないのである（図表2）。

このことは、1次相続時には配偶者が相続すれば特例が適用されるため、あまり問題にはならないが、2次相続時に大きな問題となる。すなわち、たとえば、自宅敷地の相続税評価額を8千万円とすると、1次相続時には1千600万円の評価額で済むが、2次相続時に、同居親族等がいない場合には8千万円の評価額となってしまうので、この土地だけでも相続税の基礎控除額を超えてしまうことになるのである。

そこで、自宅敷地はできる限り8割減が適用できる形で相続するよう、事前に親族間で話し合いをしておくことが大切となる。具体的には、土地全部を同居親族が相続するとよい。子供と別居している場合には、子供は賃貸に住んで持ち家を持たないことがポイントだ。もし、既に持ち家を持っている場合には売却するか賃貸に出すことも考える必要がある。

※区分所有登記されていない二世帯住宅（118参照）

## 小規模宅地等の種類と軽減内容（図表1）

| 種類 | 適用対象 | 減額割合 |
|---|---|---|
| 特定事業用等宅地等（特定事業用宅地等、特定同族会社事業用宅地等） | ● 400㎡ | ● 80% |
| 特定居住用宅地等 | ● 330㎡ | ● 80% |
| 貸付事業用宅地等 | ● 200㎡ | ● 50% |

● 特定居住用宅地等

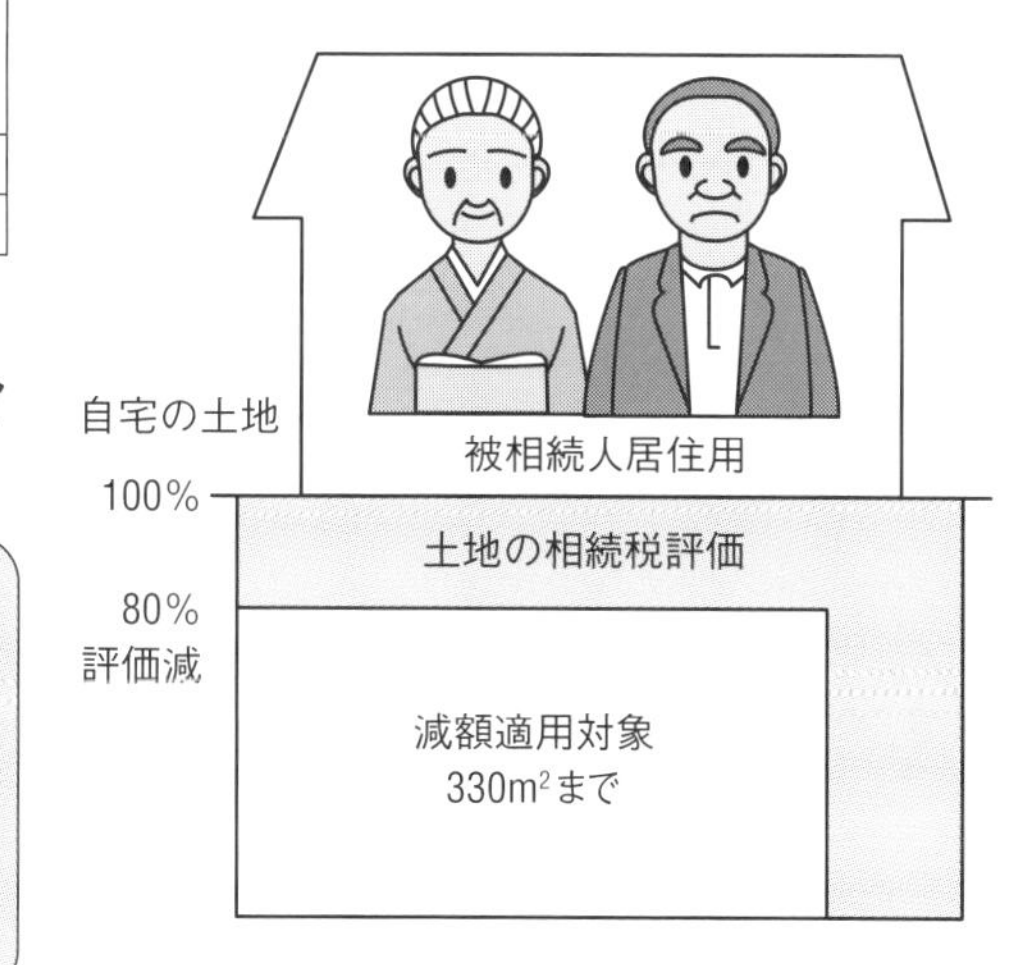


### ◆ 上記いずれか２以上の宅地等がある場合の適用対象面積の計算式

- 特定事業用等宅地等と特定居住用宅地等のみの場合
  特定事業用等宅地等の面積≦ 400㎡、特定居住用宅地等の面積≦ 330㎡
- 貸付事業用宅地等が含まれる場合
  特定事業用等宅地等の面積×$\frac{200}{400}$＋特定居住用宅地等の面積×$\frac{200}{330}$＋貸付事業用宅地等の面積≦ 200㎡

## 小規模宅地等の対象となる宅地の要件（図表2）

|  |  |
|---|---|
| **特定事業用宅地等（※すべてに該当）** 商店・工場の土地 | ①被相続人または被相続人と生計を一にする親族の事業の用に供されていたこと。<br>②不動産賃貸用・駐車場用などでないこと。<br>③取得者が、その事業を申告期限までに引き継いで営み、かつ、その宅地を所有している相続人であること。 |
| **特定同族会社事業用宅地等（※すべてに該当）**  同族会社の土地 | ①被相続人およびその親族等が発行済株式の総数または出資の総額の 50%超を有する法人の事業（不動産賃貸業等を除く）の用に供されていたこと。<br>②相続税の申告期限においてその法人の役員である親族が取得すること。<br>③相続開始時から相続税の申告期限まで引き続きその宅地等を有し、引き続きその法人の事業の用に供していること。 |
| **特定居住用宅地等（※いずれかに該当）** 自宅の土地 | ①被相続人が居住していた宅地等を配偶者が取得した場合。<br>②被相続人の同居親族が、申告期限まで引続き被相続人が居住していた宅地等を所有し、かつ、その建物に居住している場合。<br>③相続開始直前において配偶者や同居親族のいない場合で、相続開始前３年以内に自己または自己の配偶者の所有する建物に居住したことがない者※が、被相続人の居住していた宅地等を取得し、申告期限までその宅地等を引続き所有している場合。<br>④被相続人の宅地等で、被相続人と生計を一にする親族が居住していたものを、配偶者が取得した場合。<br>⑤被相続人の宅地等で、被相続人と生計を一にする親族が居住していたものを、居住継続親族が申告期限まで引続きその宅地等を所有し、かつ居住している場合。<br>※相続開始前３年以内に、その者の３親等内の親族やその者と特別の関係にある法人が所有する家に居住していたことがある者、相続開始時に居住していた家を過去に所有していたことがある者は除く |
| **貸付事業用宅地等** アパート・駐車場の土地 | 被相続人または被相続人と生計を一にする親族の貸付事業の用に供されていた宅地等で、申告期限まで引続き所有し、貸付事業の用に供していること。<br>※相続開始前３年以内に貸付事業の用に供された宅地等は除外（ただし、相続開始前３年を超えて事業的規模で貸付事業を行っていた場合はOK）<br>相続開始前3年以内に建てた賃貸アパート<br>原則：対象外<br>3年超事業的規模で貸付事業を行っていた被相続人の場合：対象 |

# 114 相続対策に欠かせない生前贈与のキホン

## 財産をもらうと贈与税がかかるが、110万円の基礎控除がある

個人から現金や不動産などの財産をもらうと、贈与税が課される。

贈与税は、その人が1月1日から12月31日までの1年間にもらった財産の合計額から、基礎控除額の110万円を差し引いた残りの額に対して課される。贈与税額は、課税価格に応じた税率が設定されており、受けた贈与の額が大きいほど税率も高くなる（図表1）。

税額計算のもととなる評価は、不動産の場合、土地は路線価方式、建物は固定資産税評価額をもとに決定されるので、一般に時価よりも安くなることから、現金を贈与するよりは節税できる。

なお、贈与後7年以内に相続が発生した場合には、その贈与財産は相続財産に含めなければならない。しかし、法定相続人とならない孫や娘婿に対する贈与は、財産を相続しない場合には相続財産に加算されないため、生前贈与としては効果的である。

## 相続時精算課税を選択すると、2500万円までは贈与税がかからない

相続時精算課税とは、60歳以上の親から18歳以上の子・孫への贈与に限り、2500万円までは贈与税がかからず、それを超える部分については一律税率20％となるものである。なお、住宅取得資金の贈与を受ける場合には、親の年齢による制限はない。

ただし、いちど相続時精算課税を選択すると、その後の撤回はできないうえ、相続時に贈与財産の価額を相続財産に加算して相続税を支払うことになる（ただし、毎年110万円までの贈与については相続財産に加算しなくてもよい）。なお、この場合の贈与財産の価額は、贈与時の価額となる。

したがって、相続時精算課税を選択するかどうかについては、ほかの財産も含めて詳細に検討する必要がある（図表2・3）。

## 住宅取得資金の贈与であれば、一定金額までは非課税となる特例がある

2026年12月末までであれば、父母や祖父母などの直系尊属から住宅取得等資金の贈与を受けた場合には、一定金額までは非課税となる特例がある。この特例は、毎年の基礎控除額110万円や相続時精算課税の2500万円に加えて利用できる（図表2）。

## 贈与税額の計算方法（図表1）

**税額＝基礎控除後の課税価格×税率－速算控除額**

※基礎控除後の課税価格は1月1日から12月31日までの1年間に贈与を受けた財産の価格の合計額－基礎控除110万円
※贈与税の基礎控除（110万円）は毎年使える
※暦年課税から、相続時精算課税制度への移行は可能
※速算控除額は、税額計算を簡略化するために設定された金額

| 18歳以上で直系尊属から贈与を受けた場合 | | | 左記以外 | | |
|---|---|---|---|---|---|
| 基礎控除後の課税価格 | 税率 | 速算控除額 | 基礎控除後の課税価格 | 税率 | 速算控除額 |
| 200万円以下 | 10% | － | 200万円以下 | 10% | － |
| － | － | － | 300万円以下 | 15% | 10万円 |
| 400万円以下 | 15% | 10万円 | 400万円以下 | 20% | 25万円 |
| 600万円以下 | 20% | 30万円 | 600万円以下 | 30% | 65万円 |
| 1,000万円以下 | 30% | 90万円 | 1,000万円以下 | 40% | 125万円 |
| 1,500万円以下 | 40% | 190万円 | 1,500万円以下 | 45% | 175万円 |
| 3,000万円以下 | 45% | 265万円 | 3,000万円以下 | 50% | 250万円 |
| 4,500万円以下 | 50% | 415万円 | 3,000万円超 | 55% | 400万円 |
| 4,500万円超 | 55% | 640万円 | | | |

## 贈与税の課税制度の比較（図表2）

| | 住宅取得のための非課税措置の特例 | 相続時精算課税 | | 暦年課税 |
|---|---|---|---|---|
| | | 住宅取得等資金の贈与を受けた場合の特例 | 相続時精算課税 | |
| 適用期限 | 2026年12月31日まで | 2026年12月31日まで | － | － |
| 非課税枠 | 耐震・省エネ・バリアフリー住宅／左記以外の住宅<br>・1,000万円／500万円 | 2,500万円<br>（ただし、相続財産に加算） | 2,500万円<br>（ただし、相続財産に加算） | 年110万円 |
| 贈与を受ける者 | 贈与の年の1月1日現在で18歳以上の子・孫（所得制限2,000万円以下、床面積40～50㎡未満の場合は1,000万円以下） | 贈与の年の1月1日現在で18歳以上の子・孫 | 贈与の年の1月1日現在で18歳以上の子・孫 | 制限なし |
| 贈与をする者 | 親・祖父母等の直系尊属 | 父母・祖父母 | 贈与の年の1月1日現在で60歳以上の父母・祖父母 | 制限なし |
| 適用対象 | 自己居住用住宅取得等のための資金 | 自己居住用住宅取得等のための資金 | 制限なし | 制限なし |

## 相続時精算課税の概要（図表3）

| | |
|---|---|
| 適用対象者 | ● 贈与者は60歳以上の父母又は祖父母、受贈者は18歳以上の者のうち贈与者の推定相続人である子又は孫 |
| 適用対象財産 | ● 贈与財産の種類、金額、贈与回数に制限はない |
| 適用財産の価額 | ● 贈与時の相続税評価額 |
| 贈与税額 | ● 合計2,500万円までは非課税（年110万円までの贈与は加えない）、2,500万円を超えた額については一律20%が課税される |
| 相続税額 | ● 相続時精算課税に係る贈与者が亡くなった時に、それまでに贈与を受けた相続時精算課税の適用を受ける贈与財産の価額と相続や遺贈により取得した財産の価額とを合計した金額を基に計算した相続税額から、既に納めた相続時精算課税に係る贈与税相当額を控除して算出される |
| 注意事項 | ● 相続時精算課税を選択した場合、その後の撤回はできない |

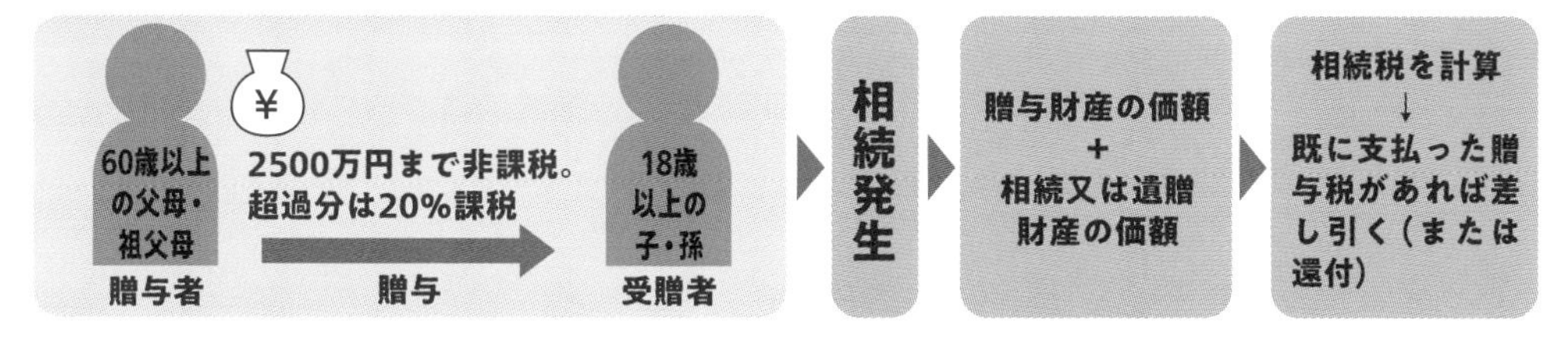

# 115 自宅の相続税を計算する

## 自宅敷地は小規模宅地等の評価減の特例が使えるように相続するとよい

自宅敷地の評価方法には、路線価方式と倍率方式があり（022参照）、相続税評価額は、おおむね時価の8割程度となる。また、自宅敷地については、配偶者が取得する場合や被相続人の同居親族が取得する場合については、小規模宅地等の評価減の特例（113参照）が適用できる。ただし、被相続人と同居していなかった相続人が自宅敷地を相続しても、原則として、この特例は適用されない。

図表のように、相続税評価額2億円の自宅敷地と3千万円の自宅建物を、配偶者と一人っ子の同居の子供Aが相続する場合の相続税について考えてみたい。

自宅敷地については、330㎡までは小規模宅地等の評価減の特例が使えるので、80%の評価減となる。したがって、自宅敷地の評価は8千万円にまで減額される。これに建物の評価額3千万円を加えると、課税価格は1億1千万円となる。この事例では、相続人は2人なので、基礎控除後の課税遺産総額は6800万円となる。

配偶者については、配偶者の税額軽減（112参照）により、法定相続分か1億6千万円までの多いほうの金額までは税金がかからないため、配偶者がすべてを相続すれば税金はかからない。しかし、配偶者とAの2人で半分ずつ相続すると、Aについては305万円の相続税が課されることになる。

## 安易に配偶者の税額軽減に頼らず、2次相続も考慮した対策が大切

両親の一方が亡くなったときを1次相続、もう一方が亡くなったときを2次相続という。

事例の場合、1次相続で配偶者がすべての財産を相続し、配偶者の税額軽減を使えば、相続税はかからない。しかし、2次相続時には、相続人は子供Aだけとなってしまうため、その際には1520万円もの相続税が発生することになる。

一方、1次相続で子供Aが土地・建物の半分を相続しておけば、2次相続時の相続税額はゼロとなるため、1次相続と合わせても相続税は305万円となり、その差は1215万円にもなる。

このように、相続時には安易に配偶者の税額軽減に頼らず、1次相続のときから2次相続のときのことも考慮して、しっかりと対策を立てることが大切である。

# 自宅の相続でかかる相続税（図表）

相続財産
● 自宅敷地：敷地面積 440㎡ 相続税評価額 **2 億円**
● 自宅建物：延床面積 200㎡ 相続税評価額 **3,000 万円**

### ◆ ステップ① 課税価格の算出

● 自宅敷地　小規模宅地等の評価減の特例を適用

80%評価減

2 億円－ $\boxed{2\text{ 億円}\times\frac{330㎡}{440㎡}\times 80\%}$

＝ **8,000 万円**

● 自宅建物 **3,000 万円**

合計 **1 億 1,000 万円**

### ◆ ステップ② 基礎控除後の課税遺産総額の算出

1 億 1,000 万円－（3,000 万円＋ 600 万円× 2 人）［基礎控除額］＝ 6,800 万円［課税価格］

### ◆ ステップ③ 相続税の総額の算出

（6,800 万円× 1 ／ 2 × 20%－ 200 万円）［法定相続分×税率－速算控除額］× 2 人＝ 960 万円［相続税総額］

### ◆ ケース① 1 次相続で、配偶者が全財産を相続した場合

● 1 次相続時
配偶者の相続税額：配偶者の税額軽減により、**0 円**
子供 A の相続税額：相続財産がないので **0 円**
● 2 次相続時
課税遺産総額
1 億 1,000 万円－（3,000 万円＋ 600 万円× 1 人）＝ 7,400 万円
相続税額
7,400 万円× 30%－ 700 万円（速算控除額）＝ **1,520 万円**
1 次相続と 2 次相続の合計金額 **1,520 万円**

### ◆ ケース② 1 次相続で、配偶者と子供 A で土地・建物を 1 ／ 2 ずつ相続した場合

● 1 次相続時
配偶者の相続税額：配偶者の税額軽減により、**0 円**
（※子供 A の課税遺産総額：自宅敷地（1 億円×小規模宅地等の評価減の特例（1-0.8）＝ 2,000 万円）＋自宅建物 3,000 万円× 1/2 ＝ 3,500 万円）

子供 A の相続税額：960 万円× $\frac{3{,}500\text{ 万円※}}{1\text{ 億 }1{,}000\text{ 万円}}$ ＝ **305 万円**

● 2 次相続時
課税遺産総額 3,500 万円－（3,000 万円＋ 600 万円× 1 人）＜ 0 より、
相続税額は **0 円**

1 次相続と 2 次相続の合計金額 **305 万円**

＊子供 A は 220m² すべてに小規模宅地等の評価減の特例を適用、配偶者は 110m² について適用とする。

# 116 相続対策の企画例①
# 更地や駐車場に賃貸住宅を建てる

**更地や駐車場に賃貸住宅を建てると相続税評価額を下げられる**

よく、賃貸住宅を建てると相続税対策になるといわれるが、その根拠の一つは、所有している土地が貸家建付地として評価され、相続税評価額が下げられることである。

貸家建付地とは、自分の所有する土地に自分の所有するアパートや貸しビルなどを建てて、他人に貸している場合の土地をいう。賃貸用建物は、借家人に間接的にその敷地を利用する権利があるため、地主が自由に使える更地や駐車場に比べて、相続税評価額は借地権割合によっても異なるが、約2割軽減される（**図表**）。

また、貸家建付地による評価減に加え、**113**で説明した小規模宅地等の評価減の特例を使うと、賃貸住宅の敷地のうち200㎡までの部分については、さらに評価額を50％減額できる。そのため、**図表**の例では7千900万円の評価額からさらに減額され、約4千万円となっている。つまり、更地では1億円の評価額だった土地に賃貸住宅を建てると、約4千万円まで土地の相続税評価額を下げることができるのである。

賃貸住宅を建てると相続税対策になるというもう一つの理由は、建物の相続税評価額は建物建築費よりも大幅に低くなるため、現金で持っているよりも建物として所有しているほうが相続税評価額を軽減できることである。たとえば、鉄骨・鉄筋系の建物の場合、家屋の相続税評価額は、固定資産税評価額、すなわち建物建築費のおおむね70％で評価されるうえ、貸家の評価額は、家屋の固定資産税評価額×（1－借家権割合）で計算されるので、合算すると建物建築費の半分程度の評価額となる。

**賃貸住宅を建てると相続税評価額は更地の半額以下になるが、賃貸経営も大事**

**図表**の比較例を見てみよう。更地と現金で所有している場合には、相続税評価額の合計は2億円だったのに対し、賃貸住宅を建てた場合の相続税評価額は約9千万円となっている。つまり、賃貸住宅を建設すれば、相続税評価額は半額以下にまで下げられるのである。

ただし、賃貸事業は、単に相続税の節税対策として行うのではなく、企業の経営と同様に、土地の経営者として賃貸事業を経営するという意識を持って取り組むことが大切である。

# 更地や駐車場に賃貸住宅を建築する（図表）

● 土地の相続税評価額が貸家建付地の評価になる

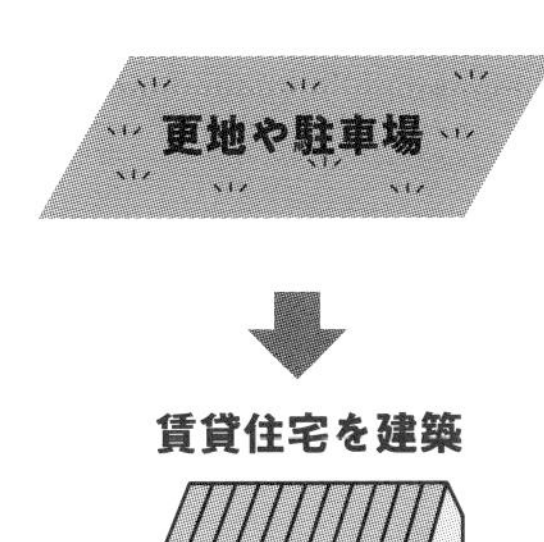


（100%
路線価評価
倍率評価）

更地（自用地）の場合の土地の相続税評価額
1億円

（▲約20%
評価）

※借地権割合70%の場合

**貸家建付地の土地の相続税評価額**
**更地（自用地）の評価額×（1ー借地権割合×借家権割合）**
＝1億円×（1－0.7×0.3）
＝7,900万円

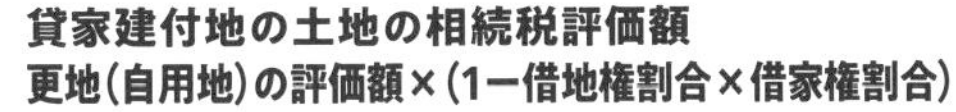

賃借人がいる場合、所有者の利用が制限されるため、更地評価額から借地権割合と借家権割合を掛けた額を引くことができる。

● 200㎡までの部分については、小規模宅地等の評価減の特例で評価額が減額される

（▲50%
評価）

土地200㎡まで
小規模宅地等評価減

**小規模宅地等の賃貸住宅の土地の相続税評価額**
**貸家建付地の土地の相続税評価額×（1ー減額割合）**
＝7,900万円×（1－50%）
＝3,950万円

● 現金より建物で所有するほうが相続税評価額減となる

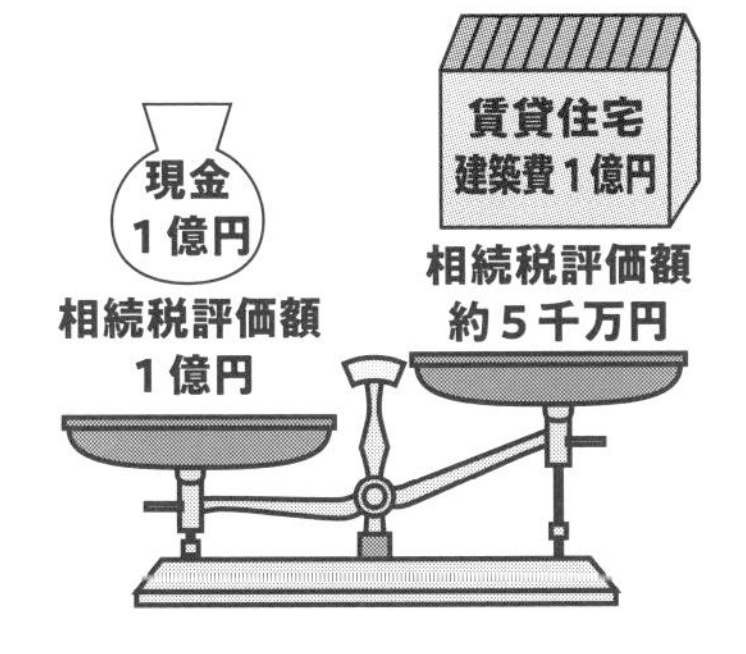


**家屋の相続税評価額**
**=固定資産税評価額×（1ー借家権割合）**
**≒建築費×70%※×（1ー借家権割合）**
=1億円×70%×（1－0.3）
=4,900万円
※木造の場合には、さらに低い評価額となる

# 117 相続対策の企画例②
# 収益物件の贈与

**相続時精算課税を使って、親から子・孫に収益物件を贈与すると有利**

現金や不動産を贈与すると、贈与税がかかる（114参照）。贈与税の課税価格は相続税の課税価格よりも高いため、生前贈与は不利と考えられがちだが、贈与する財産や贈与の方法によっては、おトクな場合もある。

相続時精算課税を選択すると、2500万円までの贈与は非課税となり、それを超える分については一律税率20％となる※。なお贈与財産の種類、金額、贈与回数に制限はない（114参照）。したがって、贈与者が60歳以上で受贈者が18歳以上の子・孫であれば、どんな財産でも生前贈与することが可能となる。しかし、相続時精算課税を選択して贈与した財産については、相続時に相続財産に加算して相続税を支払うことになるので、贈与にあたっては慎重に検討する必要がある。

相続時精算課税を使った生前贈与を考えるのであれば、賃貸住宅などの収益物件を贈与するとよい。収益物件を贈与すれば、贈与後は、毎年の賃料収入も贈与を受けた人の収入になる。そのため、たとえば図表のように、毎年500万円得られる収益物件を子に贈与すると、毎年500万円の相続財産を子に移転するのと同じ効果が生じることになる。

また、不動産所得の多い親から、所得の少ない子への贈与は、毎年の所得税の節税にもつながる。すなわち、所得税は累進課税のため、収入の多い人ほど高い税率となることから、たとえば、親の所得に対する税率が40％で子の所得に対する税率が20％の場合には、差額の20％を節税できる計算となる。

**建物を贈与する際、借金付きで贈与すると建物の評価額は時価となってしまう**

さらに、賃貸用の建物の評価は貸家評価のため、評価額は相当低く抑えられ（116参照）、現金で贈与するよりも節税効果が高くなる。そこで実務上は、建物だけを贈与することが多いが、土地を使用貸借して建物の賃借人が建物贈与後に異動してしまうと、相続時には土地は更地評価となる。

また、敷金を含めて借金付きで贈与すると、負担付贈与となり、建物の評価額は時価となってしまう。したがって、たとえば敷金の預りがある場合には、収益物件とは別に、同額を金銭で贈与しておく必要がある。

※110万円／年までの贈与は含まれず、相続財産にも加えない

## 相続時精算課税を使って親から子に収益物件を贈与する（図表）

| | |
|---|---|
| 土地の相続税評価額（貸家建付地） | 1億円 |
| 建物の相続税評価額 | 2000万円 |
| 毎年の賃貸経営から生じるキャッシュフロー | 500万円 |

賃貸住宅

相続時精算課税（**114参照**）適用により、2,500万円まで贈与税はゼロ

毎年の賃貸経営から生じるキャッシュフロー500万円は子の収入に！

### ◆20年後に相続が発生した場合の相続税評価額の比較

**● 賃貸住宅を贈与しなかった場合**

| | | |
|---|---|---|
| 土地の相続税評価額 | | 1億円 |
| 建物の相続税評価額 | | 2,000万円 ※1 |
| 家賃収入による現金の評価額 | 500万円×20年＝ | 1億円 |
| 合計 | | **2億2,000万円** |

※1：20年後の評価額

（注）
ただし、贈与の際には、登録免許税、不動産取得税等が別途かかる

**● 賃貸住宅を贈与した場合**

| | | |
|---|---|---|
| 土地の相続税評価額 | | 1億円 |
| 建物の相続税評価額 | | 2,000万円 ※2 |
| 家賃収入による現金の評価額 | 既に子に贈与しているのでゼロ | |
| 合計 | | **1億2,000万円** |

※2：贈与時の価額

**POINT!**

### ◆相続時精算課税を使った収益物件の贈与のメリット

- 贈与の際の評価額（相続税評価額）は一般的には時価よりも低いため、より多くの資産を贈与できる。
- 家賃収入という収益を親から子に移転できる。
- 家賃収入が子に入るため、相続税の支払い原資を確保できる。
- 親の所得の方が子の所得よりも多い場合には、所得税が累進課税であることから、所得税の節税になる。

**ATTENTION!**

### ◆贈与の際の留意点

- 借金付きで贈与すると、負担付贈与となり、建物の評価額は時価となってしまう。
- 敷金の預りがある場合は、収益物件とは別に、同額を金銭で贈与しておかなければ負担付贈与となる。

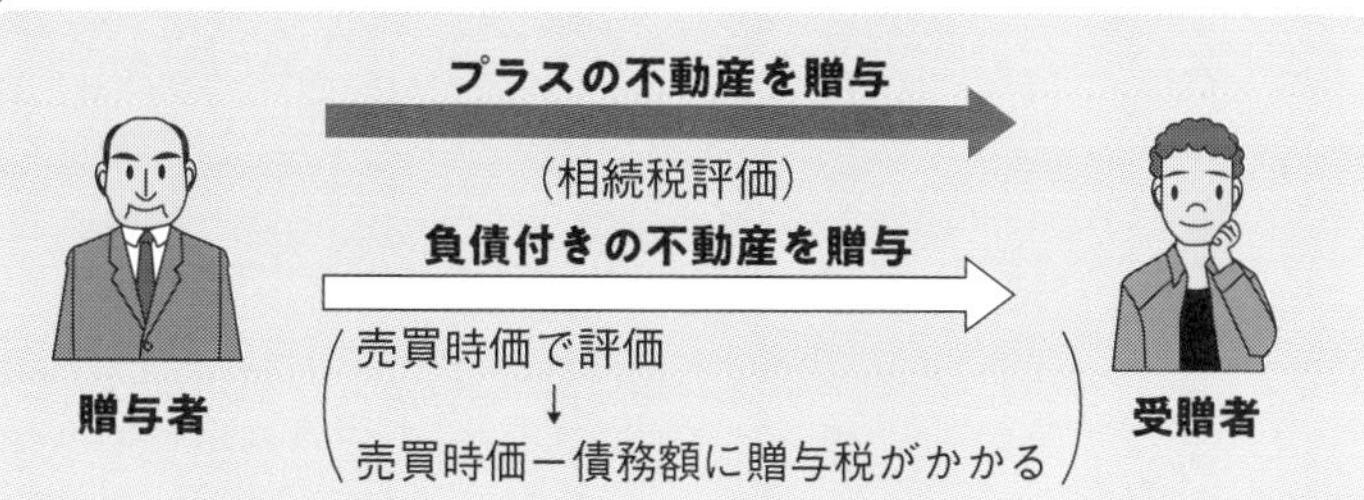

# 118 相続対策の企画例③ 二世帯住宅の建設

## 自宅敷地に二世帯住宅を建てると相続税評価額を下げられる

自宅敷地の相続税評価額をできるだけ低くするためには、自宅敷地は小規模宅地等の評価減の特例の適用が受けられるような使い方を検討する必要がある（図表1）。

その方法の一つに、二世帯住宅の建設がある。小規模宅地等の評価減の特例の適用を受けるには、配偶者か同居親族が自宅敷地を相続する必要がある。したがって、配偶者以外の親族が相続する場合には、二世帯住宅を建てて同居していれば、この特例の適用が受けられる。

なお、親の土地に二世帯住宅を建てる際には、土地は親名義のままのほうがよい。土地が親名義のままであれば、贈与税や譲渡税は課されない。また、1棟の二世帯住宅で内部で行き来できないように構造上区分されている場合でも、小規模宅地等の評価減の特例が適用されるので、相続税対策上は必ずしも内部で行き来できる間取りにする必要はない。逆に、二世帯の暮らし方に配慮する必要はあるが、構造上区分されている二世帯住宅にすれば、将来的に、いずれか一方の住宅を賃貸住宅にする等の対応がしやすくなる。

## 建物を区分登記した場合は、小規模宅地等の評価減の特例の対象外

ただし、たとえ敷地がすべて被相続人の所有であったとしても、二世帯住宅の建物を区分登記している場合には、被相続人が居住する部分に対応する敷地のみが特例の適用対象となり、子世帯の居住部分は特例の対象外となる。したがって、二世帯住宅で自宅敷地すべてについて特例の適用を受けるためには、建物の登記については、区分登記ではなく親の単独所有として登記するか、親と子の共有登記にすべきである。

また、広い自宅敷地に別棟で子世帯向け住宅を建てるケースも、原則として同居とはみなされない。したがって、親世帯の土地に新たに子世帯向け住宅を建てる場合には、1棟の建物として登記できる増築型の建物にしたほうが相続税は節税できる（図表2）。

なお、二世帯住宅を建設した後に、万が一、被相続人が途中で要介護認定等を受けて老人ホームに入所した場合でも自宅が賃貸されていなければ、小規模宅地等の評価減の特例の適用の対象となる。

## 小規模宅地等の評価減の特例の適用対象となる自宅敷地（図表1）

## 小規模宅地等の評価減の特例の適用対象となる二世帯住宅の敷地（図表2）

● **建て方による違い**

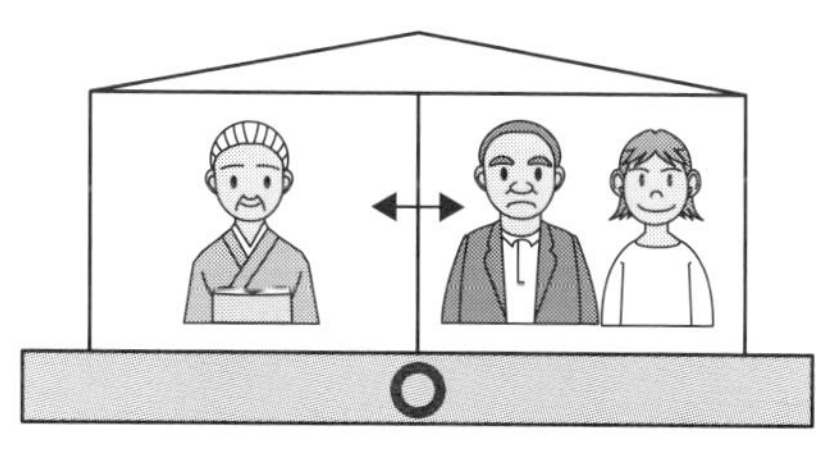

内部で行き来できない場合でも
特例適用対象となる

**※ 敷地はすべて被相続人が所有**

区分登記になると同居とはみなされず、被相続人の居住部分についてのみ特例適用対象となる

**※ 敷地はすべて被相続人が所有**

1棟で登記していれば特例適用対象となる

● **登記による違い**

※建物　子の区分登記　　親の区分登記

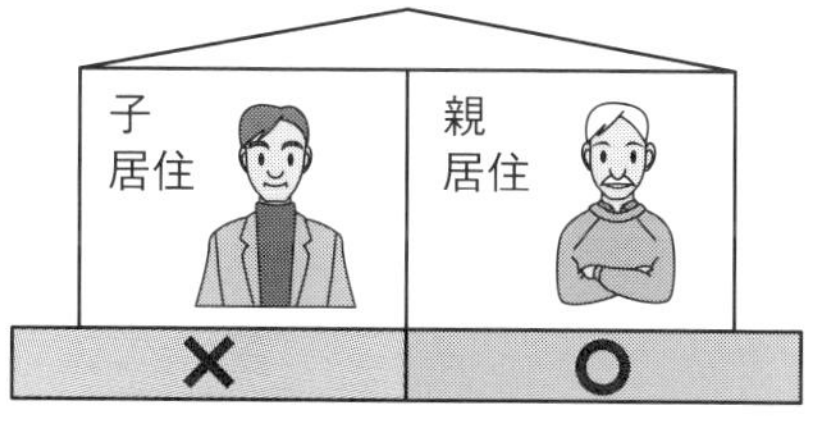


**※ 敷地はすべて被相続人が所有**

被相続人の居住部分についてのみ
特例適用対象となる

※建物 親子の共有登記

**※ 敷地はすべて被相続人が所有**

特例適用対象となる

# 119 相続対策の企画例④ 所有型法人の活用

### 多額の賃料収入がある場合には、法人を設立して賃貸建物を法人に移転させるとよい

賃貸事業による多額の収入がある場合には、管理型法人ではなく所有型法人を設立するとよい。つまり、土地所有者個人が管理会社を設立して、管理料分を管理会社の経費として賃料収入から差し引く方法ではなく、法人が賃貸用建物を所有する方法である（図表）。

この方法は、賃料収入すべてが法人の所得となるため、相続人となる子も法人の役員とすれば、管理型法人の場合よりも多い給料を支払うことができ、その分、所得分散と相続対策の効果も増大する。

なお、すでに所有している賃貸用建物を法人名義にする際には、時価での売却が必要だが、帳簿価額等で売却すれば、売却する個人に対する所得税等の負担は生じない。

### 所有型法人にするほうが相続対策上不利になるケースもある

所有型法人が建物を所有する場合でも、土地は個人所有のままとなるため、そのままでは、法人には借地権が設定されたことになる。この場合、通常、権利金を収受する慣行があるにもかかわらず、権利金を収受しないときは、権利金の認定課税が行われる。しかし、土地の無償返還の届出書を税務署に提出すれば、借地権の認定課税は行われない。さらに、この届出書を提出しており、固定資産税等の2～3倍程度の地代を収受していれば、相続時には、その土地は更地の8割に相当する金額で評価される。個人が賃貸用建物を所有している場合には、土地は貸家建付地としての評価となるが、これも更地の8割程度の評価額となるため、所有型法人とすることによるデメリットはないといえる。

ただし、所有型法人にするほうが、相続対策上不利になるケースもある。たとえば、個人が建物を建設すると、建物の相続税評価額は建設費よりも相当低くなるため、現金で所有しているよりも相続税を減らせるが、所有型法人が建物を建設すると、その効果は個人には生じない。

また、既存の賃貸用建物を法人に売却すると、売却代金が個人の財産になるが、通常、この金額は建物の相続税評価額よりも高くなる。したがって、所有型法人にしてすぐに相続が発生するようなケースでは、個人で所有したままのほうが相続税は少なくなることもある。

##  賃貸用建物の所有形態別・相続対策効果比較（図表）

### ①個人所有の場合

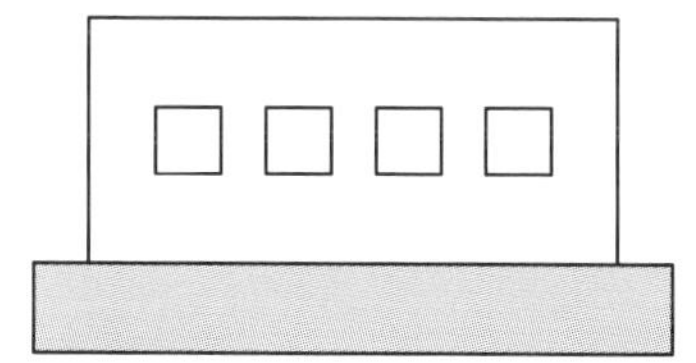

● 建物：父所有
● 土地：父所有

¥ ● 賃料収入：
父の不動産所得となる

**相続財産**
● 土地（貸家建付地なので更地価格の８割程度の評価額※）
● 貸家（建設費よりも相当低い評価額）
● 賃料収入（稼得財産、毎年増加）
※満室で、かつ、借地権割合が60～70％の場合
**相続人の収入**
**なし**

### ②管理型法人の場合

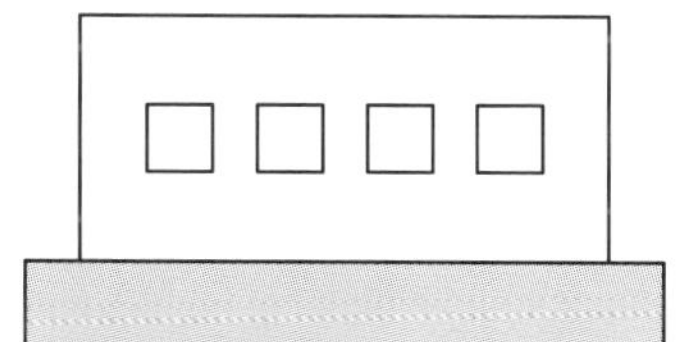

● 建物：父所有
● 土地：父所有

¥ ● 賃料収入：
父の不動産所得
● 管理料：
不動産所得の必要経費

¥ **● 管理料：法人所得**
↓
**子の給与所得に**

**相続財産**
● 土地（貸家建付地なので更地価格の８割程度の評価額※）
● 貸家（建設費よりも相当低い評価額）
● 賃料収入ー管理料（稼得財産、毎年増加）
※満室で、かつ、借地権割合が60～70％の場合
**相続人の収入**
**管理型法人からの給与所得（管理料）**

### ③所有型法人の場合

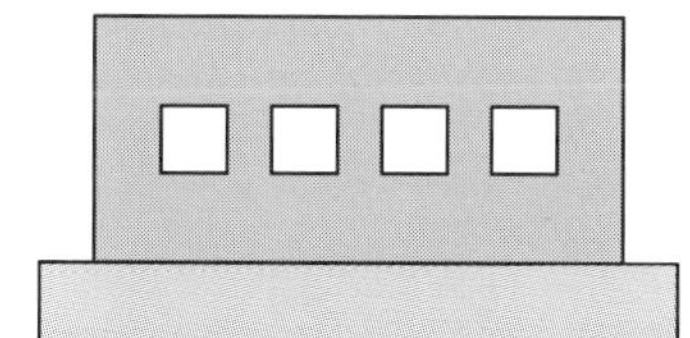

● 建物：法人所有
● 土地：父所有

● 地代：父の不動産所得

**● 賃料収入：法人所得**
↓
**子の給与所得に**

**相続財産**
● 土地（無償返還の届出で更地価格の８割の評価額）
● 貸家の売却代金（時価）
● 地代（稼得財産、毎年増加）
**相続人の収入**
**所有型法人からの給与所得（賃料収入）**

# 120 相続対策の企画例⑤ とりあえず共有の落とし穴

**相続財産のとりあえず共有は、兄弟間の争いのもとになりやすい**

相続が発生したとき、自宅敷地や別荘などの相続財産を兄弟間でとりあえず共有にしておくケースは多い。この考え方は、一見平等のように思われるが、実は将来的に大きな問題が発生する危険性がある。そして、最悪の場合、兄弟絶縁にまで発展する事態が現実に多く起きているのである。この問題は、特に主な相続財産が自宅のみという場合に起こりやすい。

たとえば、自宅敷地を相続時に姉弟2人で共有するような場合を考えてみたい（図表）。自宅敷地に居住している弟と、外部に居住する姉による共有は、登記上は1／2ずつの所有となるので平等だが、実は外部に居住している姉にとっては、利用上、何のメリットもない財産を相続したことになる。したがって、将来的に姉家族に教育費等が必要となったような場合には、この共有持分を現金化したくなる可能性が大いに考えられる。

民法では、不動産を2人以上で共有している場合には、各共有者はいつでも共有物の分割請求ができることになっている。そのため、相続した自宅敷地に居住していない姉が、この土地を現金化したくなったときには、共有物の分割請求をすることになる。

この請求があると、自宅敷地の半分を弟が買い取るか、もしくは第三者に全部を売却して売却代金を分割しなければならない。つまり、弟にとっては、このとき姉に支払う現金がなければ、親から受け継いだ大切な居住場所を失ってしまうことになるのである。

**共有はできる限り避けるように財産を分割できるよう、事前の相続対策が大切**

このような相続による兄弟間の争いを避けるには、相続発生以前から、親子間、兄弟間で将来の相続時の財産分割について真剣に話し合っておくことが大切である。特に、二世帯住宅を新たに建てるようなときこそ、話し合いが重要である。建設時には、まだまだ相続は先のことだと思っているので考えたくないことかもしれないが、検討しなかったことで仲の良かった子供たちの関係が後々悪くなることは極力避けるべきである。

建築・不動産企画を行うにあたっては、このように現在だけでなく将来も見据えた的確なアドバイスを行うことが求められる。

## 主な相続財産が自宅敷地だけの場合の問題点（図表）

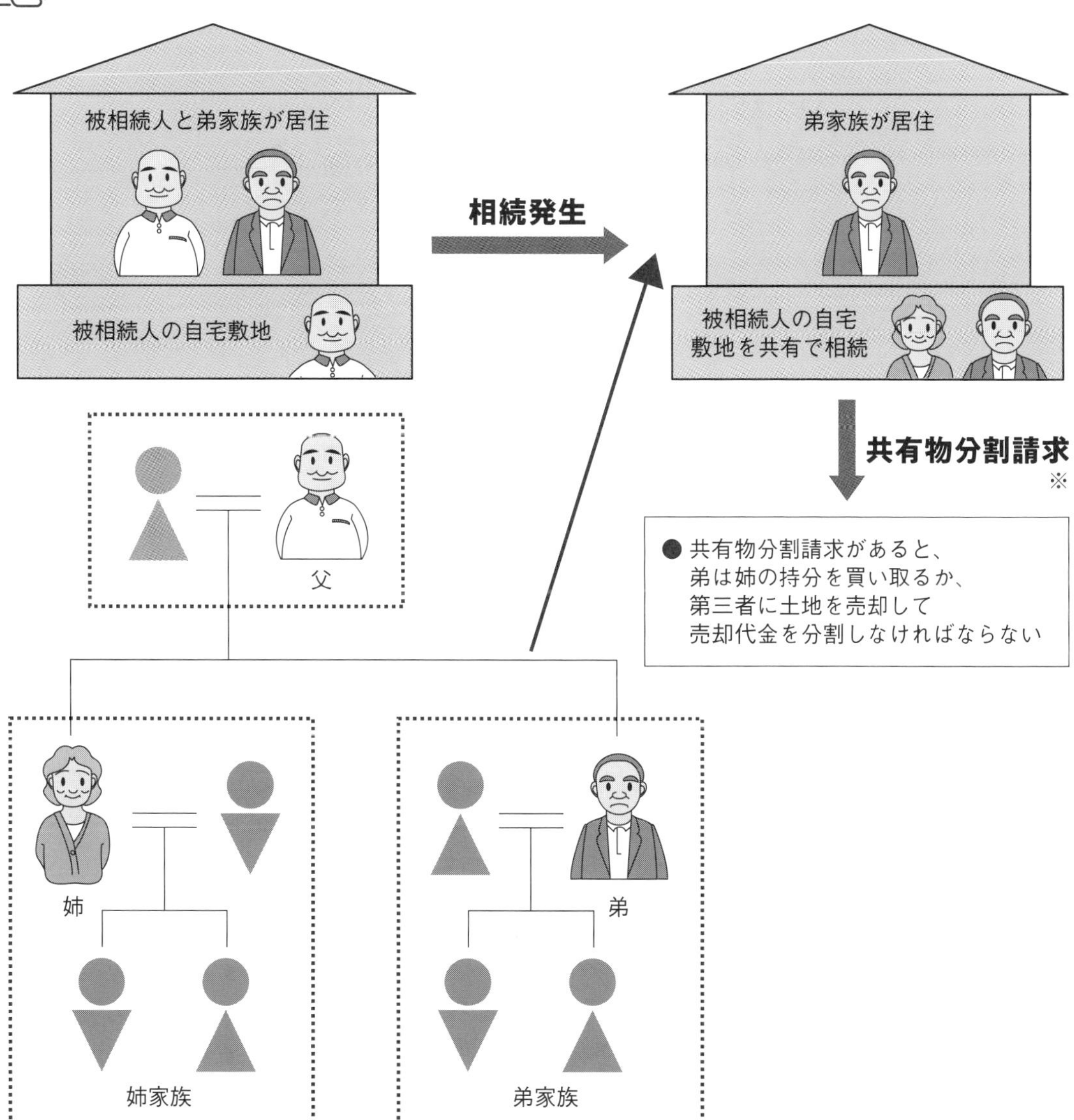




**※共有物分割請求とは**

- 民法により、不動産を２人以上で共有している場合に、各共有者はいつでも共有物の分割を請求できる。
- 親から相続した敷地に居住していない子が、相続した共有持分を現金化したいような場合には、共有物分割請求をすることになる。
- 共有物分割請求があると、共有物分割協議を行い、協議が成立すれば共有関係を解消できる。
- 共有関係の解消方法としては、
  ①現物を分割する方法
  ②売却して売却代金を分割する方法
  などがあるが、
  ①は実現性に乏しいため、多くの場合、
  売却せざるをえないことになる。

# 121 相続対策の企画例⑥ 資産の組み換え

**相続時の最大の課題は、いかにもめずに遺産分割できるかということ**

相続対策というと、節税対策を思い浮かべる者が多いが、実際の相続対策の最大の課題は、いかにもめずに遺産分割できるかという、分割対策なのである。分割対策がうまくいかないと、相続争いの原因になるうえ、期限内の遺産分割協議も整わないことになり、結果的に、節税対策もできないことになる（**図表1**）。

次に大切なのは、納税対策である。納税は、原則として、現金で一括納付しなければならないが、延納や物納という方法もある。しかし、延納や物納を行うためには、事前の対策が必要となることから、分割対策の次に重要といえる。

分割対策と納税対策を行ったうえで、ようやく節税対策となる。節税対策の基本の一つは、同じ資産でもその形態や用途によって評価額が異なることを利用して、できるだけ評価額を低くすることである。たとえば、更地に貸家を建てると、土地は自用地評価額から貸家建付地の評価額に下がり、建築資金という現金は貸家の固定資産税評価額に下がることになる。

**所有地に建物を建てるのでなく、資産の組み換えで相続税評価額を下げる方法もある**

所有地に貸家を建てる以外にも、相続税評価額を下げる方法は数多くある。その一つが、資産の組み換えである。具体的には、たとえば、郊外の土地を都心のマンションに組み換えるといった方法である（**図表2**）。

この方法は、土地という資産を、経年変化で評価額が少しずつ下がるマンションという建物資産に置き換えることになるので、相続税評価額がその分圧縮できる。また、区分所有のマンションであれば土地持分は少ないので、小規模宅地等の評価減の特例の適用が受けられる割合も多くなることから、土地単価の高い都心のマンション敷地に適用すれば、それだけ節税効果も高くなる。

さらに、都心のマンションであれば、郊外の土地よりも収益性が大幅にアップするうえ、流動性も高くなる。また、郊外の土地を複数の都心マンションに組み換えれば、兄弟間での分割もやりやすくなる。

なお、資産の組み換えにあたっては、要件が当てはまれば、特定事業用資産の買換え特例（**１０９参照**）を適用することもできる。

## 相続対策の考え方（図表1）

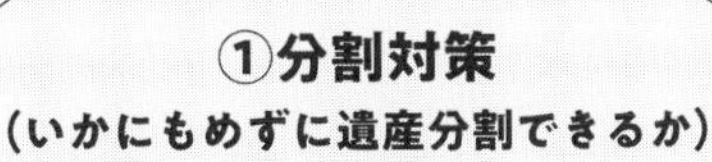

**①分割対策**
**（いかにもめずに遺産分割できるか）**

**対策例**
● 共有での相続はできるだけ避ける。
● 相続人に事前に考えを伝えておく。
● 遺言を用意する。

**相続対策**

**②納税対策**
**（スムーズに納税できるよう準備しておく）**

**対策例**
● 資産を売却して納税する場合には、スケジュールに注意。
● 物納の場合には、要件を満たす必要がある。

**③節税対策**
**（いかに節税するか）**

**対策例**
● 資産の形態や用途による評価額の違いを利用して、できるだけ評価額を低くする。

## 資産の組み換え（図表2）

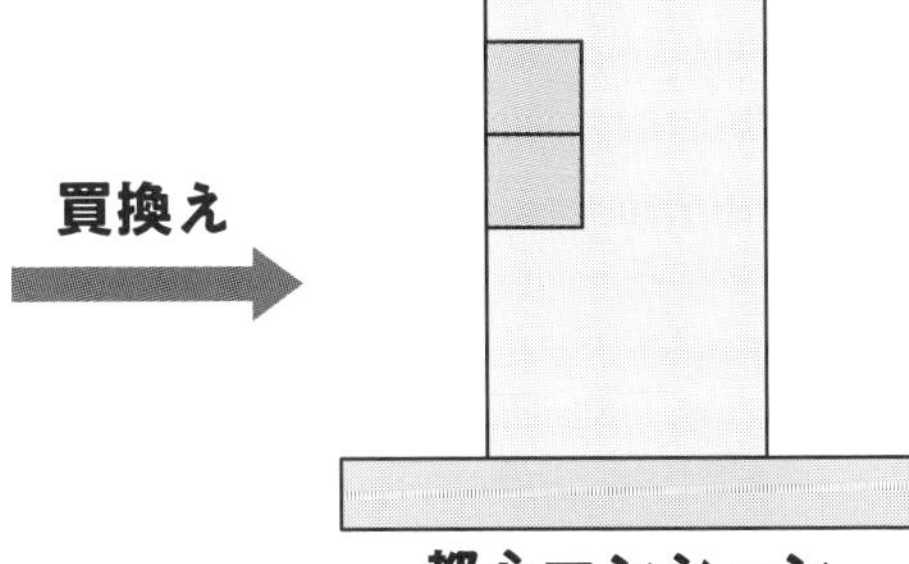

**資産の組み換えのメリット**
● 建物のほうが経年変化で評価額が少しずつ下がる。
● 区分所有建物の場合、土地持分が少なく小規模宅地等の評価減の特例の適用対象となりやすい。
● 土地単価の高い都心の場合、小規模宅地等の評価減の特例が適用されれば、節税効果が高い。
● 郊外の土地よりも収益性がアップする。
● 流動性が高い。
● 複数戸であれば兄弟間の分割も容易。

# 122

## 相続対策の企画例⑦ 遺産分割

**生前対策だけでなく、相続発生後の遺産分割の仕方によっても相続税の負担額は変わる**

相続税対策は生前対策で、亡くなってからでは遅いと思われがちだが、相続が起こってからでも遺産分割の仕方によって納税額や将来の相続税の負担が大きく変わる。

遺産分割に当たっては、まず、配偶者の税額軽減の活用を考える。つまり、被相続人の配偶者が相続した財産のうち、法定相続分もしくは1億6千万円のどちらか多い金額までは配偶者に相続税はかからないという制度である。ただし、配偶者があまり多くの財産を相続すると、将来の2次相続の財産が増えて不利になる可能性がある。一般に、配偶者の相続分は法定相続分程度にしておくのがよいと考えられる。

次に、誰がどの財産を相続するかを検討する。一般に、将来の価値の上昇が予想される好立地の土地などは子などの若い世代が相続し、預貯金などの金融資産は、利息はつくものの評価額自体の上昇はなく、生活資金として使えるため、配偶者などの年齢の高い世代が相続するのが基本である。

また、小規模宅地等の評価減の特例の要件に当てはまるような相続の仕方について工夫することも大切である（113参照）。

**将来のことを十分に考慮した遺産分割方法を考える必要がある**

遺産分割の例を図表に示す。

基本的には、被相続人の子供間で共有のかたちで財産を相続することは、権利関係が複雑になるので、できるだけ避けるべきである。遺言などで定めておく必要はあるが、2次相続時の被相続人である配偶者と子供の間の共有とし、2次相続の際にはすでに共有部分を持っている相続人がその財産を取得するのがよい。また、遺産分割方法によって、相続人の納税額も今後の人生設計も大きく変わってしまうので注意が必要だ。たとえば、配偶者だけが現金を相続し、子供たちが納税用の現金を相続しなければ、その分、借金するか、土地の一部を売却しなければならないことも起こりうる。さらに、貸家を兄弟の共有とすると、将来どちらかが売却を考えた場合などにもめごとが起こるおそれがある。

なお、遺産分割にあたっては、相続人どうしの特殊な事情も考慮しつつ、たとえ遺言はなくても、被相続人の生前の考え方を尊重することも大切なことである。

# 遺産分割の例（図表）

## ◆ 相続人

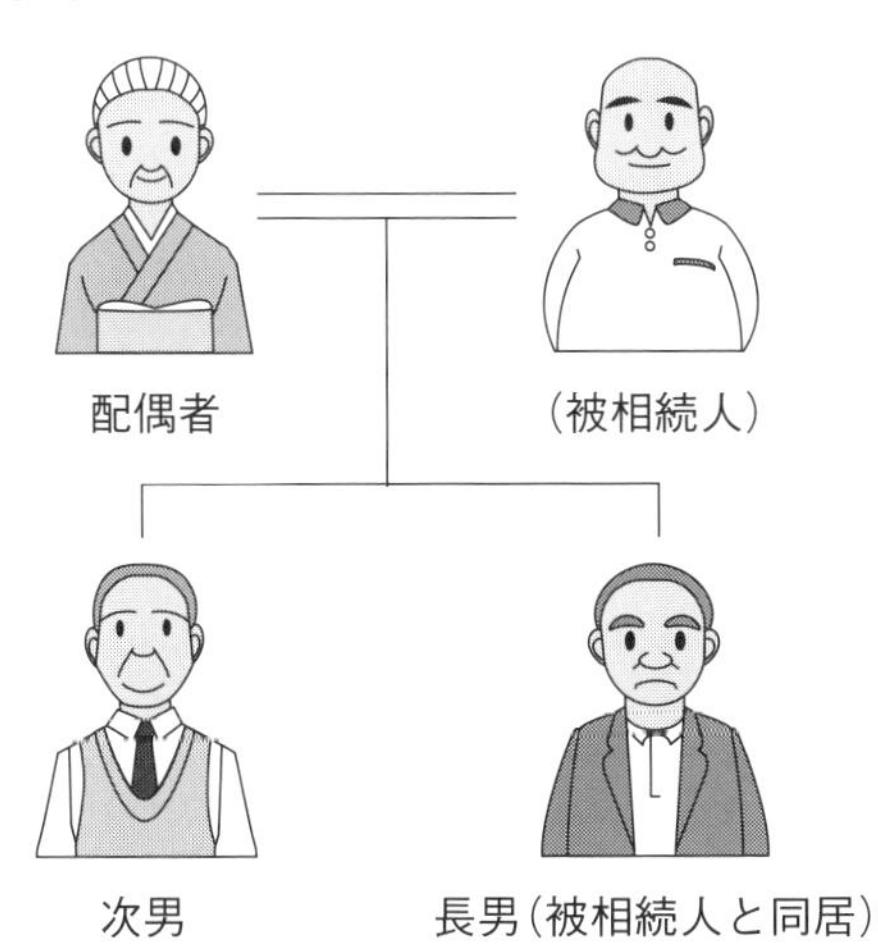


## ◆ 遺産分割にあたっての方針

①配偶者の相続分は法定相続分とし、配偶者の税額軽減をフルに活用する。
②配偶者の相続する財産は金融資産を中心とするが、子の納税資金にも配慮する。
③自宅は、実際に居住する配偶者と長男の共有とする。
④兄弟間の不公平をできるだけ少なくするように、できるだけ平等に分割し、かつ、兄弟間の共有は避け、もめごとを防ぐ。

## ◆ 相続財産

## ◆ 遺産分割案

● 自宅

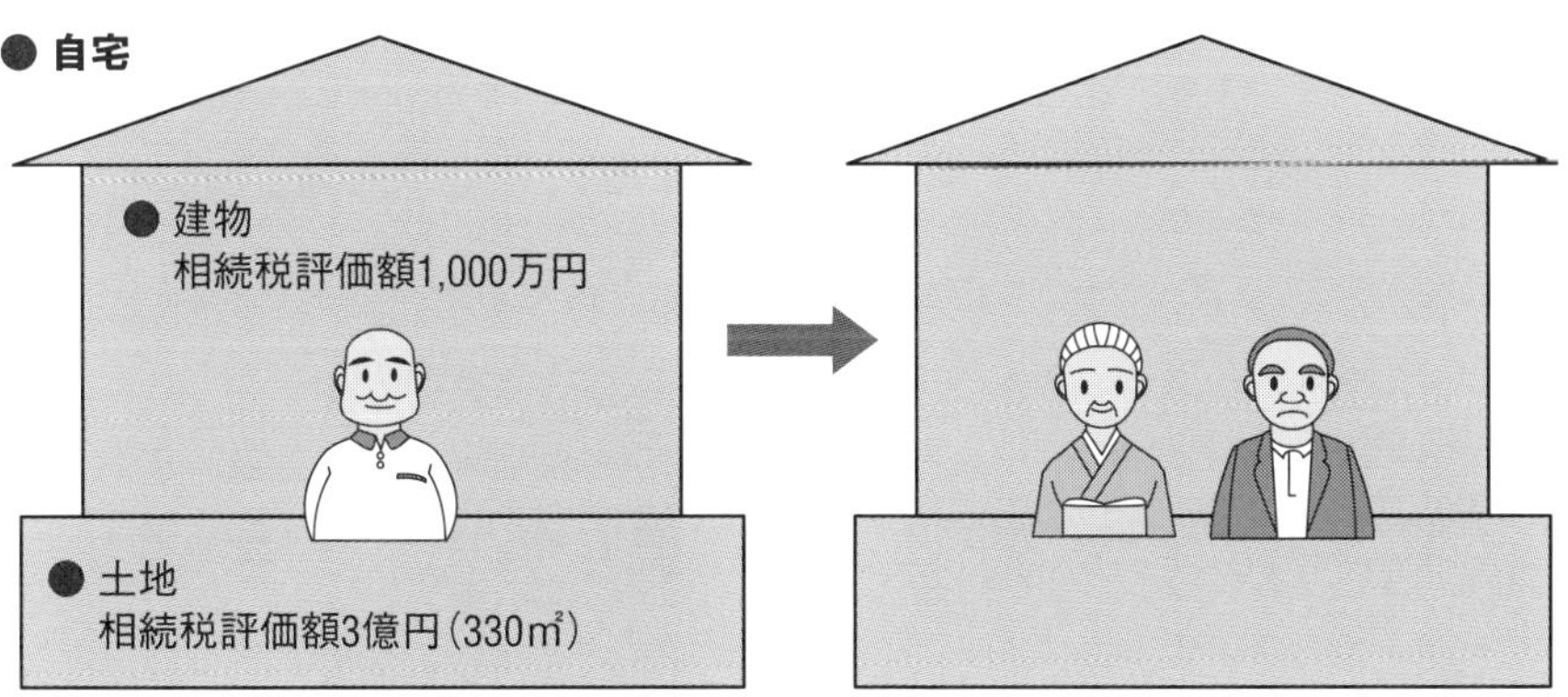


● 配偶者と長男で共有相続
※ 小規模宅地等の評価減の特例を適用

● 貸家

● 配偶者と次男で共有相続
※ 土地については貸家建付地評価となる
※ 建物については貸家評価となる

**● 預貯金等 3億円**
**● 生命保険 5,000万円**

● 3人の納税資金を考慮して3人で相続
※ 生命保険については非課税財産となる部分がある

# 123 相続対策の企画例⑧ 配偶者居住権の活用

## 配偶者居住権で、配偶者を亡くした高齢者の権利を拡充

配偶者居住権とは、被相続人の死亡時に、被相続人が所有していた建物に住んでいた配偶者が、遺産分割または遺言により、その建物の所有権を相続しなくても、その建物に無償で居住できる権利のことをいう（図表1）。

たとえば、配偶者と子1人が相続人の場合、法定相続分通り相続すると、配偶者1／2、子1／2に財産を分けることになる。しかし、主な財産が自宅だけの場合や自宅の評価額が高いケース等では、配偶者だけが自宅を相続するわけにはいかず、結果として、配偶者が住み慣れた家を売却せざるを得ない状況になったり、たとえ配偶者が自宅を相続できたとしても現金をほとんど手にすることができない等の問題が生じていたことから、配偶者居住権が創設された（図表2）。

## 配偶者居住権の設定には、遺言か遺産分割協議が必要

配偶者居住権は、相続開始のときに被相続人の所有していた建物に住んでいた配偶者に適用される権利である。

ただし、その建物を相続開始のときに被相続人が配偶者以外の者と共有していた場合には設定できない。したがって、たとえば自宅を被相続人となる夫または妻と息子の共有となっているような場合には、事前に息子の所有権を夫か妻に移しておく必要がある。

また、配偶者居住権の権利を売却することはできず、所有者の承諾を得なければ増改築や賃貸を行うこともできない。

配偶者居住権を設定するためには、事前に遺言を作成するか、遺産分割協議で決める必要がある。また、登記しなければ第三者に対抗することはできない。

配偶者居住権の価値は、建物の残存耐用年数、平均余命などをもとに求められるが、完全な所有権よりも評価額が小さくなることから、配偶者は、その分多くの金融資産等を相続できることになる。また、配偶者居住権は、その配偶者が亡くなれば消滅する権利なので、2次相続の際には配偶者居住権には相続税がかからないことから、その分、相続税は軽減される。

なお、配偶者居住権の存続期間は、原則として配偶者が亡くなるまでだが、遺産分割協議などで別段の定めをすることは可能である。

## 配偶者居住権とは（図表1）

◆ 配偶者が相続開始時に居住していた被相続人所有の建物を対象として、終身または一定期間、配偶者に建物の使用を認めることを内容とする法定の権利のこと。

## 配偶者居住権の概要（図表2）

◆従来の場合

●**配偶者が居住建物を取得する場合には、他の財産を受け取れなくなってしまう。**

例：相続人が妻および子、遺産が自宅（2,500万円）＋預貯金（2,500万円）の場合
妻と子の相続分 ＝ 1：1（妻2,500万円、子2,500万円）

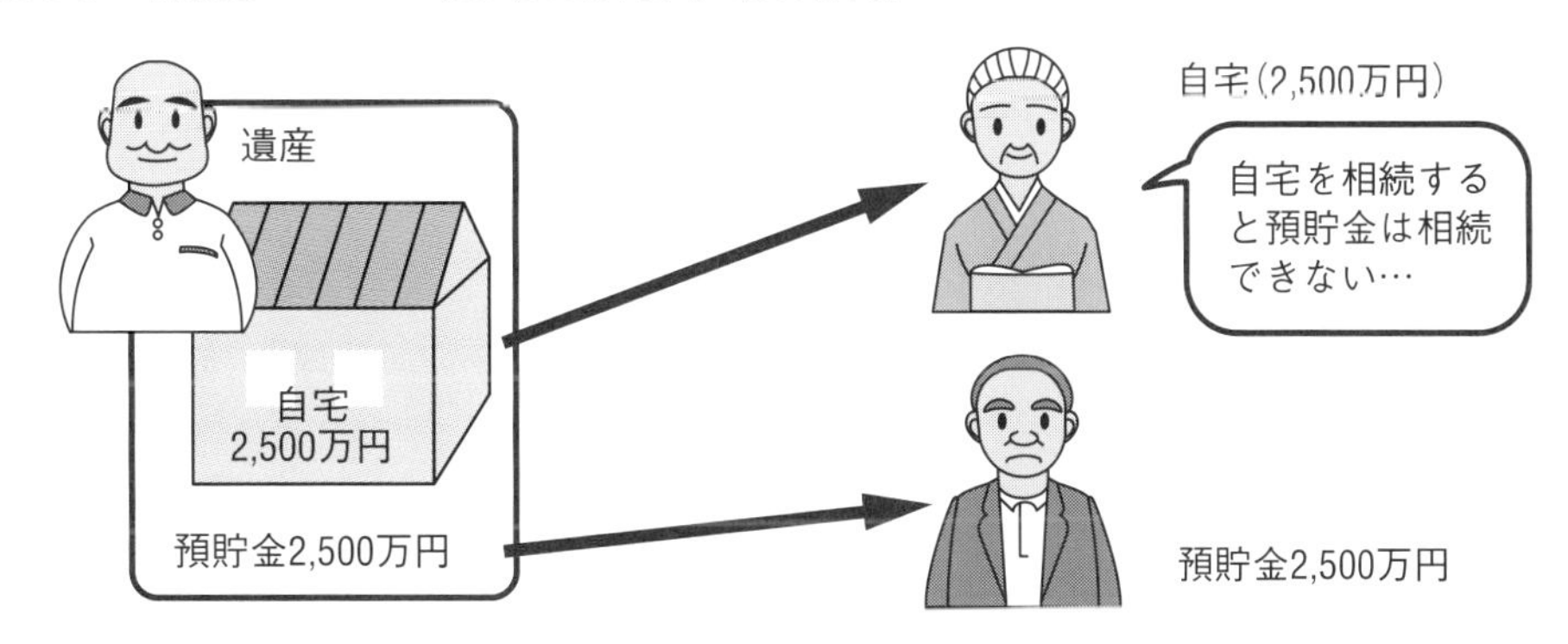


◆配偶者居住権活用のメリット

●**配偶者は自宅での居住を継続しながらその他の財産も取得できるようになる。**

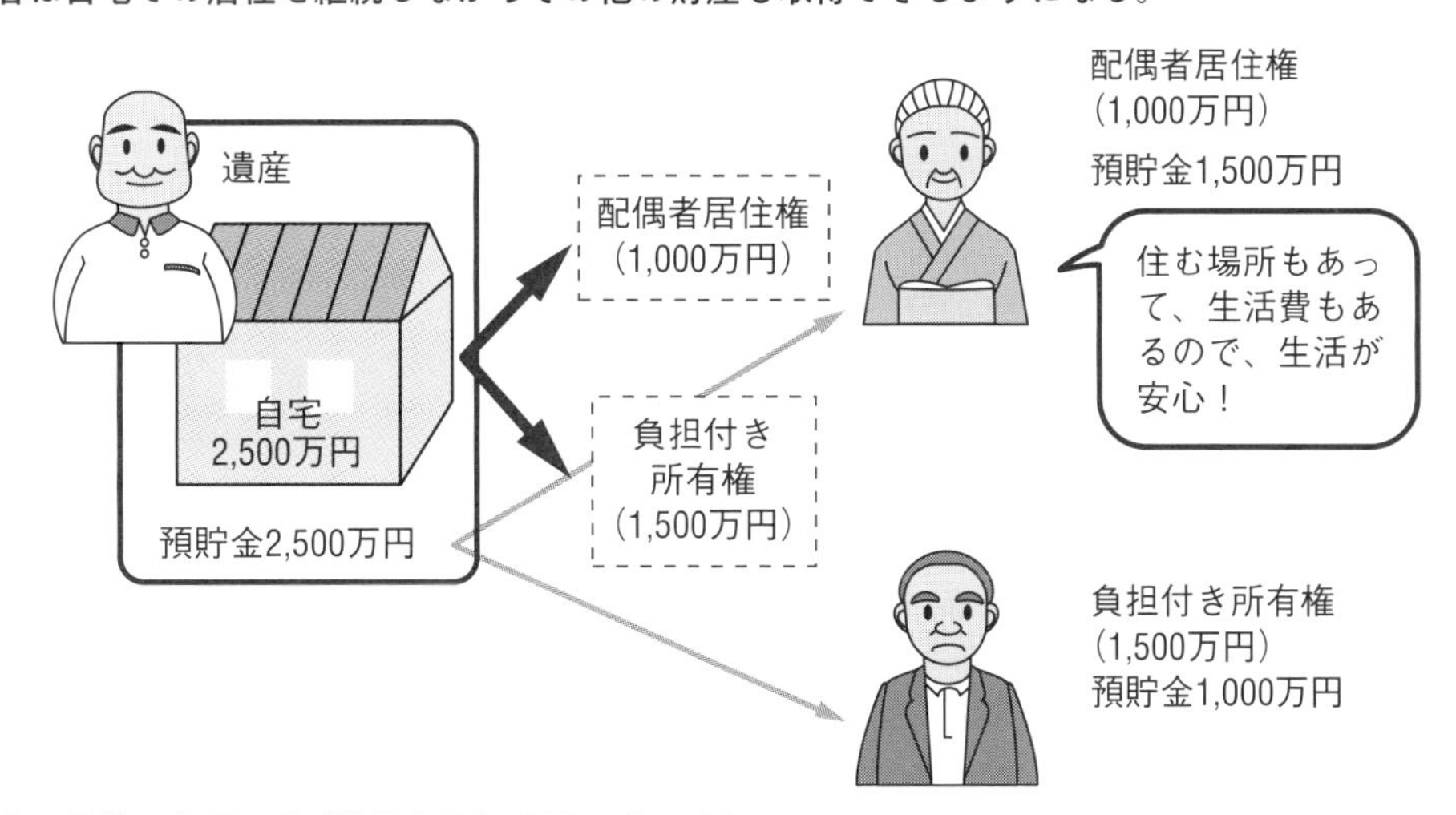


◆配偶者居住権の価値評価（簡易な評価方法の考え方）

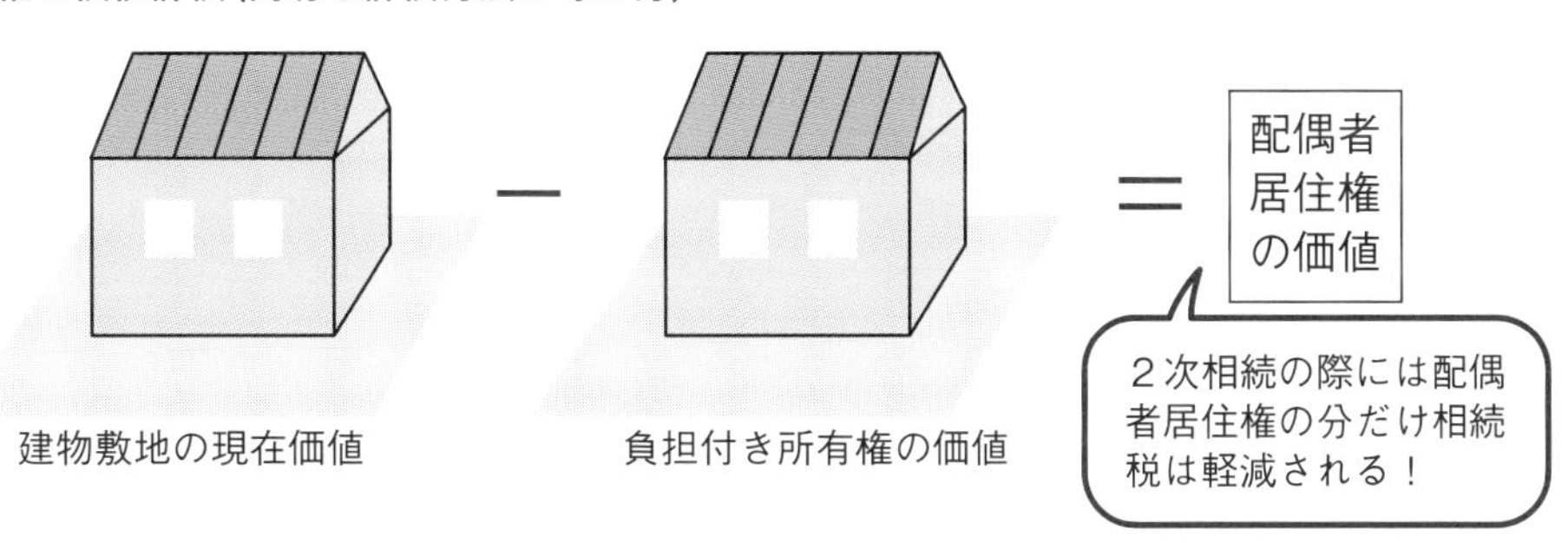

# 124 相続対策の企画例⑨
# 資産の棚卸し

**所有資産の相続税額や納税負担力の確認は、定期的に行うことが大切**

相続対策を行う際には、まず、所有資産をリスト化し、現状での相続税評価額と相続税額を把握する必要がある。そのうえで、所有資産を争うことなく分割できるかどうか、スムーズに納税できるかどうかをチェックし、現状での問題点を把握する。このとき、もめないように財産を分割するためには、原則として共有での相続は避けることに加えて、遺言や、事前に相続人に考えを伝えておくことも大切である。生前贈与も組み合わせて検討すれば、さらに効果的といえる（**図表1**）。

また、相続開始後10ヶ月以内に申告と納税を完了する必要があるため、資産を売却して納税しようと考えているような場合にはスケジュールに注意する必要がある。さらに、延納や物納を行うためには、それぞれ要件を満たす必要があるため、あらかじめ時間のかかる測量を行っておく等、事前準備が大切となる（**図表2**）。

なお、相続対策を行うにあたっては、所有資産の相続税の試算や納税負担力の確認は、一度行えばそれでよいわけではなく、定期的に確認することが大切となる。

**相続対策では、所有資産の収益性を高め、次世代に優良資産を引き継ぐことも大切**

相続対策を考えるにあたっては、分割対策、納税対策、節税対策といった対策を行うとともに、いかに健全に所有資産を保ち、収益性を高め、次の世代に優良な資産を引き継いでいくかということもポイントとなる。そのためには、土地所有者にとって、日々の不動産経営が重要な事項となる。

不動産経営の方針を立てるにあたっては、所有する不動産それぞれの利益率を把握することによって、全体の収益に貢献している不動産と貢献していない不動産に分類するとよい。このとき、償却前営業利益NOI（**099参照**）を時価評価額で割った償却前営業利益率を用いると、個々の不動産の収益性の実力を最も的確に把握することができる。

個々の不動産の収益性を確認することによって、たとえば、これまで納税用資産として低収益のまま保有していた駐車場を、都心部のマンションに組み換えたために、収益性と流動性の両方が得られるようになったケースもある。

## 資産の棚卸し（図表1）

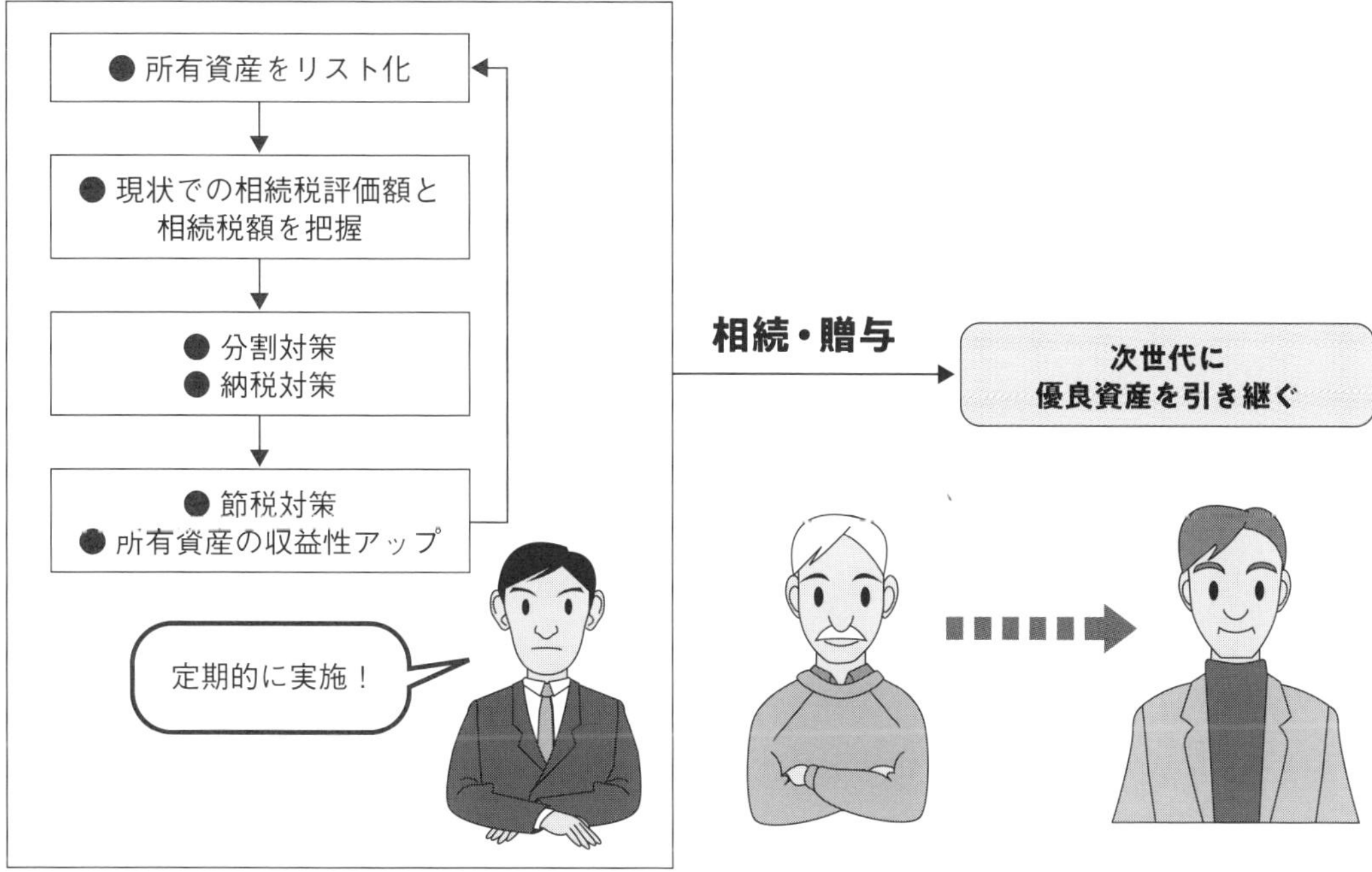

## 延納・物納の要件（図表2）

### ◆ 延納の要件（※全ての要件を満たす必要有り）

- 相続税が10万円を超えること。
- 金銭で納付することを困難とする事由があり、かつ、その納付を困難とする金額の範囲内であること。
- 延納税額及び利子税の額に相当する担保を提供すること。ただし、延納税額が100万円以下で、かつ、延納期間が3年以下である場合には担保を提供する必要はない。
- 延納しようとする相続税の納期限又は納付すべき日（延納申請期限）までに、延納申請書に担保提供関係書類を添付して税務署長に提出すること。

### ◆ 物納の要件（※全ての要件を満たす必要有り）

- 延納によっても金銭で納付することを困難とする事由があり、かつ、その納付を困難とする金額を限度としていること。
- 物納申請財産は、納付すべき相続税の課税価格計算の基礎となった相続財産のうち、次に掲げる財産及び順位で、その所在が日本国内にあること。
  - ・第1順位：不動産、船舶、国債証券、地方債証券、上場株式等
  - ・第2順位：非上場株式等
  - ・第3順位：動産
- 管理処分不適格財産に該当しないものであること。※
- 物納劣後財産に該当する場合には、他に物納に充てるべき適当な財産がないこと。
- 物納しようとする相続税の納期限又は物納申請期限までに、物納申請書に物納手続関係書類を添付して税務署長に提出すること。

※担保が設定されている場合、権利の帰属について争いがある場合、境界が明らかでない場合等については、管理処分不適格財産となり物納に不適格な財産となります。また、地上権や地役権が設定されている場合、違法建築物の場合には物納劣後財産となります。

COLUMN 7

# 贈与税・相続税の改正

2023年度の税制改正で65年ぶりに贈与税と相続税の大改正が行われました。

具体的には、2024年1月1日以後の贈与については、相続時精算課税を選択した場合でも、毎年110万円の基礎控除枠が創設されることになりました。一方、暦年課税の基礎控除については、これまで亡くなる前3年以内の贈与財産については110万円の基礎控除が使えず、相続財産に加算しなければなりませんでしたが、その期間が3年から7年になりました。

この税制改正によって、相続時精算課税の使い勝手はよくなりましたが、相続時精算課税を選択するにあたっては、引き続き注意も必要です。

相続時精算課税はいちど選択すると取り消しができないため、一生のうちに贈与する金額が同じであれば、長期間かけて暦年課税で贈与するほど相続税額と贈与税額の合計額は少なくなるので、若いうちに相続時精算課税を選択したほうがよいかどうかは慎重な検討が必要です。また、相続時精算課税を適用して自宅を贈与すると、相続時に、その自宅については小規模宅地等の評価減の特例（113参照）が使えなくなるため、二世帯住宅を建てる際に安易に相続時精算課税を選択して子に贈与することは避けるほうが賢明です。

**相続時精算課税**

【改正 1】
年 110 万円の基礎控除の創設

【改正 2】
土地又は建物が被災した場合、
その土地又は建物の価額を再計算

価額
110万円
相続財産
年
相続時精算課税選択後の贈与
に相続税を課税

**贈与税**

相続時精算課税を選択した受贈者は、特定贈与者ごとに、1 年間に贈与により取得した財産の価額の合計額から、基礎控除額（110 万円）を控除し、特別控除（最高 2,500 万円）の適用がある場合はその金額を控除した残額に、20% の税率を乗じて、贈与税額を算出する。

**相続税**

相続時精算課税を選択した受贈者は、特定贈与者から取得した贈与財産の贈与時の価額（改正 2 の適用がある場合には、改正 2 の再計算後の価額）から、基礎控除額を控除した残額を、その特定贈与者の相続財産に加算する。

**暦年課税**

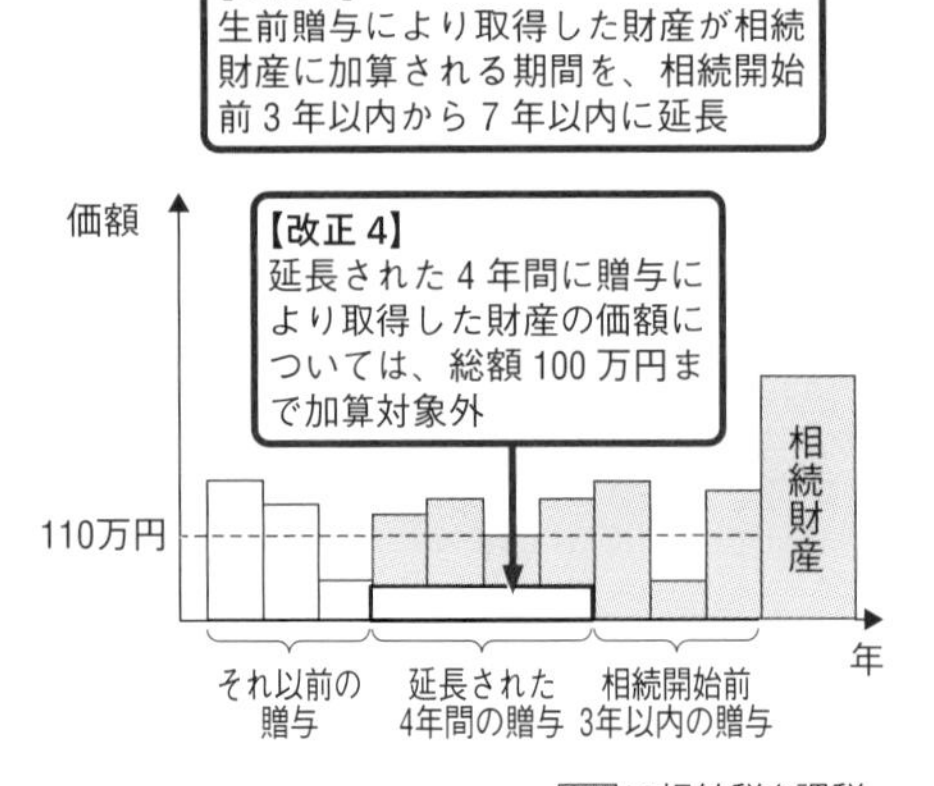


（出典：国税庁）

**贈与税**

1 年間に贈与により取得した財産の価額の合計額から基礎控除額 110 万円を控除した残額に、一般税率又は特例税率の累進税率を適用して、贈与税額を算出する。

**相続税**

相続又は遺贈により財産を取得した人が、その相続開始前 7 年以内に被相続人から贈与により取得した財産がある場合には、その取得した財産の贈与時の価額を相続財産に加算する。ただし、延長された 4 年間に贈与により取得した財産の価額については、総額 100 万円まで加算されない。

# chapter 8
# おトクな事業手法と企画書作成術

# 125 借金なしに建物を建てる方法
# 等価交換方式

**等価交換方式とは、土地所有者とデベロッパーが出資割合に応じて権利を取得する方法**

立地によっては、借金を必要としない等価交換方式による事業ができる。

等価交換方式とは、土地の所有者が所有する土地を提供し、デベロッパーがその土地に建てる建物の建築費などを提供し、建物完成後に土地と建物に関する権利をそれぞれが提供した額に応じて取得する方式のことである。

等価交換方式には、全部譲渡方式と部分譲渡方式がある。前者は土地全部をデベロッパーに譲渡した後に建設し、土地付区分建物を買い受ける方式である。後者は土地の一部のみを譲渡し、建設後、建物だけを買い受ける方式である（図表1）。

**等価交換方式を活用すれば、土地所有者は借金なしで新しい建物を手に入れられる**

等価交換方式の場合、土地所有者は土地の一部を手放すことになるが、その結果、建築資金を負担することなく、新しい建物を手に入れることができる。なお、この場合、土地を手放す際の譲渡益も、買換えの特例（109参照）などを用いると、一定の条件のもとで課税が繰り延べられるため、譲渡時の税負担はほとんどない。

このように、等価交換方式は、借入金を必要としない事業方式なので、賃料水準の低い地域や空室率の高い地域でも成立しやすい手法といえる。

ただし、この手法はデベロッパーの参加が前提となる。通常デベロッパーの取得部分は分譲されることになるので、その土地の立地条件やそのときの経済情勢、市場情勢などを総合的に判断して、デベロッパーの分譲事業が成り立つことを見極める必要がある。

また、等価交換で取得した建物の取得価格は、譲渡した土地のもとの取得価格を引き継ぐため、将来、その建物を売却する時には税負担が大きくなる。このため、等価交換方式で取得した資産は、売却せずに賃貸の用に供することが基本となる。ただし、賃貸の場合でも、通常の賃貸用建物よりも取得価格が小さいため、減価償却費が小さくなることから、毎年の所得税が多くなる。したがって、等価交換方式の賃貸事業は、借入金がない点では高収益が期待できるが、納税負担が大きいため、毎年の事業利益の節税対策が課題となる（図表2）。

## 等価交換方式の概要（図表1）

**等価交換方式とは…**土地を出資した土地所有者と、そこに建てる建物の建築費などを出資したデベロッパーが、建物完成後、それぞれの出資割合に応じて、土地と建物の権利を取得する方式

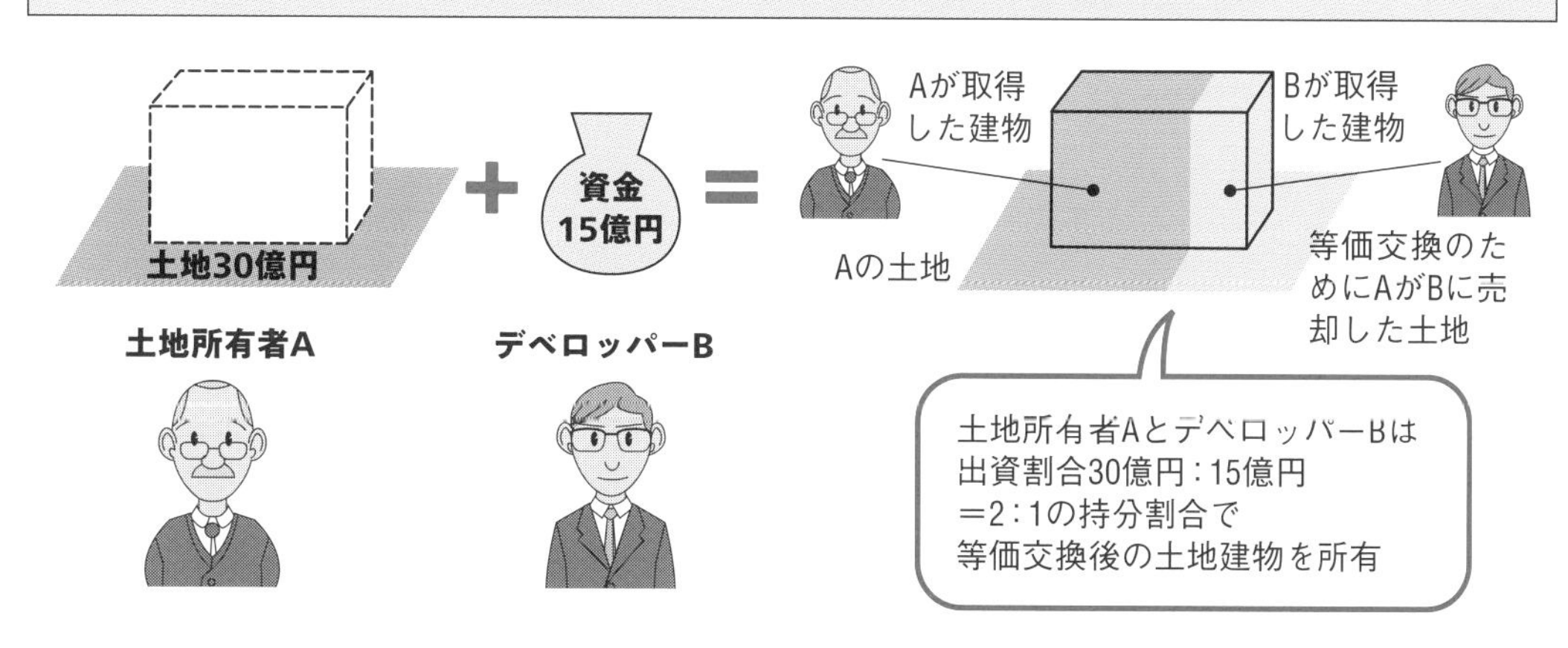


◆全部譲渡方式と部分譲渡方式

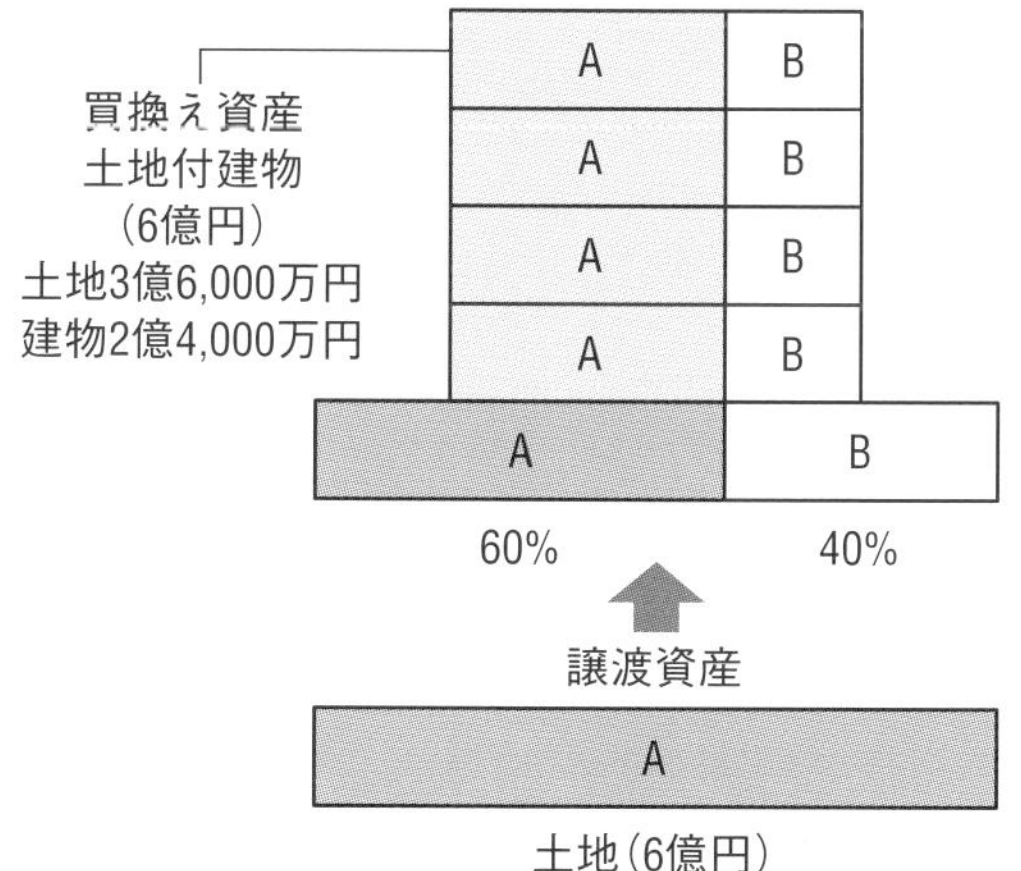


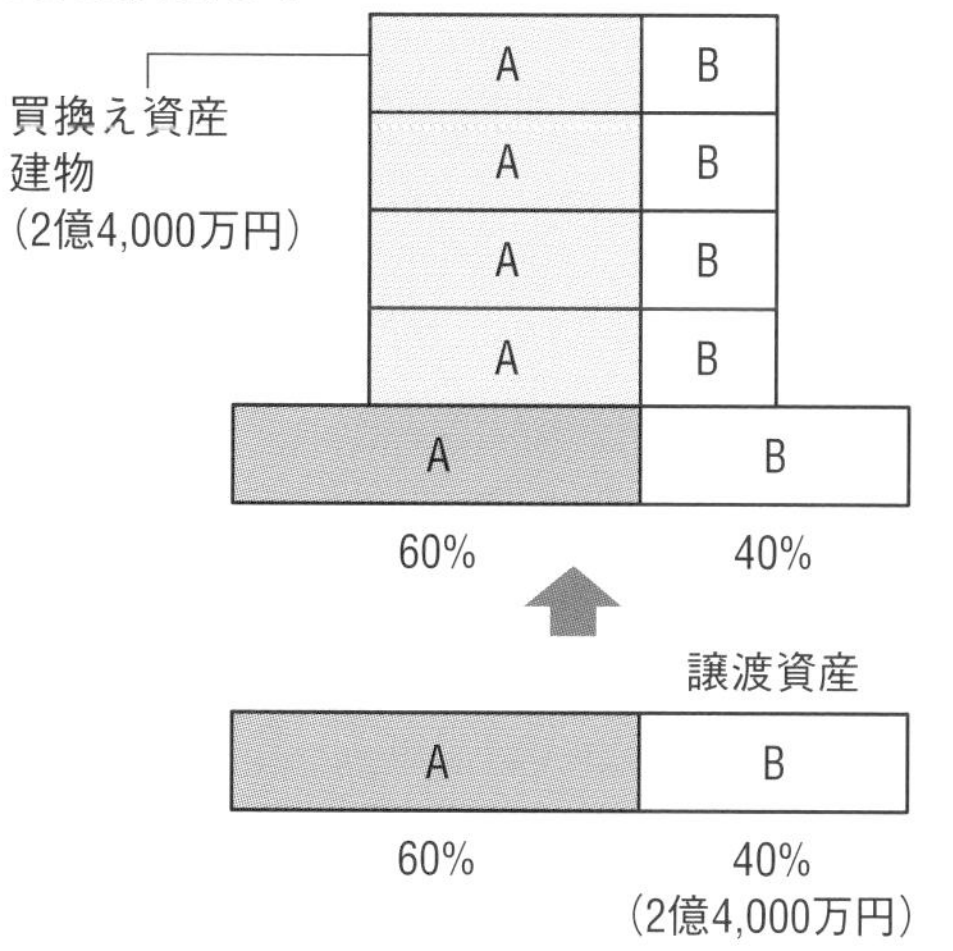

## 等価交換の主なメリットと留意点（図表2）

| | |
|---|---|
| **土地所有者のメリット**  | ● 借金をしないで建物を手に入れることができる。<br>● デベロッパーのノウハウを活用できる。<br>● 建物を賃貸すれば、安定収入が確保できる。<br>● 一定要件を満たせば、買換え特例等の税制特例（譲渡所得の課税の繰り延べ等）を受けられる。<br>● 相続時に分割しやすい区分所有の建物を確保できる。<br>● 等価交換完了後は、相続税の負担が軽減する。 |
| **留意点**  | ● デベロッパーが参加してくれなければできない<br>● 等価交換で取得した建物の取得価格は、譲渡した土地のもとの取得価格を引き継ぐため、将来売却する時の税負担が大きくなる<br>● 土地所有者が複数になり権利関係が複雑になる<br>● 引渡し前に相続が発生した場合には売買代金が相続財産となるため評価額が高くなるうえ、小規模宅地等の評価減の特例は使えない |

# 126 リスクのない事業手法 定期借地権方式

## 定期借地権は、期間満了時に必ず土地が更地で返還される借地権

借地権には、昔から存在する旧法借地権に加えて、新借地借家法に基づく普通借地権と定期借地権がある（052参照）。

定期借地権とは、契約時にあらかじめ借地期間を定め、期間満了時に更地にして返還することを義務付けられる借地権である（図表1）。定期借地権には、一般定期借地権、事業用定期借地権、建物譲渡特約付き借地権があり、概要を図表2に示す。

## 自ら投資を行わず安定収入が確保できるうえ、相続税評価額も軽減できる

定期借地権方式を使えば、土地所有者は、土地を手放さずに地代として安定収入を確保できる。また、土地の相続税評価額が更地の場合よりも低くなるため、相続対策としても有効といえる（図表3）。

さらに、前払い地代方式とすれば、一時金も手に入るうえ、保証金のように借地期間満了時に返還する必要もない（図表4）。

このように、メリットの多い定期借地権方式だが、その最大のメリットは、やはり事業リスクの軽減であろう。

定期借地権方式では、土地所有者は基本的には投資を行わないので、通常の賃貸事業では避けられない建物投資に伴う借入金の返済リスクや建物の空室リスクなどを回避できる。つまり、定期借地権方式は、建物投資に係るすべてのリスク負担を借地人に負わせて、自らは一時金や地代収入を得るという、非常に安全な事業方式といえる。

また、一般に、リスクの大きい賃貸事業のリターンは大きく、リスクの小さい定期借地権方式のリターンは小さい。しかし、これを借入金返済後、税引後の手取り額で考えると、必ずしもそうなるとは限らない場合もある。本来、建物投資を行わない定期借地権方式は、建物投資を行う賃貸事業よりリスクもリターンも小さいはずだが、資金調達条件や立地条件、市場条件などによっては、借入金に依存した賃貸事業とほぼ同等の手取り額を確保できることもある。

特に、大都市近郊で最寄り駅から比較的距離のある地域では、賃貸アパートなどの従来の土地活用手法の事業リスクが高まっている。そこで、このような場合には、たとえば、定期借地権付戸建分譲事業とすれば安心して事業に取り組むことも可能となる。

## 定期借地権方式の概要（図表1）

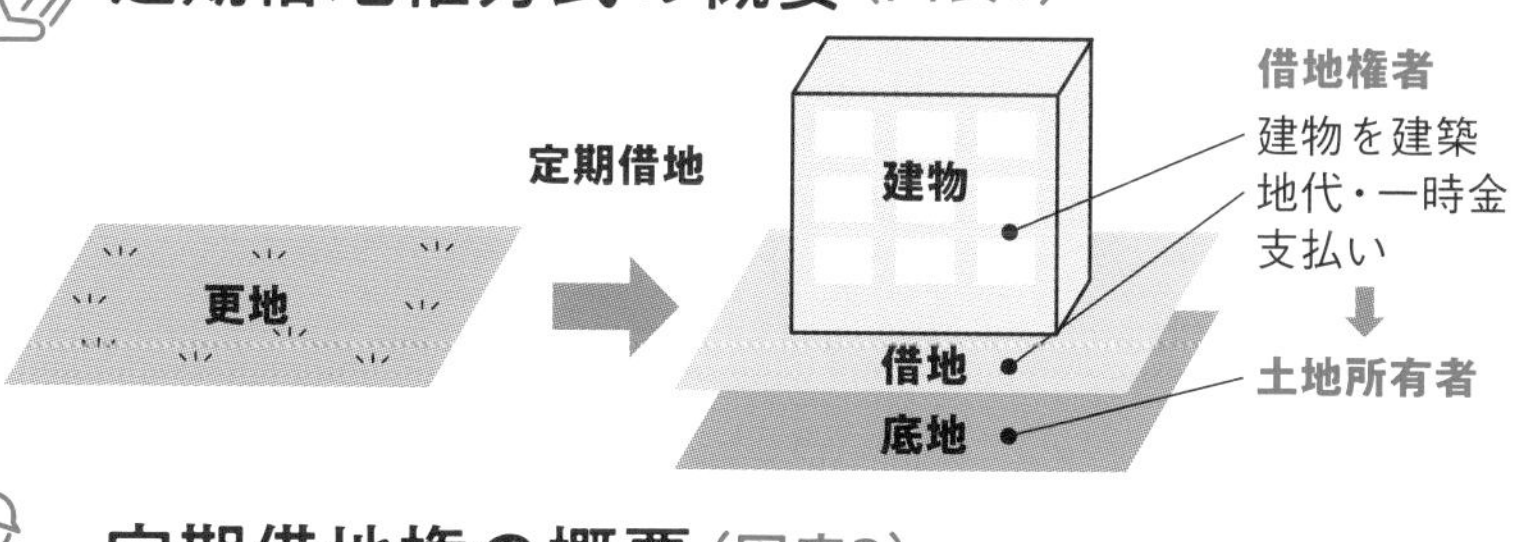

## 定期借地権の概要（図表2）

| | 一般定期借地権 | 事業用定期借地権等 | 建物譲渡特約付き借地権 |
|---|---|---|---|
| 存続期間 | ● 50年以上 | ● 10年以上、50年未満 | ● 30年以上 |
| 契約上の特徴 | ● 契約更新、建物の築造による存続期間の延長がなく、買取請求をしない旨を定めることができる。<br>● 期間満了時に、建物を取り壊し、更地にて土地所有者に土地を返還する。 | ● 30年以上の場合、契約更新、建物の築造による存続期間の延長がなく、買取請求をしない旨を定めることができる。<br>● 期間満了時に、建物を取り壊し、更地にて土地所有者に土地を返還する（10年以上30年未満の場合にはこれらは自動的に適用される）。 | ● 30年以上を経過した日に建物を借地権設定者に相当の対価で譲渡する旨を定めることができる。<br>● 借地人か借家人が使用継続を請求すれば、建物について期間の定めがない賃貸借がされたものとみなす。 |
| 使用目的 | ● 制限なし | ● 事業用（住宅は不可）<br>※コンビニ、ファミリーレストラン、ショッピングセンター、倉庫、パチンコ店など | ● 制限なし |
| 契約の形式 | ● 特約は公正証書などによる書面とする。 | ● 公正証書 | ● 制限はないが実務上は契約書を取り交わす。 |

## 土地所有者にとっての定期借地権方式の主なメリット（図表3）

- **土地を手放さなくてもよい**
- **地代として安定収入が確保できる**
- **土地が底地評価になるので、相続税評価額が軽減される**
- **借金をする必要がない**
- **建物の建築リスクがない**

## 一時金の取扱い（前払賃料方式とは）（図表4）

| 概要 | ● 定期借地権の設定時に、借地契約期間の賃料（地代）の一部または全部を一括前払いの一時金として支払うことを契約書で定める方式のこと。受け取った一時金を契約で取り決めた期間にわたり均等に収益計上できる。保証金と異なり、期間満了時に返還する必要がない。<br>（例）2,000万円の一時金を前払賃料として預託した場合で、この前払賃料が50年分の賃料の一部の前払いとした場合は、2,000万円÷50年＝40万円を、毎年不動産所得として計上する。 |
|---|---|
| 留意点 | ● 契約上、受領した一時金を「前払賃料である」旨を明示する。<br>● 前払賃料を契約期間中または契約期間のうちの最初の一定期間について賃料の一部もしくは全部に均等に充当する旨を契約上定める。<br>● 50年の定期借地権を設定する場合でも、前払賃料は当初○年分とすることもできる。また前払賃料とともに、毎月払い賃料を併用して設定してもいい。<br>● 相続が発生した場合、前受賃料も相続財産に加算される |

# 127 投資額は同じでも不動産の価値を高める方法

## 共同ビル方式にすると、単独ビルよりも条件の良い建物を建築できる

共同ビル方式とは、隣接するいくつかの土地をあわせて、土地所有者や借地権者が共同でビルを建設する方式である（図表1）。

個々の土地では面積などの関係から十分な有効利用を図れない場合でも、隣接するいくつかの土地をあわせて共同ビルを建設すると、図表2に示すように、大きなメリットが得られる場合がある。

このように、共同ビルは、土地所有者にとってもデベロッパーにとっても多くのメリットがあるが、特に、土地所有者にとっては、単独ビルを建てる場合と投資額は同じでも、共同ビルのほうが、質の高い建物を手に入れることができる。

## 共同ビルの実現には、合意形成とタイムスケジュールの読み方が大切

しかし、こうした多くのメリットにもかかわらず、現実には共同ビルの実現は簡単なものではない。それは、ビルの所有形態、各権利者の持分、費用負担、完成後のビルの管理運営などの多くの問題について、関係する権利者全員の合意形成が必要なためである。特に、権利者間のこれまでのいきさつや感情問題などがからむ場合には難航するケースが多い。

また、時間がかかると経済的な前提条件も変動するため、共同ビルの実現は、時間との戦いともいえる。そのため、実現には、忍耐力とともに、タイムスケジュールの読み方も重要となる。

共同ビルの企画は、このように解決すべき課題も多いため、実際にはデベロッパーや建設会社などが事業計画を立てて、個々の権利者の権利を調整し、テナントを誘致して事業化することが多い。

さらに、共同ビルを計画する場合には、従前敷地の土地価額、共同敷地の土地価額、従後の床配分の決め方についても注意が必要となる。従後の床の配分を決める方法には、主として、従前の価額比による方法、従前の面積比による方法、共同化の利益を面積比により価格還元する方法などがある（図表1）。しかし、従前の土地単価に差がある場合には、従前の土地面積比によって従後の床を配分する方法は土地単価の高い権利者の理解を得にくい。したがって、どの方法で評価するかは、権利者の年齢や考え方、人間関係等を総合的に勘案して決める必要がある。

## 共同ビル方式の概要（図表1）

**共同ビル方式とは…**隣接するいくつかの土地をあわせて、土地所有者や借地権者が共同でビルを建設する方式

B所有地
200㎡
（120万円 / ㎡）

A所有地
300㎡
（200万円 / ㎡）

道路

共同化

500㎡
（300万円 / ㎡）

道路

**【従前敷地の土地価額】**

A 所有地：300㎡× 200 万円 = 6 億円
B 所有地：200㎡× 120 万円 = 2 億 4 千万円
合計 = 8 億 4 千万円

**【共同敷地の土地価額】**

500㎡× 300 万円 = 15 億円
共同化による価値増分
=15 億円－ 8 億 4 千万円 = 6 億 6 千万円

**【従後の床配分の基準】**

**①従前の価額比による場合**
A：B=6 億円：2.4 億円 = 71.4%：28.6%

**②従前の面積比による場合**
A：B=300㎡：200㎡ = 60%：40%

**③共同化の利益の面積比により価格還元する場合**
価値増分 6.6 億円を従前の土地価額に加算する
A=6 億円＋ 6.6 億円× 60%= 9.96 億円
B=2.4 億円＋ 6.6 億円× 40%= 5.04 億円
A：B=9.96 億円：5.04 億円 = 66.4%：33.6%

## 共同ビルの主なメリット（図表2）

| | |
|---|---|
| **土地所有者のメリット**  | ● 敷地面積の増加により大規模な建物を建設し得る。<br>● 前面道路などの関係により、単独ビルよりも、全体として容積率を高めることができる場合が多い。<br>● 敷地の形状がよくなったり、1 フロア当たりの床面積が大きくなり、ビルの有効率が向上し、ビルの格も上がり、賃料の増加も期待できる。<br>● ビルの形状がよくなったり、大規模化により、単位面積当たりの建築費を安くできる。<br>● ビルの使い勝手の向上や大規模化によって、優良テナントを確保しやすい。<br>● 大規模化により、維持管理が割安になる。 |
| **デベロッパーのメリット**  | ● 開発規模が増加する。<br>● 一括借上や賃料保証の場合には、賃貸条件が向上する。<br>● 優良テナントを確保できる。 |

# 128 老朽化した建物の価値を高める方法 リノベーション

**リノベーションでは、新築よりも少ない投資額で、新築に近い費用対効果が得られる可能性も**

築年数の浅い建物の場合には、これまでの機能を維持するための修繕や、部分的に手を加えるリフォームで対応するほうが合理的だが、築20年を超えて老朽化している建物の場合には、一般的なリフォームだけでは問題を解決することは難しいケースが多い。そこで、老朽化した建物については、単なる修繕やリフォームではなく、コンセプトを再構築し、新たな価値を創出するリノベーションを検討したい（036参照）。

リノベーションを行う際には、新築の計画と同様に、市場調査や立地調査を行い、これからのニーズに対応する計画が必要となる。

なお、リノベーションの場合には、新築を建てる場合とは違い、もとの建物の良さを活かして最小限の要素を付加するという考え方が重要だ。これは、工事費を抑えるうえで大切なポイントとなる。

リノベーションは、リフォームに比べ投資額は大きくなるが、賃料水準を向上させることができる。また、新たに減価償却費を計上できるうえ、借入金で資金調達すれば、借入金の利子も経費として計上できる。さらに、これまでの借入金を一括返済し、建物だけを子に生前贈与するか（117参照）、法人を設立してその法人に建物を売却（119参照）すれば、相続対策もできることになる。

**リノベーションの事業成立性は投資回収期間5年以内かつ事業継続期間の半分以内が目安**

リノベーションの場合、投資額が重要なポイントになる。すなわち、投資額が大きすぎると、その分を回収する期間が長くなってしまい、「賃料収入を得る」という賃貸事業としてのメリットが小さくなってしまうからである。

賃貸住宅のリノベーションの場合、投資回収期間が5年以内かつリノベーション後の事業継続期間の半分以内であることが、健全な賃貸事業を行うための一つの目安と考えられる。

できれば投資回収期間は3年以内が望ましいといえるが、5年以内であれば、全額借入金のリノベーションであっても、7年の元利均等返済で返済が可能となる。

また、リノベーション後の想定事業継続期間の半分以内で投資回収できれば、健全な投資といえる（図表1・2）。

## リノベーションの事業成立性の判断指標（図表1）

**◆投資回収期間＝5年以内（できれば3年以内）、かつ、事業継続期間の半分以内**

※ 投資回収期間＝リノベーションの総投資額÷年間純収益
※ 年間純収益＝年間収入－年間支出

## リノベーションの事業成立性の判断例（図表2）

延床面積 400m²
賃貸面積 330m²
敷地面積 330m²

| | |
|---|---|
| ● リノベーション工事費 | 2,000 万円 |
| ● その他費用 | 200 万円 |
| ● リノベーションの総投資額 | 2,200 万円 |

| | |
|---|---|
| ● **事業継続期間**※ | 8 年間 |
| ● **年間収入** | 賃料単価 2,400 円 /㎡×賃貸面積 330㎡×入居率 90%× 12 か月<br>＝ 855 万円 |
| ● **年間支出** | 年間収入の 30%<br>＝ 855 万円× 30%＝ 257 万円 |
| ● **年間純収益** | 年間収入－年間支出<br>＝ 855 万円－ 257 万円＝ 598 万円 |

※ リノベーション後にどのくらいの期間、その事業を継続するかという事業期間のこと

◆ **投資回収期間**＝リノベーションの総投資額÷年間純収益
＝ 2,200 万円÷ 598 万円
＝ 3.68 年

◆ **投資回収期間**＝ 3.68 年≦ 5 年、かつ、
投資回収期間 3.68 年≦ 4 年（事業継続期間 8 年÷ 2）
⬇
**投資回収期間が、5年以内、かつ、事業継続期間の半分以内なので、健全な投資といえる**

# 129 手間のかからない運営方法

**サブリースとは、不動産会社などが一括で借り上げ、すべてを引き受ける方法**

賃貸住宅を建設する際、最も気になることは建設後の管理・運営の手間と空室の心配であろう。一般に、管理・運営を専門の会社にお願いする方法としては、①日常の清掃だけをお願いする、②入居者の管理業務をお願いする、③管理・運営に関するすべてをお願いする方法がある。

さらに、一括借上（サブリース）方式もある。サブリースとは、不動産会社や管理会社などの専門の会社がオーナーと直接契約し、事業者はオーナーから借り受けた貸室を入居者にサブリース（転貸）して転貸料を得る代わりに、入居者の有無に関わらず一定の賃料をオーナーに支払う方式である。この方式の場合、空室保証をはじめ、家賃の決定から入居者の募集、管理・運営など、すべてをお願いすることができる（図表1）。

**一括借上なら、空室でも家賃は保証されるが、保証家賃は入居者家賃の80～90%程度**

一括借上とすれば、実際には空室があっても定額の家賃収入が保証されるため、オーナーにとっては安定収入が確保できるというメリットがある。ただし、保証家賃は、サブリース事業者の判断した水準で、通常、入居者家賃の80～90%となる。さらに、敷金はサブリース事業者が保管、礼金・更新料等もサブリース事業者が取得することが多い。

賃料収入だけを考えると、一括借上としないほうが高い家賃を設定できる可能性はあるが、オーナーにとっての一括借上の何よりのメリットは、すべてをサブリース会社に任せることができるため、知識や経験がなくても賃貸経営ができることであろう。すなわち、オーナーは、クレーム処理などの面倒な対応を一切する必要がなく、空室のことも気にせずに、毎月、安定収入を確保できるというわけである（図表2）。

ただし、一括借上の場合、通常、契約は2年毎に見直される場合が多く、空室が続く場合には、家賃が引き下げられる可能性もある。

なお、サブリースで事業収支計画を立てる場合には、オーナーの事業収支計画上の賃料収入はサブリース事業者から送金される金額となり、これは実際の入居者家賃から管理費が既に差し引かれているため、支出項目に管理費を計上する必要はない。

## 一括借上げ（サブリース）（図表1）

- **不動産会社や管理会社がオーナーから一括で借り上げ、家賃の決定から入居者の募集、管理・運営など、すべてを引き受ける方式。**
- **保証家賃は、通常、入居者家賃の 80 ～ 90%、敷金はサブリース事業者が保管、礼金・更新料等はサブリース事業者が取得することが多い。**

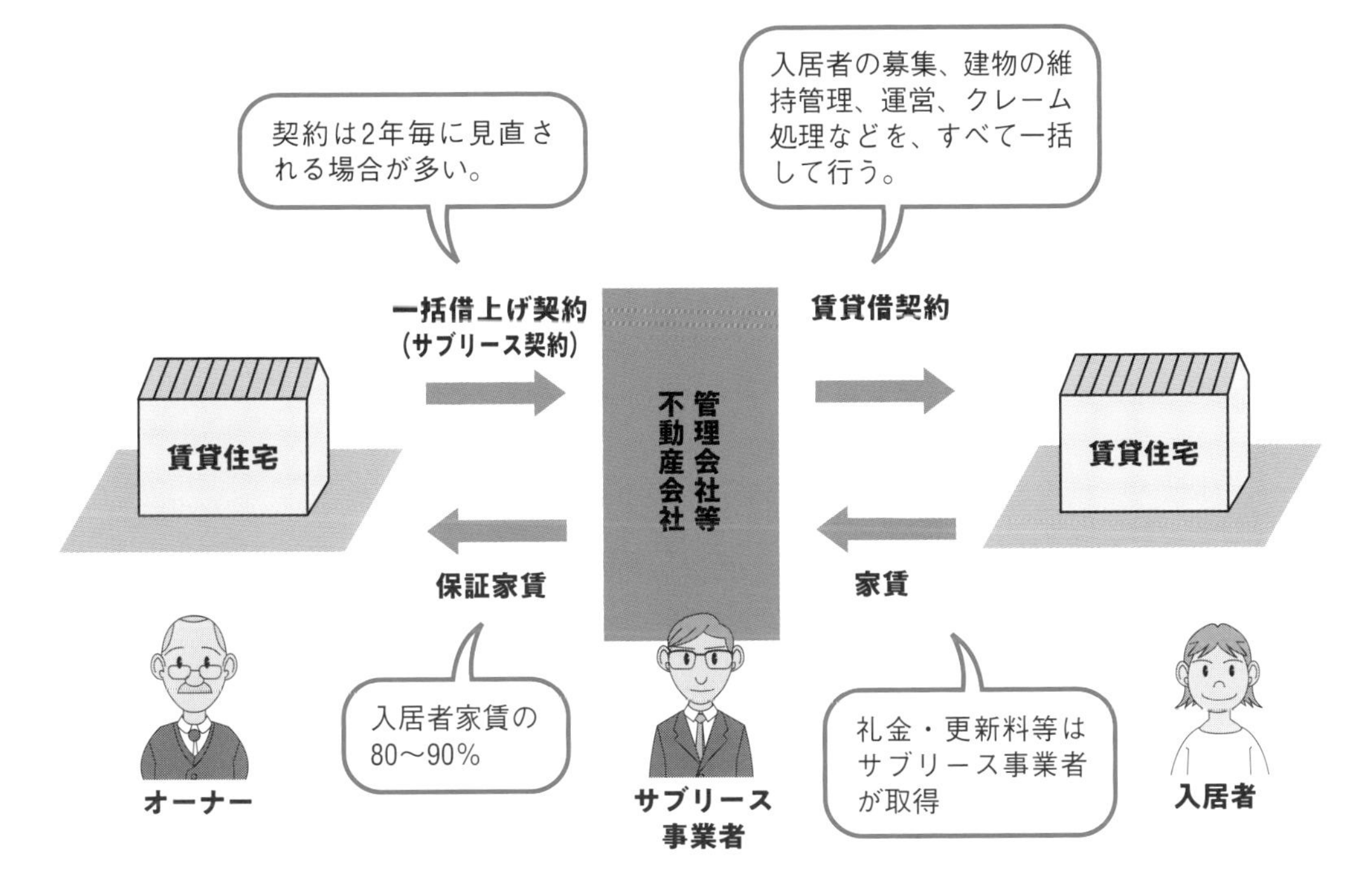

## 一括借上げのメリット・デメリット（図表2）

| | |
|---|---|
| **メリット** | ● オーナーに知識がなくても賃貸経営ができる。<br>● 入居者対応を全てサブリース事業者が行うため、オーナーはクレーム処理等面倒な対応をする必要がない。<br>● 空室があっても家賃が保証されるため、安定収入が確保できる。 |
| **デメリット** | ● 空室が続く場合など、家賃が値下げされる可能性がある。<br>● 敷金や礼金などを受け取ることができない。<br>● 高い家賃を設定できる機会を逃す場合もある。<br>● 借り上げ側の要件を満たした建物を建てる必要がある。<br>● 契約は 2 年毎に見直される場合が多く、長期の安定収入は期待できない場合が多い。<br>● サブリース事業者の倒産リスク、契約の中途解約リスクがある。<br><br>保証家賃の前提となる査定家賃は、周辺の成約相場からみて確実に入居させられるとサブリース事業者が判断した水準となります。<br><br>建築コストが通常よりも高くなってしまうことがあります。 |

# 130 定期借家で安心経営

**定期借家契約なら、契約期間満了時に確定的に賃貸借契約が終了する**

定期借家契約とは、契約で定められた期間の満了により、更新されることなく確定的に賃貸借契約が終了する契約である。普通借家契約では、契約期間が満了しても「正当事由」がない限り、借家人に明け渡しを求めることはできないが、定期借家契約とすれば、契約期間が終われば更新はなく、賃貸借契約は終了する。ただし、双方が合意すれば、再契約は可能である（図表1・2）。

定期借家契約とする場合には、貸主は、契約を結ぶ前に、定期借家契約であることについて書面を交付して説明しなければならず、説明しなかった場合には定期借家契約は無効となる。また、2000年2月末までに締結した居住用の賃貸借契約は、それ以降に更新する場合にも新たに定期借家契約とすることはできず、普通借家契約となる。既存の契約を合意解約して定期借家契約に切り替えることもできないので注意が必要である。ただし、事業用の場合には、定期借家契約に切り替えることが可能である。

賃貸借期間は、貸主と借主の話し合いで決められ、普通借家契約とは異なり1年未満の期間も認められる。契約期間が1年以上の場合には、期間満了の1年前から6ヶ月前までの間に、契約が終了することを賃借人に通知しなければならない。なお、定期借家の場合、普通借家と違って、賃借人側から中途解約はできないが、床面積200㎡未満の住宅では、やむを得ない事情があれば解約できる。

**定期借家契約なら、立ち退き料を支払う必要がなく、建替えも比較的容易にできる**

定期借家契約の場合には、契約期間満了により賃貸借契約が終了するので、立ち退き料を支払わずに退去してもらうことができる。もちろん、入居を続けてほしい入居者については、再契約することも可能である。

定期借家は、立ち退きに伴うトラブルを避けることができるため、老朽化の場合の建替えや、別な形での土地活用が容易となる。しかし、更新料が入らず、一般に普通借家よりも低い家賃となる等の留意点もある（図表3）。また、賃借人にとっても、再契約できない可能性があるうえ、再契約の際には新規賃料での契約になってしまうというデメリットがある。

## 定期借家権を活用する（図表1）

**定期借家契約とは…**契約で定めた期間の満了により、更新されることなく確定的に賃貸借契約が終了する契約。ただし、双方が合意すれば再契約は可能。

**ATTENTION!** **定期借家契約の際の留意点**

・貸主は、契約を結ぶ前に、定期借家契約であることを書面を交付して説明する義務があり、説明しなかった場合には定期借家契約が無効になる。
・2000年2月末までに締結した居住用の賃貸借契約は、それ以降に更新する場合にも定期借家制度は適用できない（普通借家となる）。既存の契約を合意解約して定期借家に切り替えることもできない。

## 定期借家制度と普通借家制度の比較（図表2）

| | 普通借家制度 | 定期借家制度 |
|---|---|---|
| **契約の形式** | 書面、口頭いずれも可。 | 書面（電磁的記録を含む）による契約に限る。 |
| **契約更新** | 正当事由が存在しない限り、家主からの更新拒絶ができず、自動的に契約が更新される。 | 契約で定めた期間の満了により、更新されることなく確定的に賃貸借契約が終了する。 |
| **契約期間の上限** | 2000年3月1日より前の契約：20年<br>2000年3月1日以降の契約：無制限 | 無制限(1年未満の契約も有効)。 |
| **賃借人からの中途解約** | いつでも解約可能。 | 「やむを得ない事情」がある場合は可能。 |

普通借家と区別するために、家主は契約を結ぶ前に賃借人に、定期借家であることを、書面を交付して十分に説明する義務がある、説明しなかった場合は、定期借家契約は無効になる。説明は代理人が行ってもいいが、重要事項説明を行っただけでは説明義務を果たしたことにならない。契約書は公正証書に限らないが、家主は書面の受領証を賃借人から受け取っておくなど、のちのちトラブルにならないよう備えておく必要がある。

賃貸借契約期間は家主と賃借人の話し合いで決められる。普通借家と異なり、1年未満の期間も認められている。明け渡しを求める場合は、期限の1年前から6ヶ月前までに賃借人に通知する必要がある。

転勤や親族の介護など。

## 定期借家のメリット・デメリット（図表3）

| | メリット | デメリット |
|---|---|---|
| **貸主** | ● 契約期間満了により賃貸借契約が終了する。<br>● 立ち退き料を支払う必要がない。<br>● 建替えが容易になる。<br>● 賃貸物件の売却が容易になる。<br>● 暫定利用が容易になる。<br>● 確実な家賃収入が期待できる。 | ● 更新料が入らない。<br>● 普通借家よりも一般に低い家賃となる。 |
| **借主** | ● 普通借家よりも低い家賃が期待できる。<br>● 貸主・借主双方が合意することで再契約できる。<br>● 床面積200㎡未満の住宅は「やむを得ない事情」があれば中途解約できる。 | ● 再契約できない可能性がある。<br>● 再契約の際には新規賃料での契約になってしまう。<br>● 居住用の場合、床面積200㎡以上は中途解約できない。<br>● 営業用の場合、中途解約できない。 |

# 131／赤字経営でも手取りは黒字にするワザ

**減価償却費は実際には支出していないが経費計上できるため、その分節税できる**

減価償却費は、賃貸住宅などの事業の用に供している建物とその附属設備などの固定資産について、その資産の使用可能期間の全期間にわたって、毎年分割して必要経費として控除できるものである。つまり、減価償却費は、実際には外部に支払われる費用ではないが、会計上の費用として収益から控除できる（094参照）。したがって、減価償却費分は実際には支出していないのに、経費として計上できるため、その分、節税効果が期待できるわけである。

具体的には、損益計算では、賃料収入などの各年度の収益から、建物管理費・公租公課・借入金利子などの費用を差し引いて、税引前利益を計算し、これに対する所得税・法人税などを計算することになるが（095参照）、ここで差し引く費用には減価償却費も含まれているので、実際には支出していない金額を費用として計上できる分、課税所得を減らすことができるということになる（図表1）。

**会計上赤字でも、減価償却費を加えたときに黒字であれば、手取り額は黒字**

さらに、賃料収入などの毎年の収入から管理費、修繕維持費、公租公課、借入金利子等の支出と減価償却費を差し引いた収益が赤字となる場合には、所得税・法人税はゼロとなる。

このとき、会計上は赤字となってしまうため、経営がうまくいっていないのではないかと心配しがちだが、経営はあくまでキャッシュ・フローで判断すればよい。つまり、収入から減価償却費を除く支出を差し引いた金額、すなわち当期剰余金が黒字となっていれば、会計上は赤字経営でも手取り額は黒字となるため問題はなく、むしろ、赤字経営の場合には所得税・法人税を支払わなくて良いため、その分、節税できることになる（図表2）。

ただし、借入をしている場合には注意が必要である。というのは、借入金の元本返済額は損益計算上の支出には含まれていないため、手取り額を計算する際には、その分を差し引かなければならないからである。つまり、手取り額が黒字かどうかを判断するためには、損益計算書の収益に、減価償却費を加え、さらに借入金の元本返済額を差し引いた数値を見なければならない。

## 減価償却費を活用する（図表1）

- **減価償却費とは**、賃貸住宅などの事業用の建物と建物附属設備などの資産を、その資産の使用可能期間の全期間にわたり、毎年分割して必要経費として控除できるもの（計算方法などは**094 参照**）。
- **減価償却費のメリット**
  実際には支出していない年に、経費として計上できるため、所得を減らす効果がある。

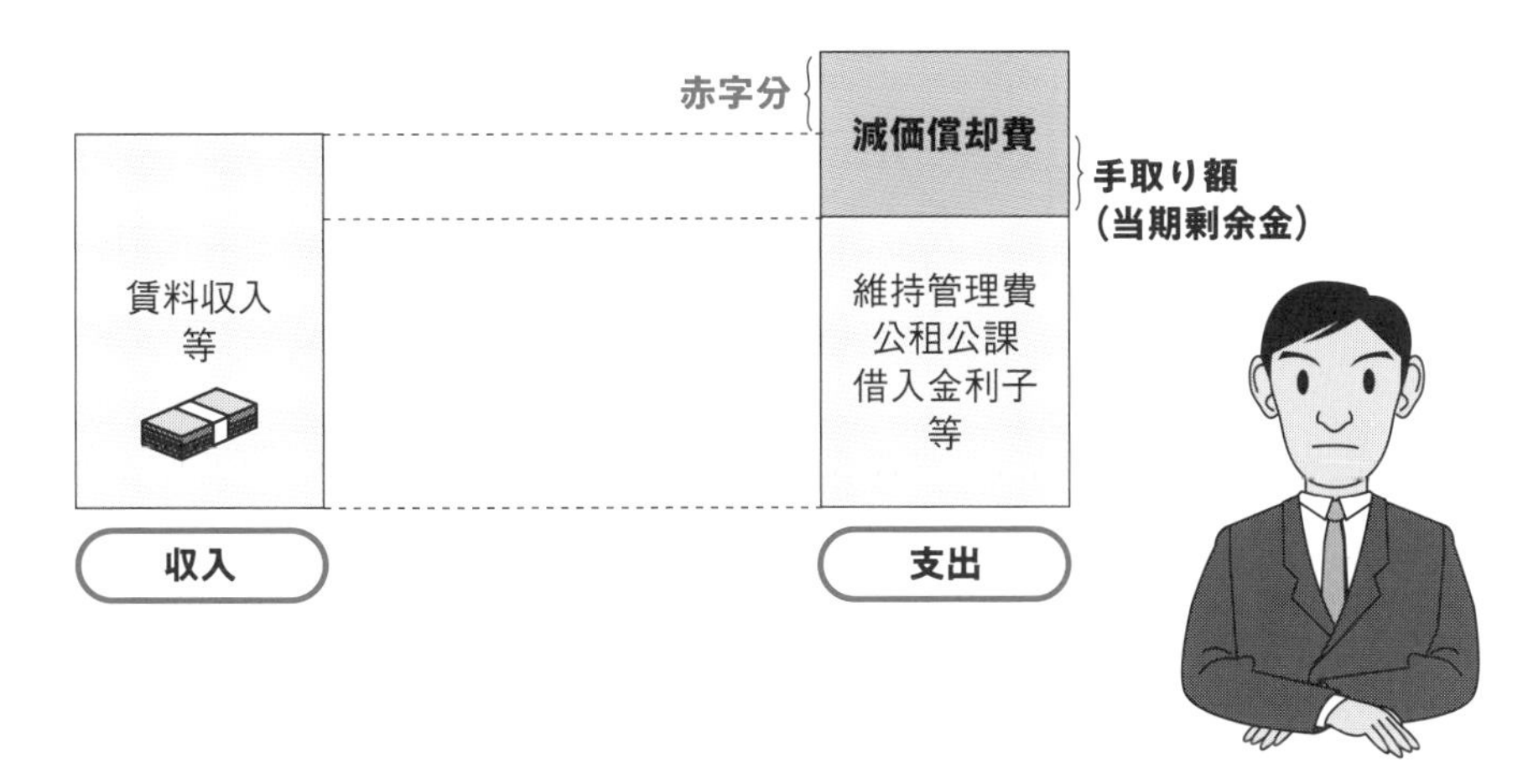

## 減価償却のイメージ（図表2）

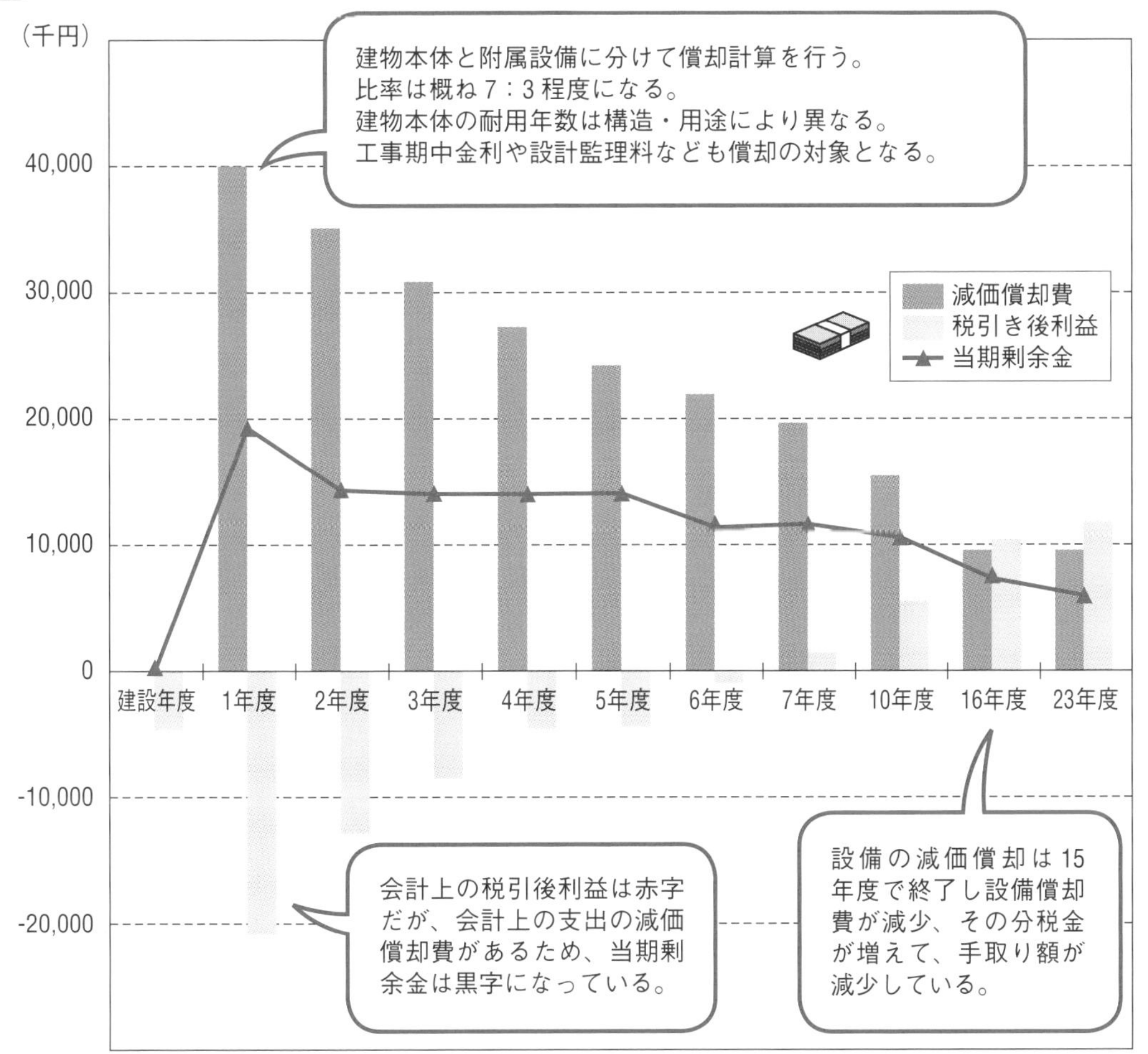

# 132 賃貸事業で知っておきたい原状回復トラブル回避術

## 原状回復トラブルは、入居時の賃貸借契約に明記することで回避する

民間賃貸住宅における賃貸借契約は、契約自由の原則により、貸主と借主の双方の合意に基づいて行われる。しかし、退去時における原状回復をはじめ、賃貸借契約をめぐるトラブルが多発していることから、国土交通省では賃貸住宅標準契約書を用意している。

その中に、契約が終了したときには、借家人は建物を原状回復して明け渡さなければならないという条項があるが、この原状回復には何が含まれるのかという点でトラブルになることが多い。たとえば、壁クロスの張替え費用やハウスクリーニング費用などを敷金から差し引くことができるかどうかという問題がある。

原状回復とは、「賃借人の居住、使用により発生した建物価値の減少のうち、賃借人の故意・過失、善管注意義務違反、その他通常の使用を超えるような使用による損耗・毀損を復旧すること」と定義されており、その費用については賃借人の負担としている。一方、通常の使用による損耗等の修繕費用は、賃料に含まれるものとして、原状回復は借りた当時の状態に戻すことではないことが明確化されている（図表1）。したがって、襖や障子、畳表等が経年変化により劣化しただけであれば賃借人の負担で張り替えてもらうことはできないが、たとえば、タバコの焼け焦げ等については特別損耗となり、敷金から差し引くことができる（図表2）。

では、壁クロスの張替え費用やハウスクリーニング費用などを敷金から差し引くことはできないのかというとそんなことはない。契約書に「ハウスクリーニング費用は敷金から差し引く」ということを明記し、契約時に合意していれば、一般に、敷金から差し引くことは可能となる。つまり、原状回復の問題を「出口」（退去時）の問題ではなく、「入口」（入居時）の問題として捉えることにより、原状回復にかかるトラブルを未然に防ぐことができる。

## 更新料も、原則、賃料等に比べて不当に高額でない限りは有効

更新料についても、大阪高裁で無効判決が出て話題となったが、最高裁では更新料は有効との判決が出ており、原則として、賃料等に比べて不当に高額でない限りは徴収することが可能と考えられる。

## 原状回復とは（図表1）

◆ **原状回復とは…**

● 「賃借人の居住、使用により発生した建物価値の減少のうち、賃借人の故意・過失、善管注意義務違反、その他通常の使用を超えるような使用による損耗・毀損を復旧すること」

◆ **原状回復費用の負担者**

◆ **経年変化、通常損耗**

● 時間の経過により自然に劣化したものや通常の使用による損耗についての修繕費用は、賃料に含まれる。

● 原状回復は、借りた当時の状態に戻すことではない。

## 賃貸住宅標準契約書における原状回復条件（図表2）

◆ **賃貸人・賃借人の修繕分担（※ただし、例外としての特約の合意がある場合は、その内容による）**

| | 賃貸人の負担 | 賃借人の負担 |
|---|---|---|
| **床（畳・フローリング・カーペットなど）** | ● 畳の裏返し、表替え<br>● フローリングのワックスがけ<br>● 家具の設置による床、カーペットのへこみ、設置跡<br>● 畳の変色、フローリングの色落ち | ● カーペットに飲み物等をこぼしたことによるシミ、カビ<br>● 冷蔵庫下のサビ跡<br>● 引越作業等で生じた引っかきキズ<br>● フローリングの色落ち |
| **壁、天井（クロスなど）** | ● テレビ、冷蔵庫等の後部壁面の黒ずみ<br>● 壁に貼ったポスターや絵画の跡<br>● 壁等の画鋲、ピン等の穴<br>● エアコン（賃借人所有）設置による壁のビス穴、跡<br>● クロスの変色 | ● 賃借人が日常の清掃を怠ったための台所の油汚れ<br>● 賃借人が結露を放置したことで拡大したカビ、シミ<br>● クーラーから水漏れし、賃借人が放置したため壁が腐食<br>● タバコ等のヤニ・臭い<br>● 壁等のくぎ穴、ネジ穴<br>● 賃借人が天井に直接つけた照明器具の跡<br>● 落書き等の故意による毀損 |
| **建具等、襖、柱等** | ● 網戸の張替え<br>● 地震で破損したガラス<br>● 網入りガラスの亀裂 | ● 飼育ペットによる柱等のキズ・臭い<br>● 落書き等の故意による毀損 |
| **設備、その他** | ● 専門業者による全体のハウスクリーニング<br>● エアコンの内部洗浄<br>● 消毒（台所・トイレ）<br>● 浴槽、風呂釜等の取替え<br>● 鍵の取替え（破損、鍵紛失のない場合）<br>● 設備機器の故障、使用不能（機器の寿命によるもの） | ● ガスコンロ置き場、換気扇等の油汚れ、すす<br>● 風呂、トイレ、洗面台の水垢、カビ等<br>● 日常の不適切な手入れもしくは用法違反による設備の毀損<br>● 鍵の紛失または破損による取替え<br>● 戸建賃貸住宅の庭に生い茂った雑草 |

# 133 老朽化した賃貸住宅の問題点と再生方法

賃貸住宅事業は、安定的な収入確保や所得税・相続税対策などを目的としてこれまで数多く実施されてきたが、築30年以上の建物も増え、様々な問題が浮上している。

## 減価償却費・借入金の減少で節税効果が薄れ、キャッシュフローが減少

具体的には、一つめは、建物や設備の老朽化、耐震性などの性能不足、意匠や間取りの陳腐化などによる競争力の低下で、周辺よりも低い賃料しかとれなかったり、空室率も高い状況が続いてしまうといった問題だ(図表1)。

二つめは、賃料収入は変わらなくても手取り額が減ってしまうという問題だ。というのは、設備の減価償却が既に終了し、建物の減価償却も木造や鉄骨造の場合には終了しているケースも多く、減価償却による節税効果が建設当初に比べて大幅に減少している。また、借入金についても返済が進み、元利均等返済の場合には返済総額は変わらないものの、経費に計上できる支払利息が少なくなっている。そのため、賃料収入は変わらなくても経費に計上できる金額が少なくなってしまい、結果として収益が大きくなることから、所得税等の税額が増え、税引き後・借入金返済後の手取り額が減ってしまっているというわけだ。

三つめとしては、賃貸事業の目的の多くは相続税の節税対策だが、その節税対策効果が薄れてしまっているという問題だ。この節税対策は、更地に借入金で賃貸住宅を建設することで、土地の評価が貸家建付地となり、建物は貸家の評価額となるうえ、借入金残高は負債として評価されることから、相続税評価額が減少し、大幅な節税効果が生まれるという仕組みだ。しかし、築年数が経過するにつれ、借入金の返済が進むため、マイナスの財産が減少し、その分、相続対策としての効果も薄れてしまうわけである。

## 老朽化した賃貸住宅の再生は、建替えとリノベーションを総合的に比較する

このように数々の問題を抱える老朽化した賃貸住宅を再生するには、基本的には①建替えか?②リノベーションか?の選択となる。

その場合、両方の事業収支計画から事業成立性を比較するとともに、事業の安全性や確実性、さらには市場競争力への対応、会計上の課題への対応、相続対策の観点からの課題への対応等を総合的に判断し決定する(図表2)。

## 賃貸マンションの築年数とリスク（図表1）

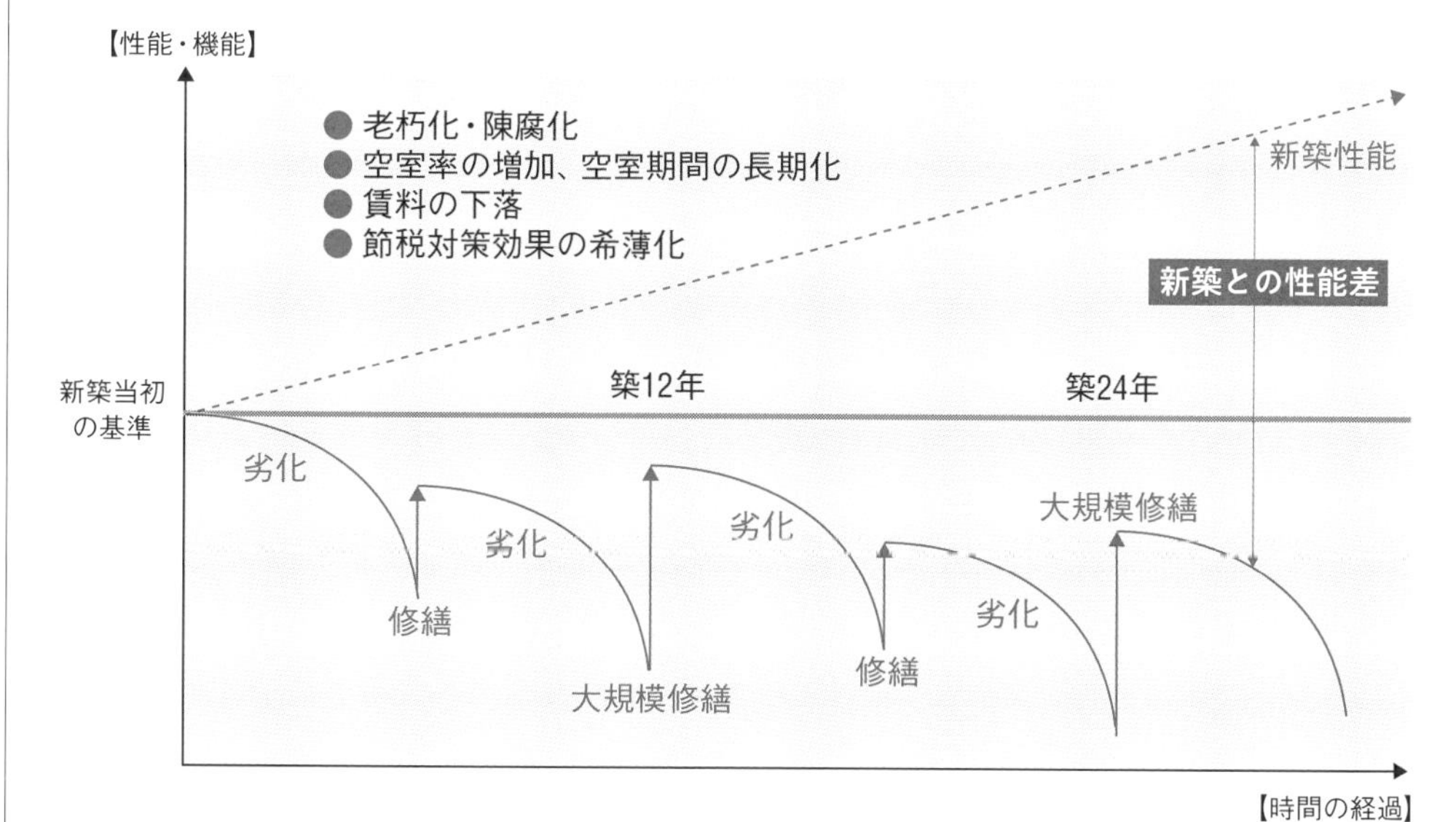


※「東京都マンション実態調査 2013」によると、都内の旧耐震マンションの比率は、賃貸で約16%、分譲では約25%にのぼるとされる。

長年持っとる賃貸マンションが老朽化して大変じゃ！。修繕費は年々かさむし、直しても、直しても次々と悪い箇所が出てくる。部屋も陳腐化して空室が増えるし、せっかくリフォームしても、家賃を相場よりも下げなきゃ埋まらない。耐震性も心配じゃあ…。このままじゃ、不動産じゃなくて、負動産になっちまう！。どうしたもんかのう…？

## 建替えか？リノベーションか？の比較項目（図表2）

● 事業成立性
● 事業の安全性・確実性
● 市場競争力への対応
● 会計上の課題への対応
● 相続対策の観点からの課題への対応

**総合評価**

投資額に見合う効果があるのか？
見極めが肝心じゃのお・・・

# 134 備えあれば憂いなし！災害リスク対応法

## 建物の設置や保存に瑕疵があると、地震時の損害は所有者責任となる

地震や水害等の予期しない災害によって、賃貸している建物が損傷して入居者が死傷した場合、建物の所有者には損害賠償責任が生じるのだろうか。

阪神・淡路大震災では、賃貸マンションの1階部分が倒壊し、1階部分の賃借人が死亡した事故について、建物が通常の安全性を有していなかったとして、建物所有者に対して損害賠償を命じたという判例がある。

そもそも、地震は日常的に発生するとはいえず、地震の発生は所有者に責任があるわけではない。このような場合には、民法717条の「土地の工作物責任」の規定（図表1）により判断されることになる。つまり、賃貸している建物の設置や保存に問題があることで他人に損害が生じたときには、所有者は、故意・過失の有無にかかわらず、被害者に対して損害賠償責任を負うということになる（図表2）。

具体的には、建物が建築当初から建築基準法等の法規制に適合しておらず、耐震性能を有していない場合がこれにあたる。また、建築当初は問題なかったが、老朽化によって必要な耐震性能が欠如した場合についても、それにより損害が発生した場合には、所有者が損害賠償責任を負うことになる。

したがって、建物に欠陥がなければ、原則として、所有者は損害賠償責任を負うことはない。なお、一般に、震度5以下で倒壊した場合には、建物に欠陥があると判断されることが多いが、震度6以上の地震の場合には、不可抗力に基づくものとして免責されると考えられている（参考）。

しかし、先の阪神・淡路大震災時の判例では、震度7の地震であったにもかかわらず、所有者に損害賠償責任が課せられている。これは、建物が建築当初から法規制に適合しておらず設置に問題があったという理由によるが、同時に、想定外の大地震とも競合しているということで、賠償額は本来の金額の2分の1となっている。

## 賃貸事業を行うにあたっては、賃貸建物の耐震性をチェックすることが大切

賃貸事業を行うにあたっては、地震などの災害による所有者責任について、むやみに心配する必要はないが、日頃から所有建物の耐震性について確認しておくことは大切といえる。

## 民法第717条「土地の工作物責任」(図表1)

● 土地の工作物の設置又は保存に瑕疵があることによって他人に損害を生じたときは、その工作物の占有者は、被害者に対してその損害を賠償する責任を負う。
● ただし、占有者が損害の発生を防止するのに必要な注意をしたときは、所有者がその損害を賠償しなければならない。

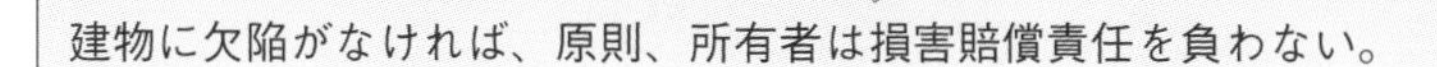

建物に欠陥がなければ、原則、所有者は損害賠償責任を負わない。

## 災害時の建物所有者の責任とリスク対応(図表2)

● 建築当初から建築基準法等の法規制に適合しておらず、耐震性能を有していない場合
● 建築当初は問題なかったが、老朽化によって必要な耐震性能が欠如した場合

地震の際に被害が生じた場合には、所有者が損害賠償責任を負う。

◆ **所有者が責任を負わないための対応法**

① 耐震診断を実施

② 耐震性に問題がある場合には、耐震補強等を行うことにより問題のない建物にしておく必要がある。

### (参考)震度と建物の状況

出所)気象庁震度階級関連解説表

| 震度階級 | 木造建物(住宅) | | 鉄筋コンクリート造建物 | |
|---|---|---|---|---|
| | 耐震性が高い | 耐震性が低い | 耐震性が高い | 耐震性が低い |
| 5弱 | — | ● 壁などに軽微なひび割れ・亀裂がみられることがある。 | — | — |
| 5強 | — | ● 壁などにひび割れ・亀裂がみられることがある。 | — | ● 壁、梁、柱などの部材に、ひび割れ・亀裂が入ることがある。 |
| 6弱 | ● 壁などに軽微なひび割れ・亀裂がみられることがある。 | ● 壁などのひび割れ・亀裂が多くなる。<br>● 壁などに大きなひび割れ・亀裂が入ることがある。<br>● 瓦が落下したり、建物が傾いたりすることがある。倒れるものもある。 | ● 壁、梁、柱などの部材に、ひび割れ・亀裂が入ることがある。 | ● 壁、梁、柱などの部材に、ひび割れ・亀裂が多くなる。 |
| 6強 | ● 壁などにひび割れ・亀裂がみられることがある。 | ● 壁などに大きなひび割れ・亀裂が入るものが多くなる。<br>● 傾くものや、倒れるものが多くなる。 | ● 壁、梁、柱などの部材に、ひび割れ・亀裂が多くなる。 | ● 壁、梁、柱などの部材に、斜めやX状のひび割れ・亀裂がみられることがある。<br>● 1階あるいは中間階の柱が崩れ、倒れるものがある。 |
| 7 | ● 壁などのひび割れ・亀裂が多くなる。<br>● まれに傾くことがある。 | ● 傾くものや、倒れるものがさらに多くなる。 | ● 壁、梁、柱などの部材に、ひび割れ・亀裂がさらに多くなる。<br>● 1階あるいは中間階が変形し、まれに傾くものがある。 | ● 壁、梁、柱などの部材に、斜めやX状のひび割れ・亀裂がみられることがある。<br>● 1階あるいは中間階の柱が崩れ、倒れるものがある。 |

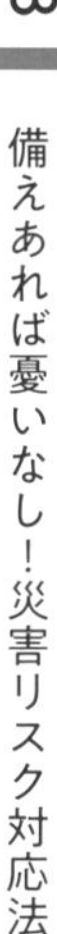

# 135 企画のプレゼンテーション術

## 顧客とのコミュニケーション行為のすべてが企画のプレゼンテーション

企画の目的である顧客ニーズの実現のためには、顧客との間に日頃から円滑なコミュニケーションを保つことが不可欠である。そして、このコミュニケーション行為のすべてが、企画のプレゼンテーション業務ともいえる。したがって、企画の依頼があった時点からの依頼者との打合せの一つひとつが、プレゼンテーションであるという認識を持つことが大切である。

とはいうものの、プロジェクトの各段階（図表1）における方針決定の際には、関係者の認識を統一するためにも、企画業務の内容をビジュアルに伝えるプレゼンテーションが必要となる。

## 提案先・依頼の有無等によってプレゼンテーションのポイントは変わってくる

プレゼンテーションを行うに当たっては、提案先の特性を十分に把握しておく必要がある。なぜなら、提案先によって、提案を理解するレベルや意思決定の仕組みが異なり、企画内容ばかりでなく、プレゼンテーションのポイントや方法、ツールの種類まで変わってくるからである。

たとえば、提案先が個人であれば、企画書中心のできるだけわかりやすいプレゼンテーションを心がける必要がある。一方、企業であれば、それなりのインパクトのあるビジュアルな表現と論理的展開が必要となり、場合によっては役員向けの資料を別途用意したほうがよいこともある。図表2では、提案先の特性によるプレゼンテーション上の留意点を整理している。

なお、企画提案自体が、提案先から依頼されたものであるか、売り込みの企画であるかによっても、プレゼンテーションの内容は大きく変わる。

また、プレゼンテーションには、様々なツールがあり、これらを適切に使い分けることも必要だが、それとともに、プレゼンテーションを行う人の問題もある。プレゼンテーションの内容を相手に知らせることは簡単でも、理解し、納得してもらうことは簡単ではない。企画内容の検討と比べて、プレゼンテーションは、十分に研究したり、練習する時間をとらない人が多いが、プレゼンテーションの良否が企画内容の実現を左右する大切なポイントとなることを改めて認識すべきであろう。

## 企画業務における企画提案作業（図表1）

**企画依頼**

**企画受託**

● 依頼目的確認　● 業務企画書作成　● 企画報酬確認　● 企画契約

**作業計画立案**

● スタッフ・チーム編成　● 業務スケジュール作成　● 企画目的・スタンス確認　● 外部スタッフ決定

**企画調査開始**

● 顧客調査　● 権利調査　● 立地環境調査　● 法規制調査　● 社会・経済環境調査　● 市場動向調査

**第１次企画案**

● 参考事例紹介　● 施設用途絞り込み　● 建築コンセプト　● 事業コンセプト

**第１次企画提案**

● 企画の方向性確認　● スケジュール確認　● アウトプット確認

**第２次企画案**

● 詳細な立地・市場調査分析　● 事業フレームの構築　● 事業収支計画　● 基本構想案

**第２次企画提案**

● 方針決定　● 事業化

**基本計画・実施計画**

● 建築分野の各段階における基本計画・実施計画の立案および決定
● 事業分野の各段階における基本計画・実施計画の立案および決定

**建設・運営準備**

● 設計変更　● 事業システム構築　● 広告宣伝実施

**竣工・オープン**

● 建物引渡しなど　● 報酬清算

## 提案先別プレゼンテーションの留意点（図表2）

| 提案先 | | 留意点 |
|---|---|---|
| 個人 | 一般個人 | ● 事業全体に対する不安感・不信感が強い場合が多い。<br>● 事業の細かい数字は理解するのが難しい。<br>● できるだけわかりやすい表現にする。<br>● プレゼンテーションに凝る必要はないが、イメージは大切。<br>● 日常の信頼関係がキーポイント。 |
| | 企業オーナー | ● 事業や生き方に自信を持っている場合が多い。<br>● 事業の組み立てや、収支に関して関心が強い。<br>● 重要なポイントを簡潔に表現する。<br>● プレゼンテーションに凝る必要はないが、イメージは大切。<br>● 日常の信頼関係がキーポイント。 |
| 民間企業 | 一般民間企業 | ● 提案先の企業の内容や担当部署の社内的立場を把握する必要あり。<br>● 企画依頼の理由や目的を把握する必要あり。<br>● 本業との相乗効果を図れるような企画内容とする。<br>● インパクトのある表現と論理的展開が必要。<br>● バックデータや事前資料などをそろえておく。<br>● 企画書のほか、プレゼンテーションツールを用意。<br>● 事業の組み立てや収支など重要ポイントを明確にする。 |
| | デベロッパー<br>建設会社等 | ● エンドユーザーに対する提案のための依頼の場合が多い。<br>● エンドユーザーのニーズをどこまで把握しているか。<br>● エンドユーザーに対するプレゼンテーションの場に、企画担当者が同席できるかどうかが鍵。<br>● 予算・スケジュールとも厳しい場合が多い。<br>● デベロッパーなどへの提案の場合は、一般民間企業の場合と同じだが、特に相手もプロであることを意識する必要あり。 |
| 官公庁等公的機関 | | ● 上位計画の把握や広域や周辺地域についてのデータなど、基本をしっかり押さえた構成をとる。<br>● プレゼンテーションツールは、企画書を中心にパネルなど実質的なもの（ただし、コンペの場合は、ＣＧ等を使用する場合もある）。<br>● 造語や外来語などを多用するときは用語集などを用意する。 |

# 136 事業企画書の役割と書き方

## 企画書は、プロジェクトの関係者全員のベクトルをそろえる航海図としての役割を持つ

プレゼンテーションツールの中でも、企画書は最も基本的かつ重要な役割を持っている。すなわち、企画実現のためには、依頼者をはじめ、プロジェクト関係者全員の進むべき方向性をそろえることが必要であり、企画書は、そのための共通の航海図としての役割を持っているからである。

また、依頼者のニーズ実現といっても、依頼者自身が、自らのニーズを十分に把握していないことも多く、企画書を通して、自らのニーズを明確に把握することも多い。したがって、企画書には、依頼者を説得して事業実現のための方向づけをするという重要な側面もある。

## 企画書は、提案先の状況をとらえ、わかりやすいまとめ方を心がける

前章までの基礎調査、用途選定、事業収支計画の立案など、さまざまなノウハウや検討を単にまとめるだけでは、企画書として十分とはいえない。企画書の役割の重要な要素は説得であるから、企画提案の目的、提案先の状況などによって、企画書の書き方も大きく変わる。

まずは、提案先から依頼されて出す企画書であるか、売り込み型の企画書であるかによって内容が異なる。売り込み型の場合には、まず、関心を持ってもらうことが第一目標のため、話題性や意外性のある施設や事業の提案、インパクトのある表現等、テクニックが必要である。

次に、プロジェクトの方法を明らかにするという企画書の役割を果たすためには、何よりもまず、相手にわかってもらい、惚れ込んでもらうことが大切である。そのためには、相手の立場に立った、わかりやすいまとめ方を心がける必要がある。企画書の書き方のポイントを図表にまとめているので参照されたい。

なお、企画書は、企画担当者にとっては業務の成果物であるが、企画業務は企画書の作成で終わるものではなく、企画書の内容を関係者に説明し、納得してもらい、プロジェクトを推進していくという大きな役割を持っている。

したがって、本来の企画業務としては、企画書をつくってからが勝負といえる。つまり、企画書をつくる段階からプレゼンテーションを十分に意識する必要があるといえる。

# 企画書の書き方のポイント（図表）

| | |
|---|---|
|  **企画書はプロジェクトの航海図** | ● 企画書は、プロジェクトの関係者全員のベクトルをそろえるための共通の航海図としての役割を持っている。<br>● 依頼者自身が自らのニーズを十分に把握していない場合には、依頼者が自らのニーズを明確に把握する役割も持っている。 |
|  **企画上の検討結果をまとめるだけでは企画書とはいえない** | ● 前章までの基礎調査、用途選定、事業収支計画の立案など、さまざまなノウハウ・検討を単にまとめるだけでは企画書として十分とはいえない。<br>● 企画書の役割の重要な要素は“説得”。したがって、企画提案の目的、提案先の状況などによって、企画書の書き方も大きく変わる。 |
|  **提案先の状況をとらえる**  | ● 企画書が、提案先から依頼されて出す企画書であるのか、売り込み型の企画書であるのかを明確に分ける必要がある。<br>● 売り込み型の企画書の場合には、まず、関心を持ってもらうことが第一目標なので、そのためのテクニックが必要。<br>→たとえば、話題性や意外性のある施設や事業の提案、インパクトのある表現、企画書以外のプレゼンテーションツールの活用などがある。<br>● 提案先から依頼されて出す企画書の場合には、依頼者がどの程度事業内容を固めているかがポイント。<br>→事業内容が固まっていない場合には、依頼者のニーズを明確にするとともに、このニーズをふまえて立地性や市場性から可能性の高い事業を抽出し、ラフな事業採算とともに、事例などを用いて事業の具体的なイメージを明確にしてあげることが大切。<br>→事業内容がある程度固まっている場合には、事業方式や資金調達などの事業の組み立て方や事業収支計画に重点を置き、事業の成立可能性を検証し、より可能性の高い事業フレームを組み立てる。 |
|  **わかりやすいまとめ方を心がける** 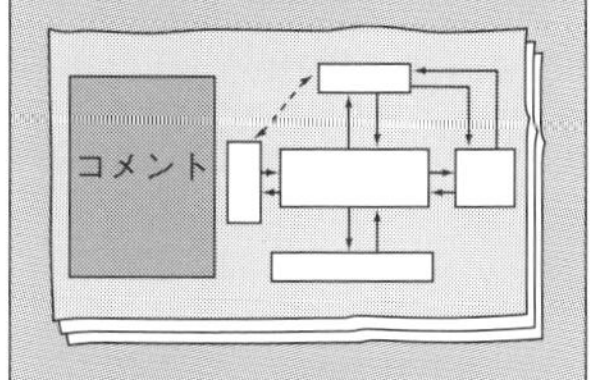  | ● 企画者が相手の立場に立って書いているか。<br>● 何を言いたいのか、結論を明確にし、プロジェクトの全容がわかりやすい表現をとっているか。<br>● 企画書の目的や相手の状況に応じてメリハリのある簡潔なまとめ方をしているか。<br>● 事業の実現に向けての可能性と課題、その対策としての事業フレームを明確に示しているか。<br>● 企画書のネーミングはよいか（インパクトはあるか、内容と合っているか）。<br>● 企画書の最初の部分で、企画の全容がわかるような構成になっているか。<br>● 図形やグラフ、写真などを上手に使っているか。<br>● 全体の流れを阻害するような余分なことが書いていないか。<br>● 質や量でページ間のバラツキはないか。<br>● わかりにくい専門用語や外来語、造語などを多用していないか。 |
|  **企画業務は企画書をつくってからが勝負** | ● 企画業務は企画書の作成で終わるものではなく、企画書の内容を提案先をはじめとするプロジェクト関係者に説明し、納得してもらい、プロジェクトを推進していくためのもの。<br>● 企画書は相手や目的にあわせて何種類かこまめにつくる。<br>● 企画書の構成は、プレゼンテーションを意識して、山場やリズム感のあるつくり方を工夫する。<br>● プレゼンテーションの場では、企画書のポイントとなる部分をパネルやスライドなどを用いて説明し、企画書は手元資料とする。 |

# 137 ケース別企画書構成のポイント

## 顧客ニーズ別に企画をパターン分けし、代表的な切り口やポイントを押さえておく

企画書の構成は、提案の目的、提案先の状況や属性、レベル、プロジェクトの進行状況などによって当然違ってくるが、企画の目的は、あくまでも顧客ニーズの実現にある。したがって、顧客ニーズ別に企画をパターン分けし、代表的なニーズごとの企画上の切り口や企画書構成のポイントを押さえておくとよい。

企画書作成にあたっては、138・139のように、1枚の紙に企画書の構成を描いた紙芝居をつくる方法がある。紙芝居形式で全体の構成を把握しておくと、頭の整理にもなって役に立つ。次ページ以降でニーズ別の紙芝居例を示しているので参考にするとよい。

## 個人の場合には企画内容、対策の必要性や効果をわかりやすく伝えること

まず、個人への土地有効利用の提案では、企画内容をわかりやすく伝えることが重要となる。また、事業化に向けての不安要素は、一つひとつ、丁寧に対策を講じる必要がある。さらに、依頼者のニーズに沿った、できるだけ具体的な企画の目標を立てることが効果的となる。

一方、相続対策の提案では、わかりやすさも重要だが、対策の必要性や対策を行った場合の効果について明確に示す必要がある。

さらには、相続人同士の「争族」対策や納税対策、タイムスケジュール、被相続予定者の生きがいづくりにも配慮することがポイントとなる。

## 法人の場合には事業フレームの構築と事業収支計画がポイント

法人への土地有効利用の提案については、事業フレームの構築と事業収支計画がポイントとなる。この際、企業内で検討が加えられることを前提として、同業他社の動向や事例、客観的なデータを豊富に盛り込むとよい。

法人への新規事業提案の場合には、土地有効利用の場合のポイントに加え、既存資源の活用や本業の相乗効果、企業イメージ、地域との共存などの視点も重要となる。

共同ビルの提案の場合には、各地権者の共同化のメリットを具体的に示す必要がある。この際、従前従後の権利評価が最大のポイントとなる。

## ケース別企画書構成のポイント（図表）

| ケース | ポイント |
|---|---|
| 個人の依頼者への土地有効利用の提案 | ●計画全体のイメージをわかりやすく伝える。<br>●事業収支計画の結果をわかりやすく表現する。<br>●事業化に向けての不安要素は、ていねいに対策を講じ、一つ一つ取り除く。<br>●事業手法の提案がキーポイントの一つになる。<br>●事業収支の設定条件のバックデータをわかりやすく示す。 |
| 個人の依頼者への相続対策の提案 | ●対策の必要性を客観的に示す。<br>●対策を行った場合の節税効果について具体的に示す。<br>●財産を持っている方の意思を尊重し、生きがいづくりに配慮する。<br>●節税対策だけでなく、相続財産の配分計画、相続税の財源対策にも配慮する。 |
| 法人の依頼者への土地有効利用の提案 | ●事業フレームの構築と事業収支計画がポイントとなる。<br>●開発動向や市場動向、事例などのデータを豊富にそろえる。<br>●特に同業他社の動向や事例には関心が高い。<br>●案は決めつけずに何案か検討し、比較して示す。<br>●プレゼンテーションを意識した構成を考える。 |
| 法人の依頼者への新規事業の提案 | ●事業コンセプトの提案と事業フレームの構築がポイントとなる。<br>●企業の持つ既存資源の活用と本業の相乗効果がポイントとなる。<br>●企業イメージ、地域との共存といった評価の視点も大切。 |
| 共同ビルの提案 | ●各地権者の共同化のメリットを具体的に示す。<br>●各地権者の事業収支計画と、全体の事業フレームの構築がポイントとなる。<br>●管理運営計画についての検討が必要。<br>●従前従後の権利評価が最大のポイントであり、権利調整が必要。 |

# 138 企画書の構成例①
# 個人の賃貸マンションの提案

❶ 相続対策が必要な個人への賃貸マンションの企画書については、導入部、有効活用の必要性、計画地の位置づけと業種選定、開発コンセプトと建築計画、事業計画などで構成する。
❷ 相続税のシミュレーションや事業化のメリットなどをわかりやすく示す。

ここでは、相続対策を行った場合の節税効果について具体的に示します。

節税対策だけでなく、相続財産の配分計画、相続税の財源対策にも配慮した提案を行うことがポイントです。

## 1.導入部

〈表紙〉

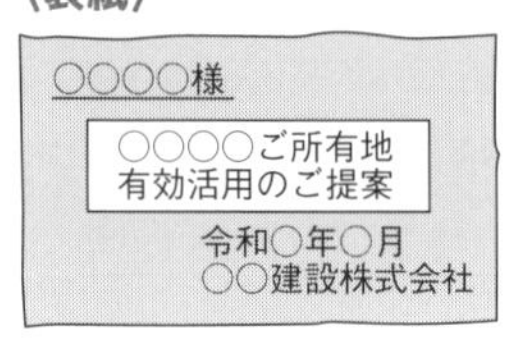


●提案先、企画名、日付
●企画者(提案者)名

〈挨拶文〉

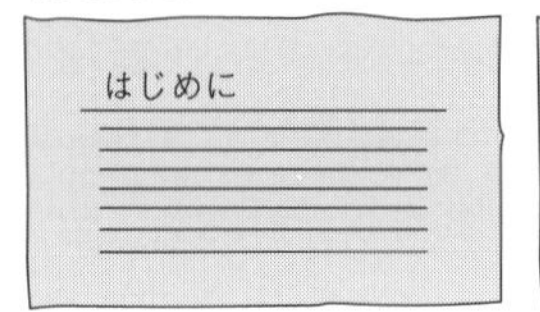


●企画の背景、ねらい、提案の主旨など、言いたいことを簡潔に記す
●「よろしく、ご検討ください」で結ぶ

〈目次〉

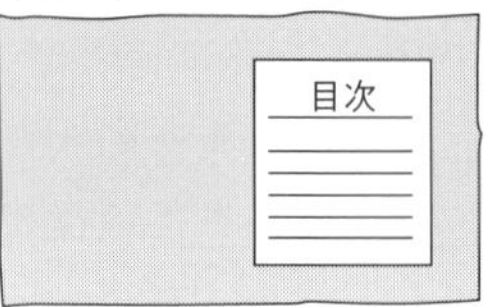


●通常の目次形式のほかに、フローチャートなどによる形式もある

〈提案主旨〉

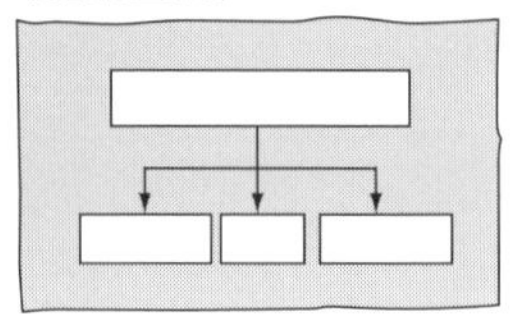

●提案主旨で、全体の流れを概観させる
●この前後にパースなどを挿入する場合もある

# 相続対策が必要な個人地主への賃貸マンションの提案（図表）

## 2.有効活用の必要性

**〈有効活用の社会背景〉**

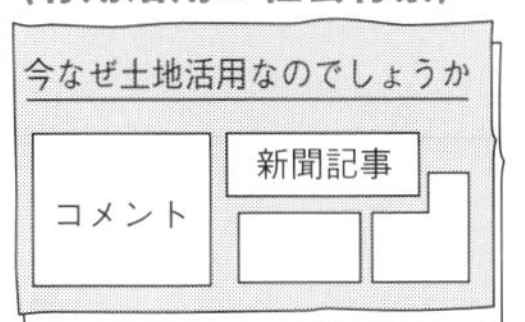


●土地活用の必要性を新聞記事などを用いて
●土地税制の動向などを簡単に

**〈相続税のシミュレーション〉**

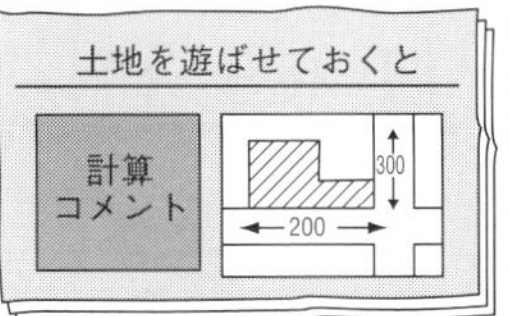


●計画地の相続税評価額の算出と相続税額のシミュレーション

**〈相続対策の考え方〉**

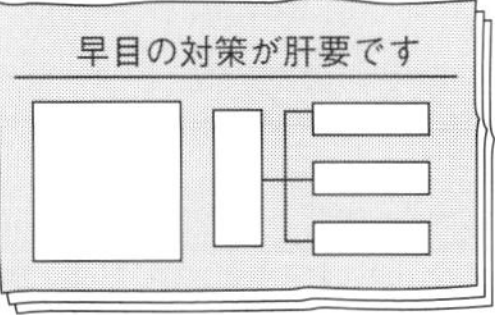


●相続対策を行うに当たっての基本的な考え方の整理
●節税、配分、財源の三つの対策

## 3.計画地の位置づけと業種選定

**〈計画地の概要〉**

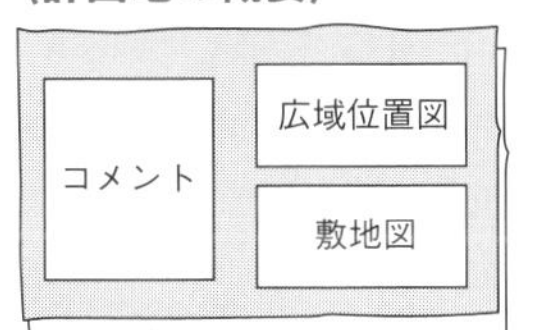


●計画地の位置
●敷地図と法的条件

**〈周辺地域の状況〉**

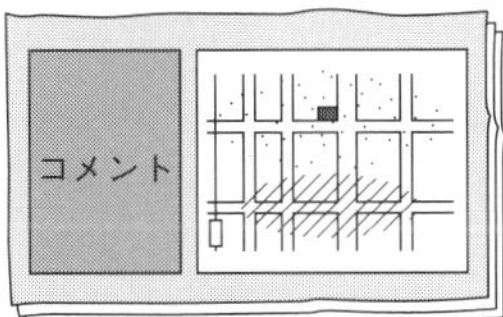


●周辺地域の広域的特性（人口動態、開発構想など）
●土地利用の現況
●主要施設分布図
●計画地の位置づけ

**〈業種選定〉**

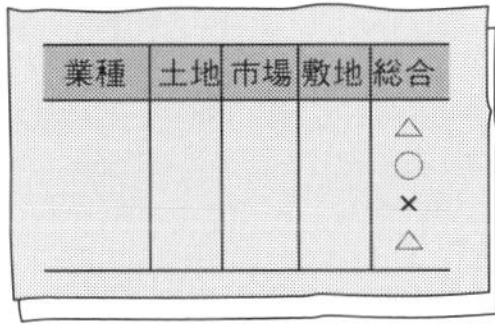


●立地性、市場性、敷地特性、事業主特性などから立地可能な業種（ここでは賃貸マンション）を選択

**〈市場の動向〉**

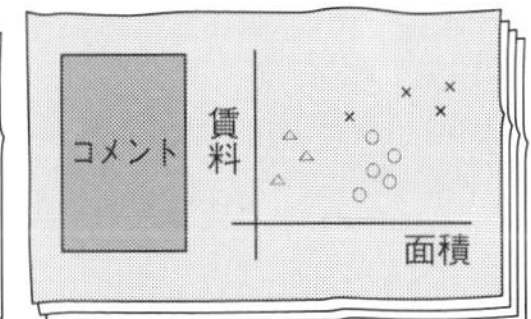


●タイプ別、地域別の賃料相場などの市場動向を把握
●賃貸マンションの最近の傾向（入居者ニーズ）

## 4.開発コンセプトと建築計画

**〈開発コンセプト〉**

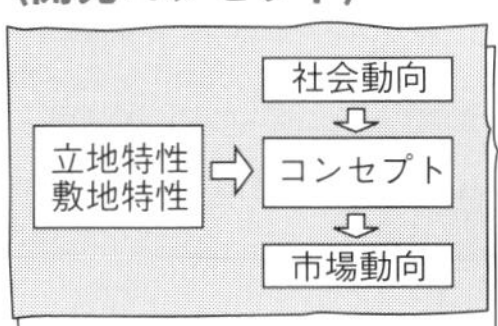


●立地特性、敷地特性、社会経済動向、市場動向などから開発コンセプトを提案
●ターゲット層、部屋タイプ、規模、設備グレード、付加価値サービス、賃料水準など

**〈開発イメージ〉**

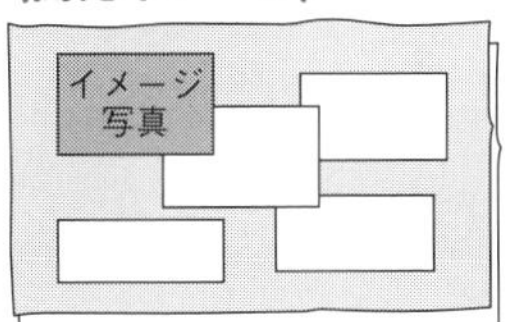


●外観、室内などのイメージ

**〈建築計画案〉**

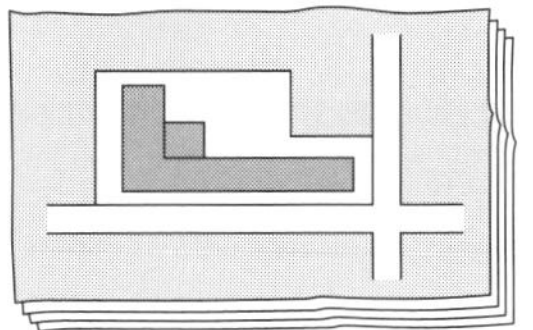

●配置図、平面図、断面図
●面積表

## 5.事業計画

**〈事業方式の考え方〉**

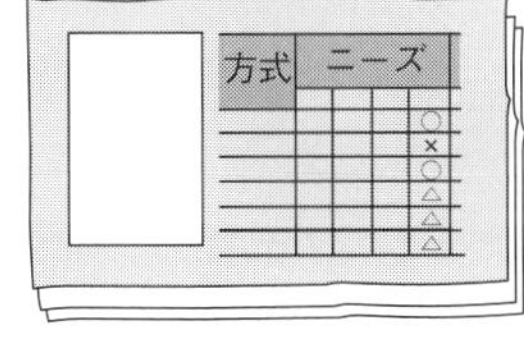


●事業化に当たっての事業方式の考え方、各方式のメリット・デメリット
●提案する事業方式についての分かりやすい説明
●建物名義などの考え方

**〈事業収支計画〉**

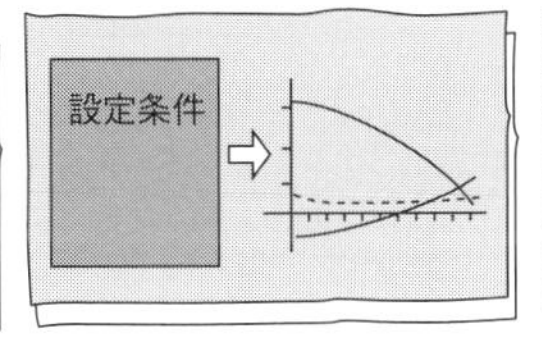


●事業収支計画上の設定条件
●長期事業収支計算と評価

**〈事業化のメリット〉**

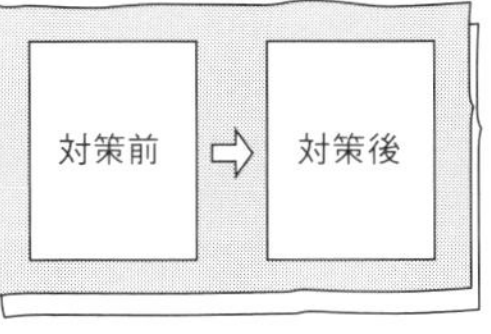


●相続税の節税効果
●長期安定収入
●総合的相続対策

**〈事業化に向けて〉**

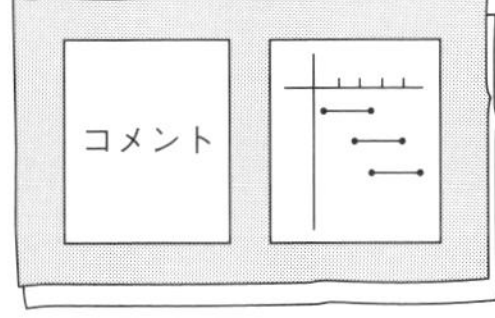


●事業スケジュール
●今後の課題と対策
●提案側の取組み姿勢
●公的融資制度などの紹介
●参考事例の紹介

# 139 企画書の構成例② 企業の所有地活用の提案

❶ 企業の所有地活用の企画書については、導入部、計画地の位置づけ、開発コンセプト、建築計画、事業計画などで構成する。
❷ 事業フレームの構築と事業収支計画がポイントとなる。
❸ 提案の裏づけとなる客観的なデータを効果的に盛り込むとよい。

法人は、同業他社の動向や事例には関心が高いので、案は決めつけずに何案か検討し、比較して示すことがポイントです。プレゼンを意識した構成を考えましょう。

## 1.導入部

〈表紙〉

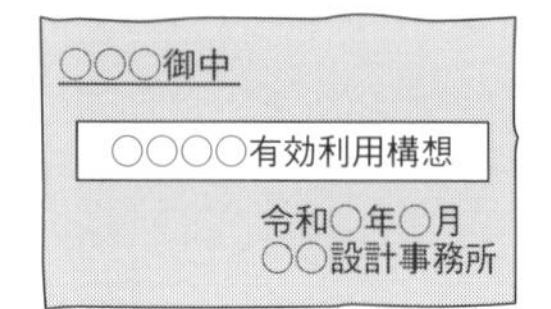


●提案先、企画名、日付
●企画者(提案者)名

〈挨拶文〉

●企画の背景、ねらい、提案の主旨など、言いたいことを簡潔に記す
●「よろしく、ご検討ください」で結ぶ

〈目次〉

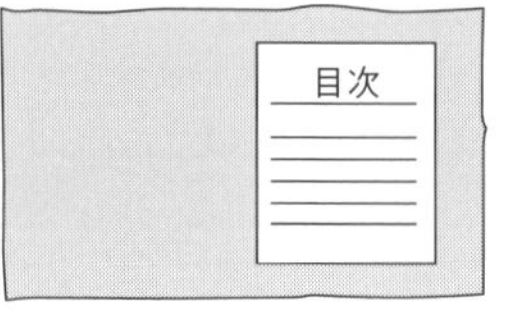


●通常の目次形式のほかに、フローチャートなどによる形式もある

〈コンセプトマップ(企画フロー)〉

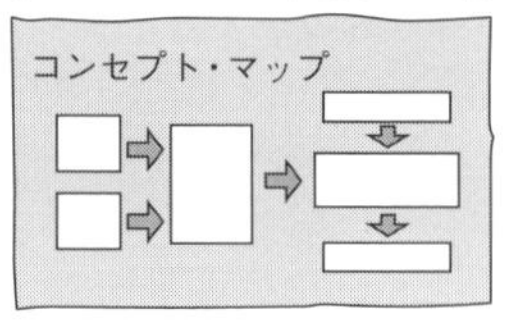


●コンセプト・マップで、全体の流れを概観させる
●この前後にパースなどを挿入する場合もある

# 企業から依頼された所有地活用の提案（図表）

## 2.計画地の位置づけ

**〈計画地の概要〉**

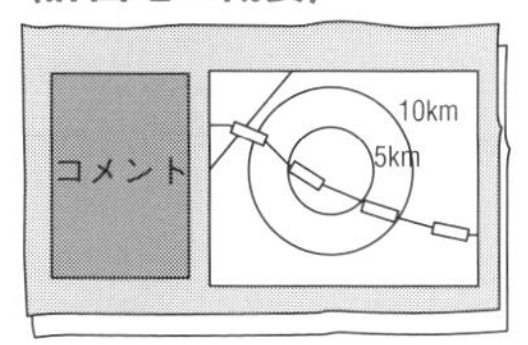


- 計画地の広域的位置関係
- 敷地図と法的条件

**〈広域的現況〉**

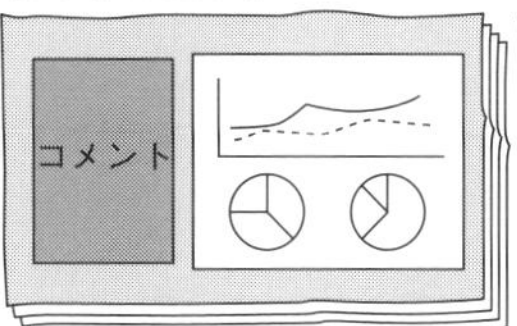


- 人口特性、経済力特性
- 商業特性、工業特性など
- 開発構想、上位計画、交通体系
- 広域的にみた周辺地域の位置づけ

**〈周辺地域の現況〉**

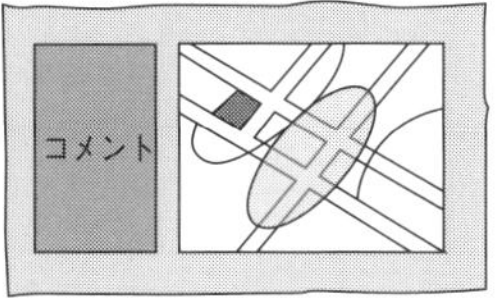


- 周辺地域の土地利用などの現況
- 地価現況、開発動向
- 周辺地域における計画地の位置づけ

## 3.開発コンセプト

**〈業種選定〉**

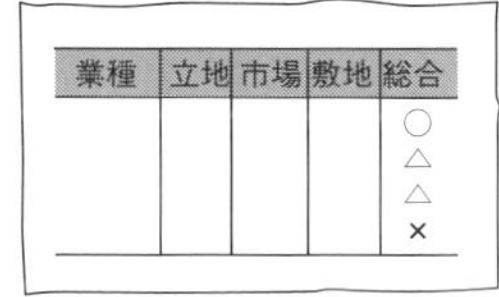


- 立地性、市場性、敷地特性、事業主特性などから立地可能な業種を選定

**〈開発コンセプト〉**

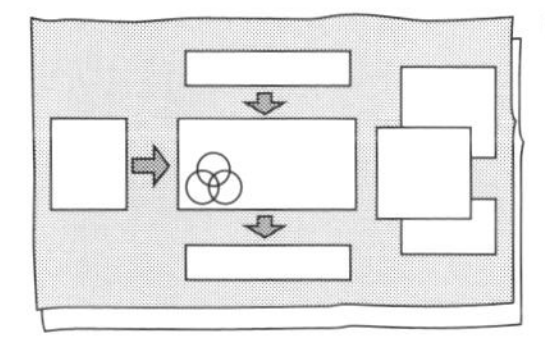

- 業態レベルの開発コンセプト
- 開発イメージ（写真、パースなど）

**〈社会背景と市場動向〉**

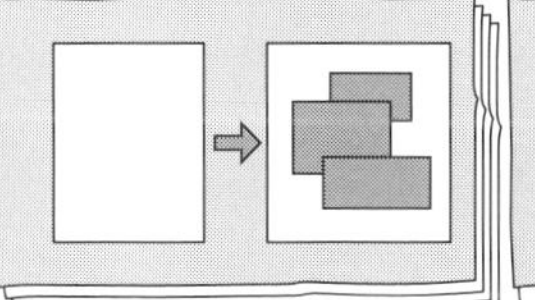

- 提案の裏づけとしての社会動向、業界動向
- 参考となる事例紹介
- 市場の動向（賃貸相場など）

**〈開発の効果〉**

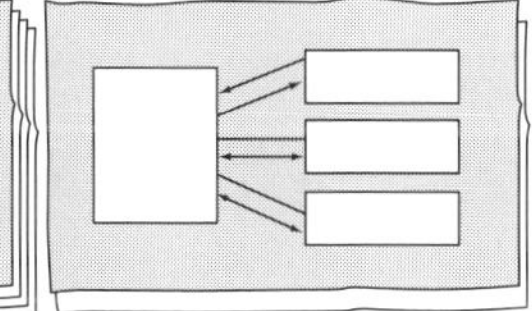

- 提案先の他の事業との相乗効果
- 企業としてのイメージアップ
- 地域への貢献

## 4.建築計画

**〈計画の前提条件〉**

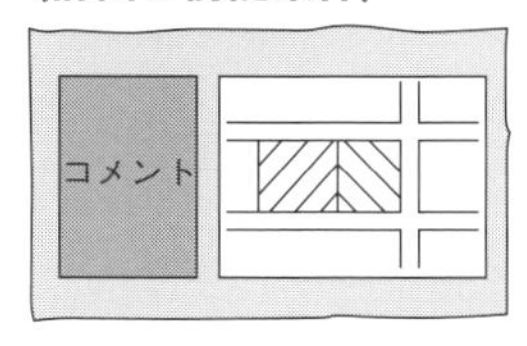


- 計画に当たっての前提条件（共同化、都市計画変更、総合設計、期別計画など）

**〈計画コンセプト〉**

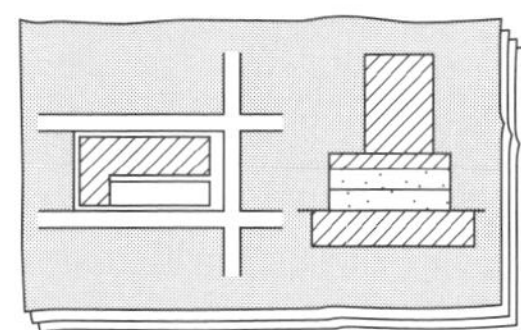

- ゾーニングの考え方
- 計画上のねらい
- 交通計画、動線計画の考え方

**〈建築計画案〉**

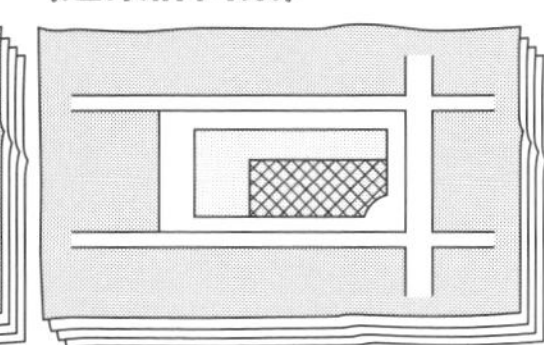

- 配置図、平面図、断面図
- 面積表

## 5.事業計画

**〈事業フレームの提案〉**

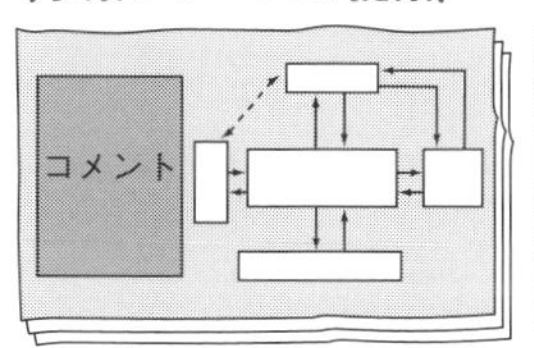


- 事業方式、管理運営システム
- 各方式のメリット・デメリット
- 事業化のための組織計画
- 共同事業などの場合の権利評価と所有・管理方式

**〈事業収支計画〉**

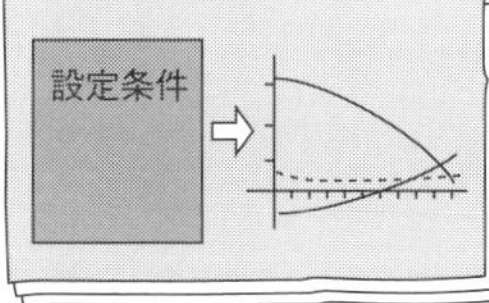


- 事業収支計画上の設定条件
- 長期事業収支計算と評価
- 節税対策のシミュレーション

**〈事業スケジュール〉**

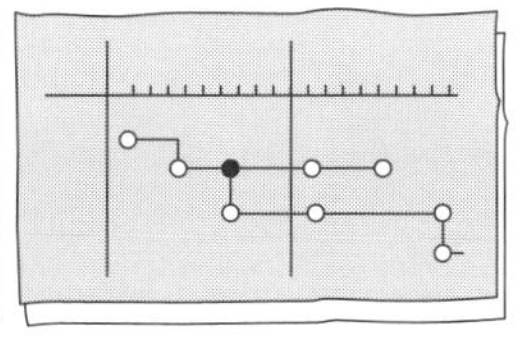

- 企画設計段階から着工、建設、事業開始までのスケジュール

**〈事業化に向けて〉**

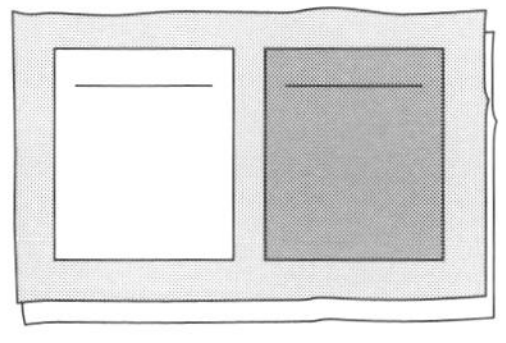

- 事業化に向けての課題整理
- 実現化方策の検討

COLUMN 8

# 今後の賃貸事業企画のポイント

一般に、景気の悪いときには建設費等の初期投資額も少なくてすむため、長期的な収入が期待できる賃貸事業の利回りは、総投資額が少ない分、結果的によくなるというのが一つの経験則です。したがって、通常は、不況時こそ賃貸事業に投資するチャンスであるといえます。

しかし、ここ最近のように、決して景気が良いわけではないにもかかわらず建設費が上昇している時期に賃貸事業をはじめる場合には、その成否は企画者の手腕にかかっているといっても過言ではありません。

## 建設費の上昇期こそ企画力で勝負！

たとえば、駅から遠いなど、条件の悪い立地の場合には、付加価値住宅やサービス付き高齢者向け住宅のように、一般の賃貸物件とは一味違った特徴を持たせた企画が必要となります。

また、木造にするか、鉄骨造にするか、あるいは鉄筋コンクリート造にするかによっても建設費は大きく違ってきます。さらには、容積率いっぱいに計画することが必ずしも事業収支上最適とは限りません。つまり、今まで以上に、土地の持つ特性や事業目的にあわせた個別の商品企画が求められるわけです。

また、最近では、既に行っている賃貸事業の見直しに関する企画も増えています。「古いアパートで空室が増えているがどうすればよいか」、「古いビルをリニューアルしたい」といった要望に対する企画です。

## 企画側の手腕が問われる

この場合、単に設備や内装を更新するのではなく、まずは新築の企画と同様に、地域のマーケティング調査から実施する必要があります。そして、調査の結果、ターゲット層が建設当初から変化しているような場合には、新たなターゲット層に合わせたリノベーションやコンバージョンが必要となることもあります。場合によっては、不動産を売却して、新たな不動産に買い換えたほうがよい場合さえあります。

こうした企画には、さまざまな分野における横断的な専門知識が必要となるため、企画側の手腕が問われることになるでしょう。

# INDEX

## 著者紹介


### 田村誠邦

株式会社アークブレイン代表取締役・一級建築士・不動産鑑定士／東京大学工学部建築学科卒業、博士（工学）。三井建設株式会社、シグマ開発計画研究所を経て、1997年株式会社アークブレインを設立。2011年4月～2021年3月明治大学客員教授・特任教授を歴任。主な業務実績：同潤会江戸川アパートメント建替事業、求道学舎再生事業。2008年日本建築学会賞（業績）、2010年日本建築学会賞（論文）受賞。主な著書「建築企画のフロンティア」（財団法人建設物価調査会）、「マンション建替えの法と実務」（有斐閣・共著）、「建築再生学」（市ヶ谷出版社・共著）、「都市・建築・不動産企画開発マニュアル」「家づくり究極ガイド」「住宅・不動産で知りたいことが全部わかる本」（エクスナレッジ・共著）。

### 甲田珠子

株式会社アークブレイン・株式会社COCOA取締役・一級建築士／東京工業大学工学部建築学科卒業、同大学大学院修士課程修了。株式会社熊谷組を経て、株式会社アークブレインに入所。主な著書「住宅・不動産で知りたいことが全部わかる本」（エクスナレッジ・共著）、「土地・建物の［税金］コンプリートガイド」（エクスナレッジ・共著）。

### 株式会社アークブレイン

株式会社アークブレインは、建築と不動産に関する豊富な知識と経験、幅広いネットワークを生かした調査・企画・コンサルティング業務を行っている。同潤会江戸川アパートメントなどのマンション建替えをはじめ、求道学舎リノベーション住宅の事業コーディネート、不動産の鑑定評価や資産承継のための不動産の有効活用などを得意としている。

設計事務所や工務店などの専門家からの相談にも応じている。

ホームページ　http://www.abrain.co.jp/


## 参考文献


「都市・建築・不動産企画開発マニュアル」（エクスナレッジ）
「家づくり究極ガイド」（エクスナレッジ）
「建築企画のフロンティア」（財団法人建設物価調査会）



**編集**　植林編集事務所
**デザイン**　米倉英弘（細山田デザイン事務所）
**組版**　竹下隆雄
**イラスト協力**　長谷川智大
**印刷**　シナノ書籍印刷

**都市・建築・不動産**
**企画開発マニュアル 入門版2024-2025**

2024年7月30日　初版第1刷発行

**著　者**　田村 誠邦　甲田 珠子
**発行者**　三輪 浩之
**発行所**　株式会社エクスナレッジ
〒106-0032
東京都港区六本木7-2-26
https://www.xknowledge.co.jp/

問合わせ先
編集部　TEL03-3403-1381 ／ FAX03-3403-1345 ／ info@xknowledge.co.jp
販売部　TEL03-3403-1321 ／ FAX03-3403-1829